Mathematica

Michael Kofler

Mathematica

ADDISON-WESLEY

Bonn • München • Paris • Reading, Massachusetts
Menlo Park, California • New York Don Mills, Ontario
Wokingham, England • Amsterdam • Milano • Sydney
Tokyo • Singapore • Madrid • San Juan
Seoul • Mexico City • Taipei, Taiwan

CIP-Titelaufnahme der Deutschen Bibliothek

Kofler, Michael:
Mathematica. Einführung und Leitfaden für den Praktiker. / Michael Kofler –
Bonn ; München ; Paris [u.a.] : Addison-Wesley, 1992
ISBN 3-89319-485-1

1. Auflage 1992

Satz: Alexandra Kugge für someTimes, München
Belichtung: Synergy Verlag Belichtungsservice, München
Druck und Bindearbeiten: Bercker, Graph. Betrieb, Kevelaer
Herstellung: Margrit Müller, Starnberg
Umschlaggestaltung: ConSign, Bonn

Das verwendete Papier ist aus chlorfrei gebleichten Rohstoffen hergestellt und alterungsbeständig. Die Produktion erfolgt mit Hilfe von umweltschonender Technologie und strengsten Umweltauflagen in einem geschlossenen Wasserkreislauf unter Wiederverwendung unbedruckte, zurückgeführter Papiere aus eigener Produktion.

ISBN 3-89319-485-1

Inhaltsverzeichnis

Vorwort

Der Einstieg in Mathematica kann frustrierend sein – besonders dann, wenn man von dem Programm schon Wunderdinge gehört hat und die Erwartungen dementsprechend hoch sind. Daher eines vorweg: Wenn Sie das Programm erst dann zum ersten Mal starten, wenn Sie mit Ihren herkömmlichen Rechenmethoden nicht mehr weiterkommen, werden Sie mit 99-prozentiger Wahrscheinlichkeit auch mit Mathematica scheitern.

Mathematica ist zwar technisch ein leistungsfähiges Programm, aber seine Bedienung ist gewöhnungsbedürftig. Damit meine ich weniger formale Dinge wie eckige Klammern oder die Groß- und Kleinschreibung – daran werden Sie sich rasch gewöhnen. Es geht darum ein Gespür zu entwickeln, mit welchem Kommando ein Ausdruck am ehesten vereinfacht werden kann, in welcher Form Mathematica ein Integral am ehesten lösen kann, wie Sie auch in längeren Berechnungen den Überblick bewahren, etc.

Während des Einarbeitens in Mathematica habe ich mir vorgenommen, das Buch nicht nur mit Beispielen zu füllen, die wirklich funktionieren. Zu oft bin ich in anderen Mathematica-Büchern auf Beispiele gestoßen, die zwar in dieser Form nachvollziehbar waren, die aber Mathematica sofort vor unlösbare Probleme stellten, wenn eine Kleinigkeit verändert wurden – echte Vorzeigebeispiele also.

Sie werden daher in diesem Buch immer wieder Hinweise finden, daß etwas nicht funktioniert hat, daß die Möglichkeiten von Mathematica in dieser oder jener Beziehung eingeschränkt sind, daß Mathematica bei einer ungünstigen Formulierung der Problems falsche Ergebnisse zurückgeben kann, usw.

Ich hoffe, daß Ihnen gerade diese trotz aller Faszination kritische Einschätzung von Mathematica hilft, unnötige Hindernisse und Ärgernisse zu vermeiden und Mathematica so rasch wie möglich schätzen zu lernen. Zahllose möglichst praxisnahe Beispiele sollen diesen Prozeß unterstützen.

Zum Abschluß noch eine Zukunftsvision: In den letzten Jahrzehnten hat der Taschenrechner das traditionelle wissenschaftliche Rechnen vollkommen revolutioniert, Rechenschieber sind ebenso verschwunden wie endlose Tabellen für elementare mathematische Funktionen. Mit der Verfügbarkeit von Mathematica auf populären

Rechnern (PC, Macintosh) ist es durchaus möglich, daß Mathematica der wissenschaftliche »Taschenrechner« der Zukunft wird – ein Werkzeug, dessen Verwendung auf höheren Schulen, auf Universitäten, in der Industrie so selbstverständlich wird wie heute der Taschenrechner.

In diesem Sinne wünsche ich Ihnen viel Spaß mit diesem Buch über den »Taschenrechner« der Zukunft!

Michael Kofler, September 92

Konzeption des Buchs

Im ersten der drei Teile dieses Buches sollen Sie Mathematica einfach nur kennenlernen. Im ersten Kapitel sehen Sie anhand zahlreicher Beispiele, was Sie mit Mathematica anfangen können. Dabei war mir nur wichtig, zu zeigen, daß es geht – nicht wie. Es erwartet Sie also ein Kapitel, in dem keine Rücksicht auf Details genommen wird. Betrachten Sie einfach die Beispiele und bewundern Sie die Ergebnisse (so schnell und bequem wird es in keinem anderen Kapitel mehr gehen!).

Es sieht so aus, als wären auch in den beiden folgenden Kapiteln die Anforderungen an den Leser nicht allzu hoch gestellt: »Mathematica als Taschenrechner verwenden«, »Mit Mathematica durchs Abitur«. Vermutlich haben Sie vor, Mathematica anders einzusetzen. Aber lassen Sie sich nicht täuschen: Sie gewinnen anhand der leicht nachvollziebaren Beispiele beinahe spielerisch ein unverzichtbares Basiswissen, das sonst nur in abstrakt-theoretischer Form vermittelt werden könnte.

Kapitel 4 sollte ein »muß« für alle Leser sein, auch für jene, die mit Mathematica schon länger gearbeitet haben. Darin werden die zehn häufigsten Fehler im Umgang mit Mathematica beschrieben, zusammen mit Hintergrundwissen und Tips, wie diese Fehler vermieden werden können. Den größten Fehler machen Sie vermutlich dann, wenn Sie dieses Kapitel nicht zumindestens überfliegen und sich die Rosinen herauspicken (es werden wohl für jeden Leser andere sein).

In Teil zwei wird das Buch dann systematischer. In 15 kurzen Kapiteln lernen Sie die elementaren Mathematica-Kommandos kennen – von `Sqrt` zur Berechnung der Quadratwurzel bis zu `ParametricPlot3D` zum Zeichnen dreidimensionaler parametrischer Grafiken. Auch wenn Sie je nach geplanter oder schon vorhandener Anwendung von Mathematica auf das eine oder andere Kapitel verzichten können – die meisten hier behandelten Kommandos gehören zum täglichen Brot jedes Mathematica-Anwenders.

Der dritte Teil nennt sich hochtrabend »Mathematica für Fortgeschrittene« – aber so fortgeschritten müssen Sie gar nicht sein, daß Sie nicht einen Blick in das eine oder andere Kapitel werfen dürfen (und sollen!). Die meisten der Kapitel sind vollkommen eigenständig und bauen nur auf dem im zweiten Teil vermittelten Grundwissen auf. Ob Sie nun Vektor-Analysis betreiben, Mathematica als Programmiersprache verwenden und erweitern, oder die Grafik-Möglichkeiten bis zu ihren Grenzen ausnutzen möchten – hier erfahren Sie das Wie? und Warum?

Schließlich gibt es noch einen Anhang, in dem der Autor wie in jedem Buch das unterbringt, was ihm sonst nirgends ins Konzept paßt. In diesem Buch sind das eine Tabelle mit den wichtigsten Mathematica-Operatoren, Tips zur optimalen Konfiguration von Mathematica und eine Zusammenstellung der wichtigsten Neuerungen der Mathematica-Version 2.1.

Ein grundsätzliches Problem bei der Darstellung komplexer Programme besteht darin, daß im Buch zwar zahllose Informationen enthalten sind, der Leser diese aber nicht finden kann (zumindestens nicht so schnell, wie er möchte). Aus diesem Grund ist das Buch mit einem kurzen und prägnanten Inhaltsverzeichnis ausgestattet, das sich nicht über zehn Seiten erstreckt (sondern über zwei); mit einem ausführlichen Index, im dem Sie alle Details finden, die aus dem Inhaltsverzeichnis verbannt wurden; mit einem Überblick am Beginn jedes Kapitels und am Beginn jedes der drei Teile dieses Buches, so daß Sie rasch erkennen, ob der Titel des Kapitels auch hält, was er verspricht (bzw. was Sie sich davon versprechen). Und schließlich mit Syntax-Zusammenfassung in allen Kapiteln des zweiten und dritten Teils, damit Sie die Reihenfolge der Parameter des `Xyz`-Kommandos nachlesen können, ohne gleich das ganze Kapitel durchzublättern.

Probleme mit Mathematica

Mathematica wird häufig wie eine »eierlegende Wollmilchsau« beschrieben, die alle Mathematikprobleme – egal wie kompliziert – rasch und problemlos löst. In vielen Mathematica-Büchern wird eben dieser Eindruck vermittelt, indem lauter (oft kompliziert wirkende) Beispiele abgedruckt sind, die alle scheinbar problemlos funktionieren. Dieses Buch will sich von dieser unkritischen Betrachtung der Fähigkeiten von Mathematica ein wenig absetzen. Sie als Leser haben das Recht, nicht nur über die positiven Aspekte von Mathematica informiert zu werden, sondern auch über die zur Zeit vorhandenen Einschränkungen.

Daher werden Sie immer wieder Hinweise finden, daß eine Berechnung nicht geklappt hat, daß die Möglichkeiten von Mathematica in manchen Bereichen der Mathematica (z.B. Integrale, Differentialgleichungen) noch nicht ganz ausgereift sind, daß Mathematica bei einer ungünstigen Formulierung der Problems falsche Resultate liefern kann, usw. Natürlich überwiegen auch in diesem Buch die Positiv-Beispiele, und zwar aus zwei Gründen:

- Erstens ist es Aufgabe eines Buches, zu beschreiben was geht und wie es geht, und nicht zu lamentieren, daß bestimmte Dinge eben noch nicht klappen.

– Und zweitens stellt sich bei jedem Problem die Frage: Ist es ein Eingabefehler? Eine für Mathematica ungeeignete oder ungünstige Formulierung? Ein Fehler der Mathematica-Version für Windows, der auf anderen Rechnern vielleicht gar nicht auftritt? Ein Fehler, der nur wegen unzureichendem Speicherplatz (8 MB RAM, 300 MB Platte, davon 20 MB-Swap-Datei) auftritt? Zuwenig Geduld (weil das Kommando nach 45 Minuten ergebnislosem Rechnen abgebrochen wurde)? Oder kann Mathematica das Problem in dieser Form wirklich nicht lösen? Es ist einfach über Beispiele zu schreiben, die funktionieren – eben weil es selbstverständlich ist, daß sie funktionieren. Aber es ist schwierig über Dinge zu schreiben, die nicht funktionieren, besonders dann, wenn die Ursache vollkommen unklar ist.

Was Sie in diesem Buch nicht finden

Das Programm Mathematica liegt in zahlreichen Versionen für DOS-, Windows-, Macintosh-, NeXT- und UNIX-Rechner vor. Die mathematischen Funktionen sind in allen Versionen gleich, die Details der Bedienung sind hingegen vom Computertyp und dessen Betriebssystem abhängig. Aus diesem Grund wird auf die Bedienung von Mathematica nur ganz am Rande eingegangen. Lesen Sie Informationen über Tastaturkommandos, die Menüstruktur, den Umgang mit Fenstern, etc. im »User Guide« nach, wo alle Hardware-abhängigen Besonderheiten Ihrer Mathematica-Version beschrieben sind.

Schreibweisen

Befehle, die Sie in Mathematica eingeben können, werden in folgender Schrift gesetzt:

```
Integrate[(x^2+1)/(x-1),x]
```

Die Ausgaben von Mathematica sehen in diesem Buch folgendermaßen aus:

```
         2
        x
x +  --- + 2 Log[-1 + x]
        2
```

In Mathematica beginnen alle Schlüsselwörter mit Großbuchstaben – so auch die Zahl `Pi`=3.1415, die imaginäre Einheit `I`, die Eulersche Zahl `E`, die Winkelfunktionen `Sin` und `Cos`, etc. Aus diesem Grund wird diese auf ersten Blick befremdende Schreibweise im gesamten Buch, also auch im laufenden Text und in Bildunterschriften, verwendet. Die einzige Ausnahme bilden speziell gesetzte Formeln wie das folgende Integral:

$$\int_{x=-\pi/2}^{\pi/2} e^{i\,x}\,dx$$

In der Mathematica-Syntax sieht diese Formel folgendermaßen aus:

```
Integrate[E^(I x), {x,-Pi/2,Pi/2}]
2
```

Auf welchem Rechner läuft Mathematica am besten?

Falls Sie in der glücklichen Lage sind, sich den Rechner für Mathematica aussuchen zu können, würde ich zur Zeit einen Macintosh (mindestens mit 68030-Prozessor) oder NeXT vorschlagen. Die Windows-Version 2.0 von Mathematica, mit der ich mich plagen mußte, ist noch unausgegoren (zu viele Abstürze, Notebook-Oberfläche nur mangelhaft implementiert). Version 2.1, die genau zur Manuskriptabgabe eintraf, ist etwas besser, die Notebook-Oberfläche funktioniert aber immer noch nicht optimal. Den meisten UNIX-Versionen fehlt die praktische Notebook-Oberfläche überhaupt.

Ganz egal, welchen Rechner Sie verwenden – mit weniger als 8 MByte RAM (UNIX: 16 MB) sollten Sie gar nicht erst anfangen. Mathematica ist ein komfortables und leistungsfähiges Programm, aber es ist schon bei großzügiger Speicherausstattung nicht besonders schnell. Bremsen Sie das Programm also nicht noch durch ständige Festplattenzugriffe, die umso häufiger erfolgen, je weniger RAM zur Verfügung steht.

Teil 1

Mathematica kennenlernen

Der erste Teil dieses Buches soll Ihnen den Einstieg in Mathematica erleichtern. Kapitel 1 demonstriert die Fähigkeiten von Mathematica, ohne dabei ins Detail zu gehen. In Kapitel 2 und 3 lernen Sie verhältnismäßig einfache Berechnungen selbst durchzuführen.

Lassen Sie sich bitte nicht von der scheinbaren Trivialität der Beispiele abschrecken! Wenn Sie Mathematica zum ersten Mal starten und sofort ein Problem lösen möchten, bei dem Sie mit händischem Rechnen oder mit herkömmlichen Hilfsmitteln nicht mehr weiterkommen, werden Sie mit allergrößter Wahrscheinlichkeit scheitern. Mathematica ist zwar für ein Programm seiner Leistungsklasse relativ einfach zu bedienen, gerade der Einstieg birgt aber durchaus einige Tücken in sich. Aus diesem Grund sollten Sie die ersten Stunden (realistischer: die ersten zwei bis drei Tage) hauptsächlich solche Brechnungen durchführen, von denen Sie gesicherte Ergebnisse und somit eine einfache Kontrollmöglichkeit besitzen.

Ein ganz wichtiger Aspekt in Kapitel 3 ist das Zusammenwirken mehrerer Mathematica-Kommandos. Zur Lösung eines konkreten Beispiels benötigen Sie fast immer mehrere Kommandos. Das Hauptproblem besteht nun darin, bereits vorhandene Zwischenergebnisse möglichst effizient (d.h. ohne viel Tipparbeit) in den folgenden Berechnungsschritten weiter zu verwenden.

Kapitel 4 faßt einige elementare (Überlebens-)Regeln für den Umgang mit Mathematica zusammen. Selbst wenn Sie schon mit Mathematica gearbeitet haben, sollten Sie dieses Kapitel zumindestens überfliegen. Einsteiger lassen sich besser etwas mehr Zeit – es lohnt sich! Sie finden dort eine Menge Tips, wie Sie frustrierende Anfänger-Fehler vermeiden können. Dieses Kapitel stellt die Grundlage jedes selbständigen Arbeitens mit Mathematica dar – ganz gleich, auf welche der vielen Teilaspekte von Mathematic Sie sich spezialisieren.

1 Was ist Mathematica?

Eine sehr schlichte Antwort auf diese Frage gibt die Eigendefinition der Herstellerfirma: »A System for Doing Mathematics by Computer«, also ein »Programm, um Mathematik am Computer zu betreiben«. In der Realität können Sie Mathematica (unter anderem) verwenden:

- als Taschenrechner, um einfache numerische Berechnungen durchzuführen
- als Hilfsmittel, um komplizierte Berechnungen (z.B. Integrale) symbolisch durchzuführen
- als Grafikwerkzeug, um mathematische Zusammenhänge visuell darzustellen
- als Programmiersprache, um beliebige komplexe mathematische Probleme zu lösen bzw. um Mathematica durch zusätzliche Kommandos zu erweitern

Zu den bestechensten Merkmalen von Mathematica zählt, daß Sie für diese Anwendungen nicht, wie noch vor wenigen Jahren, eine Workstation benötigen. Ein mit einem Coprozessor und ausreichend Speicher ausgestatteter PC ist vollkommen ausreichend.

So wie der Taschenrechner in den letzten 20 Jahren zu einem vollkommen selbstverständlichen Hilfsmittel geworden ist, könnte auch Mathematica in einigen Jahren zur Standardausrüstung jedes Technikers, Naturwissenschaftlers oder Mathematikers werden. Wer einmal längere Zeit mit Mathematica gearbeitet hat, wird sich kaum vorstellen können, Polynome manuell umzuformen, eine verschachtelte Funktion abzuleiten, das Minimum einer Funktion zu suchen, usw. Und wer mathematische Abbildungen für Publikationen herstellen möchte, wird vermutlich binnen Tagen Mathematica-abhängig.

Auf den nächsten Seiten finden Sie eine Menge Beispiele, die Ihnen besser als durch viele Worte eine Vorstellung davon vermitteln sollen, was Sie mit Mathematica anfangen können. Sie werden diese Beispiele nur soweit verstehen, wie Ihnen die zugrundeliegenden mathematischen Kenntnisse vertraut sind. Ziel dieses Kapitel ist es nicht, Detailwissen zu vermitteln, sondern einen Überblick zu geben. Aus diesem Grund werden Sie auf den folgenden Seiten so gut wie keine Erklärungen über das Wie? und Warum? finden – gedulden Sie sich damit bis zum nächsten Kapitel, wo es mehr Text und weniger Formeln geben wird.

Mit Mathematica rechnen

Mathematica versucht grundsätzlich, exakt zu rechnen. Aus diesem Grund bleiben unkürzbare Brüche als solche stehen. Selbstverständlich ist eine numerische Auswertung jederzeit und in beliebig vielen Stellen möglich. Mathematica macht keinen Unterschied zwischen reellen und komplexen Zahlen, alle Funktionen (bei denen es mathematisch sinnvoll ist) sind auch für komplexe Zahlen definiert. Die imaginäre Einheit `I` wird in Mathematica übrigens groß geschrieben.

```
1/3 + 1/7
10
--
21

N[ 1/3 + 1/7, 50 ]  (* den Ausdruck numerisch auswerten *)
0.47619047619047619047619047619047619047619047619048

N[ Sqrt[2], 50]
1.4142135623730950488016887242096980785696718753769

100!

93326215443944152681699238856266700490715968264381621468592963895217\
 59999322991560894146397615651828625369792082722375825118521091686\
 4000000000000000000000000

z = 1 + 3 I;

Abs[z]   (* der Betrag der komplexen Variablen z *)
Sqrt[10]

(1 + 2 I) / (4 - I)
2     9 I
-- + ---
17    17
```

Polynome

Eine große Stärke von Mathematica besteht darin, daß es symbolisch rechnen kann, also mit Variablen wie x und y statt mit konkreten Zahlenwerten. Dabei erkennt Mathematica zahlreiche Vereinfachungen in Ausdrücken mit trigonometrischen oder logarithmischen Funktionen.

```
Simplify[576 + 816x + 460x^2 + 129x^3 + 18x^4 + x^5]
       2        3
(3 + x)  (4 + x)

Simplify[ Sin[x]^2 + Cos[x]^2 ]
1
```

```
Expand[(x-1)^6]
             2       3       4      5    6
1 - 6 x + 15 x  - 20 x  + 15 x  - 6 x  + x

Factor[Cos[4x] + 4 Cos[2x] + 3, Trig->True]
        4
8 Cos[x]
```

In den beiden Beispielen unten werden zum ersten Mal Kommandos verwendet, die nicht fixer Bestandteil von Mathematica sind. Solche Kommandos befinden sich in sogenannten »Packages«, die vor der Verwendung mit dem Kommando `Needs` geladen werden müssen. Mathematica wird standardmäßig mit einer Menge Packages ausgeliefert, eines davon lautet `` Algebra`Trigonometry` ``. Sie können Mathematica problemlos mit selbst programmierten oder gekauften Packages erweitern.

```
Needs["Algebra`Trigonometry`"]
TrigToComplex[ Cos[x] + I Sin[x] ]  //Simplify
 I x
E

ComplexToTrig[ E^(I x) - E^(-I x) ]
2 I Sin[x]
```

Gleichungen lösen

Mathematica löst einfache Gleichungen ebenso wie ganze Gleichungssysteme (drittes Beispiel), es eliminiert Variablen aus Gleichungssystemen (viertes Beispiel), usw. Mathematica kennt sowohl symbolische Verfahren für mathematisch »einfache« Gleichungen, als auch numerische Verfahren für Probleme, bei denen keine exakte Lösung möglich ist (letztes Beispiel).

```
Solve[x^2+x==5,x]
        -1 + Sqrt[21]         -1 - Sqrt[21]
{{x -> -------------}, {x -> -------------}}
              2                     2

Solve[a x^2 + b x + c==0,x]
                       2                             2
          b    Sqrt[b  - 4 a c]             b    Sqrt[b  - 4 a c]
        -(-) + ----------------           -(-) - ----------------
          a           a                     a           a
{{x -> -----------------------}, {x -> -----------------------}}
                  2                             2

glsys = { 2x + 3y + z == 1,
           x -  y - z == 4,
          3x      +7z == 5};
```

```
lsg = Solve[glsys,{x,y,z}]
        101            49             14
{{x -> ---, y -> -(--), z -> -(--)}}
        41             41             41

Eliminate[glsys, z]
41 x == 101 && 41 y == -49

FindRoot[ {x^2 + y^2 == 10, x^y == 2} ,{x,1},{y,1}]
{x -> 1.27043, y -> 2.89586}
```

Optimierungsprobleme

Mathematica löst nicht nur »normale« Gleichungen, es sucht auch lokale Minima/Maxima von Funktionen und führt lineare Optimierungen durch. Im zweiten Beispiel sind die Werte x1 und x2 gesucht, so daß einerseits die drei Ungleichungen erfüllt sind, anderseits die Funktion 300 x1 + 500 x2 ein Maximum ergibt.

```
FindMinimum[ x^3 - 2x^2 - x + 2 Sin[3x], {x,0} ]
{-2.35361, {x -> -0.735899}}

ConstrainedMax[ 300 x1 + 500 x2,
  {2 x1 + 4 x2 <= 170,
   2 x1 + 2 x2 <= 150,
   6 x2 <= 180},
  {x1,x2}]
{24500, {x1 -> 65, x2 -> 10}}
```

Summen, Produkte

Viele mathematische Formeln werden durch Summen oder Produkte ausgedrückt. Mathematica ist in der Lage, Summen und Produkte sowohl numerisch als auch symbolisch zu berechnen. Über Näherungsverfahren können sogar unendliche Summen berechnet werden (drittes Beispiel).

```
Sum[ 1/2^n, {n,1,20}]
1048575
-------
1048576

N[%,30]
0.99999904632568359375
```

```
NSum[ 1/2^n, {n,1,Infinity}]
1.
Product[ (x+a), {x,1, 2, 1/5}]
          6          7          8          9
(1 + a) (- + a) (- + a) (- + a) (- + a) (2 + a)
          5          5          5          5
```

Grenzwerte

`Limit` berechnet den Grenzwert von Funktionen an Unstetigkeitsstellen (Annäherung an die Unstetigkeitsstelle wahlweise von beiden Seiten möglich) oder für unendliche Argumente. Wenn die symbolische Lösungssuche versagt, können mit `NLimit` numerische Näherungsverfahren verwendet werden.

```
Limit[Tan[x], x->Pi/2, Direction->-1]
-Infinity
Limit[ (1 + 1 / x)^x, x->Infinity]
E
NLimit[x! / x^x, x->Infinity]
0.
```

Differentiation

Das Differenzieren bereitet Mathematica überhaupt keine Schwierigkeiten. Das Programm kann sowohl partielle als auch totale Ableitungen bilden, dabei werden auf Wunsch auch abhängige Variablen (zweites Beispiel) und Konstante (viertes Beispiel) berücksichtigt.

```
D[ (x^2 + y^3)^4, x]
       2    3 3
8 x (x  + y )
D[ (x^2 + y[x]^3)^4, x]        (* y ist hier eine Funktion von x *)
    2       3 3              2
4 (x  + y[x] )  (2 x + 3 y[x]  y'[x])
Dt[ (x^2 + y^3)^4]             (* totales Differential *)
    2    3 3                    2
4 (x  + y )  (2 x Dt[x] + 3 y  Dt[y])
SetAttributes[a,Constant]      (* totales Diff., wobei a konstant *)
Dt[x^2 + y^2 == a^2,x]
2 x + 2 y Dt[y, x] == 0
```

Integration

Einfache Integrale und Mehrfachintegral mit und ohne Grenzen berechnet Mathematica mühelos. Dabei sind sogar Grenzwerte im Unendlichen erlaubt (drittes Beispiel). Bei komplizierteren Integralen kann es gelegentlich schon einige Zeit dauern, Mathematica findet aber auch dann in erstaunlich vielen Fällen die Lösung.

```
Integrate[ x^2 + x^3, x]
 3    4
x    x
-- + --
3    4

Integrate[ x^2 + x^3, {x,a,b}]
  3    4    3    4
-a    a    b    b
--- - -- + -- + --
 3    4    3    4

NIntegrate[1/x^2, {x,1,Infinity}]
1.
```

Residuen, Cauchy-Stammwert

Zwei Sonderfälle der Integration sind indirekt über Spezial-Kommandos abgedeckt. Diese Kommandos ermöglichen die Berechnung von Rediduen (für Kurvenintegrale im Komplexen) und die Berechnung des Cauchy-Stammwertes (für Integrale über Unstetigkeitsstellen).

```
Residue[ Sin[z]/z^4, {z,0}]
   1
-(-)
   6

Needs["NumericalMath`CauchyPrincipalValue`"]

CauchyPrincipalValue[ 1/(x^2+x), {x,-2,{-1},{0},1}]
-1.38629
```

Differentialgleichungen

Ein weniger erfreuliches Kapitel stellen Differentialgleichungen dar. Die symbolische Lösung mit `DSolve` gelingt nur bei sehr einfachen Gleichungen. Auch die numerische Variante `NDSolve` kommt nur mit relativ wenigen Differentialgleichungen zurecht. Im zweiten Beispiel wird die Näherungslösung für eine Differentialgleichung zweiter

Ordnung grafisch dargestellt. (Diese Gleichung bewältigt Mathematica übrigens auch noch in symbolischer Form).

```
DSolve[ { y[x] y'[x] (1 + x^2) == x, y[0]==0 }, y[x], x]
                           2                                 2
{{y[x] -> Sqrt[Log[1 + x ]]}, {y[x] -> -Sqrt[Log[1 + x ]]}}

m=1; c=1; k=1;
NDSolve[ {m y''[t] + c y'[t] + k y[t] == 0, y[0]==1, y'[0]==0},
         y[t], {t,0,10}]

{{y[t] -> InterpolatingFunction[{0., 10.}, <>][t]}}

ny[t_] = y[t] /. %[[1]];      (* das ist die Näherungslösung *)

Plot[ ny[t], {t,0,10}]        (* Bild 1.1 *)
```

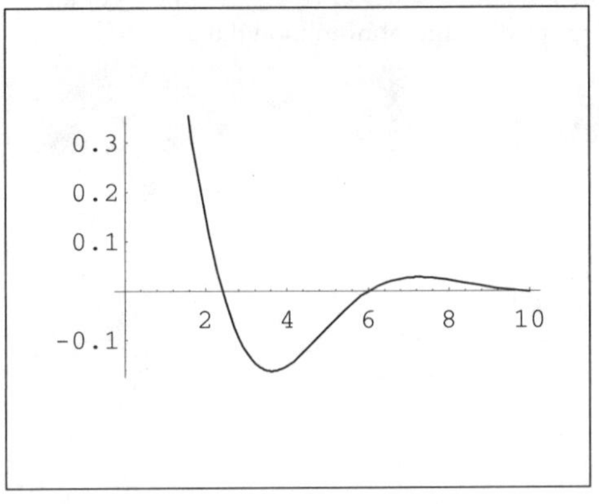

Bild 1.1: Die grafische Darstellung der Interpolationsfunktion, die NDSolve als Näherungslösung einer Differentialgleichung ermittelt

Reihenentwicklung

Zahlreiche mathematische Probleme sind so komplex, daß eine exakte Lösung nicht möglich ist. In vielen Fällen kann das Problem durch eine Reihenzerlegung vereinfacht werden, um anschließend zumindestens eine Näherungslösung zu berechnen. Mathematica ist in solchen Situationen behilflich und stellt die erforderlichen Potenz-, Laurent- oder Fourier-Reihen auf.

```
Series[ Sin[x], {x,0,5}]
     3     5
    x     x          6
x - -- + --- + O[x]
    6    120
```

```
Series[ 1/Sin[x], {x,0,6}]
```

$$\frac{1}{x} + \frac{x}{6} + \frac{7 x^3}{360} + \frac{31 x^5}{15120} + O[x]^7$$

```
Needs["Calculus`FourierTransform`"]
FourierTrigSeries[x, {x,-1,1}, 8]
```

$$\frac{2 \operatorname{Sin}[\mathrm{Pi}\, x]}{\mathrm{Pi}} - \frac{\operatorname{Sin}[2\, \mathrm{Pi}\, x]}{\mathrm{Pi}} + \frac{2 \operatorname{Sin}[3\, \mathrm{Pi}\, x]}{3\, \mathrm{Pi}} - \frac{\operatorname{Sin}[4\, \mathrm{Pi}\, x]}{2\, \mathrm{Pi}} + \frac{2 \operatorname{Sin}[5\, \mathrm{Pi}\, x]}{5\, \mathrm{Pi}} - \frac{\operatorname{Sin}[6\, \mathrm{Pi}\, x]}{3\, \mathrm{Pi}} + \frac{2 \operatorname{Sin}[7\, \mathrm{Pi}\, x]}{7\, \mathrm{Pi}} - \frac{\operatorname{Sin}[8\, \mathrm{Pi}\, x]}{4\, \mathrm{Pi}}$$

```
Plot[%, {x,-1,5}]                              (* Bild 1.2 *)
```

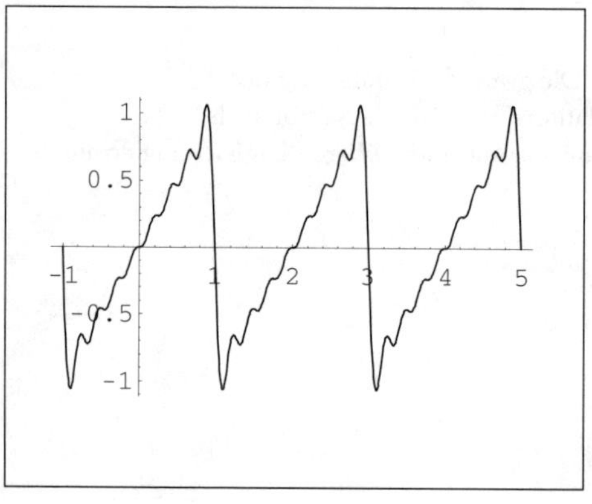

Bild 1.2: Acht Sinus-Schwingungen unterschiedlicher Frequenz und Amplitude stellen bereits eine recht gute Näherung für die Sägezahnfunktion dar

Fourier- und Laplace-Transformation

Manche mathematischen Probleme (insbesondere Differentialgleichungen) können durch Transformationen vereinfacht werden. Nach der Transformation kann die Lösung mit vergleichsweise trivialen Methoden ermittelt werden und muß schließlich nur noch rücktransformiert werden. In den Standard-Mathematica-Packages befinden sich Kommandos für die Fourier- und Laplace-Transformation und deren Rücktransformation.

```
Needs["Calculus`FourierTransform`"]

f[t_] := (Sign[1-t] + Sign[1+t]) / 2   (* Rechteckimpuls *)
```

```
FourierTransform[ f[t], t, w]
     -I w        I w
2 I E       2 I E
-------  -  -------
   w           w
-------------------
         2

% //ComplexExpand      (* das obige Ergebnis vereinfachen *)
2 Sin[w]
--------
   w

Needs["Calculus`LaplaceTransform`"]

LaplaceTransform[Cos[t], t, s]
  s
------
     2
1 + s

InverseLaplaceTransform[%, s, t]   (* Rücktransformation *)
Cos[t]
```

Listen, Vektoren, Matrizen

Matrizen und Vektoren werden in Mathematica in Listen dargestellt, die durch geschwungene Klammern {} gekennzeichnet sind. Listen stellen überhaupt ein zentrales Element von Mathematica dar – viele Kommandos erwarten Parameter in Listenform bzw. geben Ergebnisse in Listen zurück. Beinahe alle Kommandos greifen in ihrer internen Ausführung auf Listen zurück. Aus diesem Grund gibt es ein reiches Angebot an Kommandos zur Listenbearbeitung.

```
list = Table[x^2, {x,0,4} ]
{0, 1, 4, 9, 16}

list[[3]]        (* auf das dritte Element der Liste zugreifen *)
4

x ^ list
          2   4   9   16
{1, x, x , x , x , x  }

mat={{a,b,c}, {d,e,f}}; (* Definition einer Reckteck-Matrix *)

Transpose[mat]
{{a, d}, {b, e}, {c, f}}

mat1={{a,b}, {c,d}, {e,f}};
mat2={{r,s,t}, {u,v,w}};
```

```
mat1 . mat2 //MatrixForm              (* Matrizen-Multiplikation *)

a r + b u   a s + b v   a t + b w
c r + d u   c s + d v   c t + d w
e r + f u   e s + f v   e t + f w

mat={ {1,2,3}, {4,-5,6}, {9,8,7} };

Det[mat1]                                        (* Determinante *)
200

Inverse[mat1] //N //MatrixForm                      (* Inversion *)

-0.415    0.05     0.135
0.13      -0.1     0.03
0.385     0.05     -0.065

mat={{1,2,3},{4,-5,6},{9,8,7}};      (* lineares Gl.sys. lösen *)
b={14,12,46};
LinearSolve[mat,b]
{1, 2, 3}

mat={{1,2,3},{4,5,6},{1,-1,0}} //N ;               (* Eigenwerte *)
ew = Eigenvalues[mat]

{5.72545, -1.12398, 1.39853}
```

Vektoranalysis in verschiedenen Koordinatensystemen

In Mathematica sind Sie nicht auf das kartesische Koordinatensystem eingeschränkt – vielmehr können Sie aus 14 Koordinatensystemen auswählen! Mathematica stellt für diese Koordinatensysteme nicht nur Konversions- und Rechen-Kommandos zur Verfügung, sondern auch Kommandos zur Berechnung des Gradienten, der Divergenz und der Rotation von skalaren bzw. vektoriellen Funktionen.

```
Needs["Calculus`VectorAnalysis`"]

SetCoordinates[ Cylindrical[r, theta, z] ];

JacobianMatrix[]  //MatrixForm
Cos[theta]          -(r Sin[theta])   0
Sin[theta]          r Cos[theta]      0
0                   0                 1
```

```
Grad[ f[r,theta,phi], Spherical]     (* Gradient einer allg. Funk. *)
                                    (0,1,0)
   (1,0,0)                         f       [r, theta, phi]
{f       [r, theta, phi],          ------------------------,
                                              r
                 (0,0,1)
 Csc[theta] f       [r, theta, phi]
 --------------------------------}
                r

Curl[ {y Cos[z], x Sin[z], z}, Cartesian]             (* Rotation *)
{-(x Cos[z]), -(y Sin[z]), -Cos[z] + Sin[z]}
```

Statistik, Wahrscheinlichkeitsrechnung

Mathematica ist durch seine leistungsstarken Listenkommandos ideal zur Bearbeitung umfangreicher und komplexer Datenmengen geeignet. Daneben stellt Mathematica Kommandos zum Hypothesen-Test sowie zur Berechnung aller wichtigen stetigen und diskreten Wahrscheinlichkeitsverteilungen zur Verfügung.

```
Needs["Statistics`Master`"]

data = {17, 12, 19, 18, 17, 16, 17, 15, 20,
        18, 17, 18, 18, 18, 16, 19, 20} //N;

StandardDeviation[data]             (* Standard-Abweichung *)

1.93459

MeanTest[data,17.3, TwoSided->True, SignificanceLevel->0.9]
{TwoSidedPValue -> 0.914197,

verteil=NormalDistribution[0,1];    (* Normalverteilungsfunktion *)

PDF[verteil,x]
         1
----------------
  2
 x /2
E     Sqrt[2 Pi]

Plot[ PDF[verteil,x],{x,-4,4}]     (* Bild 1.3 *)
Plot[ CDF[verteil,x],{x,-4,4}]     (* Bild 1.4 *)
```

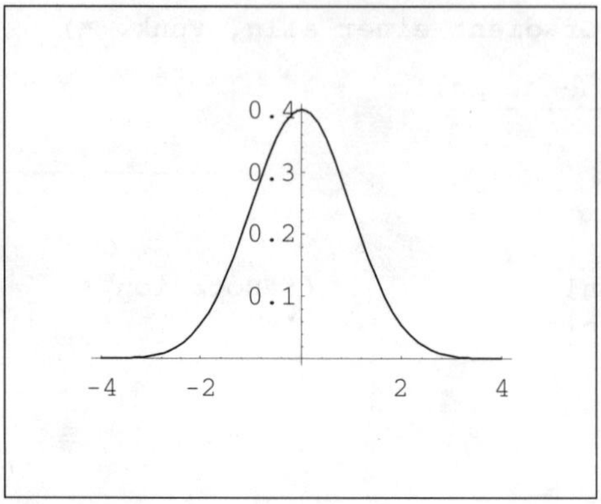

Bild 1.3: Die Wahrscheinlichkeitsdichtefunktion der Standard-Normalverteilung

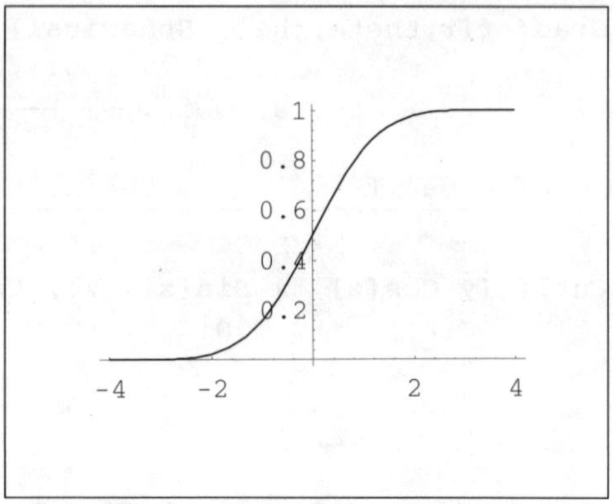

Bild 1.4: Die kumulierte Wahrscheinlichkeitsdichte der Standard-Normalverteilung

Interpolations- und Regressionsfunktionen

Mathematica besitzt zwei unterschiedliche Kommandos zum Aufstellen von Interpolationsfunktionen: `Interpolation` bildet die gesuchte Funktion durch stückweises Aneinanderfügen von Polynomen, `InterpolationPolynomial` stellt dagegen ein einziges Polynom (n-1)sten Grades auf. Bei beiden Kommandos führt die resultierende Kurve durch alle gegebenen Datenpunkte.

```
list1=Table[Random[Real,10], {10}]; (* zehn zufällige Datenpunkte *)

f1 = Interpolation[list1];

f2[x_] := InterpolatingPolynomial[list1, x] //Expand
```

$$1734.63 - 4747.52\, x + 5203.4\, x^2 - 3041.04\, x^3 + 1058.29\, x^4 - 229.936\, x^5 + 31.4776\, x^6 - 2.63794\, x^7 + 0.12356\, x^8 - 0.00247708\, x^9$$

```
g1=ListPlot[list1, PlotStyle->PointSize[0.03]]
g2=Plot[f1[x], {x,1,10}]
g3=Plot[Evaluate[f2[x]], {x,1,10}]
Show[g2,g1]    (* Bild 1.5 *)
Show[g3,g1]    (* Bild 1.6 *)
```

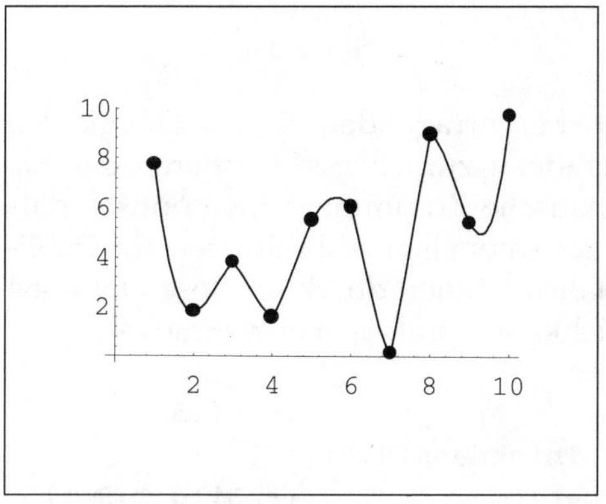

Bild 1.5: Interpolationskurve durch zehn Punkte

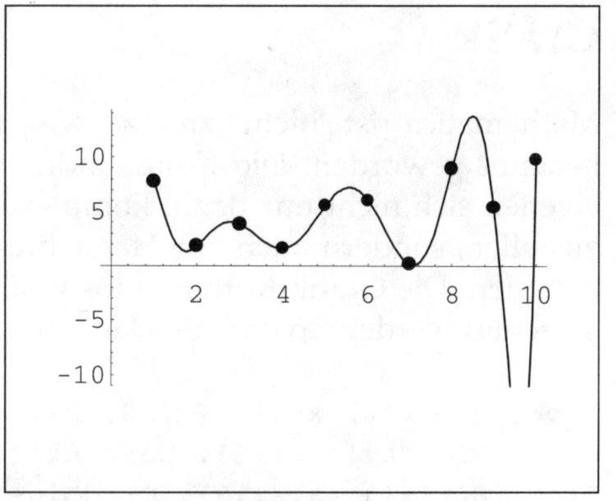

Bild 1.6: Interpolationspolynom neunten Grades durch die gleichen Datenpunkte

`Fit` versucht, die Koeffizienten für gegebene Grundfunktionen (im Beispiel unten 1, x und x^2) optimal zu wählen, so daß die resultierende Funktion möglichst nahe an den Datenpunkten vorbei führt. Im Beispiel liegen die Datenpunkte mit zufälligen Abweichungen nahe einer Sinus-Kurve.

```
list1=Table[Random[Real,100],{30}];
list2=Sin[list1 / 100 * Pi] + Table[Random[Real,0.3],{30}] //N;
data=Transpose[{list1,list2}];
f1[x_] = Fit[data, {1,x,x^2}, x]
```

$0.18248 + 0.0379308\,x - 0.000389176\,x^2$

```
gr1=ListPlot[data, PlotStyle->PointSize[0.01],
      DisplayFunction->Identity]
gr2=Plot[f1[x],{x,0,100},DisplayFunction->Identity]
Show[gr1,gr2]                          (* Bild 1.7 *)
```

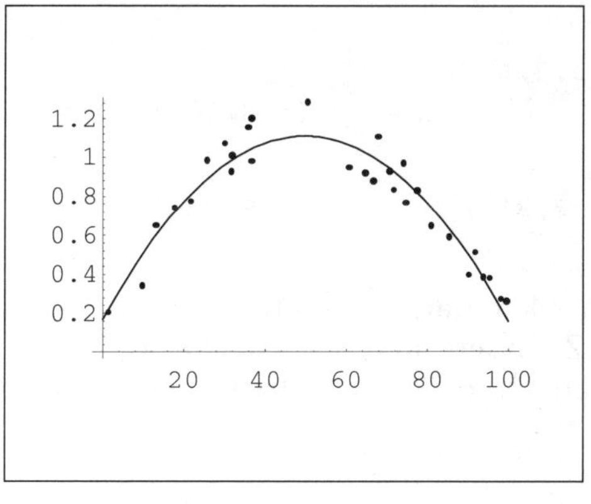

Bild 1.7: Quadratische Regressionskurve durch die Datenpunkte

Grafik

Mathematica ist nicht zuletzt wegen seiner hervorragenden Grafik-Fähigkeiten bekannt geworden. Die Kommandos laden geradezu zum Experimentieren ein. Sie eigenen sich nicht nur dazu, komplexe mathematische Zusammenhänge optisch darzustellen, sondern auch zur Herstellung von professionellen Abbildungen für Publikationen. Die Grafik-Kommandos von Mathematica können durch zahllose Optionen gesteuert werden, so daß die Darstellungsmöglichkeiten praktisch grenzenlos sind.

```
Plot[ {x, x^2, x^3}, {x, 0, 3},                          (* Bild 1.8 *)
      PlotStyle->{ {}, Dashing[{0.05}], Thickness[0.01]} ]
Plot[ Sin[x], {x,-1,2}, GridLines->Automatic,            (* Bild 1.9 *)
      Frame->True]
```

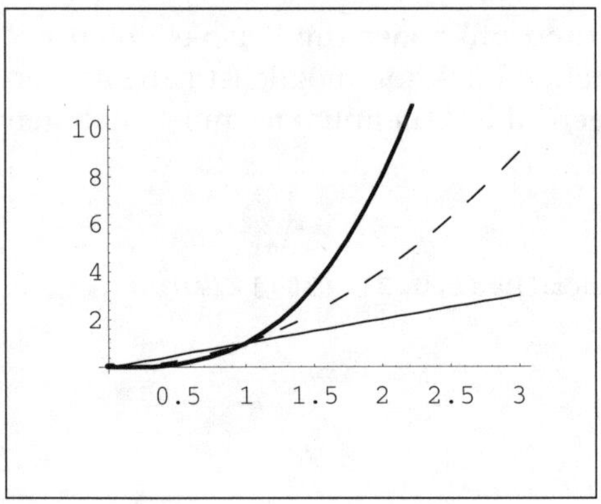

Bild 1.8: Die Kurven x, x^2 und x^3 sind durch verschiedene Linieneinstellung unterscheidbar

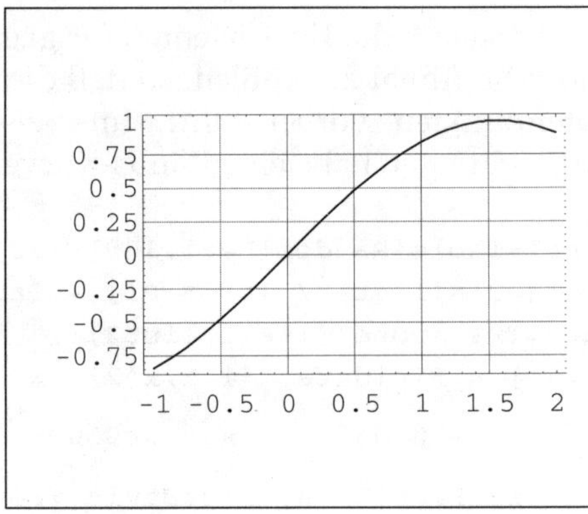

Bild 1.9: Ein Kurven-Diagramm mit Rahmen und Gitterlinien

Neben »normalen« zweidimensionalen Funktionen der Form y=f[x] kann Mathematica auch parametrische und implizite Funktionen zeichnen:

```
ParametricPlot[ {t Cos[t], t Sin[t]}, {t,0,6 Pi},
  AspectRatio->Automatic]                                (* Bild 1.10 *)
Needs["Graphics`ImplicitPlot`"]
ImplicitPlot[ x^2 - x == y^3 - 3 y, {x,-3,3} ]          (* Bild 1.11 *)
```

Auch dreidimensionale Grafiken stellen kein Problem dar, wobei auch parametrische Funktionen in kartesischen Koordinaten, in Zylinder- und in Kugel-Koordinaten gezeichnet werden können. Die Grafiken können beliebig gedreht und skaliert werden. Sowohl der Blickpunkt auf die Grafik, als auch die Beleuchtung der Grafik durch verschiedene Lichtquellen ist frei einstellbar.

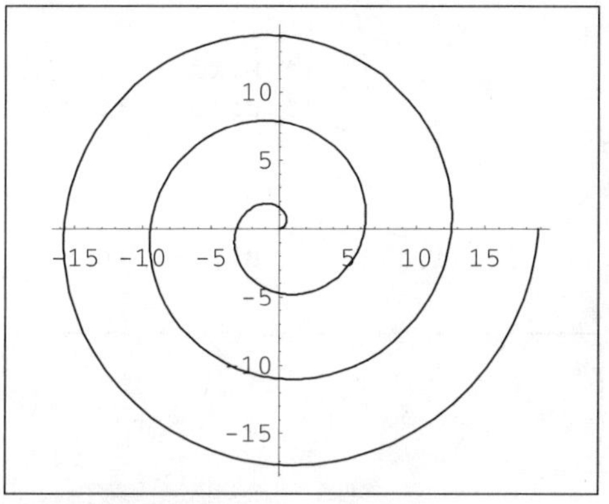

Bild 1.10: Die Spirale ist durch die parametrische Funktion x=t Cos[t], y=t Sin[t] definiert

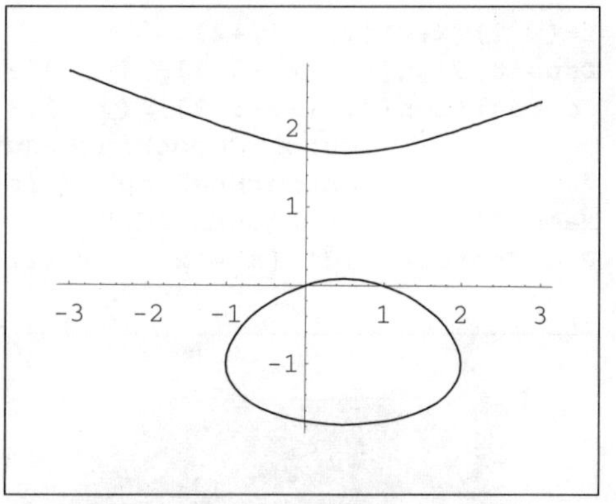

Bild 1.11: Die implizite Funktion x^2-x==y^3-y^2

```
Plot3D[ Im[Sin[ x + I y]], {x,0,2 Pi},
        {y,-Pi/2, Pi/2}]                          (* Bild 1.12 *)
Plot3D[ Sin[Sqrt[x^2+y^2]] * Exp[-0.1 Sqrt[x^2+y^2]],
        {x,-Pi,5Pi}, {y,-3Pi,3Pi},
        PlotPoints->20, Shading->False]           (* Bild 1.13 *)
```

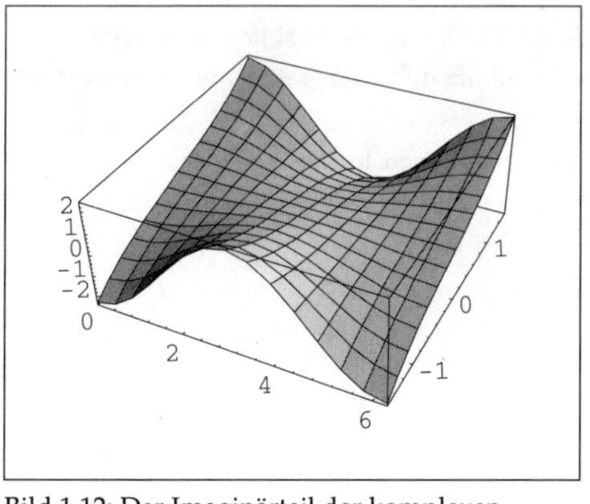

Bild 1.12: Der Imaginärteil der komplexen Sinus-Funktion

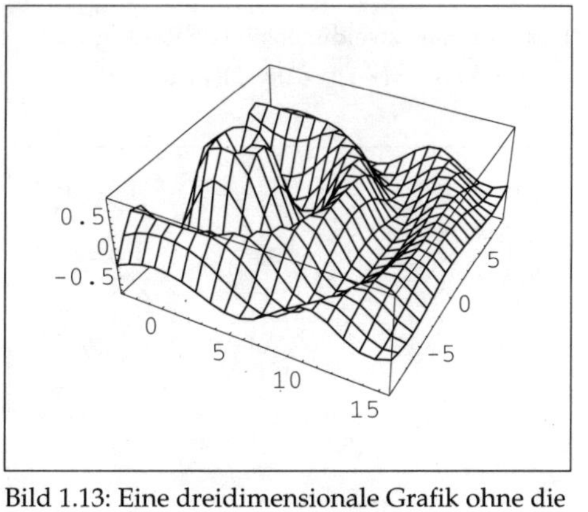

Bild 1.13: Eine dreidimensionale Grafik ohne die schattierte bzw. farbige Darstellung der Flächenstücke (Shading->False)

Daneben stehen jede Menge Spezialkommandos zur Verfügung, mit denen beispielsweis zweidimensionale Funktionen als Rastergrafiken oder vektorielle Funktionen in Vektorfeldern dargestellt werden..

```
f=(x-1)(x+2)(y-2)(y+2);
DensityPlot[f, {x,-3,3}, {y,-3,3}]                    (* Bild 1.14 *)
ContourPlot[f, {x,-3,3}, {y,-3,3},                    (* Bild 1.15 *)
          ContourSmoothing->Automatic,
          ContourShading->False]
Needs["Graphics`PlotField`"]
PlotVectorField[ {x y^2, y x^2}, {x,-1,1}, {y,-1,1}]  (* Bild 1.16 *)
```

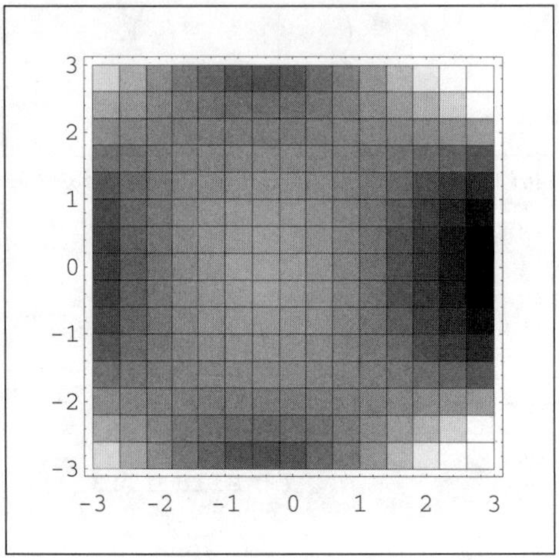

Bild 1.14: Eine zweidimensionale Rastergrafik der Funktion f=(x-1)(x+2)(y-2)(y+2)

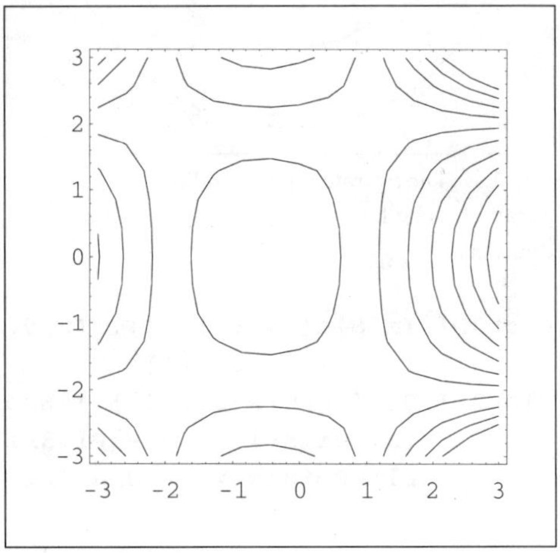

Bild 1.15: Die gleiche Funktion in Höhenlinien-Darstellung durch das Kommando ContourPlot

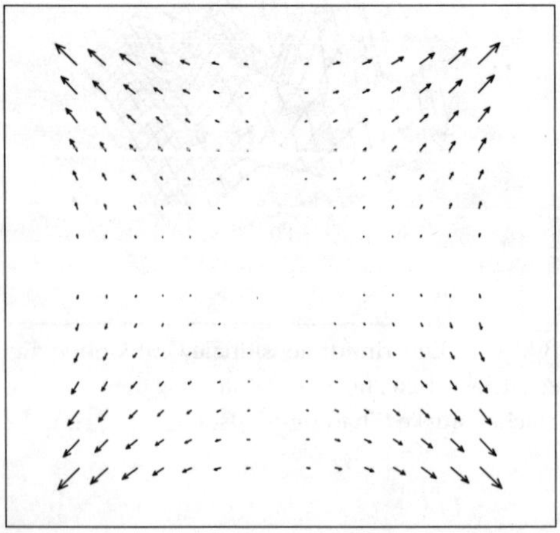

Bild 1.16: Ein zweidimensionales Vektorfeld

Wenn die vorhandenen Kommandos nicht mehr ausreichen, besteht die Möglichkeit, Grafiken durch Einzelelemente (Punkte, Linien, Polygone,..) selbst zusammenstellen. Auf diese Weise können Sie beinahe jede vorstellbare Grafik realisieren.

```
list1 = Table[ Line[{{1,x},{1-x,1}}], {x,0,1,0.02}];
list2 = Table[ Line[{{0,x},{1-x,0}}], {x,0,1,0.02}];

Show[ Graphics[ Join[list1,list2], AspectRatio->1] ]   (* Bild 1.17 *)
```

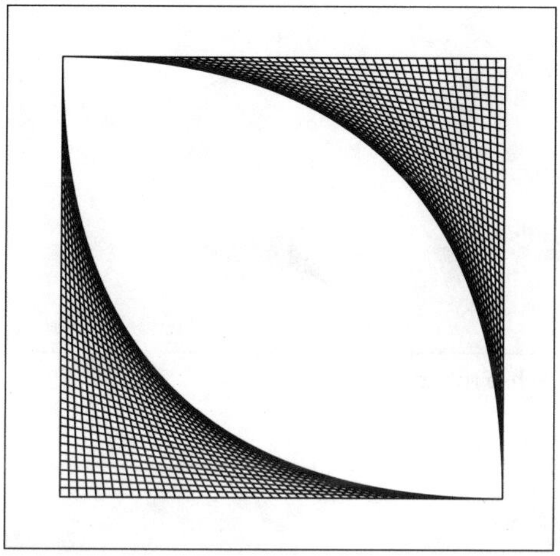

Bild 1.17: Die zweidimensionale Grafik ist aus einigen Line-Kommandos zusammengesetzt

Mathematica unterstützt sogar bewegte Grafiken. Die einzelnen Bilder müssen im voraus berechnet werden und können anschließend wie ein Film angezeigt werden. Bild 1.18 zeigt 16 solcher Bilder, die in einem endlosen Film die Drehung einer dreidimensionalen Fläche zeigen.

```
Needs["Graphics`Animation`"]

grafik = Plot3D[ Sin[x y], {x,0,Pi/2}, {y,0,Pi/2},
                 PlotPoints->10, Boxed->False, Axes->False];

SpinShow[grafik, Frames->16]    (* die Grafik in 16 Schritten
                                   um die z-Achse drehen *)

Show[ GraphicsArray[ Transpose[Partition[%,4]],        (* Bild 1.18 *)
                     GraphicsSpacing->{0.4,0}    ] ]
```

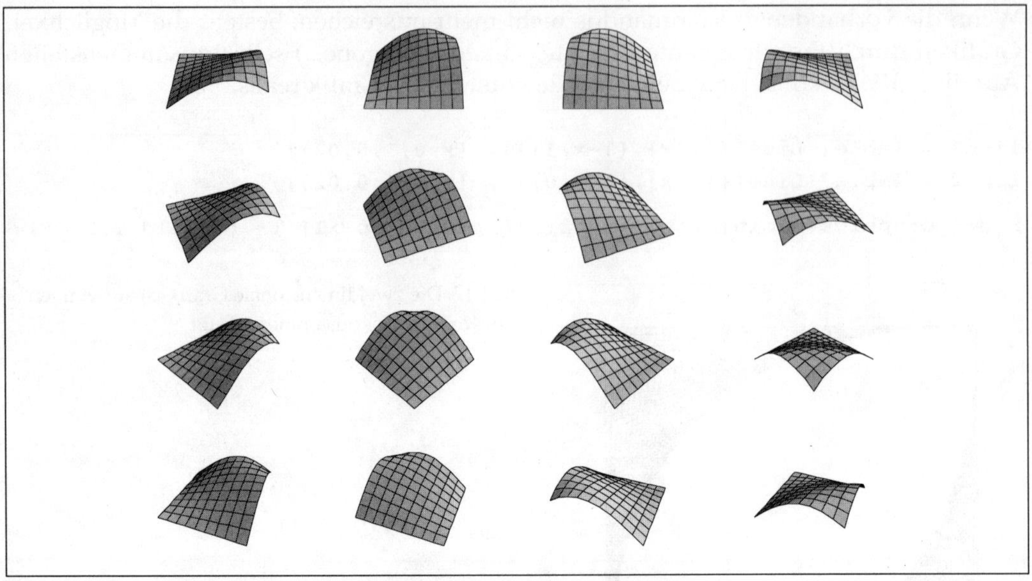

Bild 1.18: Die Fläche Sin[x y] wurde in 16 Bildern um die z-Achse rotiert

Programmierung

Mathematica ist nicht nur ein System zur Berechnung mathematischer Ausdrücke, sondern eine vollständige Programmiersprache. Das Programmieren beginnt mit der Definition eigener Funktionen und endet mit der Erweiterung von Mathematica durch zusätzliche Kommandos in eigenen Packages. Im zweiten Beispiel unten wird das neues Kommando `PlotMultiple` definiert, mit dem (ausgehend vom vorhandenen Kommando `Plot`) Kurvenscharen sehr bequem gezeichnet werden können.

```
f[n_]:=f[n-1] + f[n-2]      (* Definition einer rekursiven Funktion *)
f[0]=f[1]=1;

f[6]

13

PlotMultiple[func_, list1_, list2_, options___]:=
  Plot[ Evaluate[ Table[func, list1]], list2, options]

PlotMultiple[ Sin[c x], {c,1,5}, {x,0,Pi}]              (* Bild 1.19 *)
```

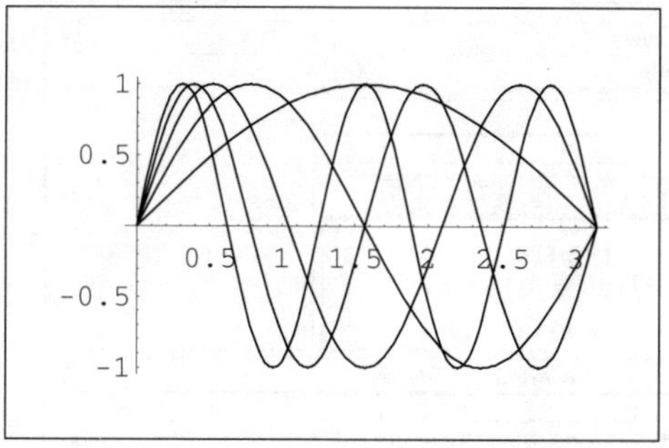

Bild 1.19: Die Kurvenschar wurde mit dem selbst definierten Kommando PlotMultiple gezeichnet

Die Notebook-Oberfläche

Einige Mathematica-Versionen (zur Zeit für Apple-Macintosh- und NeXT-Rechner sowie für PCs mit Windows) sind mit einer grafischen Benutzeroberfläche ausgestattet. Zentrales Element dieser Oberfläche sind sogenannte »Notebooks«. Ein Notebook enthält die von Ihnen eingegebenen Kommandos und die Reaktion von Mathematica (inklusive Grafik) auf diese Kommandos. Notebooks werden in eigenen Dateien gespeichert und können später bequem wieder geladen und nochmals ausgeführt werden.

Mehrere Notebooks werden in voneinander unabhängigen Fenstern dargestellt, es besteht die Möglichkeit, Daten (Texte, Formeln, Grafiken,..) von einem Fenster in das andere zu kopieren.

Außerdem ist in Notebooks die Eingabe von Texten in allen Schriftarten und -größen erlaubt, so daß Sie vollständige mathematische Texte (Herleitungen, Aufgabensammlungen, etc.) bestehend aus Berechnungen, Grafiken, Erklärungen, Überschriften, etc. schreiben können.

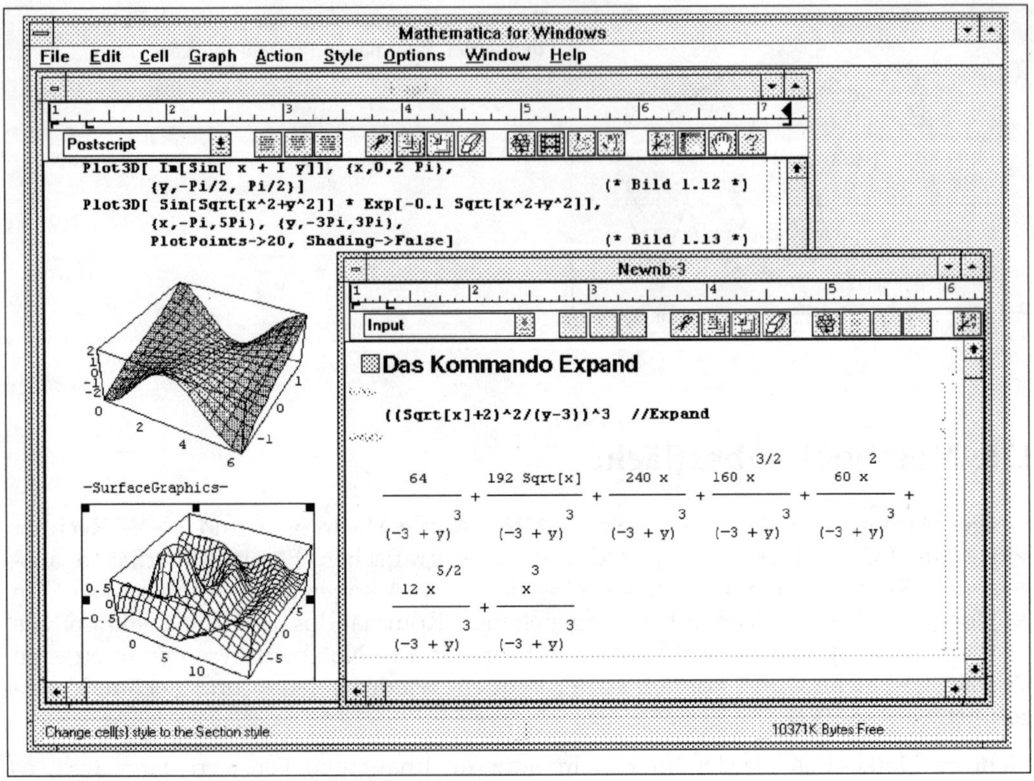

Bild 1.20: Die Notebook-Oberfläche von Mathematica 2.1 für Windows

2 Mathematica als Taschenrechner verwenden

Selbstverständlich stellt Mathematica keinen sinnvollen Ersatz für Ihren Taschenrechner – wenn Sie schnell einige Zahlen addieren möchten, ist der Overhead von Mathematica viel zu groß. Dieses Kapitel soll Sie also nicht dazu ermutigen, Ihren Taschenrechner wegzuwerfen, vielmehr sollen Sie ein Gefühl dafür bekommen, wie Mathematica mit Zahlen(werten) umgeht. Dabei treten nämlich durchaus einige Unterschiede zur Behandlung von Zahlen durch Taschenrechnern aus. So versucht Mathematica in der Regel, Genauigkeitsverluste durch die explizite Berechnung mathematischer Terme zu vermeiden. Wenn Sie Mathematica dazu zwingen, einen konkreten Zahlenwert auszurechnen, können Sie die gewünschte Stellenanzahl (auch 100 oder 1000 Stellen!) angeben. Spätestens an dieser Stelle wird Ihr noch so wissenschaftlicher Taschenrechner den Wettkampt mit Mathematica aufgeben müssen.

```
2+3
```

```
5
```

Mathematica berechnet das Ergebnis der Eingabe »2+3« nur dann, wenn Sie die Eingabe (je nach Version) mit `Shift`+`Return` oder `Enter` (rechter Tastenblock) oder `Insert` abschließen. Die normale Return-Taste ist bei den meisten Mathematica-Versionen nicht ausreichend! Sie können diese Taste verwenden, um eine lange Eingabe auf mehrere Zeilen zu verteilen – die Auswertung der Eingabe erfolgt dann erst nach dem Drücken der »Aktionstaste«.

```
2 3
6
```

```
2^3
8
```

Zur Multiplikation zweier Zahlen können Sie das Zeichen »*« verwenden – Sie müssen aber nicht. Ein Leerzeichen wird ebenfalls als Multiplikation aufgefaßt. Zum Potenzieren verwenden Sie das Zeichen »^« (auf DOS-Tastaturen oberhalb der Tabulator-Taste zu finden, anschließend Leertaste drücken).

```
1/2
1
-
2

1/2 + 1/3
5
-
6
```

Wenn Bruchzahlen vom Computer durch Fließkommazahlen ersetzt werden (also 0.83333333 statt 5/6), dann kommt es zu einem Genauigkeitsverlust. 5/6 ist »unendlich« genau, 0.83333333 dagegen nur auf 8 Nachkommastellen. Aus diesem Grund vermeidet es Mathematica, das Ergebnis der obigen Kommandos explizit auszurechnen.

Wie Sie sehen, gilt das auch für die Berechnung der Quadratwurzel mit der Funktion `Sqrt[]`. `Sqrt[]` ist eine der zahllosen in Mathematica eingebauten Funktionen. Beachten Sie insbesondere, daß Mathematica bei Funktionsparametern auf eckigen Klammern besteht und eine korrekte Groß-/Kleinschreibung verlangt! (Alle Mathematica-Funktionen oder Schlüsselwörter beginnen mit einem Großbuchstaben. Eigene Variablen, Formeln,.. sollten dagegen mit Kleinbuchstaben beginnen, um sich so optisch von den vordefinierten Schlüsselwörtern zu unterscheiden.)

```
Sqrt[2]
Sqrt[2]

N[ Sqrt[2] ]
1.41421

N[ Sqrt[2], 60]
1.41421356237309504880168872420969807856967187537694807317668
```

Wenn Sie ein numerisches Ergebnis sehen möchten, können Sie die Funktion `N[]` verwenden. Ohne zusätzliche Parameter wird das Ergebnis unter Verwendung der schnellen, allerdings Hardware-abhängigen Rechenfunktionen des Prozessors oder Betriebssystems berechnet. Die Genauigkeit ist von Ihrem Rechner abhängig, sie beträgt normalerweise etwa 16 Stellen. Wenn Sie als zweiten Parameter eine Stellenanzahl angeben, dann verwendet Mathematica eigene Rechenroutinen und ermittelt das Ergebnis in (beinahe) jeder gewünschten Genauigkeit. Die tatsächlich erreichbare Genauigkeit wird vor allem durch zwei Faktoren beschränkt: durch die Rechenzeit und durch den zur Verfügung stehenden Speicher.

```
Sqrt[2] Sqrt[8] - 4
0

N[Sqrt[2]] N[Sqrt[8]] - 4
          -16
8.88178 10
```

Das obige Beispiel zeigt deutlich den Unterschied zwischen Mathematicas exakten Ansatz (der das Ergebnis 0 »unendlich genau« liefert) und der Verwendung der typischen Computer-Arithmetik, in der Rundungsfehler unvermeidbar sind.

```
Sqrt[2.]
1.41421
```

```
Sqrt[2.0000000000000000000000000]
1.4142135623730950488016887
```

Wenn die Ausgangswerte einer Berechnung nur in eingeschränkter Genauigkeit vorliegen, dann ermittelt Mathematica auch die Ergebnisse in dieser Genauigkeit. Die Zahl 2. betrachtet Mathematica als Zahl in der Genauigkeit der Recheneinheit Ihres Computers. Die Genauigkeit von 2.000000000000000 ist für Mathematica ebensogroß wie die Anzahl der Stellen.

```
149.6 10^9 / (3 10^8)
498.667
```

Das Ergebnis oben gibt die Zeit (in Sekunden) an, die ein Lichtstrahl von der Sonne bis zur Erde benötigt (Entfernung Sonne-Erde: $149.6*10^9$ m, Lichtgeschwindigkeit $3*10^8$ m/s). Beachten Sie vor allem die Schreibweise für große Zahlen mit `10^n`. Abkürzungen, wie Sie bei einigen Taschenrechnern und vielen Programmiersprachen üblich sind (z.B. 149.6E9) sind in Mathematica nicht zulässig. Aus diesem Grund sind auch die Klammern um `(3 10^8)` notwendig – sonst wird nur durch 3 dividiert und anschließend mit 10^8 multipliziert.

Wenn Sie (wie im obigen Beispiel) die Reihenfolge der Berechnung durch Klammern bestimmen möchten, müssen Sie hierfür runde Klammern verwenden – eckige Klammern sind nicht zulässig. Die Anzahl der Klammerebenen ist unbegrenzt. Kommentare werden zwischen `(*` und `*)` eingeschlossen. In den Notebook-Versionen von Mathematica können Sie auch einfach eigene Zellen für Kommentare, Überschriften, Hinweise, etc. verwenden – allerdings müssen Sie darauf achten, daß Sie die Eingabe solcher Zellen nicht mit der Aktionstaste abschließen (das wird rasch zur Gewohnheit). Mathematica meldet sich in solchen Fällen mit zahllosen Syntax-Fehler-Meldungen.

```
Sin[Pi/4]   (* das sind 45 Grad *)
   1
-------
Sqrt[2]
```

```
%
   1
-------
Sqrt[2]
```

```
% //N
0.707107
```

Die Zahl `Pi` (3.1415927...) ist in Mathematica natürlich schon vordefiniert – beachten Sie die korrekte Schreibweise (Groß- und Kleinschreibung)! Bei den Winkelfunktionen wird das Argument in Bogengrad angegeben, `2*Pi` entspricht 360 Grad.

Mit `%` können Sie das Ergebnis der (zeitlich) letzten Berechnung wiederverwenden. Mit `//` können Sie an alle Eingaben zusätzliche Kommandos anhängen – normalerweise zur Formatierung der Ausgabe. Mit `// N` erreichen Sie wie mit `N[]` eine numerische Auswertung in der Maschinengenauigkeit. Wenn Sie eine höhere Genauigkeit wünschen, müssen Sie `N[%,stellen]` eintippen, `//` ist in diesem Fall nicht zielführend. `//` ist vor allem deswegen sehr bequem, weil Sie damit eine schon vorhandene Eingabe mit minimaler Tipparbeit ergänzen können.

```
erdradius=6370      (* in km *)
6370

flaeche=erdradius^2 Pi   //N
          8
1.27476 10
```

Die Zeilen oben zeigen, daß Sie jederzeit eigene Variablen (bzw. Konstanten) definieren und zur Speicherung von Zwischenergebnissen verwenden können. Grundsätzlich sind in den Variablennamen auch deutsche Sonderzeichen (z.B. »fläche«) erlaubt, allerdings kann es dann Probleme beim Austausch von Mathematica-Dateien zwischen unterschiedlichen Rechnern geben.

```
5!
120

100!

93326215443944152681699238856266700490715968264381621468592963895217\
 59999322991560894146397615651828625369792082722375825118521091686\
 4000000000000000000000000
```

Die Berechnung der Fakultät erfolgt – denkbar einfach – durch ein nachgestelltes Ausrufezeichen. Mathematica berechnet auch große Fakultäten anstandslos (probieren Sie 100! einmal auf Ihrem Taschenrechner).

```
E^2  //N
7.38906

Exp[2]  //N
7.38906

Log[E^0.5]
0.5

Log[2,256]
8
```

Die eulersche Zahl wird in Mathematica groß geschrieben. E^n kann alternativ auch mit `Exp[n]` berechnet werden. Die Logarithmus-Funktion `Log` arbeitet generell für die Basis `E` (2.71828...). Wenn Sie den Logarithmus zu einer anderen Basis berechnen wollen, müssen Sie zuerst die Basis und als zweiten Parameter den Zahlenwert angeben.

```
-20 I + 200 I / (20 + 10 I)
4 - 12 I

Abs[4 - 12 I]  //N
12.6491

Arg[4 - 12 I]  //N
-1.24905

% 180/Pi //N
-71.5651
```

Mathematica rechnet mit komplexen Zahlen ebenso selbstverständlich wie mit reelen Zahlen. Mathematica erwartet sich diese Zahlen in der Form a+b*I, wobei `I` die imaginäre Einheit `Sqrt[-1]` darstellt. Achten Sie auf die Großschreibung!

Das nächste Beispiel zeigt einfache Beispiele zur Matrizenrechnungen, die auch mit besseren wissenschaftlichen Taschenrechnern durchgeführt werden können. Matrizen werden in verschachtelten Listen definiert, wobei zur Abgrenzung der einzelnen Zeilen geschwungene Klammern verwendet werden. Als Operator zur Matrizenmultiplikation wird einfach ein Dezimalpunkt verwendet. Um die Ausgabe der Ergebnismatrix optisch zu verschönern, geben Sie das Kommando `MatrixForm` an.

```
mat1={ { 1,  2, 3},
       { 7, 11,-3} };
mat2={ { 0, 7},
       {-3,17},
       { 5,-1} };

mat3=mat2 . mat1 + IdentityMatrix[3]
{{50, 77, -21}, {116, 182, -60}, {-2, -1, 19}}

% //MatrixForm
50    77    -21
116   182   -60
-2    -1    19

Det[mat3]
4224
```

```
Inverse[mat3]  // MatrixForm
 1699      721       133
 ----   -(----)   -(---)
 2112      2112      704
   521      227       47
-(----)    ----      ---
  1056      1056      352
  31         13        7
  ---    -(---)       ---
  528        528       176
```

`Det` berechnet die Determinante einer Matrix, `Inverse` die Umkehrmatrix (besonders interessant zum Lösen von linearen Gleichungssystemen).

Das letzte Beispiel dieses Kapitels zeigt den Umgang mit statistischen Funktionen. Dazu müssen zuerst mit dem `Needs`-Kommando die statistischen Funktionen geladen werden, die nicht Teil der Grundfunktionen von Mathematica sind. Die Statistik-Funktionen befinden sich stattdessen in einem sogenannten »Package« mit Erweiterungsfunktionen. Zusammen mit Mathematica 2.0 werden zahlreiche Packages für viele Spezialanwendungen mitgeliefert. Wichtige Hinweise zum Umgang mit Packages finden Sie in der »Überlebensregel 8« in Kapitel 4.

```
Needs["Statistics`Master`"]

liste={10.2, 9.9, 10, 9.95, 10, 10.1, 10.4, 9.3, 9.85, 10.05, 10.1}
{10.2, 9.9, 10, 9.95, 10, 10.1, 10.4, 9.3, 9.85, 10.05, 10.1}
Mean[list]

General::spell1:
   Possible spelling error: new symbol name "list"
     is similar to existing symbol "liste".

Mean[list]

Mean[liste]
9.98636

StandardDeviation[liste]
0.27303
```

Die Definition einer Liste sieht ähnlich aus wie oben die Definition einer Matrix. Der erste Versuch, den Mittelwert mit `Mean` zu berechnen scheitert wegen eines Tippfehlers. Mathematica ist sehr aufmerksam und weist auf die Möglichkeit eines Tippfehlers hin. (Falls bei Ihrer Mathematica-Version keine Warnungmeldung erscheint, werfen Sie einen Blick in Anhang A zur Konfiguration von Mathematica!). Nach der Warnmeldung gibt Mathematica die unausgewertete Eingabezeile zurück (`list` enthält ja keine Zahlenwerte, Mathematica ist daher nicht in der Lage, die gewünschte Berechnung durchzuführen). Bei Beachtung der richtigen Schreibweise im zweiten Versuch stellen die Berechnung der Standardabweichung und des Mittelwertes dann kein Problem mehr dar.

Mit Mathematica durchs Abitur

Um sich an den Umgang mit Mathematica zu gewöhnen, eignen sich einfache Beispiele hervorragend. Solche Beispiele haben mehrere Vorteile: Erstens kann die Lösung relativ einfach manuell bzw. mit einem Taschenrechner ermittelt werden, so daß die von Mathematica ermittelte Lösung kontrolliert werden kann. Zweitens sind die Lösungsverfahren zumeist so einfach, daß keine nenneswerten Wartezeiten auftreten (bei komplexeren Aufgaben kann es schon passieren, daß Mathematica einige Minuten rechnet!). Drittens sind in der Regel mehrere Lösungswege möglich – Experimentieren lohnt sich also.

Natürlich sind die Aufgaben in diesem Kapitel – verglichen mit Problemen, für die Mathematica normalerweise eingesetzt wird – trivial. Dennoch werden Sie auf den nächsten Seiten viele elementaren Mathematica-Kommandos kennenlernen, die Sie später in gleicher oder ähnlicher Weise auch für kompliziertere Probleme anwenden können. Außerdem zeigen die folgenden Beispiele einen Aspekt im Umgang mit Mathematica besser als die meisten folgenden Kapitel über »höhere« Mathematik: nämlich das Zusammenwirken mehrere Mathematica-Kommandos. Oft ist es gar nicht so einfach, das aus einem Kommando resultierende Zwischenergebnis im nächsten Kommando einzusetzen, womöglich nachträgliche Korrekturen einfügen, etc. In diesem Kapitel finden Sie dazu einige Tips.

Die Beschreibung der Mathematica-Kommandos ist in diesem Kapitel bewußt relativ knapp gehalten, weil die Kommandos im zweiten Teil des Buchs ohnedies noch ausführlich erklärt werden.

Gedämpfte Schwingung

Gegeben:

$$f(x) = 5\,e^{-0.1\,x}\ \sin x$$

Gesucht:

- Wertetafel und Graph für 0<=x<=3 Pi.
- Ab welchem Vielfachen k von Pi ist der Betrag der Amplitude y kleiner als 0.1?

```
fn[x_]:=5 E^(-0.1 x) Sin[x]
```

Die oben angeführte Funktion y wird in einer für Mathematica verständlichen Form definiert. Die Parameter der Funktion (hier nur x) müssen in eckigen Klammern angegeben werden und dort von einem Unterstrich _ gefolgt werden. Nach dem Zuweisungszeichen := und bei der späteren Verwendung der Funktion ist dieser Unterstrich nicht mehr notwendig (und auch gar nicht mehr erlaubt).

```
Plot[fn[x], {x,0,3 Pi} ]     (* Bild 3.1 *)
```

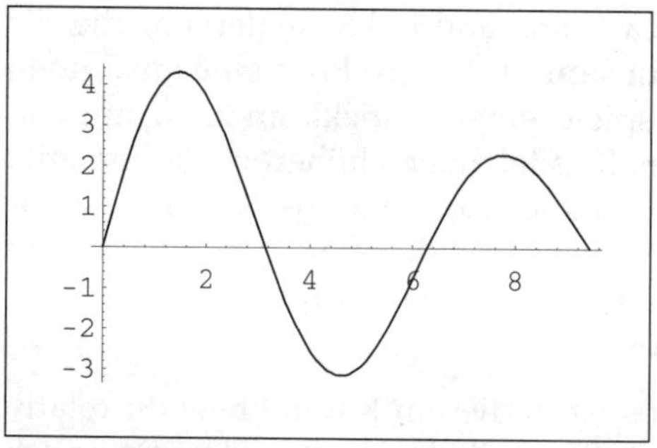

Bild 3.1: Eine gedämpfte Schwingung

Einen ersten Eindruck dieser Funktion vermittelt sehr bequem das `Plot`-Kommando. Im erspen Parameter dieses Kommandos wird die zu zeichnende Funktion angegeben. Im zweiten Parameter wird in einer Liste zuerst die Variable und anschließend der Wertebereich angegeben – die Funktion soll für x-Werte zwischen 0 und 3 Pi gezeichnet werden.

```
Table[ {x,f[x] }, {x,0,3 Pi, Pi/8} ]  //N  //TableForm

0          0
0.392699   -0.0400991
0.785398   -0.18233
1.1781     -0.531343

...
```

```
8.63938     1.05663
9.03208     1.05156
9.42478     1.04716
```

Mit `Table` wird eine Liste erzeugt. Als Parameter an dieses Kommando werden die Funktion bzw. eine Liste von Funktionen übergeben, deren Werte berechnet werden sollen, sowie eine zweite Liste, die die Variable und den gewünschten Wertebereich (von 0 bis 3 Pi mit einer Schrittweite von Pi/8) enthält. Wenn Sie das Kommando zum ersten Mal eingeben, werden Sie vermutlich die Erweiterungen `//N` bzw. `//TableForm` vergessen – das Ergebnis sieht dann recht unübersichtlich aus (probieren Sie es aus). Es ist aber problemlos möglich, die Eingabe anschließend zu modifizieren und neu auszuwerten, bis das Ergebnis Ihren Erwartungen entspricht. Gerade die ersten Versuche mit Mathematica erfolgen häufig nach der Methode »Versuch und Irrtum« – Mathematica verhält sich hier in der Regel ziemlich tolerant.

Die beiden ersten Teilaufgaben sind nun gelöst. Als nächstes soll ermittelt werden, ab welchem x-Wert (ausgedrückt in einem Vielfachen von Pi) der Betrag der Funktion kleiner als 0.1 wird. Da die Sinus-Funktion nur einen Beitrag im Bereich +/-1 liefert, reicht eine Analyse der Exponential-Funktion vollkommen aus.

```
lsg = Solve[ 5 E^(-0.1 x)==0.1, x ]

Solve::ifun: Warning: Inverse functions are being used by Solve, so
     some solutions may not be found.
{{x -> 39.1202}}
```

Das Standard-Kommando für solche Probleme lautet `Solve`. Damit können Gleichungen bzw. Gleichungssysteme aller Art gelöst werden. Dabei können durchaus Probleme auftreten, wie die folgenden Beispiele noch zeigen werden. Im vorliegenden Fall liefert Mathematica aber sofort die korrekte Lösung. Die Warnung, daß durch die Verwendung inverser Funktionen einige Lösungen verloren gehen könnten, ist in diesem Beispiel nicht relevant. Achten Sie bei der Verwendung von `Solve` unbedingt darauf, daß Sie Gleichungen mit `==` formulieren müssen. `=` gilt als Zuweisungsoperator und hat mit dem Operator `==` zum Test auf Gleichheit nichts zu tun. Wenn Sie `=` verwenden, meldet sich Mathematica mit schwer verständlichen Fehlermeldungen. Im zweiten Parameter von `Solve` müssen Sie die Variable angeben, die ermittelt werden soll. `Solve` gibt die gesuchte Lösung als Substitutionsregel zurück: `x->39.12`. Der Operator `->` bedeutet: in x soll der Wert 39.12 eingesetzt werden. Die Lösungsregeln werden unter dem Namen »lsg« gespeichert – lsg ist jetzt ein von Ihnen definiertes Symbol (in einer Programmiersprache würde man sagen: eine Variable). Im nächsten Eingabekommando sehen Sie, wie Sie diese Regel verwenden können: Sie ergänzen eine Berechnung, die Sie mit x durchführen möchten, mit dem `ReplaceAll`-Operator `/.` und hängen anschließend die Lösungsregel an. Damit das Kommando numerisch ausgewertet wird, beenden Sie die Zeile mit `//N`.

```
k=x/Pi /. lsg // N
{12.4524}
```

Da in der Angabe des Abitur-Beispiels die Lösung k als Vielfaches von Pi gesucht ist, wurde der Lösungswert für x noch durch Pi dividiert.

```
Plot[ {Abs[fn[x]], 0.1}, {x,10 Pi,15 Pi} ]     (* Bild 3.2 *)
```

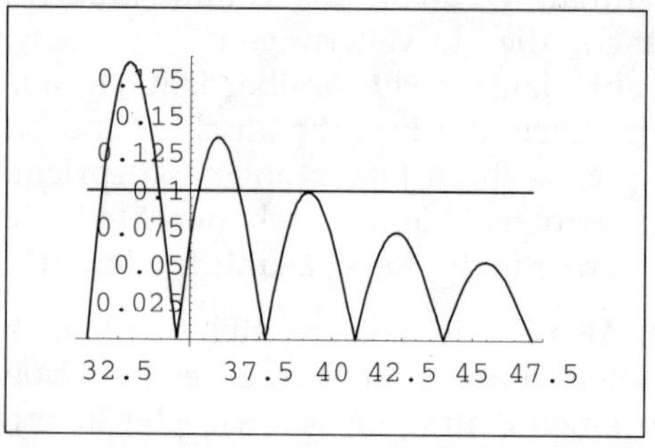

Bild 3.2: Kontrolle des rechnerischen Ergebnisses

Um das Ergebnis zu kontrollieren, werden die beiden Funktionen `y=Abs[fn[x]]` und `y=0.1` mit `Plot` für den Bereich 10 bis 15 Pi gezeichnet. Es ist deutlich zu sehen, daß der Betrag der Kurve ab x=38.5 (das sind 12.25 Pi) die Begrenzungslinie nicht mehr überschreitet.

Kurvendiskussion

Gegeben:

$$f(x) = \frac{x^2}{x^2 - 4}$$

Aufgabe:

Diskutieren Sie die Funktion f (Definitionsbereich, Symetrie, Asymptoten, Nullstellen, Extremwerte, Monotonie- und Krümmungsverhalten), und zeichnen Sie den Graphen für –5<=x<=5.

```
Remove["Global`*"]
```

Mit diesem Kommando werden alle bisher von Ihnen definierten Mathematica-Symbole wieder gelöscht. Das ist vor allem dann sinnvoll, wenn Sie ein neues Beispiel beginnen möchten. Bereits vordefinierte Symbole aus früheren Beispielen können dabei erheblich stören und eine Lösung unter Umständen ganz unmöglich machen!

Wenn Sie vor dem Lösch-Kommando sehen möchten, welche Symbole Sie definiert haben, geben Sie einfach `?Global`*` ein.

```
f[x_]:= x^2 / (x^2-4)
Plot[f[x],{x,-5,5}]      (* Bild 3.3 *)
```

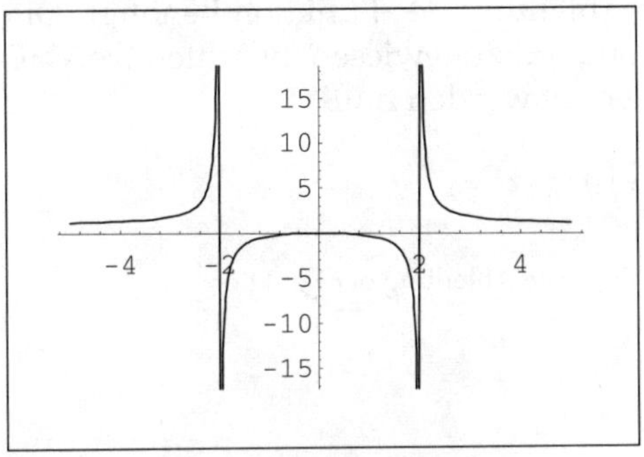

Bild 3.3: Der Verlauf der Kurve

```
Solve[f[x]==Infinity, x]
{{x -> 2}, {x -> -2}}
```

Mit `Solve` werden hier x-Werte gesucht, für die die Funktion unendlich wird. Für diese beiden Werte ist die Funktion nicht definiert. Das Ergebnis ist auch aus Bild 3.3 leicht zu erkennen.

```
f[x] == f[-x]
True
```

Mit diesem einfachen Test wird die Vermutung bewiesen, daß die Funktion Y-Achsen-symetrisch ist. Beachten Sie, daß der Gleichheitsoperator aus zwei Gleichheitszeichen besteht! Mathematica wertet die Gleichung aus und stellt fest, daß sie immer gilt. Daher wird als Ergebnis `True` zurückgegeben. (Bei komplizierteren Funktionen ist eine derart einfache Symetrie-Überprüfung übrigens nicht mehr möglich).

```
PolynomialQuotient[x^2, x^2-4, x]
1
```

`PolynomialQoutient` berechnet das Ergebnis der Division zweier Polynome (ohne Berücksichtigung des Rests), wobei die Division nach der Variablen x durchgeführt wird (der dritte Parameter ist vor allem bei Termen mit mehreren Variablen von Bedeutung). Das Ergebnis ist erwartungsgemäß 1, d.h. es gibt eine horizontale Asymptote mit y=1. Aus Bild 3.3 ist außerdem ersichtlich, daß es noch zwei vertikale Asymptoten bei x=-2 und bei x=2 gibt.

```
f1[x_] := D[ f[x], x]

f1[x]    (* f1 anzeigen *)
       3
  -2 x           2 x
----------- + --------
       2 2          2
(-4 + x )     -4 + x
```

Für die weiteren Rechenschritte wird die erste Ableitung der Funktion benötigt. Die Ableitung wird mit `D` berechnet und der Funktion f1[x] zugewiesen. Beachten Sie, daß für die Definition wieder `x_` als Parameter verwendet werden muß.

```
Plot[Evaluate[f1[x]], {x,-5,5}]      (* Bild 3.4 *)
```

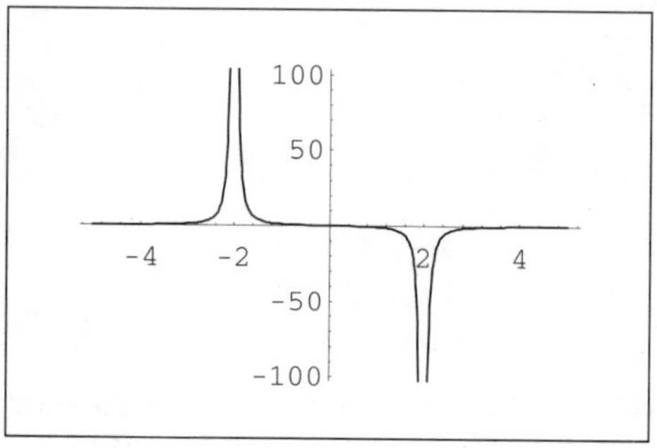

Bild 3.4: Die erste Ableitung der Funktion

```
Solve[f1[x]==0,x]
{{x -> 0}}
```

Die Funktion hat nur ein Extremum bei x=0. Die Funktion ist monoton steigend für f1[x]>0, d.h. für alle Punkte in Bild 3.4, die unter der x-Achse liegen.

```
f2[x_] := D[f1[x], x]   //Simplify

f2[x]      (* f2 anzeigen *)
          2
8 (4 + 3 x )
-------------
        2 3
 (-4 + x )
```

Bei der Berechnung der zweiten Ableitung wird mit `//Simplify` eine Vereinfachung des Ergebnisses erzwungen (sonst läßt Mathematica drei Brüche nebeneinander stehen, ohne sie auf gemeinsamen Nenner zu bringen).

```
f2[0]<0   (* Beweis, daß das Extremum ein Maximum ist *)
True
```

Mit der zweiten Ableitung wird festgestellt, daß es sich beim Extremum um ein Maximum handelt (das ist auch aus Bild 3.3 ersichtlich).

```
Solve[ f2[x]==0, x]
                2 I                -2 I
{{x -> ───────────}, {x -> ───────────}}
              Sqrt[3]              Sqrt[3]
```

Die Suche nach Wendepunkten liefert nur komplexe Lösungen, es gibt also keine Wendepunkte.

```
Plot[Evaluate[f2[x]],{x,-5,5}]      (* Bild 3.5 *)
```

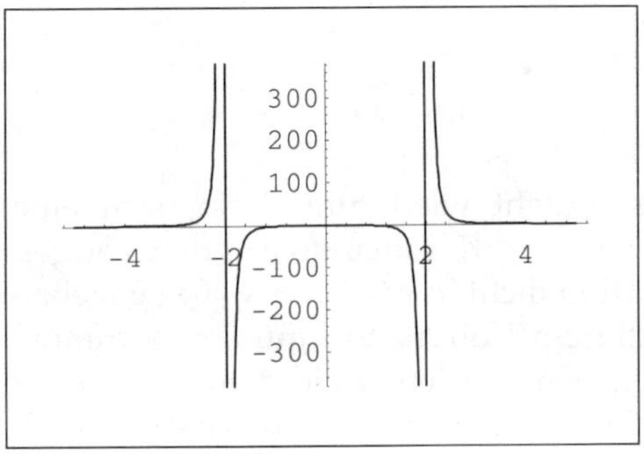

Bild 3.5: Die zweite Ableitung der Kurve

```
f2[0]
    1
-(───)
    2
```

Die Krümmung der Kurve ist konkav (nach links) für f2[x]>0. Aus Bild 3.5 ist nur schwer zu erkennen, ob die Kurve im Bereich x=0 tatsächlich kleiner 0 ist, aus diesem Grund wird der Funktionswert f2[x] explizit ermittelt. Ergebnis: -0.5 Die Kurve ist also konkav für x<-2 und für x>2.

Parametrische Gleichung in explizite Form umwandeln und darstellen

Aufgabe:

Bringen Sie die Funktion x=2 Cos[t], y=Cos[3t] in explizite Form, und diskutieren Sie den Graphen. Bestimmen Sie den Inhalt der Flächenstücke, die zwischen der Kurve und der x-Achse eingeschlossen werden.

```
Remove["Global`*"]   (* alte Definitionen löschen *)

ParametricPlot[ {2 Cos[t],Cos[3 t]}, {t,0,Pi} ]     (* Bild 3.6 *)
```

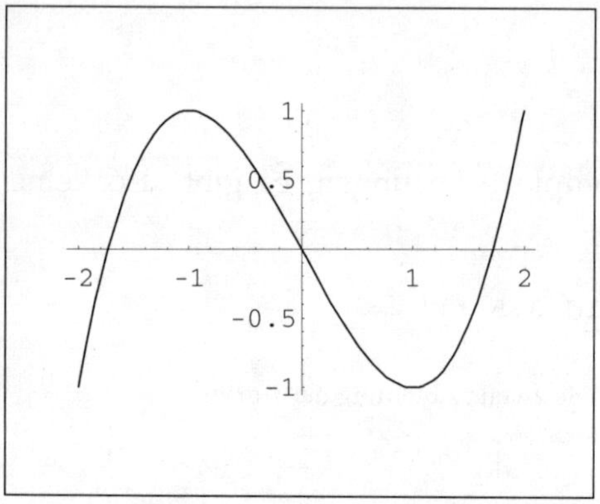

Bild 3.6: Veranschaulichung einer parametrischen Gleichung mit ParametricPlot

Der erste Schritt zur Lösung dieses Beispiels besteht wiederum darin, sich eine Vorstellung von der Funktion zu verschaffen. Das `Plot`-Kommando aus den vorigen Beispielen ist hier nicht brauchbar, weil die Funktion nicht in der Form y=f[x] gegeben ist. Dafür hilft `ParametricPlot` weiter. Bei diesem Kommando müssen getrennte Funktionen für die x- und y-Koordinaten angegeben werden, außerdem der Wertebereich für die Variable t. Ein sinnvoller Wertebereich kann am einfachsten durch Probieren ermittelt werden (zuerst 0 bis 2 Pi, dann 0 bis Pi, dann 0 bis Pi/2, etc.).

Der nächste Teil der Aufgabe besteht darin, die Funktion in expliziter Form darzustellen. Es muß also die Variable t aus den beiden Gleichungen eliminiert werden. Für solche Aufgaben stellt Mathematica das Kommando `Eliminate` zur Verfügung:

```
gl=Eliminate[ {x==2 Cos[t], y==Cos[3 t]},t]
```

```
Solve::ifun: Warning: Inverse functions are being used by
             Solve, so some solutions may not be found.
ArcCos[Cos[3 t]] == 3 ArcCos[Cos[t]] && x == 2 Cos[t] &&
 y == Cos[3 t]
```

Im ersten Parameter von `Eliminate` muß eine Liste der Gleichungen angegeben werden (vergessen Sie nicht auf den Operator ==). Der zweite Parameter enthält die zu eliminierende(n) Variable(n). Das Ergebnis des Kommandos ist leider ernüchternd. Von einer Elimination ist keine Rede.

```
gl=Eliminate[ {x==2 Cos[t],
               y==Cos[3 t] /. Cos[3 t]->4 Cos[t]^3 - 3 Cos[t] },
              t]
```

```
Solve::ifun: Warning: Inverse functions are being used by Solve, so
     some solutions may not be found.
                                                     2
x == 2 Cos[t] && y == Cos[t] (-3 + 4 Cos[t] )
```

Auch der zweite Versuch scheitert. Nachdem Mathematica mit dem Term `Cos[3t]` offensichtlich überfordert war, wurde hier ein »Tip« in Form einer Substitutionsregel angegeben. Mathematica wird also aufgefordert, in der zweiten Gleichung `Cos[3t]` durch `4 Cos[t]^3 - 3 Cos[t]` zu ersetzen. (Diese Beziehung kann aus mathematischen Formelwerken entnommen werden; unklar ist, warum Mathematica diese Umformung nicht selbst findet.) Leider bleibt das Ergebnis noch immer unbefriedigend.

```
gl=Eliminate[ {x==2 Cos[t],
               y==Cos[3 t] /. Cos[3 t]->4 Cos[t]^3 - 3 Cos[t] },
              Cos[t]]
                  2
2 y == x (-3 + x )
```

Jetzt hat es endlich geklappt! Im Unterschied zum obigen Kommando wurde Mathematica jetzt aufgefordert, den Term `Cos[t]` (anstatt nur `t`) zu eliminieren.

Dieses Beispiel zeigt sehr gut, daß beim Umgang mit Mathematica durchaus nicht immer alles auf Anhieb funktioniert – teilweise ist ein relativ großes mathematisches Verständnis des Nutzers notwendig, um Mathematica zur Kooperation zu überreden.

```
lsg=Solve[gl,y]
                   3
        -(3 x - x )
{{y -> ------------}}
             2

y[x_] := y /. lsg

y[x]  (* die Funktion anzeigen *)
          3
 -(3 x - x )
{-----------}
      2
```

Die beiden Kommandos oben sind notwendig, um aus der Lösungsgleichung mit `==` eine Funktion y[x] zu definieren. `Solve` löst die Gleichung nach y auf (dazu ist hier nur noch eine Division durch 2 notwendig). Im zweiten Kommando wird die Lösungsregel mit dem Operator `/.` in y eingesetzt und der Funktion y[x] zugewiesen. Achten Sie wiederum auf den Unterstrich in der Parameterliste.

```
Plot[y[x],{x,-2,2}]    (* Bild 3.7 *)
```

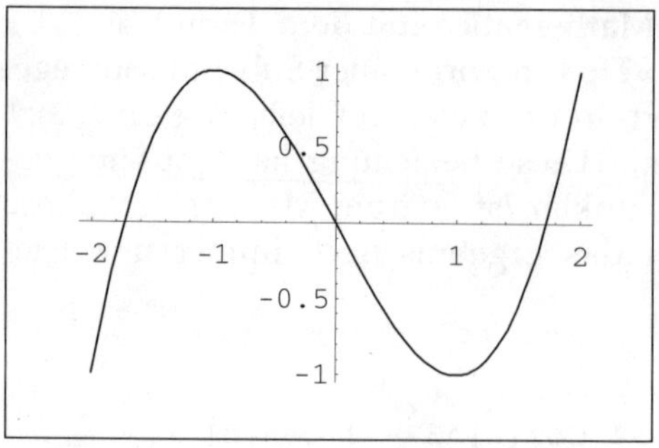

Bild 3.7: Zur Kontrolle wird y[x] nochmals in expliziter Form dargestellt. Der Wertebereich für y wurde aus Bild 3.6 übernommen.

Im zweiten Teil der Aufgabe soll ein Flächenintegral zwischen der Kruve und der x-Achse berechnet werden. Dazu müssen als erstes die Schnittpunkte der Kurve mit der x-Achse ermittelt werden:

```
Solve[y[x]==0,x]
{{x -> Sqrt[3]}, {x -> -Sqrt[3]}, {x -> 0}}
Integrate[y[x],{x,-Sqrt[3],Sqrt[3]}]
{0}
```

Dieses Ergebnis ist zwar mathematisch korrekt (die »positive« Fläche links wird von der »negativen« Fläche rechts kompensiert), es entspricht aber nicht der Aufgabenstellung. Daher wird das Integral nur für den linken Teil berechnet und anschließend mit 2 multipliziert.

```
2 Integrate[y[x],{x,-Sqrt[3],0}]
```

$\{\frac{9}{4}\}$

Extremwertrechnung 1

Gegeben:

Funktion f[x] für x>0:

$$f(x) = \frac{x}{8} + \frac{2}{x}$$

Aufgabe:

Zeichnen Sie den Graph der Kurve. In die Fläche zwischen Kurve und x-Achse ist ein Streifen mit der Breite 3 parallel zur y-Achse so einzufügen, daß seine Fläche möglichst klein wird. Berechnen Sie die Gleichung der beiden Parallelen.

```
Remove["Global`*"]  (* alte Definitionen löschen *)

f[x_] := x/8 + 2/x

Plot[f[x], {x,0.001,50}]     (* Bild 3.8 *)
```

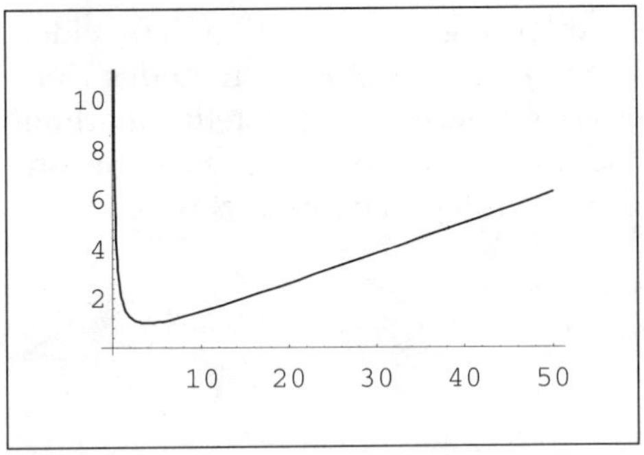

Bild 3.8: Der Verlauf der Kurve

```
flaeche = Integrate[ f[x], {x,start,start+3} ]
```

$$\frac{-start^2}{16} + \frac{(3 + start)^2}{16} - 2\ \mathrm{Log}[start] + 2\ \mathrm{Log}[3 + start]$$

In der vorliegenden Aufgabe soll also das Ergebnis eines Flächenintegrals minimiert werden, d.h. es sollen Start- und Endpunkt des Integrals ermittelt werden. Dazu wird als erstes diese Fläche in allgemeiner Form definiert, d.h. das Integral beginnt am Ort x=start und endet bei x=start+3. Die Verwendung des `Integrate`-Kommandos ist beinahe selbsterklärend, im ersten Parameter wird die zu integrierende Funktion, im zweiten Parameter der Integrationsbereich angegeben.

```
dflaeche=D[flaeche, start]

General::spell1:
   Possible spelling error: new symbol name "dflaeche"
     is similar to existing symbol "flaeche".
```

$$\frac{-2}{start} - \frac{start}{8} + \frac{2}{3 + start} + \frac{3 + start}{8}$$

Um die Extrema der Fläche zu ermitteln, wird die Funktion nach der Variablen `start` abgeleitet. Mathematica weist auf einen eventuellen Tippfehler hin, diese Vermutung ist hier allerdings unzutreffend.

```
Solve[dflaeche==0]
```

$$\{\{start \to \frac{-3 + \mathrm{Sqrt}[73]}{2}\}, \{start \to \frac{-3 - \mathrm{Sqrt}[73]}{2}\}\}$$

```
% //N
{{start -> 2.772}, {start -> -5.772}}
```

```
flaeche /. start->2.772
3.0689
```

Der Startpunkt wird durch Nullsetzen der ersten Ableitung ermittelt. Von den beiden Ergebnissen ist allerdings nur das erste relevant, das zweite liegt außerhalb des Definitionsbereiches (x>0). Mit `//N` wird das Ergebnis numerisch dargestellt, anschließend wird die resultierende Fläche berechnet, indem der Startwert mit einer Substitutionsregel in das vorher schon symbolisch berechnete Integral eingesetzt wird.

Extremwertrechnung 2, Integral

Aufgabe:

Der Ellipse $9\ x^2 + 16\ y^2 == 144$ soll ein möglichst großes Rechteck eingeschrieben werden, dessen Seiten parallel zu den Koordinatenachsen sind.

Gesucht:

a) Abmessungen des Rechtecks,
b) Volumen des Ellipsoids und des Zylinders bei Drehung um die x-Achse

```
Remove["Global`*"]  (* alte Definitionen löschen *)
```

```
ellipse = 9x^2+16y^2 == 144;
flaeche = a == 4 x y;
```

Die zwei Kommandos oben zeigen, daß auch Gleichungen einen Namen haben dürfen. So kann beispielsweise die Gleichung `a == 4 x y` in Hinkunft bequem unter dem Namen `flaeche` verwendet werden. Neu sind auch die Semikolone am Ende der beiden Anweisungen: Damit können mehrere Kommandos auf einmal eingegeben werden, außerdem werden eventuelle Ausgaben unterdrückt.

```
a1=Eliminate[{flaeche,ellipse},y]
               2       2            2
x != 0 && a   == x  (144 - 9 x ) || x == 0 && a == 0
```

Aus den beiden Gleichungen für die Fläche des Rechtecks und die Ellipse soll y eliminiert werden. Das gelingt auch, allerdings wird das Ergebnis dieser Elimination in einer etwas ungewöhnlichen Form zurückgegeben. Die vier (Un-)Gleichungen oben sind mit den Operatoren `&&` (logisches Und) und `||` (logisches Oder) verknüpft. In verständliches Deutsch übersetzt lautet das Ergebnis: Entweder ist x ungleich 0, dann gilt `a^2 == x^2 (144-9x^2)`, oder x hat den Wert 0, dann muß auch a Null sein.

```
aexplizit=Solve[%,a]
                                2                          2
{{a -> 0}, {a -> x Sqrt[144 - 9 x ]}, {a -> -(x Sqrt[144 - 9 x ])}}
```

Mit `Solve` kann das Ergebnis nach a aufgelöst werden, wobei Mathematica alle drei möglichen Lösungen in einer Liste aufzählt (a=0, a mit positiver Quadratwurzel, a mit negativer Quadratwurzel).

```
a=a /. aexplizit[[2]]
                  2
x Sqrt[144 - 9 x ]
```

Für die weitere Rechnung ist nur der zweite Lösungsvorschlag interessant. Daher wird dieser mit dem etwas seltsam aussehenden Kommando der Variablen a zugewiesen. `aexplizit[[2]]` bedeutet, daß das zweite Element der Liste `aexplizit` verwendet werden soll. Diese Substitutionsregel soll für a ausgeführt werden (Operator `/.`), das Ergebnis wird in a gespeichert. a enthält jetzt den Term x*Sqrt[...], also die explizite Gleichung für die Fläche des Rechtecks, das in die Ellipse eingeschrieben wurde. Diese Fläche soll maximiert werden, also wird a nach x abgeleitet und anschließend 0 gesetzt:

```
Solve[D[a,x]==0,x]
        3/2           3/2
{{x -> 2   }, {x -> -2   }}

x=x /. %[[1]]
 3/2
2
```

Mathematica ermittelt zwei Lösungen, von denen nur die erste sinnvoll ist. Das Ergebnis wird in x eingesetzt. Vorsicht: x ist jetzt keine allgemeine Variable mehr, sondern eine Konstante mit dem Wert $2^{3/2}$.

```
Solve[ellipse,y]
            3                  -3
{{y -> -------}, {y -> -------}}
        Sqrt[2]         Sqrt[2]

y=y /. %[[1]]
   3
-------
Sqrt[2]
```

Mit `Solve` wird die Ellipsengleichung nach y aufgelöst. Da y jetzt die einzige Variable in dieser Gleichung ist, können die beiden möglichen Lösungen sofort explizit (für $x=2^{3/2}$) angegeben werden. Die erste Lösung wird der Variablen y zugewiesen (womit auch y zu einer Konstanten wird).

```
a
24
```

Das ist der Inhalt der Rechtecksfläche.

Jetzt beginnt der zweite Rechenabschnitt - die Berechnung der Integrale des rotierenden Ellipsoids und des rotierenden Rechtecks. Dazu müssen die Ergebnisse für x und y wieder gelöscht werden (sonst betrachtet Mathematica x und y weiter als Konstante und nicht als Variable):

```
Clear[x,y]

Needs["Graphics`ImplicitPlot`"]

ImplicitPlot[ellipse, {x,-10,10}]      (* Bild 3.9 *)
```

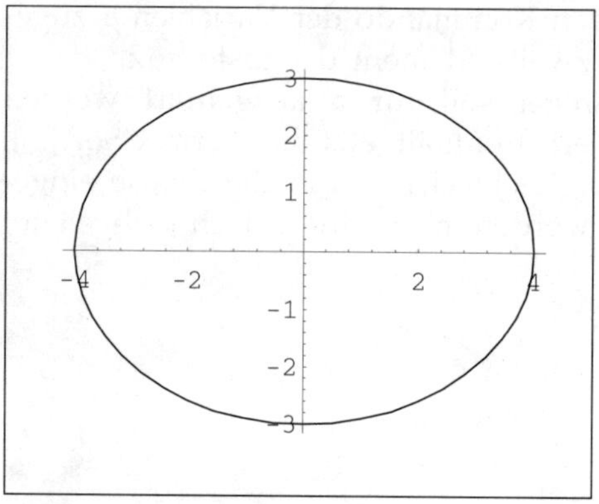

Bild 3.9: Die implizite Ellipsengleichung wird mit ImplicitPlot dargestellt

Mathematica ist auch in der Lage, implizite Gleichungen zu zeichnen. Allerdings gehört `ImplizitPlot` nicht zu den Standardkommandos von Mathematica, sondern muß vor der ersten Verwendung mit `Needs` geladen werden.

```
Solve[ellipse, y]
                     2                        2
           Sqrt[144 - 9 x ]          -Sqrt[144 - 9 x ]
{{y -> ----------------}, {y -> -----------------}}
              4                          4

y=y /. %[[1]]
              2
Sqrt[144 - 9 x ]
----------------
       4

ellipsenVolumen = Pi Integrate[y^2,{x,-4,4}]
48 Pi
```

Um ein Rotationsintegral um die x-Achse zu berechnen, ist eine Darstellung der Ellipsengleichung in der Form y=f[x] notwendig. Daher wird die Ellipsengleichung mit `Solve` nach y aufgelöst, die erste der beiden Lösungen y zugewiesen, und anschließend im x-Bereich zwischen -4 und 4 integriert. Die Integrationsgrenzen wurden Bild 3.9 entnommen.

```
zylinderVolumen=2 Pi 3/Sqrt[2] 2^(3/2) 2
24 Pi
```

Die Berechnung des Zylindervolumens ist noch einfacher, es werden die x- und y-Ergebnisse des Rechtecks von weiter oben eingesetzt.

Lineare Optimierung

Aufgabe:

Ein Autohändler will bei einer Firma zwei Autotypen A und B bestellen. Für den Einkauf kann er nicht mehr als 800000 DM aufbringen. Der Einkaufspreis der Type A beträgt 30000 DM, der der Type B 40000 DM. Da seine Lagerräume beschränkt sind, will der Autohändler höchstens 20 aber mindestens 12 Autos bestellen. Aus langjähriger Beobachtung des Kaufverhaltens seiner Kunden weiß er, daß die Anzahl der teueren Autos zwischen mindestens 20% und höchstens 50% der gesamten Bestellung liegen soll. Der Gewinn des Autohändlers beträgt beim billigen Modell 10%, beim teuren Modell 15% des Einkaufpreises.

Wie ist die Bestellung zu planen, damit der Gewinn nach Verkauf aller Autos maximal wird? Wie groß ist dieser Gewinn?

```
preisa=30000; preisb=40000;
ziel = 0.1 preisa x + 0.15 preisb y;
bedingungen = { x+y < 20,
                0.2 (x+y) < y < 0.5 (x+y),
                x+y > 12,
                x preisa + y preisb < 800000 };
ConstrainedMax[ziel, bedingungen, {x,y}]
{90000., {x -> 10., y -> 10.}}
```

Bei diesem Beispiel ist die Angabe länger als der Lösungsweg. Es geht eigentlich nur darum, die Angabe in geeignete mathematische Gleichungen umzuformen. Das Kommando `ConstrainedMaximum` berechnet dann die Lösungswerte für die Variablen x und y sowie den Gesamtgewinn von 90000 DM.

Rechnen mit komplexen Zahlen

Aufgabe:

Löse in C und stelle die Lösung grafisch dar

a) $z^3 = \dfrac{(3 + 4\ i)^5}{(4 - 3\ i)^2}$

b) $z^2 + 4\ z + 13 == 0$

c) $z^2 + (5 + 5\ i)\ z - 24 + 40\ i == 0$

Gleichungen dieser Art stellen für Mathematica überhaupt kein Problem dar und können mit `Solve` sofort gelöst werden:

```
Remove["Global`*"]  (* alte Definitionen löschen *)
```

```
lsgz=Solve[ z^3 == (3+4I)^5 / (4-3I)^2, z]
                    1/3                2/3               1/3
{{z -> (117 - 44 I)   }, {z -> (-1)    (117 - 44 I)   },
                4/3               1/3
 {z -> (-1)    (117 - 44 I)   }}
```

Etwas schwieriger ist die grafische Darstellung. Am einfachsten kann diese mit `ListPlot` durchgeführt werden. Dieses Kommando erfordert eine verschachtelte Liste, die paarweise die Koordinaten (Real- und Imaginärteil) der Lösungspunkte enthält, also in der Form: `{{x1,y1}, {x2,y2},..}`.

```
re=Re[z] /. lsgz //N
{4.9641, -1.9641, -3.}
```

```
im=Im[z] /. lsgz  //N
{-0.598076, 4.59808, -4.}
```

Der erste Schritt zu dieser Liste besteht darin, daß die Lösungsliste in Real- und Imaginärteil getrennt wird. Das geschieht in den beiden obigen Kommandos, wobei die Ergebnisse in den Listen re und im gespeichert werden. Jetzt sollen diese beiden Listen mit Substitutionsregeln zu einer verschachtelten Liste kombiniert werden:

```
list={a,b} /. {a->re,b->im}
{{4.9641, -1.9641, -3.}, {-0.598076, 4.59808, -4.}}
```

Der erste Versuch brachte leider nicht das erwünschte Ergebnis. Die Liste ist zwar verschachtelt, aber nicht paarweise, sondern getrennt nach Real- und Imaginärteil.

```
list={a,b} /. {a->re, b->im} //Thread
{{4.9641, -0.598076}, {-1.9641, 4.59808}, {-3., -4.}}
```

In diesem Fall wirkt das nachgeschaltene Kommando `Thread` Wunder (to thread .. einfädeln, durchziehen, durchdringen, sich winden durch). Es bewirkt, daß die beiden Substitutionsanweisungen `a->re` und `b->im` für jedes Listenpaar `{a,b}` separat, quasi von innen her, ausgeführt werden. (Siehe auch Kapitel 9).

Übrigens gibt es eine zweite Möglichkeit, die Liste aus re und im in der gewünschten Form zusammenzustellen:

```
list = Transpose[ {re,im} ];
```

Dabei werden die beiden Listen re und im zu einer verschachtelten (zweidimensionalen) Liste zusammengefaßt, anschließend wird diese Liste transponiert (quasi »auf den Kopf gestellt«). Auch `Transpose` wird in Kapitel 9 behandelt.

```
ListPlot[list, PlotStyle->PointSize[0.02]]     (* Bild 3.10 *)
```

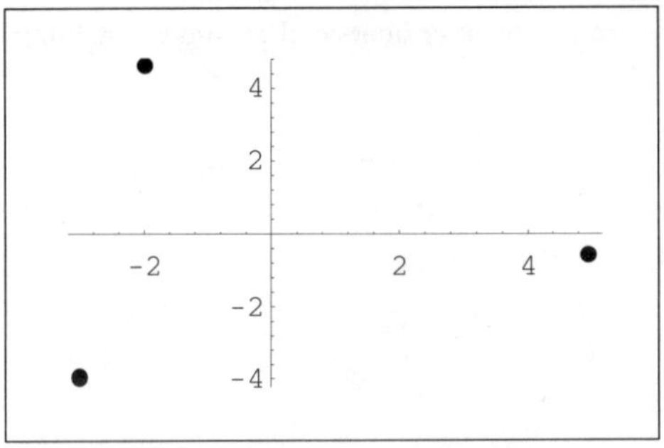

Bild 3.10: Die drei Lösungspunkte der ersten Gleichung

An das `ListPlot`-Kommando wird die so mühsam erstellte Liste übergeben, außerdem wird mit der `PlotStyle`-Option die Größe der einzelnen Punkte etwas erhöht, so daß man die Lösungspunkte auch ohne Lupe sieht.

Die Lösung der Teilaufgabe b) bereitet ebensowenig Schwierigkeiten wie Teil a). Die Liste wird nach dem gleichen Verfahren wie oben zusammengesetzt, allerdings wird durch die verschachtelte und zugegebenermaßen unübersichtliche Schreibweise die Verwendung der Hilfslisten re und im vermieden.

Achtung: Die runden Klammern für die `/.`-Operatoren dürfen nicht weggelassen werden:

```
lsgz=Solve[z^2+4z+13==0,z]
{{z -> -2 - 3 I}, {z -> -2 + 3 I}}

list={a,b} /. {a-> (Re[z] /.lsgz), b-> (Im[z] /.lsgz) } //Thread
{{-2, -3}, {-2, 3}}
```

```
ListPlot[list, PlotStyle -> PointSize[0.02] ]        (* Bild 3.11 *)
ListPlot[list, PlotStyle -> PointSize[0.02],         (* Bild 3.12 *)
  PlotRange -> { {-3,1}, {-4,4} },
  Ticks -> { {-2,-1,1}, {3,-3} } ]
```

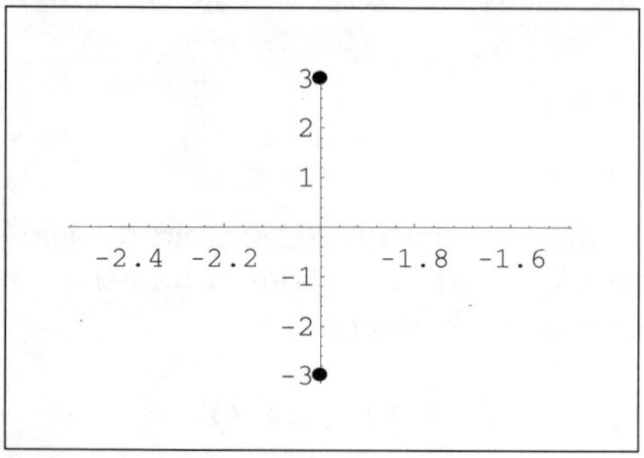

Bild 3.11: Die beiden Lösungspunkte der zweiten Gleichung ohne Verwendung von Optionen für das ListPlot-Kommando

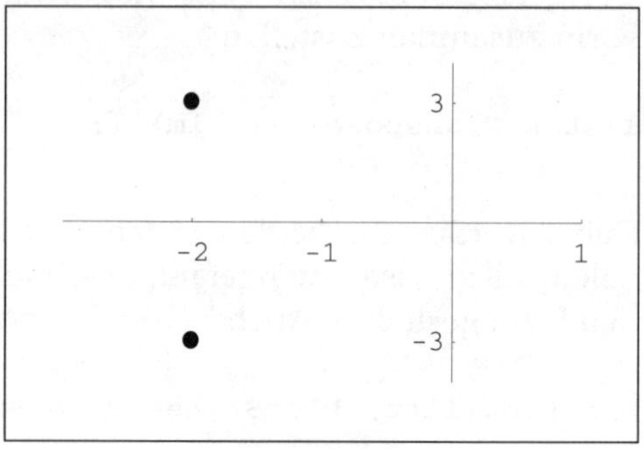

Bild 3.12: Die gleichen Lösungspunkte, allerdings in einer übersichtlicheren Darstellung

Die beiden Bilder 3.11 und 3.12 zeigen ein wenig, wie sehr das Aussehen von Diagrammen durch die geeignete Wahl von Optionen beeinflußt werden kann. Dieses Thema wird in Kapitel 19 ausführlich behandelt werden.

```
Solve[z^2 + (5+5 I) z + (-24+40 I)==0,z]
{{z -> -8}, {z -> 3 - 5 I}}
```

Das ist die Lösung der dritten Teilaufgabe. Auf eine grafische Darstellung wird hier verzichtet.

Numerische Lösung einer transzendenten Gleichung

Aufgabe:

Wie tief sinkt ein zylindrisches Aluminiumrohr (Wanddicke d=1 cm, Außendurchmesser 2 R=60 cm, rho=2.7 g/cm³) in Wasser ein? Hinweis: Die auftretende transzendente Gleichung soll nach geometrischer Bestimmung des ersten Näherungswertes auf 5 Stellen genau mit Hilfe des Taschenrechners gelöst werden.

Die Idee des Lösungsansatzes sieht folgendermaßen aus: Das Gewicht des Rohres muß mit dem Gewicht des verdrängten Wassers gleichgesetzt werden. Die Rechnung wird für eine Rohrlänge von 1 cm durchgeführt, so daß sich die Länge des Rohres wegkürzt (sie hat keinen Einfluß auf das Ergebnis – je länger Rohr wird, desto mehr Wasser wird auch verdrängt).

```
Remove["Global`*"]  (* alte Definitionen löschen *)
rohrgewicht=(30^2-29^2)Pi*2.7  //N
500.456

wassergewicht[tiefe_] :=
  2 Integrate[ Sqrt[30^2-x^2], {x,-30,-30+tiefe} ]
```

Bei dieser Formel wird zur Berechnung des Gewichtes des verdrängten Wassers (das spezifische Gewicht von Wasser ist näherungsweise 1) die Kreisgleichung `y=Sqrt[30^2-x^2]` verwendet. Der Faktor zwei vor dem Integral ist notwendig, weil das Integral nur von 0 bis zur positiven Wurzel berechnet wird, in Wahrheit aber von der negativen Wurzel zur positiven Wurzel reichen soll.

```
Plot[Sqrt[30^2-x^2],{x,-30,30}]                (* Bild 3.13 *)
Plot[wassergewicht[tiefe],{tiefe,0,60}]        (* Bild 3.14 *)
```

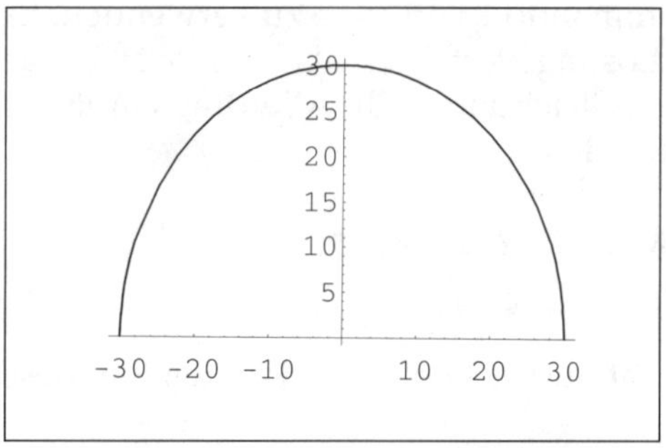

Bild 3.13: Die Kreisgleichung y=Sqrt[30^2-x^2]

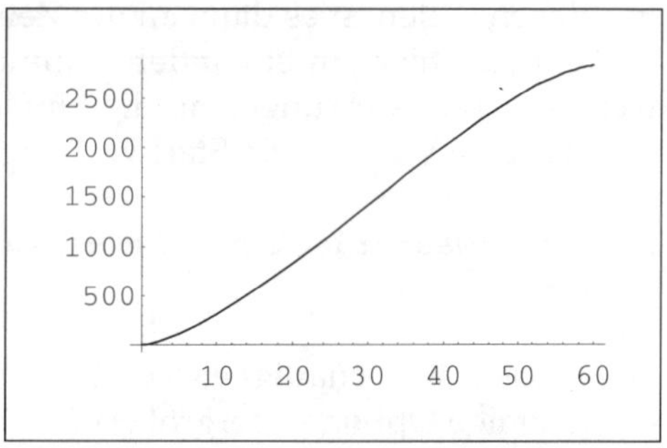

Bild 3.14: Das Gewicht des verdrängten Wassers (in g pro cm Rohrlänge) aufgetragen über die Eintauchtiefe in cm

Bild 3.14 wird zur geometrischen Bestimmung des ersten Näherungswertes für die Eintauchtiefe verwendet: Um das Rohrgewicht von ca. 500 g je cm Länge zu kompensieren, ist eine Eintauchtiefe von ca. 15 cm notwendig.

Zuerst wird versucht, eine exakte Lösung der Gleichung `wassergewicht==rohrgewicht` mit `Solve` zu bestimmen. Dieser Versuch scheitert, deswegen wird anschließend die numerische Variante `NSolve` eingesetzt – mit genausowenig Erfolg.

```
Solve[wassergewicht[tiefe] == rohrgewicht,tiefe]  // N

Solve::tdep: The equations appear to involve transcendental
     functions of the variables in an essentially non-algebraic way.
Solve::tdep: The equations appear to involve transcendental
     functions of the variables in an essentially non-algebraic way.
Solve[2. (706.858 + 0.5 (-30. + tiefe) Sqrt[(60. - 1. tiefe) tiefe]
  + 450. ArcSin[0.0333333 (-30. + tiefe)]) == 500.456, tiefe]
```

```
NSolve[wassergewicht[tiefe]==rohrgewicht,tiefe]

Solve::tdep: The equations appear to involve transcendental
     functions of the variables in an essentially non-algebraic way.
Solve::tdep: The equations appear to involve transcendental
     functions of the variables in an essentially non-algebraic way.
                        (-30 + tiefe) Sqrt[(60 - tiefe) tiefe]
NSolve[2 (225 Pi + -------------------------------------- +
                                       2

                   -30 + tiefe
     450 ArcSin[-----------]) == 159.3 Pi, tiefe]
                       30
```

Beide Kommandos geben nach einigen Fehlermeldungen die Ausgangsgleichung ungelöst wieder zurück. Mathematica ist also an einer direkten Lösungssuche sowohl analytisch als auch numerisch gescheitert.

In solchen Fällen ist es dann an der Zeit, das Kommando `FindRoot` zu verwenden. Es handelt sich hier um ein anderes numerisches Lösungsverfahren als bei `NSolve`, das weniger Voraussetzungen an die Einfachheit der Gleichung stellt. Allerdings muß für die gesuchte Variable ein Startwert angegeben werden.

```
FindRoot[wassergewicht[tiefe] == rohrgewicht, {tiefe,15}]
{tiefe -> 13.9814}
```

Falls Ihnen die Genauigkeit von `FindRoot` nicht ausreichen sollte, können Sie diese durch einige Optionen vergrößern:

```
FindRoot[wassergewicht[tiefe] ==rohrgewicht,{tiefe,15},
  WorkingPrecision->50]
{tiefe -> 13.981398598730116451877915736099295368098225169931}
```

Die vielen Stellen sind hier natürlich vollkommen irrelevant, weil das spezifische Gewicht von Wasser nur näherungsweise mit 2.7 g/cm³ bekannt ist. Diese Ungenauigkeit kann durch kein noch so präzises Rechenverfahren beseitigt werden!

Rechtwinkliger Schnitt zwischen Kreis und quadratischer Kurve

Aufgabe:

Der Kreis $x^2 + y^2 + 6y - 91 = 0$ und die Kurve $y = a\,x^2 + b$ schneiden einander in P(6 / y>0) unter einem Winkel von 90 Grad. Das kleinere der beiden Flächenstücke beider Kurven rotiert um die y-Achse. Berechnen Sie das Volumen des entstehenden Rotationskörpers.

```
Remove["Global`*"]    (* alte Definitionen löschen *)

kreis = x^2 + y^2 + 6y - 91 == 0;
kurve = y == a x^2 + b;

Needs["Graphics`ImplicitPlot`"]

gr1=ImplicitPlot[kreis,{x,-10,10}]       (* Bild 3.15 *)

Solve[{kreis,x==6},y]
{{y -> -11}, {y -> 5}}
```

Mit `Solve` wird die y-Koordinate des Schnittpunktes der Kurve mit dem Kreis berechnet. Von den beiden Lösungen ist nur die zweite interessant (weil y>0 gefordert ist). Der Schnittpunkt lautet also (6,5).

```
dkreis = Dt[kreis,x]
2 x + 6 Dt[y, x] + 2 y Dt[y, x] == 0
```

Mit `Dt` wird das totale Differential der Kreisgleichung berechnet, d.h. es wird nicht nur nach x, sondern auch nach y abgeleitet. Das ist wegen der impliziten Form der Kreisgleichung notwendig. Das Resultat wird mit `Solve` nach y' (also `Dt[y,x]`) aufgelöst, gleichzeitig werden für x und y die Koordinaten des Schnittpunktes eingesetzt:

```
Solve[dkreis,Dt[y,x]] /. {x->6, y->5}

General::ivar: 6 is not a valid variable.

                     3
{{Dt[5, 6] -> -(-)}}
                     4
```

Das Resultat dieser Berechnung ist die Steigung des Kreises an der Stelle (6,5). Die Kurve soll den Kreis dort rechtwinklig schneiden. Daher muß die Steigung der Kurve dort den negativen Reziprokwert d. h. +4/3 betragen.

Es wird deshalb auch die Ableitung der zur Zeit noch nicht bekannten Kurvengleichung gebildet. Beim Kommando `Dt` muß dabei angegeben werden, daß a und b Konstante sind (und daher nicht abgeleitet werden brauchen).

```
dkurve = Dt[kurve, x, Constants->{a,b}]
Dt[y, x, Constants -> {a, b}] == 2 a x

Solve[2 a x== 4/3 /. x-> 6,a]
           1
{{a -> -}}
           9

Solve[kurve /. {x->6, y->5, a->1/9},b]
{{b -> 1}}
```

Die resultierende Steigung 2 a x wird daraufhin mit 4/3 gleichgesetzt, um a zu berechnen. Mit der Kenntnis von a und den Schnittpunktkoordinaten kann durch einen weiteren `Solve`-Aufruf auch b berechnet werden.

```
a=1/9; b=1; kurve  (* die Gleichung der Kurve anzeigen *)
              2
             x
y == 1 + --
             9

gr2=ImplicitPlot[kurve, {x,-10,10}]   (* Bild 3.16 *)
Show[gr1,gr2]                          (* Bild 3.17 *)
```

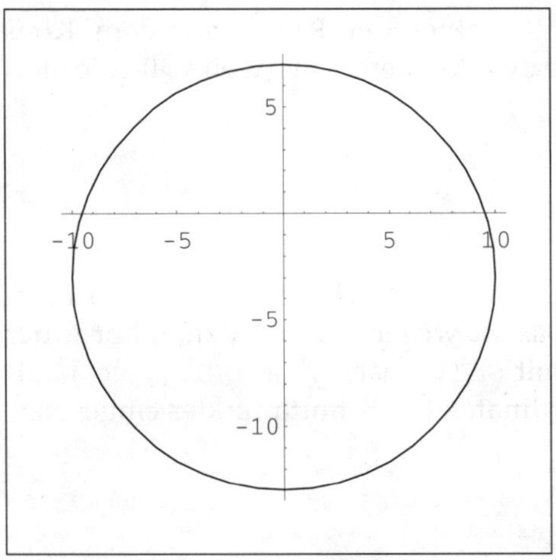

Bild 3.15: Der Kreis aus der Angabe

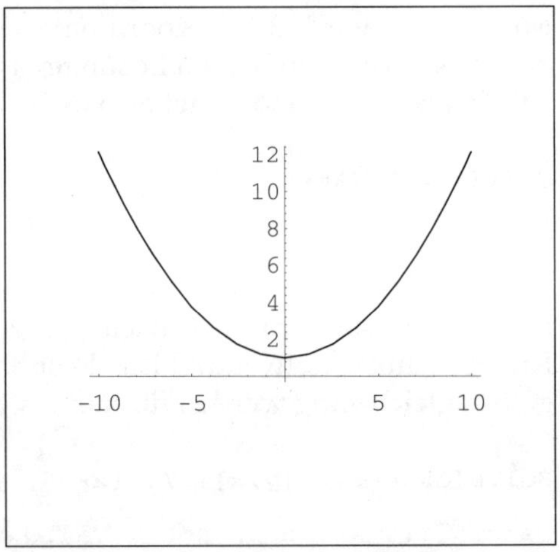

Bild 3.16: Die gesuchte Kurve

Bild 3.17 zeigt die beiden Kurven vereint in einem Diagramm. Dazu müssen die Grafiken benannt werden (in vorliegenden Beispiel gr1 und gr2) und mit dem `Show`-Kommando kombiniert werden.

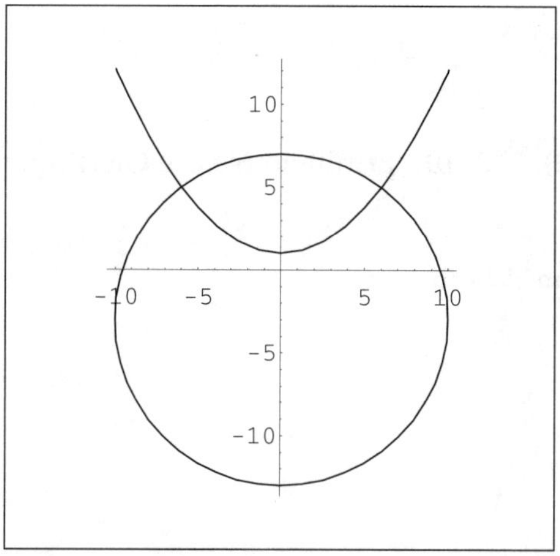

Bild 3.17: Beide Kurven in einer Grafik vereint

Zum Abschluß der Aufgabe muß noch das Volumen des Körpers berechnet werden, der sich aus der Rotation der gemeinsamen Fläche der Kurven um die y-Achse ergibt. Dazu wird mit dem Universal-Kommando `Solve` zuerst das obere Integrationsende berechnet, anschließend wird die Kreisgleichung nach x aufgelöst.

```
Solve[kreis /. x->0,y] (* oberes Integralende *)
{{y -> -13}, {y -> 7}}

Solve[kreis,x]
                          2                              2
{{x -> Sqrt[91 - 6 y - y ]}, {x -> -Sqrt[91 - 6 y - y ]}}

vol1 = Pi Integrate[ 91-6y-y^2,{y,5,7}]
112 Pi
------
  3
```

Das Volumsintegral bei Drehung um die y-Achse lautet allgemein: `Pi * Integrate[ x[y]^2, {y,y0,y1}]`. Derselbe Rechenvorgang wird anschließend für den unteren Teil des Körpers (Integral über die vorher berechnete Kurve) wiederholt:

```
Solve[kurve,x]
{{x -> Sqrt[-9 + 9 y]}, {x -> -Sqrt[-9 + 9 y]}}

vol2 = Pi Integrate[-9-9y,{y,5,1}]
144 Pi

vol = vol1+vol2
544 Pi
------
  3
```

Vektorrechnung, Inkreis in Dreieck

Aufgabe:

Gegeben ist das Dreieck ABC mit A(-8,0), B(2,2), C(2,-10). Ermitteln Sie die Gleichung des Kreises K durch die Seitenmittelpunkte.

```
Remove["Global`*"]   (* alte Definitionen löschen *)

a={-8,0}; b={2,2}; c={2,-10};

m1=(a+b)/2
{-3, 1}

m2=(b+c)/2
{2, -4}

m3=(a+c)/2
{-3, -5}

kreis= (x-mx)^2 + (y-my)^2 == rad^2       (* allg. Kreisgleichung *)
          2           2       2
(-mx + x)  + (-my + y)  == rad

glsys={kreis /. ({x,y}-> m1 //Thread),    (* Seitenmittenpunkte *)
       kreis /. ({x,y}-> m2 //Thread),    (* einsetzen *)
       kreis /. ({x,y}-> m3 //Thread)}
          2          2       2          2           2       2
{(-3 - mx)  + (1 - my)  == rad , (2 - mx)  + (-4 - my)  == rad ,
          2           2       2
 (-3 - mx)  + (-5 - my)  == rad }

Solve[glsys, {mx,my,rad} ]
{{mx -> -1, my -> -2, rad -> Sqrt[13]},
 {mx -> -1, my -> -2, rad -> -Sqrt[13]}}
```

Dieses Beispiel bereitet Mathemtica wenig Schwierigkeiten. Es werden zuerst die drei Koordinatenpunkte als Listen eingegeben, die Seitenmittenpunkte berechnet und eine Kreisgleichung in allgemeiner Form aufgestellt. Anschließend wird ein Gleichungssystem aus drei Kreisgleichungen gebildet, in die die verschiedenen Seitenmittenpunkte eingesetzt werden.

Das Zusatzkommando `//Thread` ist notwendig, damit die beiden Listenelemente von m1 (bzw. m2, m3) separat in x und in y eingesetzt werden (beachten Sie auch die runden Klammern!). `Solve` führt bei diesem Gleichungssystem sofort zum korrekten Ergebnis (wobei natürlich nur die erste Lösung mit dem positiven Kreisradius interessant ist).

Vektorrechnung, Schnitt Kugel-Gerade

Gegeben:

- die Kugel k: $x^2 + y^2 + z^2 = 45$ und die Gerade g durch die Punkte P1(9,-15,18) und P2(-3,15,-6)

Gesucht:

- die Schnittpunkte der Geraden g mit der Kugel k;
- die Gleichung der beiden Tangentialebenen auf die Kugel in den Schnittpunkten;
- die Gleichung der Schnittgerade der beiden Tangentialebenen.

```
Remove["Global`*"]  (* alte Definitionen löschen *)

kugel = x^2+y^2+z^2 == 45;
gerade = {x==9-12t, y==-15+30t, z==18-24t}
{x == 9 - 12 t, y == -15 + 30 t, z == 18 - 24 t}

gleichungen=Append[gerade,kugel]
                                                2     2     2
{x == 9 - 12 t, y == -15 + 30 t, z == 18 - 24 t, x  + y  + z  == 45}
```

Als erstes wird wieder versucht, das Problem in einige handliche Gleichungen zu fassen. Die Gleichung der Kugel ist ohnedies gegeben, die Geradengleichung in der Form Punkt + Richtungsvektor kann für die drei Komponenten x, y und z ebenfalls leicht aufgestellt werden. Mit `Append` werden alle 4 Gleichungen in einer Liste zusammengefaßt.

Die beiden ersten Versuche, das Gleichungssystem mit `Solve` aufzulösen, scheitern:

```
lsg=Solve[gleichungen,{x,y,z}]
{}

lsg=Solve[gleichungen,t]
{}

lsg=Solve[gleichungen,{x,y,z,t}]
        13       2       20       1
{{t -> --, z -> -, y -> --, x -> -},
        18       3       3        3

        1
 {t -> -, z -> 6, y -> 0, x -> 3}}
        2
```

Wenn `Solve` zur Lösung von Gleichungssystemem mit mehreren Variablen verwendet wird, ist Vorsicht geboten: Entweder werden im zweiten Parameter **alle** Variablen als Liste angegeben (siehe oben), oder die restlichen Variablen werden im dritten Parameter angeschrieben und dann von `Solve` eliminiert, also:

```
lsg=Solve[gleichungen,{x,y,z},t]
        2        20        1
{{z -> -, y -> --, x -> -},
        3        3         3
{{z -> 6, y -> 0, x -> 3}}
```

Die beiden Tangentialebenen werden in der Hesse'schen Normalform (HNF) formuliert, d.h. durch ihre Normalvektoren. Da die Kugel im Koordinatenursprung liegt, sind diese Normalvektoren mit den Vektoren zu den beiden Schnittpunkten ident.

```
n1={x,y,z} /. lsg[[1]]
 1  20  2
{-, --, -}
 3  3   3

n2={x,y,z} /. lsg[[2]]
{3, 0, 6}

ebene1=n1 / Sqrt[n1 . n1] . ( {x,y,z} - n1 ) == 0 //Simplify
-135 + x + 20 y + 2 z
--------------------- == 0
      9 Sqrt[5]

ebene2=n2 / Sqrt[n2 . n2] . ( {x,y,z} - n2 ) == 0 //Simplify
-15 + x + 2 z
------------- == 0
   Sqrt[5]
```

Das Skalarprodukt zweier Vektoren wird in Mathematica mit einem Dezimalpunkt ».« ausgedrückt. Mit `Sqrt[n1 . n1]` wird der Betrag (die Länge) des Vektors n1 berechnet.

Um die Schnittgerade der beiden Ebenen aufzustellen, wird zuerst ein Schnittpunkt berechnet, wobei willkürlich für die z-Koordinate dieses Punktes 0 gewählt wurde (es gibt unendlich viele Schnittpunkte, erst durch die Wahl z=0 wird die Lösung eindeutig).

```
Solve[{ebene1,ebene2,z==0},{x,y}]
{{y -> 6, x -> 15}}

p={15,6,0};
```

Jetzt ist also ein Punkt der Schnittgeraden bekannt, nämlich (15,6,0). Die Richtung der Geraden kann durch eine einfach Überlegung bestimmt werden: sie muß sowohl zu n1 als auch zu n2 im rechten Winkel stehen (sonst würde sie nicht in der jeweiligen Tangentialebene verlaufen). Der Richtungsvektor kann somit eindeutig durch das Kreuzprodukt von n1 und n2 ermittelt werden.

Das Kreuzprodukt wird mit `Cross` berechnet, allerdings steht diese Funktion nur zur Verfügung, wenn vorher mit `Needs` das Package ``LinearAlgebra`CrossProduct` `` geladen wird.

```
Needs["LinearAlgebra`CrossProduct`"]
```

```
richt=Cross[n1,n2]
{40, 0, -20}
```

```
schnittgerade= {x,y,z} == p + r richt // Thread
{x == 15 + 40 r, y == 6, z == -20 r}
```

Wahrscheinlichkeitsrechnung

Aufgabe:

Automotoren haben eine mittlere Lebensdauer von 100000 km mit einer Standardabweichung von 20000 km. Wieviel Prozent der erzeugten Motoren haben eine Lebensdauer von mindestens 125000 km? Bei wieviel Prozent der Motoren weicht die Lebensdauer um höchstens 15000 km vom Mittelwert ab? Auf wieviel km muß durch Verbesserung des Motors seine mittlere Lebensdauer erhöht werden, damit mindestens 80 Prozent der Motoren 90000 km laufen?

```
Remove["Global`*"]   (* alte Definitionen löschen *)
```

```
Needs["Statistics`NormalDistribution`"]
```

```
mu=100000; sigma=20000;
```

```
nv=NormalDistribution[mu,sigma];
```

Statistikfunktionen gehören nicht zu den Standardkommandos von Mathematica und müssen daher vor Beginn der Berechnung mit `Needs` geladen werden. Anschließend kann mit `NormalDistribution` eine Normalverteilung definiert werden.

```
1-CDF[nv,125000]
0.10565
```

`CDF` ermittelt die kumulierte Dichtefunktion zur angegebenen Normalverteilung nv. Mit diesem Kommando ist die erste Frage bereits beantwortet: 10.6 Prozent aller Motoren halten länger als 125000 km.

```
CDF[nv,115000]-CDF[nv,85000]
0.546745
```

Auch die zweite Frage kann sofort beantwortet werden: 54.7 Prozent aller Motoren laufen zwischen 85000 und 115000 km.

```
Solve[1-CDF[NormalDistribution[lebensdauer,sigma],90000]==0.8,
  lebensdauer]
                                                  (-1)
{{lebensdauer -> 90000. (1. - 0.222222 Sqrt[2] Erf     [-0.6])}}
% // N
                                          (-1)
{{lebensdauer -> 90000. (1. - 0.31427 Erf     [-0.6])}}
```

Schwierigkeiten gibt es dagegen mit dem dritten Teil der Aufgabe. `Solve` liefert zwar eine prinzipiell richtige Lösung, allerdings kann die Umkehrfunktion von `Erf[]` nicht numerisch ausgewertet werden. Daher wird ein zusätzliches Package mit den statistischen Umkehrfunktionen geladen.

```
Needs["Statistics`InverseStatisticalFunctions`"]
90000(1-0.2222222222 Sqrt[2] InverseErf[-0.6])  //N
106832.
```

Wenn statt `Solve` das flexiblere Kommando `FindRoot` verwendet wird, kommt Mathematica übrigens ohne diese Umkehrfunktion aus:

```
FindRoot[1-CDF[NormalDistribution[lebensdauer,sigma],90000]==0.8,
  {lebensdauer,100000}]
{lebensdauer -> 106832.}
```

Simulation

Aufgabe:

Die Autos A1 und A2 fahren mit einer Geschwindigkeit von je 126 km/h mit einem Abstand von 12 m hintereinander. Nach 3 Sekunden bremst A1 mit der Bremsverzögerung von 6 m/s^2, nach einer weiteren Sekunde bremst auch A2 mit der Bremsverzögerung von 8 m/s^2. Ermitteln Sie die Gleichungen des Bewegungsvorganges, und zeichnen Sie eine grafische Darstellung. Interpretieren Sie die rechnerische Untersuchung des Geschehens.

```
Remove["Global`*"]  (* alte Definitionen löschen *)
sigma[x_] := If[x>=0, 1, 0]
```

Um die Geschwindigkeitsverläufe der beiden Autos mathematisch zu formulieren, wird die Sigmafunktion benötigt, die in Mathematica leider nicht definiert ist. Die Sigmafunktion liefert das Resultat 0 für x-Werte kleiner 0 und das Resultat 1 für x-Werte größer gleich 0.

Die Bedeutung von `If` wird vor allem für Programmierer leicht verständlich sein: Die Bedingung im ersten Parameter von `If` wird ausgewertet. Wenn das Ergebnis wahr ist, liefert `If` den zweiten Parameter, andernfalls den dritten Parameter zurück.

```
v0=126*1000/3600;
v1[t_]:=v0-6 (t-3) sigma[t-3];
v2[t_]:=v0-8 (t-4) sigma[t-4];

Plot[ {v1[t],v2[t]}, {t,0,10}, PlotRange->{0,40}]     (* Bild 3.18 *)
```

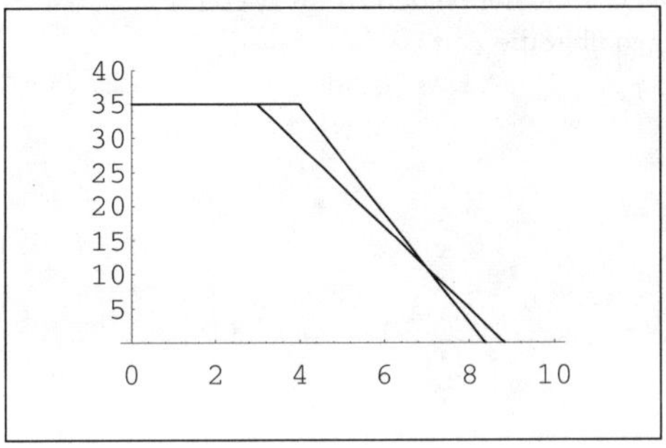

Bild 3.18: Der Geschwindigkeitsverlauf der beiden Autos

v0 gibt die Ausgangsgeschwindigkeit in m/s an. v1[t] und v2[t] geben den weiteren Verlauf der Geschwindigkeit an, der in Bild 3.18 dargestellt ist. Ganz exakt sind diese Definitionen allerdings nicht. Für große t wird die Geschwindigkeit negativ, was in der Realität nicht eintreten kann.

```
s1[t_] := 12 + NIntegrate[v1[x], {x,0,t} ];
s2[t_] := NIntegrate[v2[x], {x,0,t} ];
```

Der Ort der beiden Autos kann durch das Integral über die Geschwindigkeit ermittelt werden. (Die einfache Formel s=v*t ist hier nicht zulässig, weil v nicht konstant ist!). Statt `Integrate` wird hier die numerische Variante `NIntegrate` verwendet – eine analytische Auswertung der Gleichungen gelingt wegen des `If` in der Sigma-Funktion nicht.

```
Plot[{s1[t],s2[t]},{t,0,8},                          (* Bild 3.19 *)
  PlotStyle->{ GrayLevel[0.1], GrayLevel[0]}]

NIntegrate::slwcon:
   Numerical integration converging too slowly; suspect one of
     the following: singularity, oscillatory integrand, or
     insufficient WorkingPrecision.
NIntegrate::slwcon: ...
NIntegrate::slwcon: ...
```

```
General::stop:
  Further output of NIntegrate::slwcon
    will be suppressed during this calculation.
```

Mathematica gibt zwar eine Menge Warn- und Fehlermeldungen aus, zeichnet die gewünschte Grafik (nach langer Rechenzeit, auf meinem 486-Rechner etwa 5 Minuten) dann aber doch – siehe Bild 3.19.

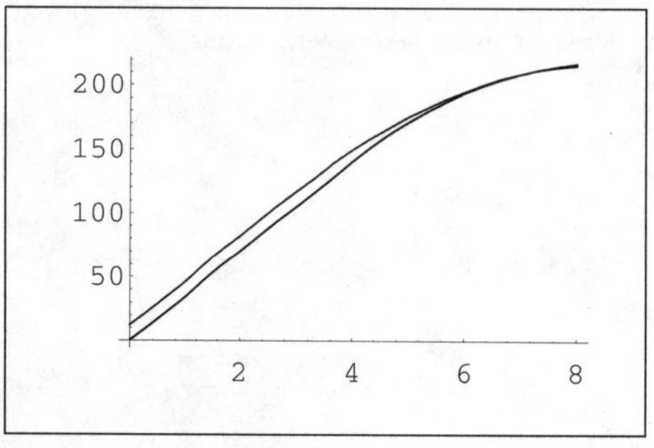

Bild 3.19: Die Orte der beiden Autos (y-Achse) aufgetragen über die Zeit

Bei genauen Hinsehen kann man den Ablauf des Bremsmanövers schon erraten: Auto 2 beginnt zwar später zu bremsen, wegen der besseren Bremsen kommt es aber zu keinem richtigen Unfall. Nun zur numerischen Analyse der Geschehens:

Es soll der Zeitpunkt ermittelt werden, zu dem Auto 1 zum Stillstand kommt. `Solve` ist allerdings wegen der `If`-Funktion in sigma[t] überfordert.

```
Solve[v1[t]==0,t]

Solve::ifun: Warning: Inverse functions are being used by Solve,
   so some solutions may not be found.
Solve::tdep: The equations appear to involve transcendental
   functions of the variables in an essentially non-algebraic
   way.
Solve[35 - 6 (-3 + t) If[-3 + t >= 0, 1, 0] == 0, t]
```

Erst mit dem numerischen Kommando `FindRoot` gelingt die Lösung der Gleichungen:

```
FindRoot[v1[t]==0, {t,9}]
{t -> 8.83333}

FindRoot[v2[t]==0, {t,9}]
{t -> 8.375}

{s1[8.83333], s2[8.375]}
{219.083, 216.562}
```

Auto 1 kommt zur Zeit t=8.833 s am Ort s=219.1 m, Auto 2 zur Zeit t=8.375 s am Ort s=216.6 m zum Stillstand, der Abstand zwischen den Autos beträgt zum Schluß also etwa 2.5 m.

```
FindRoot[s1[t]==s2[t],{t,7.1}]
```

```
NIntegrate::nlim: x = t is not a valid limit of integration.
  ... (diverse weitere Warnungen)
{t -> 7.02212}
```

```
{v1[t] /. %,v2[t] /. %}
{10.8673, 10.8231}
```

Trotz einiger Warnmeldungen schafft es `FindRoot`, den Zeitpunkt zu ermitteln, an dem sich die beiden Autos berühren. Die Geschwindigkeit von Auto 1 ist zu diesem Zeitpunkt aber bereits höher als die Geschwindigkeit von Auto 2, so daß der Abstand ab diesem Zeitpunkt wieder größer wird. Es kommt also zu keinem "echten" Unfall. Um den Abstand zwischen den beiden Autos etwas genauer zu betrachten, wird mit `Table` eine Tabelle für den kritischen Bereich erstellt.

```
Table[{t,s1[t]-s2[t]},{t,6,8,0.1}]  // TableForm
```

```
NIntegrate::slwcon: ... (siehe oben)
```

```
6      0.999998
6.1    0.810016
6.2    0.640053
6.3    0.490012
6.4    0.36
6.5    0.249956
6.6    0.160007
6.7    0.0895335
6.8    0.0400165
6.9    0.00996454
7.     0.0000654919
7.1    0.0100613
7.2    0.0400741
7.3    0.0899669
7.4    0.160045
7.5    0.25004
7.6    0.360153
7.7    0.489952
7.8    0.640083
7.9    0.810006
8.     1.
```

4 Zehn Überlebensregeln für den Umgang mit Mathematica

Niemand kann Sie dazu zwingen, dieses Kapitel zu lesen – aber vermutlich sparen Sie eine Menge Zeit, wenn Sie es dennoch tun. Sie finden hier einige sehr grundlegende Tips, mit denen Sie typische »Anfänger«-Fehler vermeiden, die den Einstieg in Mathematica recht frustrierend machen können. Selbst wenn Sie schon eine Weile mit Mathematica gearbeitet haben, kann ein rasches Diagonal-Lesen dieses Kapitels nicht schaden.

(1) Halten Sie die richtige Schreibweisen ein!

Namen für eigene Symbole

Grundsätzlich gilt in Mathematica die Regel, daß alle Mathematica-Symbole und -Kommandos mit Großbuchstaben beginnen, Symbole des Nutzers dagegen mit Kleinbuchstaben. Diese Konvention hat durchaus ihre Berechtigung und erleichtert die Fehlersuche erheblich – aber natürlich kann Sie niemand daran hindern, eigene Variablen, Gleichungen, etc. dennoch mit Großbuchstaben zu beginnen. Beachten Sie, daß es in Mathematica auch einige Symbole gibt, die nur aus einem einzigen (Groß–)Buchstaben bestehen (D, E, I, N, O).

Eigene Symbole dürfen grundsätzlich alle Buchstaben beinhalten, auch deutsche Sonderzeichen wie »äöüß«. Allerdings kann es mit diesen Zeichen Probleme geben, wenn Sie Mathematica-Programme auf andere Rechner übertragen möchten.

Vorsicht: Der Unterstrich _ darf nicht in Variablen verwendet werden. Dieses Zeichen ist in Mathematica reserviert! Besonders Programmierer verwenden gerne Namen wie »volumen_kugel«. Sie müssen sich auf die ebenfalls gut lesbare Schreibweise »volumenKugel« umstellen. Dazu ein Beispiel:

```
start_winkel=Pi (* Mathematica scheint die Definition zu verstehen *)
Pi

Sin[start_winkel]  (* wegen des Unterstrichs ist eine Auswertung
                      nicht möglich! *)
Sin[start_winkel]
```

Der Unterstrich wird korrekt in Parametern bei der Definition von neuen Funktionen bzw. Kommandos verwenden. Hinter dem Unterstrich kann der erforderliche Datentyp oder eine andere Bedingung für den Parameter angegeben werden. Beispiele dazu finden Sie in Kapitel 27.

Sie können Mathematica so einrichten, daß das Programm jedesmal eine Warnmeldung abgibt, wenn Sie ein neues Symbol definieren, oder wenn Sie ein neues Symbol mit ähnlicher Schreibweise wie bei einem alten Symbol verwenden. Auf diese Weise können Sie eventuelle Tippfehler sofort erkennen. Mehr zu diesem Thema finden Sie in Anhang A.

Multiplikation

Die Multiplikation muß in Mathematica nicht durch »*« ausgedrückt werden. Es reicht ein einfaches Leerzeichen (und manchmal ist nicht einmal das notwendig).

`2x`	entspricht `2 * x`
`x y`	entspricht `x * y`
`xy`	entspricht `xy`, d.h. Mathematica nimmt an, daß `xy` ein eigenes Symbol ist
`x ^ 2y`	entspricht `(x^2) * y`, weil der Potenz-Operator höherwertig als der Multiplikations-Operator ist

Mehrzeilige Eingaben, der Operator »;«

Mehrzeilige Eingaben stellen bei Mathematica-Versionen mit Notebook-Interface kein Problem dar. Trennen Sie die Zeilen einfach durch [Return]. Bei Mathematica-Versionen mit Text-Interface müssen Sie Zeilen, die Sie fortsetzen wollen, mit »\« abschließen.

Eingaben, die mit »;« abgeschlossen werden, werden normal ausgewertet, allerdings erfolgt keine Ausgabe am Bildschirm. Das kann die Übersichtlichkeit von diversen Definitionen sehr erhöhen. Außerdem können Sie mit »;« mehrere Kommandos auf einmal eingeben:

```
x=3; y=5; z=2;
```

Berechnungen starten und abbrechen

Mathematica-Kommandos werden erst nach Drücken der »Aktionstaste« ausgeführt (bei Notebook-Interface normalerweise [Shift]+[Return]).

Bei der Auswertung mancher Kommandos kann es zu sehr großen Rechenzeiten kommen. Wenn Sie die Berechnung abbrechen möchten, drücken Sie bei Mathematica-Versionen mit Text-Interface [Strg]+[C] bzw. [Control]+[C], bei Mathematica-Versionen mit Notebook-Interface [Alt]+[.]. Nach einiger Zeit sollte ein Menü erscheinen, in dem Sie den Eintrag »abort« wählen, um die aktuelle Berechnung abzubrechen. Das Abbrechen der Berechnung ist allerdings nicht immer möglich.

(2) Beachten Sie den Unterschied zwischen (), [] und {} !

In Mathematica gibt es drei verschiedene Klammern:

`()` werden verwendet, um Kommandos zu gruppieren und die Auswertungsreihenfolge zu bestimmen, also z.B. `(x+y)^2`

`[]` enthalten die Parameter bei allen Mathematica-Kommandos und bei eigenen Funktionen; mehrere Parameter werden durch Kommata getrennt; z.B. `Sin[x]` oder `D[1/x^2, x]`

`{}` dienen zur Ein- und Ausgabe von Listen, Natrizen und Vektoren; die Klammern können mehrfach verschachtelt werden, für eine 2*2-Matrix beispielsweise `{ {a,b}, {c,d} }`

Daneben gibt es noch zwei Spezialvarianten:

`(* ... *)`	Kommentare in Eingabezeilen stehen zwischen »(*« und »*)«; Kommentare dürfen auch verschachtelt sein (was zum Testen von Mathematica-Programmen recht praktisch ist)
liste`[[n]]`	gibt das n-te Element der Liste zurück, die Zählung beginnt mit 1 (und nicht wie in manchen Programmiersprachen mit 0)

(3) Setzen Sie die Operatoren =, := und == korrekt ein!

Die drei Operatoren `=`, `:=` und `==` sehen sich zwar ähnlich, haben aber eine vollkommen unterschiedliche Bedeutung. Diese Unterschiede wirken sich allerdings nicht immer sofort aus (je nachdem, ob die bei einer Zuweisung benutzten Symbole früher schon definiert waren oder nicht), weswegen eine falsche Verwendung nicht in jedem Fall zu Fehlern führen muß. Gewöhnen Sie sich dennoch möglichst rasch an, ganz bewußt zwischen den drei Operatoren zu unterscheiden. Die resultierenden Fehler sind oft nur sehr schwer zu entdecken!

symbol `=` ausdruck	Zuweisungsoperator: Weist dem Symbol auf der linken Seite sofort den vorher ausgewerteten Term auf der rechten Seite zu.
symbol `:=` ausdruck	Verzögerter Zuweisungsoperator: Weist dem Symbol auf der linken Seite den Term auf der rechten Seite zu. Eine Auswertung des Terms erfolgt aber erst bei der Verwendung des Symbols. Aus diesem Grund wird das Ergebnis der Definition auch nicht angezeigt.
ausdruck1 `==` ausdruck2	Stellt fest, ob die beiden Terme links und rechts gleich sind. Dabei werden allerdings keine mathematischen Umformungen vorgenommen. `==` wird vor allem zur Definition von Gleichungen verwendet.

Eine weitere Form der Zuweisung stellt der Operator `->` dar, dessen Verwendung in der Überlebensregel 6 behandelt wird. Dieser Operator kann nur für Optionen oder in Kombination mit anderen Kommandos eingesetzt werden. `->` bewirkt eine vorübergehende Zuweisung.

```
x=3;
f = x^2 + 2 x
15

g := x^2 + 2 x
g
15

x=4;
f
15

g
24
```

Die Zeilen oben zeigen den Unterschied zwischen = und :=. Zuerst wird x mit 3 belegt. x hat jetzt die Bedeutung einer Konstanten. Anschließend werden f und g jeweils mit x^2+2x belegt. Bei f wird diese Definition sofort ausgewertet, das Ergebnis ist 15. Hinter dem Symbol f verbirgt sich also der Zahlenwert 15, f ist eine Konstante wie x! Bei g wird die Formel dagegen unausgewertet gespeichert. Wenn x später geändert wird, ändert sich auch der Wert von g! Beachten Sie, daß die Formel für g nur angezeigt wird, wenn dieses Symbol nochmals eingetippt wird. Grundsätzlich erfolgt bei der Zuweisungen := keine Ausgabe.

Hinweis: Wenn x vor der Definition von f und g noch nie verwendet worden ist, dann sind = und := gleichwertig. Da x ein unbekanntes Symbol ist, speichert Mathematica in beiden Fällen die gesamte Formel. Aus diesem Grund ist eine Unterscheidung zwischen den beiden Operatoren in solchen Fällen nicht notwendig.

```
h[x_] := x^2 + 2 x

h[x]
         2
2 x + x

h[3]

15

h[z^2]
    2    4
2 z  + z

x==4
True
```

Die Zeilen oben zeigen eine dritte Möglichkeit, den Ausdruck x^2+2x einem Symbol zuzuweisen. h ist allerdings im Gegensatz zu f und g eine »echte« Funktion, in der x nur ein Platzhalter für den Parameter dieser Funktion ist. Beachten Sie, daß Sie bei der Definition eigener Funktionen den Unterstrich hinter dem Parameternamen angeben müssen, und verwenden Sie auf jeden Fall den Operator :=. Wenn Sie h hier mit =

definieren, lautet das Ergebnis unabhängig von einem später verwendeten Parameter 24 (weil x zur Zeit der Definition den Wert 4 hatte).

Noch ein letzten Beispiel für den Unterschied zwischen = und :=:

```
r1 = Random[]; r2 := Random[];

r1
0.677568

r1
0.677568

r2
0.147815

r2
0.0547111
```

r1 und r2 werden beide mit der Zufallszahlenfunktion `Random` definiert. Allerdings wird für r1 die `Random`-Funktion sofort ausgeführt, in r1 ist daher die Konstante 0.677568 gespeichert. Bei r2 wird dagegen die nicht ausgewertet Formel gespeichert. Bei jeder Verwendung von r2 wird auch ein neuer Zufallswert ermittelt.

```
i := y^2-y

i == y(y-1)
        2
-y + y   == (-1+y) y

i == y(y-1) //Simplify
True
```

Der Test auf Gleichheit wird von Mathematica nur sehr oberflächlich durchgeführt, weswegen `i==y(y-1)` nicht sofort zum erwünschten Ergebnis `True` führt. Ein nachgeschaltenes `//Simplify` hilft zwar in diesem Fall. Wenn die beiden Terme sehr kompliziert sind, kann auch `Simplify` unzureichend sein (siehe Überlebensregel 10).

```
gl := y^2 + 1 == 5

gl
       2
1 + y   == 5
```

Hier kommen die Operatoren := und == beide in einem Kommando vor. Mit := wird dem Symbol »gl« die Gleichung auf der rechten Seite zugewiesen.

Hinweis: Es ist hier nicht möglich, diese Gleichung für x zu definieren. x ist für Mathematica keine Variable, sondern eine Konstante mit dem Wert 4. Mathematica würde dem Symbol gl das Ergebnis `False` zuweisen, weil die Gleichung für x=4 falsch ist. Abhilfe können Sie schaffen, indem Sie x vor der Definition der Gleichung mit `Clear[x]` löschen.

Noch ein Hinweis: Auch bei der Zuweisung von Gleichungen haben Sie die Wahl zwischen = und :=. Die zweite Variante hat den Vorteil, daß sich nachträgliche Änderungen an Komponenten dieser Gleichung noch auswirken (also wenn Sie beispielsweise später bestimmen, daß y durch Sin[t] ersetzt werden soll: y=Sin[t]).

```
Solve[gl,y]
{{y -> 2 }, {y -> -2}}
```

Abschließend noch ein Beispiel, das den Unterschied zwischen = und == nochmals verdeutlichen soll. Aus den beiden Gleichungen `x==2z` und `y==4z^3-3z` soll z eliminiert werden.

```
Clear[x, y, z]

Eliminate[{x=2 z, y=4 z^3-3 z}, z]

Eliminate::eqf: — Message text not found — (2 z)

                        3
Eliminate[{2 z, -3 z + 4 z }, z]
```

Der erste Versuch scheitert, weil versehentlich = statt == eingegeben wurde.

```
Eliminate[{x==2 z, y==4 z^3-3 z}, z]
True
```

Der zweite Versuch klappt jetzt auch nicht mehr, weil durch das vorige `Eliminate`-Kommando x und y mit 2z bzw. $2z^3$-3z belegt wurden! Die beiden Symbole müssen durch `Clear` wieder gelöscht werden!

```
Clear[x, y]

Eliminate[{x==2 z, y==4 z^3-3 z}, z]
                 2
2 y == x (-3 + x )
```

(4) Berücksichtigen Sie die globale Gültigkeit von Symbolen!

Über »Symbole« wird in Mathematica auf jede Konstante, Funktion, Liste, Gleichung, Grafik, aber auch auf jedes Kommando zugegriffen. Symbole, die Sie durch eine Zuweisung mit = oder := definiert haben, werden während der gesamten Arbeit mit Mathematica gespeichert. Bei Notebook-Versionen von Mathematica ist die Gültigkeit von Variablen nicht auf das aktuelle Fenster beschränkt! Wenn Sie x in einem Fenster mit 3 belegen, dann gilt diese Definition auch für alle anderen Fenster, selbst wenn Sie das Fenster mit der x-Definition inzwischen wieder geschlossen (und wahrscheinlich auch vergessen) haben.

```
x=3;

Solve[ x^2+x == 5, x]
{}
```

Mathematica ist scheinbar nicht in der Lage, diese triviale Gleichung zu lösen! Das Problem liegt natürlich darin, daß x den Wert 3 hat und daher nicht als Variable in einer Gleichung verwendet werden kann. Nach `Clear[x]` funktioniert `Solve` wieder.

```
f=10;

f[x_]:=x^2

SetDelayed::write: Tag Integer in 10[x_] is Protected.

$Failed

f[3]
10[3]
```

Die Definition von f als Funktion klappt nicht, weil f vorher schon als Konstante verwendet wurde. Auch hier hilft `Clear` weiter.

Mit `?Global`*` können Sie sich eine Liste aller von Ihnen definierter Symbole anzeigen lassen. Sie können die Liste auch etwas selektiver wählen, z.B. mit `?Global`fn*` eine Liste aller Symbole, die mit »fn« beginnen. Wenn Sie nach dem Fragezeichen nur einen einzelnen Namen angeben, dann werden Informationen dazu angezeigt.

```
?Global`*
f x

?x
Global`x
x = 3
```

Mit `Clear` löschen Sie die Zuordnung von Werten oder Ausdrücken zu den genannten Symbolen, das Symbol selbst bleibt allerdings weiterhin erhalten (d.h. Mathematica weiß noch immer, daß Sie dieses Symbol schon verwendet haben). `Remove` geht weiter als `Clear` und löscht auch das Symbol an sich. Das ist vor allem beim Nachladen von Packages notwendig, wenn ein nicht vorhandenen Mathematica-Kommando irrtümlich verwendet wurde (siehe Überlebensregel 8).

```
Clear[x,f]
```

Wenn Sie ein vollkommen neues Beispiel mit Mathematica beginnen möchten, beseitigen Sie am besten alle bisher definierten Symbole:

```
Remove["Global`*"]
```

(5) Beachten Sie den Unterschied zwischen exakten und genäherten Zahlenwerten!

Mathematica versucht grundsätzlich, Genauigkeitsverluste durch die Computerarithmetik zu vermeiden. Aus diesem Grund wird `Sqrt[2]` normalerweise nicht numerisch ausgerechnet, sondern bleibt in dieser Form stehen. Mit dem Kommando `N` kann eine numerische Berechnung der Wurzel erzwungen werden:

```
Sqrt[2]
Sqrt[2]

Sqrt[2] //N
1.41421
```

Aus diesem Grund ist zwischen »0.1« und 1/10 ein grundlegender Unterschied. 0.1 ist ein Zahlenwert, der einmal mit einer bestimmten Genauigkeit ausgerechnet wurde (wenn nicht explizit eine höhere Genauigkeit gefordert wurde, dann mit der Maschinengenauigkeit Ihres Computers). 1/10 ist dagegen »unendlich genau«. Den Unterschied zwischen 0.1 und 1/10 bemerken Sie, wenn Sie von beiden Ausdrücken die Quadratwurzel berechnen.

```
N[ Sqrt[0.1], 50]
0.3162277660168379

N[ Sqrt[1/10], 50]
0.31622776601683793319988935444327185337195551393252
```

Mathematica merkt sich die Genauigkeit von Zwischenergebnissen und zeigt auch dann kein »genauerers« Ergebnis an, wenn Sie das Programm mit `N[..,50]` dazu zwingen möchten.

```
N[1/10,50]
0.1

Sqrt[%]
0.31622776601683793319988935444327185337195551393252
```

Das Beispiel oben beweist, daß Mathematica die Genauigkeit von Zwischenergebnissen speichert. Zuerst wurde 1/10 mit einer Genauigkeit von 50 Stellen ausgerechnet – diese Genauigkeit sieht man dem Ergebnis 0.1 nicht an. Wenn nun von diesem Wert die Quadratwurzel berechnet wird, hat auch das Ergebnis 50 Stellen.

»2.« ist nicht mit »2« identisch! Wenn hinter einer Zahl ein Dezimalpunkt angegeben wird, rechnet Mathematica mit der Maschinengenauigkeit (die von Rechner zu Rechner abweichen kann, in der Regel aber 16 oder 19 Stellen beträgt).

```
$MachinePrecision
16
```

Sobald in einem Rechengang ein einziger Zahlenwert mit begrenzter Genauigkeit einfließt (z.B. eine Materialkonstante,..), kann das Gesamtergebnis nie mehr genauer als dieser Zahlenwert werden (Fehlerfortpflanzung)!

Bei sehr aufwendigen Matrizenrechnungen kann es sogar vorkommen, daß die Ergebnisse im Verlauf einer längeren Rechnung stark an Genauigkeit verlieren. Sie können dem abhelfen, indem Sie die Ausgangswerte mit einer sehr hohen Genauigkeit definieren. Damit steigt dann allerdings auch die Rechenzeit.

```
mat=Table[ Random[Real,1,50], {x,1,20}, {x,1,20} ];

Precision[ mat[[1,1]] ]
50

mat1=Inverse[mat];

Precision[ mat1[[1]] ]
42
```

Im Beispiel oben wird eine 20*20 Matrix mit 50-stelligen Zufallszahlen erzeugt. Diese Matrix wird anschließend invertiert. Mit `Precision` wird die Genauigkeit der Ausgangsdaten und des Ergebnisses kontrolliert. Durch die Inversion sind 8 Stellen verlorengegangen!

```
mat=Table[ Random[Integer,1000], {x,1,20}, {x,1,20} ];

mat1=Inverse[mat];

mat1[[1,1]]  (* ein Element der Matrix ansehen *)
```

$$-\left(\frac{3143128978453910511072649652977973010733046321322639873}{946383778910713906509850535822217127204880072112078459026 0}\right)$$

```
Precision[ mat1[[1,1]] ]
Infinity
```

Dieses Beispiel sieht ganz ähnlich wie das vorige aus, es gibt jedoch einen wesentlichen Unterschied. Diesmal ist die Ausgangsmatrix mit ganzzahligen Zufallszahlen zwischen 0 und 1000 erzeugt worden. Ganze Zahlen sind unendlich genau – daher rechnet Mathematica auch die Umkehrmatrix in voller Genauigkeit aus. Aus diesem Grund sind die einzelnen Elemente jetzt als Brüche und nicht als Dezimalstellen ausgedrückt. Die Rechenzeit für dieses Beispiel ist übrigens ziemlich groß (etwa 10-15 Minuten auf einem 486-Rechner).

(6) Geben Sie Zwischenergebnisse einen Namen!

Mit `%` können Sie das zuletzt berechnete Ergebnis weiterverwenden. Dieser Operator ist sehr bequem, um Zwischenergebnisse im nächsten Schritt weiterzuverarbeiten. Die Verwendung dieses Operators ist aber auch mit Nachteilen verbunden – insbesondere bei Notebook-Oberflächen. Dort ist es nämlich möglich, den Eingabecursor beliebig im Text zu verstellen. Das geschieht in der Praxis auch sehr oft, um nachträgliche Korrekturen oder Ergänzungen durchzuführen. Da der `%`-Operator sich aber nicht auf das Ergebnis bezieht, das in der Zeile oberhalb des Eingabecursors angezeigt wird, sondern auf die letzte Berechnung, ist ein Rechenvorgang mit `%` später oft nicht mehr zu rekonstruieren.

Sie können alle Ergebnisse, die durch Mathematica-Kommandos erzeugt werden, einem Symbol zuweisen. Dadurch wird in vielen Fällen der Rechenvorgang verständlicher und leichter nachvollziehbar. Außerdem kann ein bestimmtes Ergebnis auch öfters verwendet werden, ohne jedesmal neue `%`-Konstruktionen zu bilden (z.B. `%%` für das vorletzte Ergebnis, `%%%` für das vorvorletzte Ergebnis, usw.)

Noch ein Argument, das für die Verwendung von Symbolen spricht: Jedesmal, wenn Sie bei der Eingabe eines Kommandos mit `%` einen Fehler machen und die Eingabe in korrigierter Form nochmals ausführen müssen, ist eine Umstellung von `%` auf `%%` notwendig.

Abschließend ein Beispiel, das den Unterschied zeigen soll. Ein Gleichungssystem wird mit `Solve` gelöst, das Ergebnis wird anschließend zur Definition von zwei Normalvektoren verwendet. Zuerst die Variante mit `%`:

```
Solve[gleichungen,{x,y,z,t}]
        13        2        20        1
{{t -> --, z -> -, y -> --, x -> -},
        18        3        3         3

        1
 {t -> -, z -> 6, y -> 0, x -> 3}}
        2

n1={x,y,z} /. %[[1]]
 1  20  2
{-, --, -}
 3  3   3

n2={x,y,z} /. %%[[2]]
{3, 0, 6}
```

Das gleiche Problem ohne die Verwendung von %:

```
lsg=Solve[gleichungen,{x,y,z,t}]
          13        2         20        1
{{t -> --, z -> -, y -> --, x -> -},
          18        3         3         3

         1
 {t -> -, z -> 6, y -> 0, x -> 3}}
         2
```

```
n1={x,y,z} /. lsg[[1]]
 1  20  2
{-, --, -}
 3  3   3
```

```
n2={x,y,z} /. lsg[[2]]
{3, 0, 6}
```

Wenn Sie statt = bei allen drei Kommandos := verwendet hätten, würde sich bei einer nachträglichen Änderung der zugrundeliegenden Gleichungen auch das Ergebnis in n1 und n2 automatisch ändern!

(7) Nutzen Sie die Möglichkeiten der Operatoren // sowie /. und -> !

Mit // können Sie Kommandos mit zusätzlichen Anweisungen ergänzen. Diese Schreibweise ist zwar auf ersten Blick ungewohnt, sie ist aber erheblich übersichtlicher als die sonst notwendigen Klammerkonstruktionen. Außerdem eigent sich diese Schreibweise hervorragend, um nachträgliche Ergänzungen durchzuführen. Praktische Erweiterungen sind beispielsweise:

`//N`	wertet den Ausdruck numerisch aus
`//Simplify`	vereinfacht mathematische Ausdrücke
`//TableForm`	zeigt die Liste in Form einer Tabelle an
`//MatrixForm`	zeigt eine Liste in Form einer Matrix an
`//Thread`	wendet Operatoren von innen her an (siehe Kapitel 9)

```
Clear[x]

f = (x-3)^4+(x+3)^4
        4          4
(-3 + x)  + (3 + x)

f = Simplify[ (x-3)^4 + (x+3)^4 ]
           2    4
2 (81 + 54 x  + x )

f = (x-3)^4 + (x+3)^4  //Simplify
           2    4
2 (81 + 54 x  + x )
```

Die Kommandos oben zeigen drei Möglichkeiten, `f` mit einer Formel zu belegen: Bei der ersten Variante wird die Eingabeform beibehalten. Bei der zweiten Variante wird die Eingabe mit `Simplify` vereinfacht. Das gilt auch für die dritte Variante, dort wird `Simplify` allerdings »nachgeschalten«.

Der Operator `->` wird dazu verwendet, um eine Variable bzw. eine Option *vorübergehend* mit einem anderen Wert zu belegen. Das ist nur mit einem Kommando sinnvoll, das durch Optionen beeinflußt werden kann, oder in Verbindung mit dem Operator `/.` zur Angabe von Substitutionsregeln (»replacement rules«). Beispiele:

```
Plot[ x^2, {x,0,10}, Frame -> True ]   (* ohne Bild *)
```

Mathematica zeichnet rund um den Graphen einen rechteckigen Rahmen. `Frame` ist eine Option des `Plot`-Kommandos. Diese Option wird für dieses eine Kommando mit dem Wert `True` belegt.

```
f /. x->3
1296
```

Die Funktion `f` wird unter der Annahme `x=3` ausgewertet. `x` bleibt aber weiterhin eine Variable ohne eine fixe Belegung, der Wert 3 gilt nur während der Berechnung des Funktionswertes.

```
x y /. {x->3, y->7}
21
```

Wenn mehrere Variablen ersetzt werden sollen, muß eine Liste mit Substitutionsregeln angegeben werden (hier für das Produkt x*y).

```
gl = 2x + 3y == 12
2 x + 3 y == 12
```

```
Solve[gl /. y->1, x]
          9
{{x -> -}}
          2
```

Die Gleichung `gl` wird von `Solve` unter der Annahme `y=1` gelöst. Übrigens gibt es neben dem Substitionsoperator `->` auch die Variante `:>` zur verzögerten Substituion (»rule delayed«). Der Unterschied zwischen `->` und `:>` entspricht dem Unterschied zwischen `=` und `:=`: Während die Substitution mit `->` sofort mit den aktuellen Werten durchgeführt wird, speichert Mathematica bei `:>` den gesamten Ausdruck und wertet ihn erst dann (immer wieder) aus, wenn der Gesamtausdruck tatsächlich benötigt wird.

(8) Vermeiden Sie Probleme mit Packages!

Mathematica stellt eine Menge Kommandos standardmäßig zur Verfügung. Diese Kommandos können sofort verwendet werden. Daneben existieren in sogenannten »Packages« eine Menge weiterer Spezialkommandos für verschiedene Teilbereiche der Mathematik, beispielsweise zur Wahrscheinlichkeitsrechnung, für spezielle Grafikdiagramme, zur Vektoranalysis, usw. Bevor Kommandos aus diesen Packages verwendet werden können, muß das betreffende Package geladen werden. Dazu gibt es zwei Möglichkeiten:

```
<<Graphics`ParametricPlot`

Needs["Graphics`ParametricPlot`"]
```

Der Operator << lädt das Package ohne weitere Kontrollen bedingungslos. Das Kommando `Needs` ist etwas intelligenter. Es überprüft, ob das Package schon früher geladen wurde. Wenn das der Fall ist, wird auf ein neuerliches Laden verzichtet. Aus diesem Grund sollten Sie grundsätzlich mit `Needs` arbeiten. Die meisten Packages sind nämlich so konzipiert, daß sie bei einem zweimaligen Laden Probleme verursachen.

In der Praxis wird es Ihnen gelegentlich passieren, daß Sie auf das Laden von Packages vergessen. Mathematica fehlen die Informationen zur Auswertung ihrer Eingabe, es weist das Kommando wieder zurück.

```
ImplicitPlot[ x^2 + y^2 == 1, {x,-1,1} ]

                2    2
ImplicitPlot[x  + y  == 1, {x, -1, 1}]
```

Als nächstes laden Sie das Package mit `Needs`, erhalten dabei aber eine seltsame *Warnung*: Das Symbol Global`ImplicitPlot überlagert das Symbol `Graphics`-ImplicitPlot`. Daher scheitert auch der nächste Versuch, mit `ImplicitPlot` die Kreisgleichung anzuzeigen.

```
Needs["Graphics`ImplicitPlot`"]

ImplicitPlot::shdw:
   Warning: Symbol ImplicitPlot appears in multiple contexts
    {Graphics`ImplicitPlot`, Global`}; definitions in context
    Graphics`ImplicitPlot` may shadow or be shadowed by other
     definitions.

ImplicitPlot[ x^2 + y^2 == 1, {x,-1,1} ]

                2    2
ImplicitPlot[x  + y  == 1, {x, -1, 1}]
```

In solchen Fällen müssen Sie mit `Remove` das globale Symbol `ImplicitPlot`, das bei der ersten Eingabe dieses Kommandos von Mathematica automatisch angelegt wurde, wieder löschen. Erst jetzt kann Mathematica auf das »dahinter verdeckte« Symbol `ImplicitPlot` des Graphics-Package zugreifen und führt das Kommando korrekt aus.

```
Remove[ImplicitPlot]

ImplicitPlot[ x^2 + y^2 == 1, {x,-1,1} ]   (* jetzt klappt es ! *)
```

Zusammenfassung: Wenn Sie ein Package-Kommando irrtümlich verwenden, ohne vorher das Package zu laden, müssen Sie den Namen dieses Kommandos mit `Remove` wieder löschen. Anschließend laden Sie das Package und setzen Ihre Arbeit normal fort. Wenn Sie mehr über die Hintergründe der Verwaltung der Symbole erfahren möchten, sollten Sie in Kapitel 28 den Abschnitt über die »Gültigkeit von Variablen« lesen.

Schreibweisen

Grundsätzlich können Sie die Namen der Packages auch auf DOS- und Windows-Versionen voll ausschreiben. Wegen des altmodischen Dateiverwaltungssystems von DOS werden allerdings nur die ersten 8 Zeichen zur Erkennung der Dateinamen berücksichtigt. Bei einigen Packages ist das nicht ausreichend. Diese Packages haben in den DOS- und Windows-Versionen geänderte Namen (beispielsweise GRAPHIC1 statt `Graphics3D` und PLOTFIE1 statt `PlotField3D`).

Wenn Sie eigene Packages programmieren, sollten Ihre Namen bereits nach 8 Zeichen eindeutig unterscheidbar sein, wenn Sie keine Probleme auf DOS-Rechner bekommen möchten.

Master-Packages

Die Mathematica-Packages sind in mehrere Gruppen eingeteilt – z.B. `` Graphics` `` mit verschiedenen Grafik-Erweiterungen, `` Statistics` `` mit Statistikfunktionen, etc. Sie können nun explizit ein bestimmtes Package aus dieser Gruppe laden (siehe oben), Sie können aber auch mit ``Needs["Graphics`Master`"]`` alle Packages einer Gruppe (hier für `` Graphics` ``) auf einmal aktivieren. Die Packages werden dadurch nicht sofort geladen, Mathematica kennt aber jetzt die Namen aller darin vorkommenden Kommandos. Sobald Sie eines dieser Kommandos verwenden, lädt Mathematica das betreffende Package.

Packages automatisch laden

Sie können Mathematica so einrichten, daß beim Start des Programmes verschiedene Packages sofort geladen werden, oder daß die Packages dann automatisch geladen werden, wenn Sie zum ersten Mal ein Kommando aus diesem Package verwenden. Dieses Thema wird in Anhang A näher behandelt.

(9) Nutzen Sie die Hilfefunktionen von Mathematica!

Die Vielzahl der Mathematica-Kommandos ist derart groß, daß Sie am Anfang sicherlich Probleme haben, sich die genauen Namen, die Reihenfolge der Parameter, die genaue Syntax, etc. zu merken. In solchen Fällen gibt es zwei Möglichkeiten: Entweder Sie suchen das Kommando in einem geeigneten Buch, oder Sie nutzen die Hilfefunktion von Mathematica:

```
?*Plot*

ContourPlot        ListPlot3D         PlotDivision       PlotRegion
DensityPlot        ParametricPlot     PlotJoined         PlotStyle
ListContourPlot    ParametricPlot3D   PlotLabel          Plot3D
ListDensityPlot    Plot               PlotPoints         Plot3Matrix
ListPlot           PlotColor          PlotRange
```

Mit dem Kommando oben zeigt Mathematica eine Lister aller Symbole an, in denen »Plot« vorkommt. Die beiden Sterne vor und nach »Plot« zeigen an, daß an dieser Stelle beliebig viele (auch null) Zeichen stehten dürfen. Wenn Sie nur `?*` eingeben, gibt Mathematica eine Liste **aller** Symbole aus, mit `?x*` eine Liste aller Symbole, die mit »x« beginnen, usw.

```
?ContourPlot

ContourPlot[f, {x, xmin, xmax}, {y, ymin, ymax}] generates a contour
   plot of f as a function of x and y.
```

Wenn nach dem `?` nur ein einzelnes Symbol angegeben wird, zeigt Mathematica konkrete Informationen zu diesem Symbol an. Solche Informatione` sind auch zu vielen Operatoren von Mathematica vorhanden, z.B. `?->`. Wenn diese Informationen noch nicht ausreichend sind, können Sie es mit zwei Fragezeichen probieren:

```
??ContourPlot

ContourPlot[f, {x, xmin, xmax}, {y, ymin, ymax}] generates a contour
   plot of f as a function of x and y.
```

```
Attributes[ContourPlot] = {HoldAll, Protected}

Options[ContourPlot] =
  {AspectRatio -> 1, Axes -> False, AxesLabel -> None,
   AxesOrigin -> Automatic, AxesStyle -> Automatic,
   Background -> Automatic, ColorFunction -> Automatic,
   ColorOutput -> Automatic, Compiled -> True,
   ContourLines -> True, Contours -> 10, ContourShading -> True,
   ContourSmoothing -> None, ContourStyle -> Automatic,
   DefaultColor -> Automatic, Epilog -> {}, Frame -> True,
   FrameLabel -> None, FrameStyle -> Automatic,
   FrameTicks -> Automatic, PlotLabel -> None, PlotPoints -> 15,
   PlotRange -> Automatic, PlotRegion -> Automatic, Prolog -> {},
   RotateLabel -> True, Ticks -> Automatic,
   DefaultFont :> $DefaultFont, DisplayFunction :> $DisplayFunction}
```

```
?AspectRatio
```

```
AspectRatio is an option for Show and related functions which
   specifies the ratio of height to width for a plot.
```

(10) Zweifeln Sie die Ergebnisse von Mathematica an!

Mathematica wird häufig wie eine »eierlegende Wollmilchsau« beschrieben, die alle Mathematikprobleme – egal wie kompliziert – rasch und problemlos löst. Das ist aus zweierlei Gründen eine Illusion:

- Erstens ist Mathematica wegen seines sehr allgemeingültigen Ansatzes verhältnismäßig langsam. Es eignet sich daher nicht bzw. nur schlecht für Spezialprobleme, für die es bereits eigene Programme gibt. Sie können beispielsweise mit Mathematica Apfelmännchengrafiken berechnen, ein 50-zeiliges C-Programm erledigt diese Aufgabe allerdings in einem winzigen Bruchteil der Zeit!
- Zweitens sind auch die mathematischen Möglichkeiten begrenzt, was unten durch zwei Beispiele belegt wird. Wenn Sie Mathematica mit `Solve` auffordern, ein Gleichungssystem zu lösen, und Mathematica gibt als »Lösung« die leere Menge zurück, dann bestehen drei Möglichkeiten: Entweder haben Sie bei der Eingabe des Gleichungssystem Fehler gemacht (einige mögliche Ursachen wurden auf den vorangegangenen Seiten beschrieben), oder das Gleichungssystem ist tatsächlich in dieser Form nicht lösbar, oder Mathematica ist – aus welchen Gründen auch immer – nicht in der Lage, die vorhandene Lösung zu finden. Und eben diese dritte Variante sollten Sie immer vor Augen haben!

Diese Lösung ist mathematisch korrekt. Schöner wäre allerdings, wenn Mathematica den Ausdruck auch noch zu Pi/4 vereinfachen könnte.

Beispiel 2: Probleme mit Simplify

In den Zeilen unten wird die Funktion f zuerst integriert (fi) und anschließend wieder differenziert (fid). Das Ergebnis fid muß mit f ident sein. Um das zu kontrollieren, wird diff als die Differenz der beiden Funktionen definiert und 0 gesetzt.

```
Remove["Global`*"]
f=1/(x(1+Sqrt[1-x^2]))
```

```
         1
--------------------
              2
x (1 + Sqrt[1 - x ])
```

```
fi=Integrate[f,x]
```

```
                   2                                     2
 -1      Sqrt[1 - x ]     Log[x]     Log[1 + Sqrt[1 - x ]]
---- + ------------ + ------ - ---------------------
   2          2           2                2
2 x        2 x
```

```
fid=D[fi,x]
```

```
                                              2
 -3     1            1             Sqrt[1 - x ]
x   + --- - ----------------- - ------------ +
      2 x                   2          3
            2 x Sqrt[1 - x ]          x
                  x
 -------------------------------
                2                2
 2 Sqrt[1 - x ] (1 + Sqrt[1 - x ])
```

```
diff= f - fid;
diff==0
```

```
                                              2
  -3     1            1             Sqrt[1 - x ]
-x   - --- + ----------------- + ------------ +
       2 x                   2          3
             2 x Sqrt[1 - x ]          x
            1                                    x
 -------------------- - --------------------------------- == 0
                2                      2                2
 x (1 + Sqrt[1 - x ])   2 Sqrt[1 - x ] (1 + Sqrt[1 - x ])
```

Mathematica wertet den Ausdruck nicht weiter aus und kommt zu keinem konkreten Ergebnis. Daher wird versucht, den Ausdruck mit `Simplify` zu vereinfachen. Besonders wirksam ist dieses Kommando aber in diesem Fall auch nicht: Der Ausdruck bleibt unverändert.

```
Simplify[diff]
```

```
                                              2
  -3     1            1             Sqrt[1 - x ]
-x   - --- + ----------------- + ------------ -
       2 x                   2          3
             2 x Sqrt[1 - x ]          x
```

Teil 2

Mathematica in der Praxis

Dieser Teil des Buches stellt eine systematische Einführung in das Arbeiten mit Mathematica dar. Die Kapitel 5 bis 7 (Elementare Funktionen, Komplexe Zahlen, Umgang mit Polynomen) sowie 9 und 10 (Listen, Matrizen) behandeln die Grundlagen für jede weitere Verwendung von Mathematica. Auch wenn Sie vorhaben, Mathematica nur für eine besonders Spezialaufgabe zu verwenden, beispielsweise zum Integrieren oder zum Erstellen von Grafiken, stellt der Inhalt dieser Kapitel ein unverzichtbares Basiswissen dar. In den folgenden Kapiteln wird dieses Wissen vorausgesetzt.

Kapitel 8 beschreibt das Lösen und Vereinfachen von Gleichungen. Damit gehört der Inhalt dieses Kapitels in den meisten Fällen ebenfalls zum elementaren Grundwissen über die Möglichkeiten (und Grenzen) von Mathematica.

Ab Kapitel 11 wird es dann etwas spezieller: Sie lernen Kommandos zur Wahrscheinlichkeitsrechnung, zum Aufstellen von Regressions- und Interpolationsfunktionen, zur Berechnung von Grenzwerten, zum Differenzieren und Integrieren und zum Lösen von Differenzialgleichungen kennen. Kapitel 17 bis 19 enthalten eine umfassende Einführung zum Umgang mit den Grafik-Kommandos von Mathematica.

In allen Kapiteln wurde versucht, möglichst viele und möglichst praxisnahe Beispiele unterzubringen. Die meisten Abschnitte beginnen nicht mit theoretischen Grundlagen, sondern sofort mit einfachen Beispielen, die den prinzipiellen Umgang mit dem Kommando darstellen. Daran anschließend finden Sie Detailinformationen zur Syntax des Kommandos, zu typischen Anwendungsmöglichkeiten, zu häufigen Fehlern, etc.

Die meisten Kapitel enden mit einer Syntax-Zusammenfassung, so daß Sie zum Nachlesen von Kleinigkeiten (Reihenfolge der Parameter, Bezeichnung der Optionen) nicht das ganze Kapitel durchblättern müssen.

5 Elementare Funktionen

Dieses Kapitel gibt eine Übersicht über die elementaren Funktionen und Konstanten von Mathematica. Dazu gehören numerische Funktionen wie `Abs` und `Sign`, Wurzel–, Logarithmus- und Exponentialfunktionen sowie trigonometrische Funktionen. Funktionen zur Bearbeitung komplexer Zahlen werden separat im nächsten Kapitel behandelt.

Normalerweise werden Sie diese Funktionen nicht wie bei einem Taschenrechner verwenden, um damit Zahlenwerte auszurechnen, sondern um damit größere Rechenmodelle aufbauen. Diese Modelle sollen dann soweit vereinfacht werden, daß explizite Lösungen ermittelt werden können. Die Manipulation und die Auswertung von Gleichungen ist Thema der Kapitel 7 und 8.

Die Funktions-Übersicht in diesem Kapitel ist natürlich keinesfalls vollständig. Insbesondere fehlen alle Funktionen zur Kombinatorik, Wahrscheinlichkeitsrechnung und Statistik (siehe Kapitel 11), Kommandos zur Bearbeitung von Listen, Vektoren und Matrizen (Kapitel 9 und 10) und eine Menge weiterer Spezialfunktionen, die einzeln in den thematisch dazu passenden Kapiteln behandelt werden.

Konstanten

`Pi`	Kreisteilungszahl 3.141592654
`Degree`	ein Grad in Bogenmaß, also Pi/180 = 0.017453292
`E`	Euler'sche Zahl 2.718281828
`I`	imaginäre Einheit, `Sqrt`[-1]

Numerische Funktionen

`Abs[z]`	berechnet den Betrag der Zahl
`Sign[z]`	-1 für negative Zahlen, +1 für positive Zahlen, 0 für z=0; bei komplexen Zahlen wird stattdessen `z/Abs[z]` berechnet, d.h. ein komplexer Zeiger mit der Länge 1
`Mod[x,y]`	berechnet x modulo y, also den Rest einer Division x/y bei ganzzahligem Ergebnis
`Max[x1,x2,..]`	ermittelt die größte Zahl; die Zahlen können auch in beliebig verschachtelten Listen angegeben werden; komplexe Zahlen sind nicht zulässig
`Min[x1,x2,..]`	ermittelt die kleinste Zahl
`Round[x]`	rundet zur nächsten ganzen Zahl auf- oder ab; Achtung: Mathematica rundet 0.5 noch ab, erst 0.500000000001 wird aufgerundet!!
`Floor[x]`	rundet auf die nächst kleinere ganze Zahl ab
`Ceiling[x]`	rundet auf die nächst größere ganze Zahl auf

Zufallszahlen

```
Table[ Random[], {6}]
{0.598164, 0.228653, 0.525433, 0.044637, 0.145335, 0.901457}
```

```
Table[ Random[ Real,{2,3},18 ], {9} ]
{2.59773275573182639, 2.07432303210258865, 2.84698593071677356,
 2.29814115392781085, 2.27754989825652647, 2.76566185522315932,
 2.35824434401748169, 2.86145468716970503, 2.80330302396464668}
```

```
Table[Random[Complex],{6}]
{0.889788 + 0.608758 I, 0.366325 + 0.882628 I,
 0.660416 + 0.474557 I, 0.501412 + 0.0151768 I,
 0.137153 + 0.118185 I, 0.252192 + 0.760643 I}
```

Die drei Beispiele oben zeigen, wie mit `Random` reelle und komplexe Zufallszahlen in beliebiger Genauigkeit erzeugt werden. Das `Table`-Kommando wird verwendet, um gleich eine ganze Liste von Zufallszahlen zu erzeugen. Dieses Kommando wird in Kapitel 9 behandelt.

Random[]	ermittelt Pseudo-Zufallszahl zwischen 0 und 1
Random[**Real**]	wie **Random**[]
Random[**Complex**]	komplexe Zufallszahl, wobei für Real- und Imaginärteil je 0<=x<1 gilt
Random[**Integer**]	zufällig 0 oder 1 (je mit der Wahrscheinlichkeit 0.5) ermitteln
Random[typ, {min,max}, stellen]	erzeugt eine Zufallszahl des gewünschten Typs (`Integer`, `Real` oder `Complex`) zwischen min und max in der angegebenen Genauigkeit

Quadratwurzel und allgemeine Potenzen

```
Sqrt[2]
Sqrt[2]

Sqrt[2] //N
1.41421

Sqrt[a + I b]
Sqrt[a + I b]

Sqrt[a + I b]  //ComplexExpand
                         Arg[a + I b]
Sqrt[Abs[a + I b]] Cos[------------] +
                              2

                           Arg[a + I b]
 I Sqrt[Abs[a + I b]] Sin[------------]
                                2
```

Die obigen Beispiele zeigen, daß die `Sqrt`-Funktion sowohl für reelle als auch für komplexe Zahlen definiert ist. Alternative Schreibweisen zu `Sqrt[x]` sind `x^(1/2)` oder `Power[x,1/2]`. Zur Berechnung des Quadrates, der Kubikwurzel, etc. existieren in Mathematica keine eigenen Kommandos. Sie müssen stattdessen `Power` oder den Operator ^ verwenden:

```
1.5 ^ 0.1
1.04138

(a + b)^4 //Expand
 4      3        2  2        3    4
a  + 4 a  b + 6 a  b  + 4 a b  + b
```

```
Power[-8,-0.3]
0.314986 - 0.433541 I

(-8)^(-0.3)
0.314986 - 0.433541 I
```

Sqrt[z]	berechnet die Quadratwurzel von z
Power[z1,z2]	berechnet $z1^{z2}$

Logarithmus und Exponentialfunktion

```
Log[E]
1

Log[10,1000]
3

Log[1 + 3 I] //N
1.15129 + 1.24905 I

E^(1+3I)-Exp[1+3I]
0
```

Log[z]	berechnet den natürlichen Logarithmus zur Basis E=2.7182818
Log[basis,z]	berechnet den Logarithmus zur angegebenen Basis
Exp[z]	berechnet E^z

Trigonometrische Funktionen

Mathematica verfügt natürlich über alle trigonometrischen Standard-Funktionen, wobei diese Funktionen auch für komplexe Argumente definiert sind. Die Funktionen liefern in der Regel keine analytischen Ergebnisse, so daß die Zahlenwerte nur mit //N ermittelt werden.

```
Sin[Pi/6]
1
-
2

Sin[Pi/8]  //N
0.382683

Sin[45 Degree] //N
0.707107

Sin[1+I] //N
1.29846 + 0.634964 I
```

Für die ArcTan-Funktion bestehen zwei Definitionen: Wenn nur ein Parameter angegeben wird, berechnet Mathematica den dazugehörigen Funktionswert. Wenn mit ArcTan[x,y] zwei Parameter angegeben werden, berechnet Mathematica den Funktionswert zu y/x. Diese Variante von ArcTan hat den Vorteil, daß die Vorzeichen beider Parameter getrennt berücksichtigt werden können und das Ergebnis somit im Bereich zwischen -Pi und Pi (statt zwischen -Pi/2 bis Pi/2) liegt. Außerdem kommt es bei x=0 zu keiner Fehlermeldung.

```
ArcTan[1/3] //N
0.321751

ArcTan[3,1] //N
0.321751

ArcTan[-3,-1] //N
-2.81984

ArcTan[3 + I] //N
1.2768 + 0.0919312 I
```

Die Bearbeitung von Ausdrücken mit trigonomtrischen Funktionen wird in Kapitel 7 behandelt. Nur soviel vorweg: Bei einigen Standard-Mathematica-Kommandos muß die Option Trig->True gesetzt werden, damit trigonometrische Funktionen vereinfacht werden. Darüberhinaus enthält das Package Algebra`Trigonometry` drei Spezial-Funktionen: TrigToComplex und ComplexToTrig zur Hin- und Rückwandlung zwischen trigonometrischen Funktionen und komplexen E-Potenzen sowie TrigReduce zur Vereinfachung der Argumente in trigonometrischen Funktionen.

Pi	Konstante 3.141592654
Degree	Konstante Pi/180 = 0.017453292
Sin[z], **Cos**[z], **Tan**[z]	
	die Winkelfunktionen Sinus, Cosinus und Tangens
ArcSin[z], **ArcCos**[z], **ArcTan**[z], **ArcTan**[x,y]	
	die Umkehrfunktionen zu den Winkelfunktionen; ArcTan[x,y] berechnet den Arcustangens von y/x
Csc[z]	(* 1/Sin[z] *)
Sec[z]	(* 1/Cos[z] *)
Cot[z]	(* 1/Tan[z] *)
	die Reziprokwerte zu den Winkelfunktionen

Hyperbolische Funktionen

Sinh[z], **Cosh**[z], **Tanh**[z]	
	die hyperbolischen Funktionen
ArcSinh[z], **ArcCosh**[z], **ArcTanh**[z]	
	die Umkehrfunktionen zu den hyperbolischen Funktionen
Csch[z]	(* 1/`Sinh`[z] *)
Sech[z]	(* 1/`Coth`[z] *)
Coth[z]	(* 1/`Tanh`[z] *)

Komplexe Zahlen

Mathematica macht im wesentlichen keinen Unterschied zwischen reellen und komplexen Zahlen. Fast alle Funktionen von Mathematica (z.B. `Sin`, `Cos`, `Sqrt`, `Abs`,..) können für komplexe Zahlen ebenso angewandt werden wie für reelle Zahlen. Echte Unterschiede zwischen der Behandlung reeller und komplexer Zahlen treten dann auf, wenn Real- und Imaginärteil in unterschiedlichen Variablen gespeichert werden (was häufig sinnvoll ist). In diesem Fall sind mit `ComplexExpand` Vereinfachungen von komplexen Ausdrücken möglich. Die wichtigsten in diesem Kapitel behandelten Funktionen und Kommandos sind:

`Re, Im`
ermitteln Real- und Imaginärteil von komplexen Zahlen bzw. Ausdrücken

`Abs, Arg`
ermitteln Betrag und Phasenwinkel

`ComplexExpand`
zur Vereinfachung von Ausdrücken mit getrennten Real- und Imaginärteil

`RealValued`
die Ergebnisse von selbst definierten Funktionen als reell definieren (Package `Algebra`ReIm``)

Elementarfunktionen zur Bearbeitung komplexer Zahlen

```
z = 1 + 3 I;

Re[z]
1

Im[z]
3

Abs[z]
Sqrt[10]

Arg[z] / Degree //N
71.5651

Conjugate[z]
1 - 3 I
```

Arg ermittelt den Phasenwinkel der komplexen Zahl im Bogenmaß. Das Ergebnis wird mit der Konstanten Degree in Grad umgerechnet. Conjugate gibt die konjugiert komplexe Zahl zurück (d.h. das Vorzeichen des Imaginäranteils wird verändert).

```
polar[z_] :=  { Abs[z], Arg[z] / Degree}

polar[1 + 3 I]
            ArcTan[1, 3]
{Sqrt[10], ------------}
               Degree

polar[1 + 3 I] //N
{3.16228, 71.5651}
```

Es gibt in Mathematica keine eigene Funktion, mit der Sie eine komplexe Zahl in der Polarform darstellen können. Wie das Beispiel oben zeigt, ist es kein Problem, eine derartige Funktion selbst zu definieren. polar gibt den Betrag und den Winkel in Grad in Form einer Liste an. Die Ausgabe in der Schreibweise Abs[z]*E^(I Arg[z]) ist unmöglich, weil Mathematica einen Ausdruck dieser Form sofort auswertet und in die Standardschreibweise (Real- plus Imaginärteil) bringt.

Komplexe Zahlen mit getrennten Real- und Imaginärteil

Komplexe Zahlen werden normalerweise in einer komplexen Variablen gespeichert. Wenn die Komponenten in zwei reellen Variablen angeschrieben werden und damit gearbeitet werden soll, ist für die meisten Fälle das Kommando ComplexExpand erforderlich. Durch `ComplexExpand` werden Ausdrücke unter der Annahme weiterverarbeitet, daß alle auftretenden Variablen *reell* sind. Mathematica kann dann diverse Vereinfachungen durchführen, die sonst nicht möglich wären:

```
Re[a]  //ComplexExpand
a

Re[ (a + b I)^3 ]  //ComplexExpand
 3        2
a  - 3 a b
```

Die Ergebnisse oben gelten nur unter der Annahme, daß a und b reelle Zahlen sind! Wenn Sie für `a` eine beliebige komplexe Zahl mit einem Imaginärteil ungleich 0 einsetzten würden, wären die Ergebnisse falsch! Aus diesem Grund führt Mathematica Vereinfachungen dieser Art normalerweise *nicht* aus und muß explizit mit `ComplexExpand` dazu aufgefordert werden.

`ComplexExpand` kann mit der Option `TargetFunctions` so eingestellt werden, daß es zur Aufspaltung in Real- und Imaginärteil verschiedenen Funktionen verwendet. In den Beispielen unten werden jeweils zweimal dieselben Berechnungen mit unterschiedlichen Zielfunktionen (z.B. Re und Im bzw. Abs und Arg) durchgeführt. Die Ergebnisse sehen deshalb zum Teil etwas unübersichtlich aus.

```
ComplexExpand[ Sqrt[a + b I] ]
                             Arg[a + I b]
Sqrt[Abs[a + I b]] Cos[------------] +
                                  2
                                Arg[a + I b]
  I Sqrt[Abs[a + I b]] Sin[------------]
                                     2

ComplexExpand[ Sqrt[a + b I], TargetFunctions->{Re,Im}]
  2    2 1/4     ArcTan[a, b]          2    2 1/4     ArcTan[a, b]
(a  + b )    Cos[------------] + I (a  + b )    Sin[------------]
                       2                                  2

ComplexExpand[ (a + b I)^2]
 2                2
a  + 2 I a b - b

ComplexExpand[ (a + b I)^2, TargetFunctions->{Abs,Arg}]  //Simplify
      2                          2
Abs[a]  Cos[2 Arg[a]] - Abs[b]  Cos[2 Arg[b]] +
                                                          2
  2 I Abs[a] Abs[b] Cos[Arg[a] + Arg[b]] + I Abs[a]  Sin[2 Arg[a]] -
          2
  I Abs[b]  Sin[2 Arg[b]] - 2 Abs[a] Abs[b] Sin[Arg[a] + Arg[b]]
```

Wenn in `ComplexExpand` im zweiten Parameter eine Liste von Variablen angegeben wird (wie in folgenden Beispiel die Variable `x`), dann werden diese Variablen als komplex betrachtet. Alle anderen vorkommenden Variablen gelten weiterhin als reell:

```
ComplexExpand[ x^2, {x}, TargetFunctions->{Conjugate,Sign}]
```

$$\frac{(x - \text{Conjugate}[x])^2}{4} + \frac{(x - \text{Conjugate}[x])\ (x + \text{Conjugate}[x])}{2} + \frac{(x + \text{Conjugate}[x])^2}{4}$$

```
ComplexExpand[ (a x - b y)^2 , {x,y}]
```

$$-(a\ \text{Im}[x] - b\ \text{Im}[y])^2 + 2\ I\ (a\ \text{Im}[x] - b\ \text{Im}[y])\ (a\ \text{Re}[x] - b\ \text{Re}[y]) + (a\ \text{Re}[x] - b\ \text{Re}[y])^2$$

Mathematica nimmt an, daß `a` und `b` reelle Zahlen sind, bei `x` und `y` wird dagegen eine explizite Aufspaltung in Real- und Imaginärteil vorgenommen. Eine weitere Anwendung von `ComplexExpand` besteht darin, komplexe E-Potenzen in `Sin`- und `Cos`-Terme umzuwandeln:

```
f = (3-I) E^((3-I)t) + (3+I) E^((3+I)t)
```

$$(3 - I)\ E^{(3 - I)\ t} + (3 + I)\ E^{(3 + I)\ t}$$

```
ComplexExpand[f]
```

$$6\ E^{3\ t}\ \text{Cos}[t] - 2\ E^{3\ t}\ \text{Sin}[t]$$

Für komplizierter Ausdrücke ist `ComplexExpand` allerdings nicht mehr geeignet. Wenn `ComplexExpand` nicht zur gewünschten Vereinfachung führt, müssen Sie auf das im nächsten Kapitel beschriebene Package `` Algebra`Trigonometry` `` zurückgreifen.

Das Package Algebra`ReIm`

Das Package `` Algebra`ReIm` `` ermöglicht Ihnen, den Real- oder Imaginärteil von Variablen explizit 0 zu setzen. Mathematica führt dann bei den Funktionen `Re` und `Im` (die im Package neu definiert werden) automatisch Vereinfachungen durch, die sonst nur mit `ComplexExpand` zu erreichen wären. Auf diese Weise können Berechnungsvorgänge übersichtlicher dargestellt werden.

```
Needs["Algebra`ReIm`"]
a /: Im[a]=0
0

Re[a]
a
```

Nachdem zum Symbol a die Regel Im[a]=0 gespeichert wurde, wird Re[a] automatisch zu a vereinfacht. Eine alternative Schreibweise für diese Regel lautet Im[a]^=0.

Vereinfachungen werden auch bei erheblich komplexeren Ausdrücken durchgeführt, weil Mathematica nun auch erkennt, daß Sin[a] reell sein muß (weil auch a reell ist), usw. Die Verwendung des Packages erleichtert dadurch den Umgang mit komplexen Zahlen erheblich – wenn auch um den hohen Preis der Rechengeschwindigkeit:

```
Im[t] ^= 0;

z=Cos[t] + I Sin[t]; f=Sin[z]/z^4; dz=D[z,t];

Re[f dz]
```

Das Warten auf das Ergebnis habe ich auf meinem 486-Rechner nach etwa 20 Minuten aufgegeben. Ohne das Package ReIm` dauert die Berechnung mit ComplexExpand nur einige Sekunden:

```
Re[f dz]  //ComplexExpand  //InputForm

Cosh[Sin[t]]*(-((Cos[t]*(-4*Cos[t]^3*Sin[t] +
            4*Cos[t]*Sin[t]^3))/Abs[Cos[t] + I*Sin[t]]^8) -
     (Sin[t]*(Cos[t]^4 - 6*Cos[t]^2*Sin[t]^2 + Sin[t]^4))/
      Abs[Cos[t] + I*Sin[t]]^8)*Sin[Cos[t]] -
  Cos[Cos[t]]*(-((Sin[t]*(-4*Cos[t]^3*Sin[t] +
            4*Cos[t]*Sin[t]^3))/Abs[Cos[t] + I*Sin[t]]^8) +
     (Cos[t]*(Cos[t]^4 - 6*Cos[t]^2*Sin[t]^2 + Sin[t]^4))/
      Abs[Cos[t] + I*Sin[t]]^8)*Sinh[Sin[t]]
```

Das Ergebnis wurde aus Platzgründen hier nicht wie üblich mit Bruchstrichen und hochgestellten Potenzen dargestellt, sondern in der Darstellung im Eingabeformat. Diese Darstellung können Sie für jedes Ergebnis auch nachträglich mit % //InputForm anfordern. Auf Mathematica-Versionen mit Notebook-Interface geht es noch einfacher. Sie müssen nur die Zelle mit dem Ergebnis markieren und mit CELL/FORMATTED deren automatische Formatierung abschalten.

Das Package ReIm` verändert also in erster Linie die Definitionen der Funktionen Re und Im. Außerdem stellt es die Funktion RealValued zur Verfügung, mit der Sie definieren können, daß eine von Ihnen erstellte Funktion reelle Ergebnisse zurückgibt, wenn auch die Parameter reell sind. Auf diese Weise können Re und Im diverse Vereinfachungen auch bei Funktionen durchführen, die Sie selbst definiert haben:

```
Re[ g[t] ]
Re[g[t]]
```

```
RealValued[g]
g

Re[ g[t] ]
g[t]

Re[ g[q] ]
Re[g[q]]
```

Mathematica vereinfacht `Re[g[t]]` normalerweise nicht, weil es keine Informationen über `g` hat (`g` ist noch undefiniert). Nach dem `RealValued`-Kommando wird `Re[g[t]]` zu g[t] vereinfach, weil Mathematica aus dem vorigen Beispiel weiß, daß `t` eine reelle Variable ist. `Re[g[q]]` wird dagegen nicht mehr vereinfacht, weil Mathematica keine Informationen zu dem (noch undefinierten) Symbol `q` hat – `q` könnte auch eine komplexe Variable sein.

Zusammenfassung

Re[z]	ermittelt den Realteil von z
Im[z]	ermittelt den Imaginärteil
Abs[z]	ermittelt den Betrag (die Länge)
Arg[z]	ermittelt den Phasenwinkel
Conjugate[z]	ermittelt die konjugiert komplexe Zahl zu z

ComplexExpand[term,{var,..}]

multiplizirt den Term unter der Annahme aus, daß die in der Liste aufgezählten Variablen komplex, alle weiteren Variablen aber reell sind

TargetFunctions->{Re,Im}
TargetFunctions->{Abs,Arg}
TargetFunctions->{Conjugate,Sign}
stellt die komplexen Zahlen in kartesischer Form bzw. in polarer Form bzw. in konjugiert komplexer Form dar

Needs["Algebra`ReIm`"]
Im[x]^=0; oder x **/: Im**[x]=0
definiert x als reelle Zahl

RealValued[f] definiert f als reelle Funktion (die reelle Ergebnisse liefert, sofern auch die Parameter reell sind)

7 Polynome bearbeiten (Algebra)

In diesem Kapitel lernen Sie zahlreiche Kommandos zur Bearbeitung von Polynomen kennen. Die wichtigsten dieser Kommandos lauten:

`Simplify`
zur Vereinfachung von mathematischen Ausdrücken

`Expand`
zum Ausmultiplizieren von mathematischen Ausdrücken

`Factor`
zum Faktorisieren von mathematischen Ausdrücken

`Together`
um Brüche auf gemeinsamen Nenner zu bringen

`Cancel`
zum Kürzen gemeinsamer Terme

`Apart`
zur Partialbruchzerlegung von Brüchen

`PolynomialQuotient`
zur Division zweier Polynome

`Collect`
zur Gruppierung von Ausdrücken mit mehreren Variablen

`TrigReduce, TrigToComplex, ComplexToTrig`
zur Bearbeitung von Ausdrücken mit trigonometrischen Funktionen

Die meisten dieser Funktionen sind zur Bearbeitung von Polynomen optimiert, können aber ohne weiteres auch zur Vereinfachung allgemeiner mathematischer Ausdrücke verwendet werden. Allerdings ist Mathematica nicht immer in der Lage, alle mathematisch möglichen Vereinfachungen zu finden.

Mathematische Ausdrücke mit Simplify vereinfachen

`Simplify` ist ein ebenso bequemes wie verführerisches Kommando. Es versucht den angegebenen mathematischen Ausdruck in eine möglichst einfache Form umzuwandeln, wobei das Ergebnis für Mathematica umso »einfacher« ist, je kleiner die Anzahl seiner Einzelterme ist. `Simplify` ist prinzipiell in der Lage, mit allen mathematischen Ausdrücken umzugehen, also auch mit trigonometrischen Funktionen, Wurzeln, etc.

```
Simplify[576 + 816x + 460x^2 + 129x^3 + 18x^4 + x^5]
        2        3
(3 + x)  (4 + x)

Simplify[ Sqrt[x]^2 ]
x

Simplify[ Sin[x]^2+Cos[x]^2 ]
1

D[ Integrate[ 1 / ( (x-1)^2 (x^2+1)^2 ),x], x]
      1               1               x               1               x
------------- - ------------ + ------------- + ------------ + ------------
            2   2 (-1 + x)            2 2            2              2
4 (-1 + x)                     2 (1 + x )     4 (1 + x )     2 (1 + x )

% //Simplify
          1
---------------------
        2       2 2
(-1 + x)  (1 + x )
```

`Simplify` ist zwar bequem, aber durchaus nicht immer wirkungsvoll. Manchmal findet Mathematica keine einfachere Form, obwohl diese durchaus existiert. Ein Beispiel dafür finden Sie in der Überlebensregel 10 in Kapitel 4. Wenn Sie also vermuten, daß das Ergebnis noch nicht optimal ist, dann versuchen Sie den Ausdruck »manuell« mit `Together`, `Cancel` oder anderen in diesem Kapitel behandelten Kommandos zu vereinfachen.

Beachten Sie, daß Mathematica nur solche Vereinfachungen durchführt, die mathematisch auf jeden Fall einwandfrei sind. Daher wird `Sqrt[n^2]` nicht zu `n` vereinfacht (Einschränkung auf n>0), `Re[x + I y]` nicht zu `x` (Mathematica weiß nicht, ob x reell oder komplex ist). Für beide Fälle gibt es Spezialkommandos, nämlich `PowerExpand` (siehe unten) und `ComplexExpand` (siehe voriges Kapitel).

Polynome ausmultiplizieren

```
Expand[(x-1)^6]
```

$1 - 6x + 15x^2 - 20x^3 + 15x^4 - 6x^5 + x^6$

```
Expand[(x-1)^3 (x+7) (x^2+1)]
```

$-7 + 20x - 25x^2 + 24x^3 - 17x^4 + 4x^5 + x^6$

```
Expand[ (x+1)^3 / (x-1)^4 ]
```

$$(-1 + x)^{-4} + \frac{3x}{(-1 + x)^4} + \frac{3x^2}{(-1 + x)^4} + \frac{x^3}{(-1 + x)^4}$$

```
Expand[ (x+1)^3 / (x-1)^4 ]   //Together
```

$$\frac{1 + 3x + 3x^2 + x^3}{(-1 + x)^4}$$

Bei (Mehrfach-)Brüchen multipliziert `Expand` nur den Zähler aus. Um sämtliche Teilterme eines Bruchs auszumultiplizieren, müssen Sie `ExpandAll` verwenden. Das nachgestellte `//Together` bewirkt, daß die Einzelterme (die ohnedies alle den gleichen Nenner haben) wieder in einen Term mit gemeinsamen Nenner zusammengefaßt werden.

```
ExpandAll[ (x+1)^3 / (x-1)^4 ]   //Together
```

$$\frac{1 + 3x + 3x^2 + x^3}{1 - 4x + 6x^2 - 4x^3 + x^4}$$

`Expand` läßt Terme in der Form (a b)^c oder Sqrt[a^2] unverändert stehen, weil eine Vereinfachung zu a^c b^c bzw. a nur dann korrekt ist, wenn a und b positiv sind und n eine ganze Zahl ist. Wenn das der Fall ist, können Sie diese Vereinfachung mit `PowerExpand` durchführen:

```
PowerExpand[ Sin[ Sqrt[n^2] t ]]
Sin[n t]
```

ComplexExpand für Ausdrücke in komplexen Zahlen

Mathematica macht normalerweise keinen Unterschied zwischen reellen und komplexen Zahlen, d.h. grundsätzlich kann jede Variable auch komplexe Zahlen enthalten. Zur Vereinfachung von Ausdrücken, die Real- und Imaginärteil von komplexen Zahlen in eigenen (dann reellen) Variablen darstellen, verwenden Sie `ComplexExpand`:

```
ComplexExpand[ Sqrt[x + I y] ]
                               Arg[x + I y]
Sqrt[Abs[x + I y]] Cos[------------] +
                                    2
                                 Arg[x + I y]
  I Sqrt[Abs[x + I y]] Sin[------------]
                                      2
```

Weitere Informationen zu `ComplexExpand` finden Sie im vorangegangenen Kapitel, das speziell dem Umgang mit komplexen Zahlen gewidmet ist.

Polynome in Faktoren aufspalten

```
Factor[1 -6x + 15x^2 -20x^3 + 15x^4 -6x^5 +x^6]
        6
(-1 + x)

Factor[-7 + 20x - 25x^2 + 24x^3 - 17x^4 + 4x^5 + x^6]
        3                2
(-1 + x)  (7 + x) (1 + x )

(x-z)^2 (y-x)^3 (z-y)^2 //Expand
   5  2       4  3      3  4    2  5      5         4  2
-(x  y ) + 3 x  y  - 3 x  y  + x  y  + 2 x  y z - 4 x  y  z +
   2  4            5      5  2    4    2      3  2  2      2  3  2
  4 x  y  z - 2 x y  z - x  z  - x  y z  + 8 x  y  z  - 8 x  y  z  +
     4  2    5  2      4  3      3    3          3  3      4  3
  x y  z  + y  z  + 2 x  z  - 4 x  y z  + 4 x y  z  - 2 y  z  -
   3  4      2    4        2  4    3  4
  x  z  + 3 x  y z  - 3 x y  z  + y  z

% //Factor
       3        2        2
(-x + y)  (-x + z)  (-y + z)
```

`Factor` bildet normalerweise nur Terme mit reellen Kooefizienten. Aus diesem Grund kann ($1+x^2$) nicht weiter vereinfacht werden. Mit der Option `GaussianIntegers->True` erreichen Sie, daß auch komplexe Koeffizienten verwendet werden):

```
Factor[ 1+x^2, GaussianIntegers->True]
(-I + x) (I + x)
```

`Factor` bildet nur Terme mit ganzzahligen Koeffizienten und nicht etwa (–1/2+x)(1/2+x), was hier ebenfalls korrekt wäre:

```
Factor[x^2 - 1/4]
(-1 + 2 x) (1 + 2 x)
--------------------
         4
```

`Factor` kann ebenso wie die anderen in diesem Kapitel vorgestellten Kommandos auch mit zusammengesetzten Ausdrücken (hier a^x bzw. Sin[x] und Cos[x]) umgehen:

```
Factor[a^x-a^-x]
      x        x
(-1 + a ) (1 + a )
------------------
         x
        a

Factor[Sin[x]^3 - Cos[x]^3]
                          2                          2
(-Cos[x] + Sin[x]) (Cos[x]  + Cos[x] Sin[x] + Sin[x] )
```

Brüche auf gemeinsamen Nenner bringen

```
Together[x + y/z]
y + x z
-------
   z

Together[ x / (x(x+1)(x-1)) + 1 / (x+1) +  x^2 / (x-1) ]
          2    3
   x + x  + x
-----------------
(-1 + x) (1 + x)

Together[ 1/(x+3) + 1/(x-1) + 1/(x^2-1) ]
                      2
      5 + 5 x + 2 x
--------------------------
(-1 + x) (1 + x) (3 + x)
```

Brüche kürzen

```
Cancel[ (12 -8x -x^2 + x^3) / (-18 - 3x + 4x^2 + x^3) ]
-2 + x
------
3 + x
```

```
Cancel[ (1 - x^3) / (x - 1)^6 ]
```

$$\frac{1 + x + x^2}{(-1 + x)^5}$$

Partialbruchzerlegungen

Ziel von Partialbruchzerlegungen ist es, die Potenzen einer Variablen im Nenner durch die Umgruppierung in eine Summe zu reduzieren (beispielsweise vor einem Integral, vor einer Fouriertransformation, etc.).

```
Apart[x / (x^4-1)]
```

$$\frac{1}{4\ (-1 + x)} + \frac{1}{4\ (1 + x)} - \frac{x}{2\ (1 + x^2)}$$

Division von Polynomen

Zwei Polynome werden mit `PolynomialQuotient` dividiert, wobei der Rest vernachlässigt wird. Der Rest kann separat mit `PolynomialQuotient` ermittelt werden. Bei beiden Kommandos wird im ersten Parameter das Zählerpolynom, im zweiten Parameter das Nennerpolynom und im dritten Parameter die Variable, nach der dividiert wird, angegeben.

```
f=1 + 2x^2 + x^3; g=x^2-1; f/g
```

$$\frac{1 + 2\ x^2 + x^3}{-1 + x^2}$$

```
quot=PolynomialQuotient[f,g,x]
```

2 + x

```
rest=PolynomialRemainder[f,g,x]
```

3 + x

```
Simplify[ quot + rest / g]
```

$$\frac{1 + 2\ x^2 + x^3}{-1 + x^2}$$

Im Beispiel oben wird der Einsatz der beiden Kommandos demonstriert. Das Ergebnis wird anschließend wieder zum Ausgangsterm f/g zusammengesetzt.

Noch zwei Kommandos sind zum Umgang mit Brüchen recht praktisch: `Numerator`, um den Zähler eines Bruchs zu ermitteln, und `Denominator`, um den Nenner zu ermitteln.

```
Numerator[(x+1)^3 / (x-5)^2]
        3
(1 + x)
Denominator[(x+1)^3 / (x-5)^2]
         2
(-5 + x)
```

Bearbeitung von Polynomen mit mehreren Variablen

In den meisten der obigen Beispiele kam nur eine einzige Variable (»x«) vor. Die beschriebenen Kommandos können selbstverständlich ebenso auch für mehrere Variablen verwendet werden. Bei `Apart` und `Expand` besteht außerdem die Möglichkeit, die Verarbeitung von Termen mit mehreren Variablen gezielt durch einen zusätzlichen Parameter zu steuern:

```
Expand[(x+a) (x+b) (a+b)^2, x]
             2              2                2            2  2
a b (a + b)  + a (a + b)  x + b (a + b)  x + (a + b)  x
```

Bei `Expand` bewirkt die Angabe einer Variablen im zweiten Parameter, daß nur jene Terme ausmultipliziert werden, die diese Variable tatsächlich enthalten. Die resultierenden Terme bleiben dadurch übersichtlicher. Ähnlich sieht es bei `Apart` aus: Mathematica betrachtet alle Symbole außer der im zweiten Parameter genannten Variablen als Konstante und versucht in den Partialbrüchen möglichst auf den Einsatz von Variablen zu verzichten.

```
Apart[ x y / (x-y)^2,x]
     2
    y           y
----------- - ------
         2    -x + y
(-x + y)
Apart[ x y / (x-y)^2,y]
     2
    x          x
---------- - -----
        2    x - y
(x - y)
```

Mit dem Kommando `Collect` können Sie unübersichtliche Terme nach den Potenzen einer Variablen ordnen:

```
( a + x + y)^4 //Expand
 4      3        2  2        3    4      3         2
a  + 4 a  x + 6 a  x  + 4 a x  + x  + 4 a  y + 12 a  x y +
       2        3        2  2            2      2  2        3
 12 a x  y + 4 x  y + 6 a  y  + 12 a x y  + 6 x  y  + 4 a y  +
      3    4
 4 x y  + y
Collect[% ,x]
 4    4      3        2  2        3    4    3
a  + x  + 4 a  y + 6 a  y  + 4 a y  + y  + x  (4 a + 4 y) +
  2     2                2             3       2            2      3
 x  (6 a  + 12 a y + 6 y ) + x (4 a  + 12 a  y + 12 a y  + 4 y )
```

Durch `Collect` wird das Polynom nach x-Potenzen geordnet. Die Reihenfolge sieht dabei folgendermaßen aus: zuerst werden alle Ausdrücke angeschrieben, in denen x nicht vorkommt, anschließend die Gruppe x^3, dann die Gruppe x^2, usw. Diese Gruppenbildung funktioniert allerdings nur dann, wenn die jeweilige x-Potenz mehrfach vorkommt. x^4 ist ein Einzelterm und wird irgendwo (in diesem Beispiel zufällig an zweiter Stelle) im ersten Term angeschrieben.

Bearbeitung von Polynomen mit trigonometrischen Funktionen

Wenn bei den Kommandos `Apart`, `Cancel`, `Expand`, `Factor` und `Together` die Option `Trig->True` gesetzt wird, vereinfachen diese Kommandos auch trigonometrische Ausdrücke. (Bei `Simplify` ist diese Option standardmäßig auf `True` gesetzt.) Dazu einige Beispiele:

```
Factor[Cos[x-y]+Cos[x+y], Trig->True]
2 Cos[x] Cos[y]
Factor[Cos[4x] + 4 Cos[2x] + 3,Trig->True]
         4
8 Cos[x]
Cancel[ (1-Cos[2x]) / Sin[x], Trig->True ]
2 Sin[x]
```

Wenn Mathematica-Kommandos wie `DSolve` zum Lösen von Differentialgleichungen Ergebnisse mit komplexen `E`-Funktionen angeben, können Sie diese Ergebnisse häufig mit `ComplexExpand` in die in der Mathematik gebräuchlichere Schreibweise mit `Sin`- und `Cos`-Funktionen umwandeln:

```
f = (3-I) E^((3-I)t) + (3+I) E^((3+I)t)
           (3 - I) t            (3 + I) t
(3 - I) E          + (3 + I) E
```

```
ComplexExpand[f]
     3 t              3 t
6 E      Cos[t] - 2 E      Sin[t]
```

Im Package `Algebra`Trigonometry`` befinden sich schließlich drei Spezialkommandos zum Umgang mit trigonometrischen Ausdrücken, die über die Möglichkeiten von `ComplexExpand` und `Simplify` hinausgehen:

```
Needs["Algebra`Trigonometry`"]

TrigToComplex[Sin[x]]
-I      -I x    I x
-- (-E      + E   )
2

TrigToComplex[ Cos[x] + I Sin[x] ]  //Simplify
 I x
E

ComplexToTrig[ E^(I x) - E^(-I x) ]
2 I Sin[x]

TrigReduce[Cos[2(x+y)]]
                                            2
-1 + 2 (Cos[x] Cos[y] - Sin[x] Sin[y])
```

Die Kommandos `TrigToComplex` und `ComplexToTrig` dienen zur Konversion zwischen trigonometrischen Funktionen und der Exponentialschreibweise mit komplexen Argumenten. `TrigReduce` versucht den Ausdruck mit trigonometrischen Funktionen umzuorganisieren, so daß die Argumente der Funktionen einfacher werden (im Beispiel oben: aus dem Argument 2(x+y) wird einfach x und y).

Zusammenfassung (alphabetisch)

Apart[term]	
Apart[term, var]	führt eine Partialbruchzerlegung (für die angegebene Variable) durch
Cancel[term]	**Trig->True**
	kürzt alle gemeinsamen Teile (optional mit Berücksichtigung trigonometrischer Vereinfachungen)
Collect[term, var]	
Collect[term, {var1,var2,..}]	
	gruppiert den Ausdruck in Koeffizienten für Potenzen der angegebenen Variablen

ComplexExpand[term]

ComplexExpand[term, {var,..}]

multipliziert Term unter der Annahme aus, daß alle Variablen (mit Ausnahme der explizit aufgezählten komplexen Variablen) reell sind

TargetFunctions->{Re,Im}

TargetFunctions->{Abs,Arg}

TargetFunctions->{Conjugate,Sign}

stellt komplexe Zahlen in kartesischer Form bzw. in polarer Form bzw. in konjugiert komplexer Form dar

Denominator[term] — ermittelt den Nenner des Terms

Expand[term]

Expand[term, var] — **Trig->True**

multipliziert den Zählerterm aus (in der zweiten Variante nur jene Terme, die die angegebenen Variablen enthalten); optional mit Berücksichtigung trigonometrischer Vereinfachungen

ExpandAll[term] — multipliziert im gesamten Term alle Einzelteile aus

Factor[term] — **Trig->True**

GaussianIntegers->True

faktorisiert den angegebenen Term; optional mit Berücksichtigung trigonometrischer Vereinfachungen; optional auch komplexe Koeffizienten zulassen

Numerator[term] — ermittelt den Zähler des Terms

PolynomialQuotient[zaehler, nenner, variable]

ermittelt das Ergebnis einer Polynom-Division

PolynomialRemainder[zaehler, nenner, variable]

ermittelt den Rest einer Polynom-Division

PowerExpand[term] — vereinfacht (a b)^c zu a^c b^c und (a^b)^c zu a^(b c) und damit insbesondere Sqrt[a^2] zu a

Simplify[term] — bringt den Term in eine möglichst einfache Form

Together[term] — **Trig->True**

bringt den Term auf einen gemeinsamen Nenner; optional mit Berücksichtigung trigonometrischer Vereinfachungen

Needs["Algebra`Trigonometry`"]

TrigToComplex[term]

ersetzt trigonometrische Funktionen durch Exponential-Funktionen

ComplexToTrig[term]

wandelt Exponentialfunktionen in trigonometrische Funktionen um

TrigReduce[term] — den Ausdruck mit trigonometrischen Funktionen so umformulieren, daß die Argumente der Funktionen einfacher werden

8 Gleichungen analytisch und numerisch lösen

Genaugenommen geht es in diesem Kapitel nicht nur um das Lösen von Gleichungen, sondern überhaupt um den Umgang mit Gleichungen und Gleichungssystemen. Daher lernen Sie in diesem Kapitel auch Kommandos zum Eliminieren einzelner Variablen aus Gleichungssystemen, zur numerischen Suche von Lösungen, etc. kennen. Die wichtigsten Kommandos sind:

`Solve`
zum analytischen Lösen bzw. Vereinfachen von Gleichungen oder Gleichungssystemen

`NSolve`
zur numerischen Auswertung der Lösungen von `Solve`

`FindRoot`
zur numerischen Lösungssuche, flexibler als `NSolve`

`Eliminate`
zur Elimination von Variablen aus Gleichungssystemen

`LinearSolve`
zur effizienten Lösung von linearen Gleichungssystemen

Daneben gibt es in Mathematica einige Kommandos, die im weiteren Sinne ebenfalls zum Lösen von Gleichungssystemen dienen: `DSolve` zur Lösung von Differentialgleichungen (siehe Kapitel 16), `Fit` und `Interpolate` zur Bestimmung von Näherungsfunktionen an gegebene Datenpunkte (Kapitel 12), `FindMinimum` zur numerischen Suche lokaler Minima (Kapitel 20), `LinearProgramming` sowie `ConstrainedMin/Max` zur linearen Optimierung (ebenfalls Kapitel 20).

Gleichungen lösen

```
Solve[x^2+x==5,x]
       -1 + Sqrt[21]          -1 - Sqrt[21]
{{x -> -------------}, {x -> -------------}}
             2                      2

glsys = { 2x + 3y + z == 1,
           x -  y - z == 4,
          3x     +7z == 5};

lsg = Solve[glsys,{x,y,z}]
       101          49            14
{{x -> ---, y -> -(--), z -> -(--)}}
       41           41            41
```

Die erste Anwendung von `Solve` ist in den beiden Beispielen oben demonstriert. Mathematica löst die als Liste formulierten Gleichungen und gibt die Lösung in einer Substitutionsliste an. Diese Liste kann mit dem Operator `/.` weiterverwendet werden, beispielsweise um das Ergebnis in einer neuen Variablen zu speichern.

```
lsgVector = {x,y,z} /. lsg
   101     49      14
{{ ---, -(--), -(--)}}
   41      41      41
```

Gleichungssysteme können auf drei Arten formuliert werden:

```
glsys = {links1==rechts1,links2==rechts2,..}
glsys = {links1,links2,..} == {rechts1,rechts2,..}
glsys = links1==rechts1 && links2==rechts2 && ..
```

Im Beispiel oben wurde die erste Variante demonstriert, unten sehen Sie ein Beispiel für die zweite Variante:

```
mat = {{2,3,1},{1,-1,-1},{3,0,7}}; rechts={1,4,5};

Solve[ mat . {x,y,z} == rechts , {x,y,z} ]
       101          49            14
{{x -> ---, y -> -(--), z -> -(--)}}
       41           41            41
```

Wenn Sie vom obigen Gleichungssystem nur die Lösung für x brauchen, müssen Sie die Variablen y und z als dritten Parameter von `Solve` angeben. Diese Variablen werden dann eliminiert. Wenn Sie darauf vergessen, weigert sich Mathematica, überhaupt eine Lösung anzugeben!

```
Solve[ mat . {x,y,z} == rechts , x ]   (* so geht es nicht *)
{}

Solve[ mat . {x,y,z} == rechts , x, {y,z} ]
        101
{{x -> ---}}
        41
```

Solve kann auch für nicht-lineare Gleichungen verwendet werden. Allerdings ist dort eine explizite Lösung nur in Sonderfällen möglich. Selbst wenn eine exakte Lösung existiert, kann es vorkommen, daß Mathematica diese Lösung nicht findet.

```
Solve[a^x + a^(2x) == 1,x]

Solve::ifun: Warning: Inverse functions are being used by Solve, so
     some solutions may not be found.

             -1 + Sqrt[5]                   -1 - Sqrt[5]
         Log[------------]              Log[------------]
                  2                              2
{{x -> -------------------}, {x -> -------------------}}
              Log[a]                         Log[a]
```

Wenn Solve inverse Funktionen verwendet, gibt es die obenstehende Warnmeldung aus. Solve ist nicht in der Lage, Lösungsvielfalten anzugeben:

```
Solve[Sin[x]==0,x]

Solve::ifun: Warning: Inverse functions are being used by Solve, so
     some solutions may not be found.

{{x -> 0}}
```

Eigentlich ist diese Gleichung für x = k Pi erfüllt, wobei k eine ganze Zahl ist. Es gibt also unendlich viele Lösungen. Mathematica zeigt nur eine Lösung an.

```
Solve[Sin[x]==Cos[x],x]

Solve::ifun: Warning: Inverse functions are being used by Solve, so
     some solutions may not be found.

{}
```

Hier versagt Mathematica – die exakte Lösung wäre Pi/4 + k Pi. Siehe auch Überlebensregel 10 in Kapitel 4 sowie Kapitel 8.

Variablen explizit ausdrücken

Wenn Mathematica keine eindeutige Lösung ermitteln kann (weil zu viele Variablen bzw. zu wenig unabhängige Gleichungen existieren), formuliert es die Lösung in Abhängigkeit der restlichen Variablen. Damit kann `Solve` sehr elegant dazu eingesetzt werden, eine Variable aus einer komplizierten Formel explizit auszurechnen. Das Beispiel unten zeigt auch, wie die mit `Solve` ermittelte Substitutionssregel zur Definition einer Funktion weiterverwendet werden kann. Dabei bedeutet `[[1]]`, daß das erste Element der Lösungsliste verwendet werden soll, also die Lösung mit der positiven Quadratwurzel.

```
lsg=Solve[x^2 + 2x + y^2 - 8y==100,x]
                                   2
        -2 + 2 Sqrt[101 + 8 y - y ]
{{x -> ----------------------------},
                    2
                                   2
        -2 - 2 Sqrt[101 + 8 y - y ]
 {x -> ----------------------------}}
                    2

f[x_] := x /. lsg[[1]]
f[x]
                          2
-2 + 2 Sqrt[101 + 8 y - y ]
----------------------------
             2
```

Lösungen numerisch auswerten

`Solve` versucht exakte Lösungen zu berechnen. Wenn Sie stattdessen Zahlenwerte benötigen, können Sie dem `Solve`-Kommando `//N` anhängen oder gleich `NSolve` verwenden:

```
Solve[x^2+2x+3==0,x]
                3/2                 3/2
       -2 + I 2            -2 - I 2
{{x -> -----------}, {x -> -----------}}
            2                   2

NSolve[x^2+2x+3==0,x]
{{x -> -1. - 1.4142135623731 I}, {x -> -1. + 1.4142135623731 I}}
```

Wenn Sie eine hohe Genauigkeit benötigen, müssen Sie die gewünschte Stellenanzahl als dritten Parameter angeben:

```
NSolve[x^2+2x+3==0, x, 30]
{{x -> -1. + 1.4142135623730950488016887242 I},
 {x -> -1. - 1.4142135623730950488016887242 I}}
```

In manchen Fällen kann Mathematica nicht alle Lösungen analytisch angeben, es ist aber in der Lage, die Lösungen numerisch zu berechnen (die Kommandos `ToRules` und `Roots` werden weiter unten noch besprochen):

```
Solve[x^7+x^2+1==0,x]
         -1 + I Sqrt[3]          -1 - I Sqrt[3]
{{x -> --------------}, {x -> --------------},
               2                       2

                           2    4    5
 ToRules[Roots[1 - x + x  - x  + x  == 0, x]]}

NSolve[x^7+x^2+1==0,x]
{{x -> -1.12373}, {x -> -0.5 - 0.866025 I},
 {x -> -0.5 + 0.866025 I}, {x -> 0.117699 - 0.852668 I},
 {x -> 0.117699 + 0.852668 I}, {x -> 0.944167 - 0.556461 I},
 {x -> 0.944167 + 0.556461 I}}
```

Sie sollten sich aber immer vor Augen haben, daß `NSolve` nur die mit `Solve` bereits gefundenen Lösungen auswertet. Wenn `Solve` nicht in der Lage ist, eine Lösung zu finden, hilft auch `NSolve` nicht mehr weiter. In diesem Fall müssen Sie mit `FindRoot` ein numerisches Lösungsverfahren verwenden.

Numerische Lösungssuche

```
gl=Log[1+x] + Log[3+x] + x;

Solve[ gl == 5,x]   (* Solve ist überfordert *)
{}

FindRoot[ gl == 5,{x,2}]
{x -> 2.19215}

gl /. %  (* testen, ob die Lösung korrekt ist)
5.
```

Das Beispiel zeigt den Einsatz von `FindRoot` zur numerischen Lösungssuche. `Solve` (und damit auch `NSolve`) finden für die obige Gleichung keine Lösung, wohl aber `FindRoot`. Dieses Kommando wird prinzipiell wie `Solve` verwendet, allerdings muß eine erster Startwert für die gesuchte Variable angegeben werden.

Sie sollten sich bewußt sein, daß `FindRoot` ein numerisches Verfahren ist. Aus diesem Grund ermittelt `FindRoot` im Gegensatz zu `Solve` immer nur *eine* Lösung, auch wenn mehrere Lösungen existieren!

Sie können als zweiten Parameter auch eine vierteilige Liste angeben, und zwar mit der Variablen, dem Startwert, sowie einem unteren und einem oberen Grenzwert. Mathematica bricht die Suche in diesem Fall ab, wenn diese Grenzen überschritten werden.

`FindRoot` findet auch komplexe Lösungen, allerdings sollte dazu auch der Startwert für die Variable als komplexe Zahl angegeben werden:

```
FindRoot[ Log[1+x] + Log[3+x] - x == 5, {x,I}]
{x -> -2.46044 + 3.3905 I}
```

Wenn Gleichungssystem mit mehreren Variablen gelöst werden sollen, muß für jede Variable eine Liste mit dem Startwert angegeben werden:

```
FindRoot[ {x^2 + y^2 == 10, x^y == 2} ,{x,1},{y,1}]
{x -> 1.27043, y -> 2.89586}
```

Die Genauigkeit der ermittelten Zahlenwerte kann durch drei Optionen beinflußt werden:

```
AccuracyGoal -> stellenanzahl
WorkingPrecision -> stellenanzahl
MaxIterations -> iterationsschritte
```

Die drei Optionen müssen aufeinander abgestimmt sein. Es genügt nicht, die erwünschte Genauigkeit des Ergebnisses zu erhöhen, ohne auch die Rechengenauigkeit zu erhöhen. Je nachdem, wie gut oder schlecht das Konvergenzverfahren des Gleichungssystem ist, muß auch die Zahl der Iterationsschritte vergrößert werden (das Standardwert beträgt 15).

```
FindRoot[ {x^2+y^2==10, x^y == 2} ,{x,1},{y,1},
  WorkingPrecision->30, AccuracyGoal->30]
{x -> 1.270433345613605379206414706 75,
 y -> 2.895858959678979515233372506 01}
```

Variablen aus Gleichungssystemem eliminieren

Mit `Solve` kann die Lösung eines Gleichungssystems für einige Variablen bei gleichzeitiger Elimination von anderen Variablen gefunden werden – die Lösung wird allerdings in Form einer Substitutionsliste angegeben, die nur schwer weiterverwendet werden kann. Wenn Sie hingegen ein System aus 5 Gleichungen in 5 Variablen in ein System mit 3 Gleichungen und 3 Variablen umwandeln möchten, hilft Ihnen `Eliminate` weiter. Dieses Kommando liefert als Resulat wieder ein Gleichungssystem.

```
glsys = { 2x + 3y + z == a,
           x -  y - z == b,
          3x +  y +7z == c};
```

```
Eliminate[glsys,z]
a == -b + 3 x + 2 y && c == -7 b + 10 x - 6 y
```

Eliminate verknüpft die resultierenden Gleichungen mit &&, also mit logischem Und. Diese Schreibweise ist zwar etwas ungewohnt zu lesen, für Mathematica ist sie der Listenschreibweise aus den vorigen Beispielen aber gleichgestellt.

Lineare Gleichungssysteme in Matrix-Form effizient lösen

Gleichungssysteme der Form `mat . x == b` können prinzipiell auch mit `Solve` gelöst werden. Für große Matrizen ist das Kommando `LinearSolve` allerdings effizienter:

```
mat = {{2,3,1},{1,-1,-1},{3,0,7}}; b={1,4,5};
```

```
LinearSolve[mat,b]
 101    49     14
{---, -(--), -(--)}
 41     41     41
```

Wenn Sie häufig mit sehr großen Gleichungssystemen zu tun haben, sollten Sie versuchen, effizientere Spezialkommandos wie `TridiagonalSolve` (Package ``LinearAlgebra`Tridiagonal` ``) und `LUFactor`, `LUSolve` und `LU` (alle im Package ``LinearAlgebra`GaussianElimination` ``) zu verwenden. Die Kommandos sind im »Guide to Standard Mathematica Packages« beschrieben.

Gleichungssystem unter Beachtung aller Sonderfälle auflösen

`Solve` ermittelt die Lösungen eines Gleichungssystems für die angegebene Variable als Substitutionsliste. Dabei werden die zulässigen Werte für die restlichen Variablen aber nicht weiter beachtet:

```
Solve[ a x^2 + b x  == 0,x ]
           b
{{x -> -(-)}, {x -> 0}}
           a
```

Reduce ist hier etwas exakter und gibt die Lösung als eine Kombination von Einzelgleichungen aus, in der alle Sonderfälle der Lösung berücksichtig sind. Dabei werden die Operatoren != für »ungleich«, && für logisches Und sowie || für logisches Oder verwendet:

```
Reduce[ a x^2 + b x  == 0,x ]
                 b
a != 0 && (x == -(-) || x == 0) || b != 0 && a == 0 && x == 0 ||
                 a
 a == 0 && b == 0
```

Für die einfache quadratische Gleichung existieren somit folgende Lösungsvarianten:

- wenn a ungleich 0 ist: x=-b/a oder x=0
- wenn a=0, aber b ungleich 0: x=0
- wenn a=0 und b=0 gleich 0: x beliebig (d.h. x kommt in der Lösung nicht vor)

ToRules und Roots

Wenn Solve bei linearen Gleichungen keine expliziten Lösungen mehr finden kann, gibt Mathematica die Lösung in einer Formulierung mit ToRules und Roots an:

```
Solve[x^6 + x + 1 == 0,x]
                        6
{ToRules[Roots[x + x  == -1, x]]}
```

Sie kennen jetzt zwar keine Formel für die Lösungswerte, aber Sie wissen immerhin, daß es Lösungen gibt, und können diese auch beliebig genau berechnen.

```
Roots[x^6 + x + 1 == 0,x] //N
x == -0.790667 - 0.300507 I || x == -0.790667 + 0.300507 I ||
 x == -0.154735 - 1.03838 I || x == -0.154735 + 1.03838 I ||
 x == 0.945402 - 0.611837 I || x == 0.945402 + 0.611837 I
```

Das Kommando Roots ermittelt die Lösungen der Gleichung in der obigen Schreibweise. ToRules bildet daraus Substitutionsregeln. Dieses Kommando sollte in geschwungene Klammern gesetzt werden, sonst fügt Mathematica in den Lösungsterm das Kommando Sequence ein, um auf diese Weise auszudrücken, daß es sich um eine Liste handelt.

```
{ToRules[Roots[x^6 + x + 1 == 0,x]] //N }
{{x -> -0.790667 - 0.300507 I}, {x -> -0.790667 + 0.300507 I},
 {x -> -0.154735 - 1.03838 I}, {x -> -0.154735 + 1.03838 I},
 {x -> 0.945402 - 0.611837 I}, {x -> 0.945402 + 0.611837 I}}
```

Zusammenfassung

Solve[gleichungen, variablen]

Solve[gleichungen, var, elim]

löst das Gleichungssystem auf und gibt die Lösung in Substitutionsregeln für die Variablen an; dabei werden die optional im dritten Parameter angegebenen Variablen eliminiert

NSolve[gleichungen, var, elim, stellenanzahl]

wie Solve, aber anschließend numerische Auswertung des Ergebnisses; die beiden letzten Parameter sind optional

FindRoot[gleichungen, {var1,start1}, {var2,start2}..]

AccuracyGoal->stellenanzahl

WorkingPrecision->stellenanzahl

MaxIterations->iterationsschritte

ermittelt Näherungswerte für die angegebenen Variablen; Optionen für die gewünschte Genauigkeit der Ergebnisse, der gewünschten Rechengenauigkeit, und der maximalen Anzahl der Iterationsschritte

Eliminate[gleichungen, {var1,var2,..}]

eliminiert die in der Liste angegebenen Variablen aus dem Gleichungssystem

LinearSolve[matrix, rechts]

ermittelt die Lösungen für den Vektor x, so daß matrix . x == rechts gilt

Reduce[gleichungen, var, elim]

eliminiert die im optionalen dritten Parameter angegebenen Variablen, schreibt für die restlichen Variablen alle Lösungsvarianten und Sonderfälle explizit an

Roots[gleichung, variablen]

vereinfacht lineare Gleichung; dieses Kommando wird von Mathematica generiert, wenn es Lösungen von linearen Gleichungen zwar numerisch berechnen, aber nicht analytisch angegeben kann

ToRules[gleichungen]

formt mit ||-kombinierte Gleichungen in Substitutionsregeln um

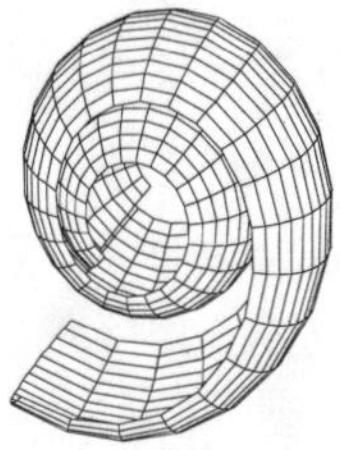

Listen

Listen sind ein allgegenwärtiges Element von Mathematica. Sie werden sowohl bei der Eingabe von Kommandos als auch in der Formulierung des Ergebnisses durch Mathematica verwendet. In diesem Kapitel lernen Sie Kommandos kennen, mit denen Sie Listen erzeugen und bearbeiten können. Die wichtigsten Kommandos lauten:

`Table`
erzeugt Listen nach einer Funktionsvorschrift

`Join`
vereint zwei oder mehr Listen

`Part`
liest Teillisten bzw. Elemente aus Listen (Kurzschreibweise list[[n]])

`Insert`
fügt Teillisten bzw. Elemente in Listen ein

`Delete`
löscht Teillisten bzw. Elemente aus Listen

`TableForm`
übersichtliche Darstellung von Listen in Tabellenform

`Partion`, `Flatten`, `Transpose`, `Thread`
Spezialkommandos zur Listenbearbeitung

Vektoren und Matrizen sind Sonderformen von Listen. Kommandos, die speziell zum Umgang mit Vektoren und Matrizen vorgesehen sind, finden Sie im nächsten Kapitel.

Listen im alltäglichen Umgang mit Mathematica

```
Solve[x^2==1,x]
{{x -> 1}, {x -> -1}}
```

```
Solve[ {2x+4y == 6,x-y == 0}, {x,y}]
{{x -> 1, y -> 1}}
```

```
Plot[ {Sin[x], Sin[3x]/3, Sin[5x]/5}, {x,0,Pi}] (* Bild 9.1 *)
```

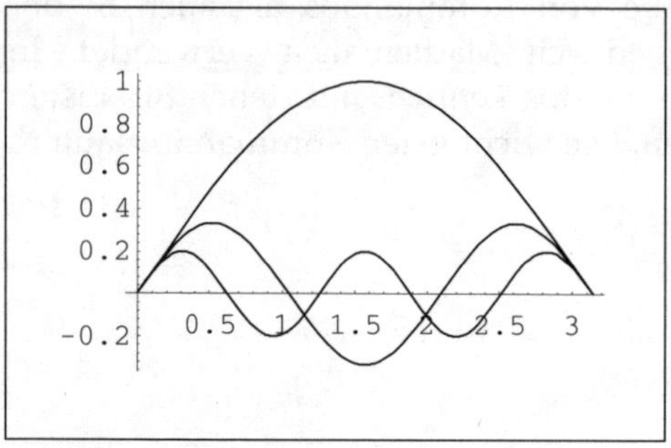

Bild 9.1: Diagramm mit drei überlagerten Sinusschwindungen

Das Kommando `Solve` zum Lösen von Gleichungen und Gleichungssystemen gibt das Resultat in Ersatzlisten an. Wenn `Solve` ein ganzes Gleichungssystem lösen soll, werden die Gleichungen in einer Liste angegeben. Dem `Plot`-Kommando, das normalerweise nur eine einzige Kurve ausgibt, kann eine ganze Liste von Funktionen übergeben werden. Diese Funktionen werden dann in einem einzigen Diagramm angezeigt (siehe Bild 9.1). In einer zweiten Liste wird der Wertebereich für die Variable x (von 0 bis Pi) angegeben.

Für relativ viele Kommandos kann der Wertebereich von Variablen bzw. die Anzahl der Schleifendurchgänge in einer sogenannten Iterator-Liste angegeben werden. Dabei sind (je nach Kommando) folgende Varianten möglich.

`{n}`	Schleife n-mal ausführen
`{x,n}`	die Variable x von 1 bis n hochzählen
`{x, min, max}`	die Variable x von min nach max hochzählen
`{x, min, max, delta}`	wie oben, aber mit der Schrittweite delta

Alle vier Varianten sind am Beispiel des `Table`-Kommandos demonstriert:

```
Table[ x, {5} ]
{x, x, x, x, x}

Table[ x, {x,3}]
{1, 2, 3}

Table[ x, {x,3,5}]
{3, 4, 5}

Table[ x, {x,3,5,0.5}]
{3, 3.5, 4., 4.5, 5.}
```

Listen erzeugen

```
list = {1, 2, 3, 4}
{1, 2, 3, 4}
```

Die einfachste Methode, eine Liste zu erzeugen, besteht in der einfachen Aufzählung ihrer Elemente, wobei die einzelnen Elemente durch Kommas getrennt und in geschwungene Klammern gestellt werden müssen. In gleicher Weise können auch mehrdimensionale Listen (mit mehreren Klammerebenenen) definiert werden.

```
list = Table[x^2, {x,0,4} ]
{0, 1, 4, 9, 16}

list = Table[x^2, {x,0,50,10} ]
{0, 100, 400, 900, 1600, 2500}

list = Table[x^y, {x,0,3}, {y,2,4}]
{{0, 0, 0}, {1, 1, 1}, {4, 8, 16}, {9, 27, 81}}

% //TableForm

0    0    0
1    1    1
4    8    16
9    27   81
```

Weitaus effizienter ist das Kommando `Table`, mit dem Listen nach einer beliebigen Vorschrift gebildet werden können. Die Verwendung des Kommandos ist denkbar einfach – im ersten Parameter wird die Funktion für die einzelnen Listenelemente angegeben, im zweiten Parameter (als Iterator-Liste) der Wertebereich für die erste Variable. Falls – wie im letzten Beispiel – mehrdimensionale Listen erzeugt werden sollen, müssen in den weiteren Parametern die Wertebereiche für zusätzliche Variablen angegeben werden.

Durch die Erweiterung `//TableForm` werden Listen in einer übersichtlichen Schreibweise ohne Klammern ausgegeben.

Vorsicht: Die Schreibweise `list=Table[..] //TableForm` ist nicht zielführend. Mathematica speichert in diesem Fall auch `TableForm` im Symbol list, so daß Sie auf die einzelnen Listenelemente nicht mehr zugreifen können!

```
list=Table[x^(n a + m b), {n,1,3},{m,1,3}];
list //TableForm
 a + b     a + 2 b     a + 3 b
x         x           x
 2 a + b   2 a + 2 b   2 a + 3 b
x         x           x
 3 a + b   3 a + 2 b   3 a + 3 b
x         x           x
```

```
f[x_]:=x^2-x+1
```

```
Table[f[x],{x,1,5}]
{1, 3, 7, 13, 21}
```

```
Table[f[x^n], {n,1,5}]
             2        2    4        3    6        4    8        5    10
{1 - x + x , 1 - x  + x , 1 - x  + x , 1 - x  + x , 1 - x  + x  }
```

```
Table[g[x^n], {n,1,5}]
         2       3       4       5
{g[x], g[x ], g[x ], g[x ], g[x ]}
```

Die Beispiele oben zeigen, daß in Listen durchaus nicht immer reine Zahlenwerte stehen müssen. Beachten Sie den Unterschied der beiden letzten Beispiele. f[x] wurde vorher definiert, daher wird die Funktion beim Einsetzen von x^n ausgewertet. g[x] ist dagegen noch unbekannt, Mathematica formuliert die Liste in allgemeiner Form. g[x] kann später definiert und auf die Liste angewendet werden.

Listen können durchaus auch mit dem verzögerten Zuweisungsoperator := definiert werden. Lesen Sie den Unterschied zwischen = und := eventuell nochmals in Überlebensregel 3 (Kapitel 4) nach.

```
list := Table[ f[x^n], {n,1,5} ]
```

```
list
             2        2    4        3    6        4    8        5    10
{1 - x + x , 1 - x  + x , 1 - x  + x , 1 - x  + x , 1 - x  + x  }
```

```
f[x_]:=x^3
list
  3   6   9   12   15
{x , x , x , x  , x  }
```

Sie können `Table` auch dazu verwenden, Variablenfelder anzulegen. Auf die einzelnen Elemente eines Feldes wird über eckige Klammern zugegriffen, beispielsweise x[7] oder x[2][9].

```
Table[ x[i], {i,1,10}]
{x[1], x[2], x[3], x[4], x[5], x[6], x[7], x[8], x[9], x[10]}

Table[ x[i][j], {i,0,2}, {j,0,2}]
{{x[0][0], x[0][1], x[0][2]}, {x[1][0], x[1][1], x[1][2]},
 {x[2][0], x[2][1], x[2][2]}}
```

Rechenoperationen mit Listen

```
list1={1,2,3,4}; list2={10,20,30,40};

5 list1
{5, 10, 15, 20}

1 / list1
     1   1   1
{1, -, -, -}
     2   3   4

x ^ list1
     2   3   4
{x, x , x , x }

list1 + list2
{11, 22, 33, 44}

list1 list2
{10, 40, 90, 160}

list1 . list2
300
```

Die Zeilen oben zeigen einige elementare Rechenoperationen mit Listen: die Multiplikation mit einem Skalar (einem Einzelwert im Gegensatz zu einer Liste), die Division durch einen Skalar, das Potenzieren einer Variablen, die Addition zweier gleich langer Listen, die Multiplikation der einzelnen Listenelemente miteinander und das In-Produkt mit dem `.`-Operator (definiert als die Summe der Einzelprodukte der normalen Multiplikation aus der Zeile darüber). Statt `.` können Sie auch das Kommando `Dot` verwenden.

```
Sqrt[list1] //N
{1., 1.41421, 1.73205, 2.}
```

Die meisten Funktionen und Kommandos von Mathematica sind in der Lage, auch Listen zu bearbeiten – beispielsweise die `Sqrt`-Funktion zur Berechnung der Quadratwurzel.

Auf Listenelemente zugreifen

```
list={a,b,c,d};

list[[2]]
b

Part[list,2]
b
```

Mit `Part[liste,element]` oder der Kurzschreibweise `list[[element]]` werden einzelne Elemente aus einer Liste herausgegriffen. Bei mehrdimensionalen Listen müssen alle Indizes (Zeile, Spalte,..) angegeben werden (andernfalls gibt Mathematica eine Teilliste in der entsprechenden Hierarchiestufe zurück):

```
list={ {a,b,c}, {d,e,f}, {g,h,i} };

list //TableForm

a  b  c
d  e  f
g  h  i

list[[1,3]]
c

Part[list, 1, 3]
c
```

Wenn ganze Teillisten separiert werden sollen, müssen die Indexbereiche mit `Range` angegeben werden. Im Befehl unten sollen aus der 3*3 Liste die zweite und dritte Zeile und daraus je die erste und zweite Spalte entnommen werden:

```
Part[list, Range[2,3], Range[1,2]]
{{d, e}, {g, h}}

% //TableForm

d  e
g  h
```

Listen bearbeiten

```
list1={1,2,3,4}; list2={10,20,30,40};

list3=Join[list1,list2]
{1, 2, 3, 4, 10, 20, 30, 40}
```

```
Append[list1,7]
{1, 2, 3, 4, 7}

Prepend[list1,7]
{7, 1, 2, 3, 4}

Insert[list3,100,5]
{1, 2, 3, 4, 100, 10, 20, 30, 40}

Delete[list3,5]
{1, 2, 3, 4, 20, 30, 40}
```

Die Beispiele oben zeigen einige elementare Kommandos, um Listen zu vergrößern oder zu verkleinern: `Join` vereint zwei Listen zu einer neuen Liste, `Append` fügt an eine Liste am Ende ein Element hinzu, `Prepend` erweitert die Liste am Anfang um ein Element. `Insert` fügt ein Element an einer beliebigen Stelle ein. Die Einfügeposition im dritten Parameter kann auch mit einer negativen Zahl formuliert werden – dann wird von hinten gezählt. `Delete` entfernt ein Element aus der Liste.

```
list4={ {1,2,3}, {4,5,6}, {7,8,9} };

Insert[ list4, {10,20,30}, 2]
{{1, 2, 3}, {10, 20, 30}, {4, 5, 6}, {7, 8, 9}}

Delete[%, 3]
{{1, 2, 3}, {10, 20, 30}, {7, 8, 9}}

Delete[%, {3,1}]
{{1, 2, 3}, {10, 20, 30}, {8, 9}}
```

`Insert` und `Delete` können natürlich auch für mehrdimensionale Listen verwendet werden. Allerdings ist bei der Angabe der Position in der Liste Vorsicht geboten: Wenn ein einzelnes Element eingefügt werden soll, muß die vollständige Position in einer Liste formuliert werden (zuerst die Zeile, dann die Spalte, siehe letztes Beispiel). Wenn dagegen eine ganze Teilliste eingefügt oder entfernt werden soll, reicht (bei einer zweidimensionalen Liste) die Angabe der Zeile (siehe vorletztes Beispiel).

Die Spezialkommandos Partition, Flatten, Transpose und Thread

`Partition` zerlegt eine eindimensionale Liste in eine mehrdimensionale Liste, wobei jede Unterliste eine vorgegebene Anzahl von Elementen aufweist. Im Beispiel unten wird eine Liste mit 14 Elementen in Teillisten zu 4 Elementen zerlegt. Die beiden letzten Elemente gehen dabei verloren.

```
list={1,2,3,4,5,6,7,8,9,10,11,12,13,14};
```

```
Partition[list,4]
{{1, 2, 3, 4}, {5, 6, 7, 8}, {9, 10, 11, 12}}
```

`Flatten` ist praktisch die Umkehrung von `Partition`. Das Kommando löst die Hierarchie von mehrdimensionalen Listen auf und ordnet die Listenelemente in einer eindimensionalen Liste an:

```
list={ {{a,b},{c,d}}, {{e,f},{g,h}} };
```

```
Flatten[list]
{a, b, c, d, e, f, g, h}
```

Wenn bei `Flatten` ein zweiter Parameter angegeben wird, dann wird die Liste nur in der gewünschten Anzahl von Teilebenen (Dimensionen) aufgelöst:

```
Flatten[list,1]
{{a, b}, {c, d}, {e, f}, {g, h}}
```

`Transpose` transponiert zweidimensionale Listen, d.h. die Liste wird »auf den Kopf gestellt«:

```
list={{a,b,c}, {d,e,f}};
```

```
Transpose[list]
{{a, d}, {b, e}, {c, f}}
```

`Thread` wendet einen Operator bzw. ein Kommando »von innen her« an, d.h. parallel zu allen Listenelementen. Die beiden nächsten Beispiele zeigen den Unterschied zwischen der normalen Verarbeitung des Operators-`==` und der Anwendung dieses Operators innerhalb der Liste.

```
glsys = ( {x + y,y - z,z + 2 x} == {1,2,3} )
{x + y, y - z, 2 x + z} == {1, 2, 3}
```

```
glsys = ( {x + y,y - z,z + 2 x} == {1,2,3} //Thread )
{x + y == 1, y - z == 2, 2 x + z == 3}
```

```
glsys=Thread[ Equal[ {x+y,y-z,z+2 x},{1,2,3} ] ]
{x + y == 1, y - z == 2, 2 x + z == 3}
```

`Thread` ist in der Regel übersichtlicher, wenn es mit `//` nachgeschalten wird. Allerdings muß auf die richtige Klammerung geachtet werden. `Thread` kann selbstverständlich auch wie ein »normales« Kommando verwendet werden. In diesem Fall muß der Operator `==` allerdings mit der Funktion `Equal` angeschrieben werden.

Zusammenfassung

Table[funk, {var1,start,end}]
: erzeugt eine eindimensionale Tabelle mit der angegebenen Funktionsvorschrift für alle ganzzahligen Variablenwerte zwischen start und end

Table[f, {var1,st,end,schritt}]
: wie oben, allerdings mit der angegebenen Schrittweite

Table[f, {var1..}, {var2..},..]
: wie oben, aber mehrdimensional (Funktionsvorschrift mit mehreren Variablen)

Part[liste, i]
: liest das i-te. Element aus der Liste; die Numerierung der Elemente beginnt mit 1; bei negativen Indizes wird vom Listenende gezählt

Part[liste, i, j, k,..]
: liest das angegebene Element aus einer mehrdimensionalen Liste (erster Index für die Zeile, zweiter Index für die Spalte,..)

Part[liste, **Range**[i1,i2], **Range**[j1,j2],..]
: liest einen Listenbereich (Zeile i1 bis i2, Spalte j1 bis j2)

liste[[i]]
liste[[i,j,k..]]
liste[[**Range**[i1,i2], **Range**[j1,j2],..]]
: Kurzschreibweisen für Part

Join[liste1, liste2,..]
: vereint die Listen zu einer neuen Liste

Append[liste, element]
: fügt das Element am Beginn der Liste ein

Prepend[liste, element]
: hängt das Element am Ende der Liste an

Insert[liste, element, position]
: fügt das Element an der gewünschten Position ein

Delete[liste, position]
: löscht das Element an der angegebenen Position

Partition[liste,n]
: zerlegt die eindimensionale Liste in eine zweidimensionale Liste, deren Teil-Listen je n Elemente haben

Flatten[liste]
: löst mehrdimensionale in eindimensionale Listen auf

Flatten[liste,n]
: wie oben, allerdings nur für n Hierarchieebenen

Transpose[liste]
: transponiert eine zweidimensionale Liste, d.h. aus {{a,b}, {c,d}, {e,f}} wird {{a,c,e}, {b,d,f}}

//Thread
: wendet die Operator von innen her (parallel) auf die Listen an

//TableForm
: zeigt die Tabelle in übersichtlicher Form an

Vektoren und Matrizen

Vektoren und Matrizen werden von Mathematica prinzipiell wie Listen behandelt – daher können (bzw. müssen) die im vorigen Kapitel beschriebenen Kommandos zum Umgang mit Listen auch für Vektoren und Matrizen verwendet werden. Daneben kennt Mathematica einige Kommandos, die besonders für die Bearbeitung von Vektoren und Matrizen optimiert sind. Die wichtigsten Kommandos lauten:

zur Bildung des In-Produktes (Skalar-Produktes) zweier Vektoren

`Cross`
zur Bildung des Kreuz-Produktes zweier Vektoren

`Det`
zur Berechnung der Determinante von Matrizen

`Transpose`
zur Erstellung einer transponierten Matrix

`Inverse`
zur Berechnung der inversen Matrix

`LinearSolve`
zur Lösung linearer Gleichungsssysteme in Matrizenform

`EigenSystem`
zur Berechnung der Eigenwerte und -vektoren

Weiterführende Kommandos zur Vektoranalysis und Vektoralgebra in verschiedenen Koordinatensystemen, mit denen beispielsweise die Divergenz eines Vektor-Feldes oder der Gradient einer skalaren Funktion berechnet werden kann, sind Thema von Kapitel 25.

Vektoren

```
v1={a,b,c}; v2={u,v,w};

v1+v2
{a + u, b + v, c + w}

v1^v2
   u   v   w
{a , b , c }

v1 v2
{a u, b v, c w}

v1 . v2
a u + b v + c w

Needs["LinearAlgebra`CrossProduct`"]

Cross[v1,v2] //ColumnForm

-(c v) + b w
c u - a w
-(b u) + a v
```

Vektoren werden in Mathematica durch eindimensionale Listen dargestellt. Die Beispiele oben zeigen elementare Rechenoperationen mit Vektoren. Die Grundrechenarten + - * / ^ werden elementweise durchgeführt. Zur Multiplikation zweier Vektoren bestehen allerdings noch zwei weitere Möglichkeiten: Das In-Produkt (Skalar-Produkt) wird mit dem Operator `.` ausgeführt bzw. mit dem Kommando `Dot` ausgeführt. Für das Kreuzprodukt muß ein eigenes Package geladen werden, bevor das Kommando `Cross` ausgeführt werden kann. `//ColumnForm` ist eine Variante zu `//TableForm` und bewirkt eine Anzeige von Vektoren in Spaltenform. (Der Unterschied zu `//TableForm` liegt darin, daß der Abstand zwischen den Zeilen kleiner ist.)

Hinweis: Die hier beschriebenen Rechenoperationen gelten nur für das kartesische Koordinatensystem. Wenn Sie Vektorrechnung in anderen Koordinatensystemen betreiben möchten, lesen Sie in Kapitel 25 nach!

```
Sqrt[v1 . v1]
          2    2    2
Sqrt[a  + b  + c ]

v1 / Sqrt[v1 . v1]
           a                        b                        c
{-----------------------, -----------------------, -----------------------}
          2    2    2              2    2    2              2    2    2
 Sqrt[a  + b  + c ]       Sqrt[a  + b  + c ]       Sqrt[a  + b  + c ]
```

Es gibt in Mathematica kein eigenes Kommando, um Längen eines Vektors zu berechnen. Diese Berechnung kann allerdings einfach mit `Sqrt` und einem In-Produkt durchgeführt werden. Im Beispiel oben wurde der Vektor anschließend auf die Länge 1 normiert.

```
p1={12,3,5}; p2={9,8,4}; v1={1,0,-1}; v2={3,2,1}; v3={0,1,4};
gerade= p1 + s v1;
ebene = p2 + u v2 + v v3;
lsg=Solve[gerade==ebene,{s,u,v}]
{{s -> -21, u -> -6, v -> 7}}

gerade /. lsg
{{-9, 3, 26}}

ebene /. lsg
{{-9, 3, 26}}

ColumnForm[  Flatten[ % ]]

-9
3
26
```

Das Beispiel oben zeigt, wie mit einigen Vektoren die Gleichungen einer Gerade und einer Ebene (jeweils in Punkt-Richtungsform) aufgestellt werden kann. Mit `Solve` wird der Schnittpunkt berechnet, zur Kontrolle wird das Ergebnis sowohl in die Gerade als auch in die Ebene eingesetzt. Durch das `Solve`-Kommando ist eine zusätzliche Klammerebene {} aufgetreten. Um den Lösungsvektor dennoch als Vektor darzustellen, muß diese Klammerebene mit `Flatten` (siehe voriges Kapitel) wieder aufgelöst werden.

Matrizen erzeugen

```
mat1=IdentityMatrix[3]; mat1 // MatrixForm

1  0  0
0  1  0
0  0  1

mat2=DiagonalMatrix[-1,3,-5]; mat2 // MatrixForm

-1  0  0
0   3  0
0   0  -5
```

```
mat3=Table[ If[i<=j,1,0], {i,1,3}, {j,1,3}]; mat3 // MatrixForm
1  1  1
0  1  1
0  0  1
```

In den Beispielen oben wird eine Einheitsmatrix der Dimension 3, eine Diagonalmatrix mit der Diagonale (-1,3,-5) und eine Dreiecksmatrix erzeugt. Im letzten Beispiel wird das im vorigen Kapitel besprochene `Table`-Kommando eingesetzt. Die Ergänzung `//MatrixForm` ist von der eigentlichen Zuweisung getrennt, weil in den Variablen mat1 bis mat3 die Matrizen sonst in der Ausgabeform (statt in geschwungenen Klammern) gespeichert würden.

```
varmat=Table[ x[i][j], {i,0,2}, {j,0,2}] //MatrixForm
x[0][0]   x[0][1]   x[0][2]
x[1][0]   x[1][1]   x[1][2]
x[2][0]   x[2][1]   x[2][2]
varvec=Table[ x[i], {i,1,4} ] //ColumnForm
x[1]
x[2]
x[3]
x[4]
```

Zur Formulierung von Gleichungssystemen benötigen Sie gelegentlich Matrizen oder Vektoren mit indizierten Variablen. Die beiden Beispiele oben zeigen, wie solche Matrizen bzw. Vektoren mit wenig Aufwand erzeugt werden können. Es bleibt dabei Ihnen überlassen, ob Sie den Variablen in der ersten Zeile/Spalte lieber den Index 1 oder 0 geben.

```
Needs["LinearAlgebra`MatrixManipulation`"]
mat1={{a,b}, {c,d}}; mat2={{r,s},{u,v}};
mat3=BlockMatrix[{{mat1,mat2},{mat2, {{1,0},{0,1}} } }]
{{a, b, r, s}, {c, d, u, v}, {r, s, 1, 0}, {u, v, 0, 1}}
mat3 //MatrixForm
a  b  r  s
c  d  u  v
r  s  1  0
u  v  0  1
```

Mit dem Kommando `BlockMatrix` aus dem Package ``LinearAlgebra`MatrixManipulation` `` können mehrere Teilmatrizen zu einer größeren Gesamtmatrix zusammengesetzt werden. Das Package beinhaltet noch eine Reihe weiterer Kommandos zur Manipulation von Matrizen, die zwar für einzelne Spezialfälle ganz praktisch sind, für die allgemeine Verwendung aber eher gewöhnungsbedürftig sind. Die Kommandos sind im »Guide to Standard Mathematica Packages« beschrieben.

Auf einzelne Matrizenteile zugreifen

```
mat1={{a,b,c,d},{e,f,g,h},{i,j,k,l}}; mat1 //MatrixForm

a  b  c  d
e  f  g  h
i  j  k  l

mat1[[2,3]]                (* ein Element lesen *)
g

mat1[[2]]                  (* eine Zeile lesen *)
{e, f, g, h}

Transpose[mat1] [[2]]      (* eine Spalte lesen *)
{b, f, j}

mat1[[ Range[2,3],Range[2,4] ]] //MatrixForm   (* eine Teilmatrix *)

f  g  h
j  k  l

mat1[[2,3]]=5; mat1 //MatrixForm   (* ein Element verändern *)

a  b  c  d
e  f  5  h
i  j  k  l
```

Der Zugriff auf Matrizenelemente und Teilmatrizen erfolgt wie schon im vorigen Kapitel beschrieben mit dem `Part`-Kommando bzw. mit dessen Kurzschreibweise `[[]]`. Der erste Index gibt immer die Zeile, der zweite Index die Spalte an. Beachten Sie insbesondere, wie auf eine ganze Zeile bzw. auf eine ganze Spalte zugegriffen wird: Ohne `Transpose` kann eine Spalte nicht direkt aus der Matrix isoliert werden! (`Transpose` vertauscht vor dem Zugriff mit `[[]]` die Zeilen mit den Spalten.) Wenn Sie Matrizenelemente ändern möchten, müssen Sie das für jedes Element einzeln durchführen – die restlichen `[[]]`-Varianten sind für Zuweisungen nicht geeignet.

Elementare Rechenoperationen mit Matrizen

```
mat1={{a,b}, {c,d}, {e,f}};
mat2={{r,s,t}, {u,v,w}};
Sqrt[mat2] //MatrixForm
Sqrt[r]   Sqrt[s]   Sqrt[t]
Sqrt[u]   Sqrt[v]   Sqrt[w]

3 mat1 // MatrixForm                        (* skalare Multiplikation *)
3 a   3 b
3 c   3 d
3 e   3 f

mat2 + Transpose[mat1] //MatrixForm         (* Matrizen-Addition *)
a + r   c + s   e + t
b + u   d + v   f + w

mat1 . mat2 //MatrixForm                    (* Matrizen-Multiplikation *)
a r + b u   a s + b v   a t + b w
c r + d u   c s + d v   c t + d w
e r + f u   e s + f v   e t + f w

mat2 . mat1 //MatrixForm
a r + c s + e t   b r + d s + f t
a u + c v + e w   b u + d v + f w
```

Die elementaren Rechenoperationen wie + - * / ^ sowie allgemeine Funktionen werden elementweise ausgeführt, wobei entweder ein Skalar und eine Matrix oder zwei gleich große Matrizen bearbeitet werden können.

Zur Matrizenmultiplikation mit ».« muß die Zahl der Spalten in der ersten Matrix ident mit der Zahl der Zeilen der zweiten Matrix sein. Die Matrizenmultiplikation ist nicht kommutativ, wie die beiden letzten Beispiele beweisen.

Wesentlich seltener wird das Kronecker-Produkt (das äußere Matrizenprodukt) benötigt. Das Ergebnis ist eine Matrix von Matrizen:

```
Outer[Times,mat1,mat2]
{{{{a r, a s, a t}, {a u, a v, a w}},
   {{b r, b s, b t}, {b u, b v, b w}}},
  {{{c r, c s, c t}, {c u, c v, c w}},
   {{d r, d s, d t}, {d u, d v, d w}}},
  {{{e r, e s, e t}, {e u, e v, e w}},
   {{f r, f s, f t}, {f u, f v, f w}}}}
```

```
% //MatrixForm
a r a s a t   b r b s b t
a u a v a w   b u b v b w

c r c s c t   d r d s d t
c u c v c w   d u d v d w

e r e s e t   f r f s f t
e u e v e w   f u f v f w
```

Die Erweiterung `//MatrixForm` ist bei derart komplizierten Matrizen überfordert. Die Matrix läßt sich in dieser Form nicht mehr korrekt lesen, weil die Abstände zwischen den Einzelelementen zu klein sind.

Multiplikation von Matrizen mit Vektoren

```
mat = { {a,b,c}, {d,e,f}, {g,h,i} };
vec = {u,v,w};
mat vec //MatrixForm    (* elementweise Multiplikation, kommutativ *)
a u   b u   c u
d v   e v   f v
g w   h w   i w

vec mat //MatrixForm
a u   b u   c u
d v   e v   f v
g w   h w   i w

vec . mat //MatrixForm  (* Matrix-Multiplikation *)
a u + d v + g w
b u + e v + h w
c u + f v + i w

mat . vec //MatrixForm
a u + b v + c w
d u + e v + f w
g u + h v + i w
```

Bei der Multiplikation von Matrizen mit Vektoren ist wie bei der Multiplikation zweier Matrizen Vorsicht geboten. Nur die elementweise Multiplikation ist kommutativ, bei der Matrix-Multiplikation ist die Reihenfolge der Parameter entscheidend!

Determinante, Umkehrmatrix, Spur einer Matrix

```
mat1={ {1,2,3}, {4,-5,6}, {9,8,7} };
Det[mat1]
200

mat2 = Inverse[mat1]; mat2 //MatrixForm
```

$$\begin{matrix} -(\frac{83}{200}) & \frac{1}{20} & \frac{27}{200} \\ \frac{13}{100} & -(\frac{1}{10}) & \frac{3}{100} \\ \frac{77}{200} & \frac{1}{20} & -(\frac{13}{200}) \end{matrix}$$

Die Determinante von Matrizen wird mit `Det` berechnet, die Umkehrmatrix mit `Inverse`. Dieses Kommando kann nur dann ausgeführt werden, wenn die Matrix quadratisch ist und keine voneinander abhängigen Zeilen oder Spalten enthält. Mit `Inverse` können Sie Gleichungssystem der Art `mat x == b` lösen:

```
b={14,12,46};

x=mat2 . b   (* Lösungsvektor berechnen *)
{1, 2, 3}

mat1 . x     (* Kontrolle *)
{14, 12, 46}
```

In Mathematica gibt es kein eigenes Kommando zur Berechnung der »Spur« einer Matrix (Summe der Diagonalelemente). Ein derartiges Kommando kann aber einfach selbst definiert werden:

```
spur[mat_]:= Sum[ mat[[spurIndex,spurIndex]],
                  { spurIndex, 1, Length[mat] } ]

spur[mat]
a + e + i
```

Das Kommando `Sum` berechnet die Summe der im ersten Parameter angeführten Funktion für die Variable `spurIndex`. Mit `Length` wird das obere Ende für `spurIndex` ermittelt – und zwar aus der Zahl der Zeilen der Matrix.

Matrix-Potenzen

```
MatrixPower[ {{a,b},{c,d}}, 3 ]  // MatrixForm
     2                             2
a (a  + b c) + c (a b + b d)   b (a  + b c) + d (a b + b d)
                          2                              2
a (a c + c d) + c (b c + d )   b (a c + c d) + d (b c + d )

MatrixPower[ {{1,2},{3,4}}, 20]  // MatrixForm
95799031216999    139620104992450
209430157488675   305229188705674

MatrixExp[ {{0.1,0.2},{0.3,0.4}} ]
{{1.14209, 0.260351}, {0.390526, 1.53262}}

Sum[ MatrixPower[ {{0.1, 0.2},{0.3, 0.4}}, i] / i!, {i,0,5} ]
{{1.14208, 0.260338}, {0.390507, 1.53259}}
```

`MatrixPower[mat,n]` berechnet die n-te Potenz der Matrix, also `mat. mat. mat`... Wenn n negativ ist, wird die n-te Potenz der Umkehrmatrix berechnet.

`MatrixExp` berechnet E^{mat}, d.h. die Eulerscher Zahl wird mit der Matrix potenziert. Das Ergebnis ist durch die folgende Reihe definiert:

$$1 + mat + \frac{mat^2}{2!} + \frac{mat^3}{3!} + \frac{mat^4}{4!} \ldots$$

Nach dieser Formel wurde mit dem `Sum`-Kommando im obigen Beispiel eine Näherung berechnet, die immerhin auf 4 Stellen exakt ist.

Matrizen-Gleichungssystem lösen

Das Kommando `LinearSolve` zur Lösung von linearen Gleichungssystemen der Form `mat . x == b` wurde bereits in Kapitel 8 vorgestellt, weswegen hier nur noch ein kurzes Beispiel angegeben wird (mit den gleichen Koeffizienten wie im `Inverse`-Beispiel etwas weiter oben):

```
mat={{1,2,3},{4,-5,6},{9,8,7}};
b={14,12,46};

LinearSolve[mat,b]
{1, 2, 3}
```

Eine Lösung des Systems ist nur möglich, wenn die Matrix aus voneinander unabhängigen Zeilen/Spalten besteht, d.h. `Det[mat]` muß ungleich 0 sein. Falls die Determinante tatsächlich 0 ist, kann immerhin noch die Gleichung `mat . x == 0` gelöst werden. Die Basis zur Lösung dieses Gleichungssystem liefert `NullSpace`:

```
mat={{1,2,3},{4,8,12},{1,-1,0}};

Det[mat]          (* die Matrix hat abhängige Zeilen/Spalten *)
0

NullSpace[mat]
{{-1, -1, 1}}

mat . %[[1]]      (* Kontrolle *)
{0, 0, 0}
```

Die Gleichung `mat . x == 0` wird durch alle Vektoren gelöst, die ein Vielfaches von {-1,-1,1} betragen.

Wenn Sie häufig mit sehr großen Gleichungssystemen zu tun haben, sollten Sie versuchen, effizientere Spezialkommandos wie `TridiagonalSolve` (Package ``LinearAlgebra`Tridiagonal` ``) und `LUFactor`, `LUSolve` und `LU` (alle im Package ``LinearAlgebra`GaussianElimination` ``) einzusetzen. Die Kommandos sind im »Guide to Standard Mathematica Packages« beschrieben.

Eigenwerte, Eigenvektoren, Eigensysteme

Als »Eigenwerte« einer Matrix `mat` sind jene Werte lambda definiert, für die das Gleichungssystem `mat . x == lambda x` gelöst werden kann. Die »Eigenvektoren« sind die dazugehörigen Lösungsvektoren `x`.

```
mat={{1,2,3},{4,5,6},{1,-1,0}} //N ;
ew = Eigenvalues[mat]
{5.72545, -1.12398, 1.39853}

ev = Eigenvectors[mat]
{{-0.329575, -0.938128, 0.106289},
 {-0.858119, -0.100182, 0.674331},
 {-0.14189, -1.7079, 1.11975}}

mat . ev[[1]] == ew[[1]] ev[[1]]   (* Kontrolle *)
True
```

Bei der Definition der Matrix `mat` wurde mit `//N` erreicht, daß die Zahlen nur in eingeschränkter Genauigkeit gespeichert wurden. Mathematica berechnet sonst die Ergebnisse analytisch exakt und gibt riesige Terme zurück. Im letzten Kommando wurde für die Kombination erster Eigenvektor mit erstem Eigenwert die Gültigkeit der Definitionsgleichung getestet. Wenn Sie sowohl Eigenwerte als auch Eigenvektoren benötigen, sollten Sie den Befehl `Eigensystem` verwenden, der beides berechnet (und dabei schneller ist als die beiden Einzelkommandos zusammen). Die Gleichung zur Berechnung der Eigenwerte kann mit `CharacteristicPolynomial` ermittelt werden.

```
CharacteristicPolynomial[mat,x]
            2    3
-9. + 6. x  - x
```

Zum gleichen Ergebnis wie mit `CharacteristicPolynomial` kommen Sie, wenn Sie in der Diagonale der Matrix die Variable x subtrahieren und anschließend die Determinante berechnen.

```
Det[mat - x IdentityMatrix[3]]
            2    3
-9. + 6. x  - x
```

Orthonomalbasis ausrechnen

```
Needs["LinearAlgebra`Orthogonalization`"]
mat = { {-1,2,3,0}, {0,1,2,1}, {2,-1,-1,1} }
{{-1, 2, 3, 0}, {0, 1, 2, 1}, {2, -1, -1, 1}}
{on1, on2, on3} = GramSchmidt[mat]
        1              2       3
{{-(--------), Sqrt[-], --------, 0},
    Sqrt[14]           7  Sqrt[14]
       8        1               2         7
 {Sqrt[--], -(--------), Sqrt[--], Sqrt[--]},
      35      Sqrt[70]         35        10
       7          2        1              8
 {Sqrt[--], Sqrt[--], --------, -Sqrt[--]}}
      10         35   Sqrt[70]          35
on1 . on2
0
on1 . on1
1
```

Das Kommando `GramSchmidt` berechnet die Orthonomalbasis zu einer gegebenen Liste reeller Vektoren. Für die Ergebnisvektoren gilt:

```
vec[i] . vec[j] == 0 für i != j
vec[i] . vec[j] == 1 für i == j
```

D.h. alle Vektoren haben die Länge 1 und stehen normal zu allen anderen Vektoren.

Zusammenfassung

IdentityMatrix[n] — erzeugt eine Einheitsmatrix der gewünschten Ordnung

DiagonalMatrix[d1, d2, d3,..] — erzeugt eine Diagonalmatrix mit den angegebenen Werten der Hauptdiagonale

Table[f, {x1,start,end}, {x2,start,end}] — erzeugt eine Matrix mit der in f angegebenen Funktion

mat[[zeile, spalte]]
mat[[zeile, spalte]] = term — liest bzw. verändert Matrizenelemente

mat[[zeile]] — liest eine Zeile

Transpose[mat][[spalte]] — liest eine Spalte

mat[[**Range**[z1,z2], **Range**[s1,s2]]] — liest eine Teilmatrix (von Zeile z1 bis z2, Spalte s1 bis s2)

Dot[vec1,vec2]
Dot[mat1,mat2] — In-Produkt (Skalar-Produkt) zweier Vektoren bzw. Matrizen-Multiplikation

vec1 . vec2
mat1 . mat2 — Kurzschreibweise für das In-Produkt bzw. für die Matrizen-Multiplikation

Outer[Times,mat1,mat2] — äußeres Matrizenprodukt (Kronecker-Produkt)

Det[mat] — berechnet die Determinante

Inverse[mat] — berechnet die Umkehrmatrix

Tranpose[mat] — transponiert die Matrix (vertauscht Zeilen und Spalten)

MatrixPower[mat,n] — berechnet die n-te Potenz der Matrix

MatrixExp[mat] — berechnet E^{mat} (durch eine Reihenentwicklung)

LinearSolve[mat,b] — ermittelt die Lösungen für den Vektor x, so daß mat . x == b gilt

NullSpace[mat] — ermittelt die Basis für den Vektor x, so daß mat . x == 0 gilt

Eigenvalues[mat] — berechnet die Eigenwerte der Matrix

Eigenvectors[mat] — berechnet die Eigenvektoren der Matrix

Eigensystem[mat] — gibt Eigenwerte und Eigenvektoren in einer Liste an

CharacteristicPolynomial[mat] — ermittelt die charakteristische Gleichung zur Berechnung der Eigenwerte

Needs["LinearAlgebra`CrossProduct`"]	
Cross[vec1,vec2]	Kreuzprodukt zweier Vektoren
Needs["LinearAlgebra`Orthogonalization`"]	
GramSchmidt[{vec1,vec2,..}]	berechnet die Orthonomalbasis zu den gegebenen Vektoren
Projection[vec1,vec2]	berechnet die Normalprojektion von Vektor1 auf Vektor2
Normalize[vec]	normiert den Vektor auf die Länge 1
//TableForm	Liste als Tabelle anzeigen
//ColumnForm	Vektor in Spaltenform anzeigen
//MatrixForm	Matrix in Matrizenschreibweise anzeigen

Statistik, Wahrscheinlichkeitsrechnung

In diesem Kapitel lernen Sie zahlreiche Kommandos für statistische Untersuchungen und Wahrscheinlichkeitsrechnungen kennen. Statistisches Zahlenmaterial muß für die meisten Kommandos in Listenform vorliegen. Aus diesem Grund sollten Sie die wichtigsten Kommandos zur Listenbearbeitung aus den beiden letzten Kapitel kennen. Die Kommandos für Statistik und Wahrscheinlichkeitsrechnung gehören nicht zu den Standard-Kommandos von Mathematica, sondern müssen aus den diversen Statistik-Packages geladen werden. Am besten beginnen Sie solche Berechnungen mit `Needs["Statistics`Master`"]`. Mathematica kennt dann *alle* Namen von Statistik-Kommandos und lädt je nach Bedarf die entsprechenden Packages, sobald Sie ein Kommando aus diesem Package verwenden möchten. Wichtige Kommandos sind:

`Binomial`
Berechnung von Binomialkoeffizienten

`Mean`, **`StandardDeviation`**
Berechnung statistischer Kennzahlen

`Frequencies`, **`BinCounts`**
Häufigkeitsuntersuchungen und Klasseneinteilungen

`BarChart`
Säulendiagramm zeichnen

`NormalDistribution`, **`BinomialDistribution`**
Auswahl der gewünschten Wahrscheinlichkeitsverteilung

`PDF`, **`CDF`**
Berechnung der Wahrscheinlichkeitsdichte- und Verteilungsfunktion für die angegebene Wahrscheinlichkeitsverteilung

`MeanCI`, **`VarianceCI`**
Bestimmung von Konfidenzintervalle

Ein verwandtes Thema wird im nächsten Kapitel behandelt: Dort lernen Sie Kommandos kennen, mit denen Sie Interpolations- und Regressionskurven für eine gegebene Datenmenge ermitteln und zeichnen können.

Hinweis: Dieses und das nächste Kapitel stellen aus Platzgründen nur die wichtigsten Kommandos aus den `Statistics`-Packages von Mathematica dar. Eine vollständige Beschreibung der Kommandos finden Sie im »Guide to Standard Mathematica Packages«, Kapitel 11.

Kombinatorik

```
6!
720

6!!
48

2 4 6
48

Binomial[12,10]
66

Binomial[a+3,a]
(1 + a) (2 + a) (3 + a)
-----------------------
           6
```

Die Beispiele oben demonstrieren die wichtigsten Kombinatorik-Funktionen von Mathematica. »!« ist der Fakultätsoperator, 6! entspricht also 6*5*4*3*2*1. Mit »!!« wird die Zweier-Fakultät berechnet, für 6!! also 6*4*2. Binomial berechnet die Binomialkoeffizienten.

x!	Fakultät x*(x-1)*..*1
x!!	Zweier-Fakultät x*(x-2)*..
Binomial[x,y]	berechnet den Binomialkoeffizienten

Statistische Kennzahlen (Beschreibende Statistik)

```
Needs["Statistics`Master`"]

data = {17, 12, 19, 18, 17, 16, 17, 15, 20,
        18, 17, 18, 18, 18, 16, 19, 20} //N;

nr = Length[data]           (* Anzahl der Elemente *)
17

Sum[data[[i]], {i,nr}]      (* Summe *)
295.

Sum[data[[i]]^2, {i,nr}]    (* Summe der Quadrate *)
5179.

Mean[data]                  (* Mittelwert *)
17.3529
```

```
StandardDeviation[data]    (* Standard-Abweichung *)
1.93459

LocationReport[data] // TableForm
Mean -> 17.3529                   (* Mittelwert *)
HarmonicMean -> 17.114            (* harmonisches Mittel *)
Median -> 18.                     (* Zentralwert = Median *)

DispersionReport[data] // TableForm
Variance -> 3.74265               (* Varianz = Std.abw^2 *)
StandardDeviation -> 1.93459      (* Standardabweichung *)
SampleRange -> 8.                 (* Spannbreite = Max - Min *)
MeanDeviation -> 1.391
MedianDeviation -> 1.
QuartileDeviation -> 0.75
```

Needs["Statistics`Master`"]
lädt Packages für *alle* Statistik-Funktionen

Length[data] ermittelt die Anzahl der Datenpunkte

Sum[data[[i]], {i,nr}]
Sum[data[[i]]^2, {i,nr}]
ermittelt die Summe der Datenpunkte bzw. deren Quadrate

Mean[data],**GeometricMean**[data],**HarmonicMean**[data]
Mittelwert, geometrischer Mittelwert, harmonischer Mittelwert

RootMeanSquare[data]
Sqrt[1/n Sum[data[[i]]^2]]

Quantile[data,n] n-ter Quantil

Quartiles[data] Liste der Quartile

Variance[data],**VarianveMLE**[data]
Varianz mit 1/(n-1) bzw. mit 1/n

StandardDeviation[data], **StandardDeviationMLE**[data]
Standardabweichung mit 1/(n-1) bzw. mit 1/n

SkewNess[data] Schiefe (s<0 .. rechtsschief)

LocationReport[data]
Kennzahlenliste mit lagetypischen Parametern

DispersionReport[data]
Kennzahlenliste mit Streuungsparametern

ShapeReport[data] Kennzahlenliste mit Gestaltparametern

Hinweis: Alle hier behandelten Kennzahlenfunktionen gelten für eindimensionale Daten. Es wurden nur die wichtigsten Kennzahlenfunktionen angeführt.

Häufigkeitsuntersuchung, Klasseneinteilung

```
Needs["Statistics`Master`"]
Needs["Graphics`Graphics`"]   (* für BarChart *)

data = {17, 12, 19, 18, 17, 16, 17, 15, 20,
        18, 17, 18, 18, 18, 16, 19, 20};

Sort[data]
{12, 15, 16, 16, 17, 17, 17, 17, 18, 18, 18, 18, 18, 19, 19, 20, 20}

CumulativeSums[data]

{17, 29, 48, 66, 83, 99, 116, 131, 151, 169, 186, 204, 222, 240,
 256, 275, 295}
```

`Sort` sortiert die Daten in aufsteigender Reihenfolge. Mit `CumulativeSums` kann eine Liste erzeugt werden, die jeweils die Summe aller bisherigen Elemente enthält, d.h. das n-te Element dieser Liste enthält die Summe der ersten n Elemente der Ausgangsliste.

```
Frequencies[data]
{{1, 12}, {1, 15}, {2, 16}, {4, 17}, {5, 18}, {2, 19}, {2, 20}}

BarChart[ Frequencies[data] ]   (* Bild 11.1 *)
```

`Frequencies` erstellt einer zweidimensionale Liste, das für jedes in der Ausgangsliste vorkommende Element ein Zahlenpaar enthält, das dessen Häufigkeit und den dazugehörigen Wert angibt (der Wert 12 und 15 kommt je einmal vor, 16 zweimal, 17 viermal, usw.). Diese Liste ist nach der Größe der Elemente sortiert. Sie ist in dieser Form bereits für das `BarChart`-Kommando geeignet - siehe Bild 11.1.

```
RangeCounts[data,{15,17,19}]
{1, 3, 9, 4}

anzahl=BinCounts[data, {11,21,2} ]
{1, 1, 6, 7, 2}

legende=Table[x,{x,12,20,2}]
{12, 14, 16, 18, 20}

BarChart[ Transpose[{anzahl,legende}] ]   (* Bild 11.2 *)
```

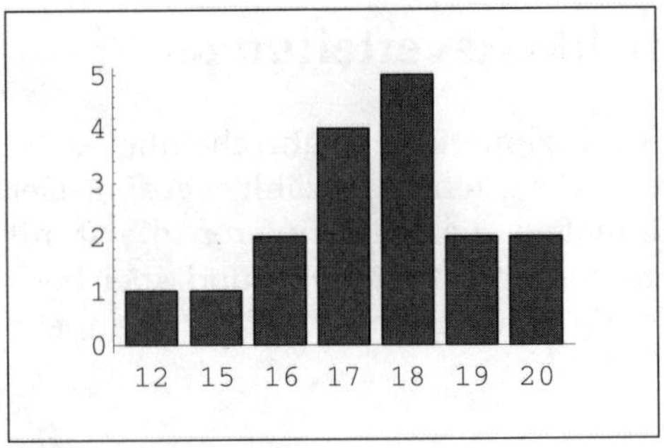

Bild 11.1: Häufigkeitsverteilung der Ausgangsdaten

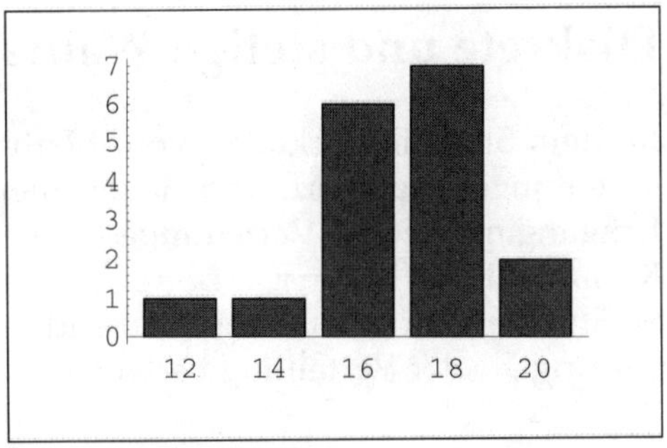

Bild 11.2: Klasseneinteilung der Ausgangsdaten mit der Klassenbreite 2

`RangeCounts` erzeugt eine Klasseneinteilungsliste, wobei die Klassengrenzen als Liste angegeben werden müssen. Das Ergebnis bedeutet, daß ein Element kleiner als 15 ist, drei Elemente größer gleich 15 und kleiner 17 sind, neun Elemente größer gleich 17 und kleiner als 19 sind, usw. `BinCounts` arbeitet ähnlich, allerdings werden die Klassengrenzen hier in allgemeinerer Form angegeben: `{start,end,schritt}`. Die Interpretation des Ergebnisses aus dem obigen Beispiel: Es gibt ein Element, das zwischen 11 und 13 liegt, eines, das zwischen 13 (exklusive) und 15 (inklusive liegt), usw. Die Mittelwerte der Klassen liegen somit bei 12, 14, 16...

Um diese Klasseneinteilung wiederum mit `BarChart` anzuzeigen, wird eine zweite Liste mit diesen Mittelwerten ereugt und in der Variablen `legende` gespeichert. Mit `Transpose` werden die beiden Listen in die für `BarChart` erforderliche Form von Zahlenpaaren gebracht. Die Anwendung von `Frequencies` oder `BinCounts` hängt in erster Linie von der Art des Zahlenmaterials ab. `Frequencies` ist nur für diskrete Zahlen geeignet, `BinCounts` kann auch zur Klassifizierung von kontinuierlichem Zahlenmaterial verwendet werden.

Needs`["Statistics`Master`"]`

Sort`[data]` sortiert die Liste

CumulativeSums`[data]`
erzeugt eine Liste mit kumulierten Summen

RangeCounts`[data, {grenze1,grenze2,..}]`
führt eine Klasseneinteilung mit den angegebenen Grenzwerten durch

BinCounts`[data, {start,end,schritt}]`
führt eine Klasseneinteilung zwischen Start- und Endwert mit der angegebenen Klassenbreite durch

Frequencies`[data]` ermittelt eine Liste mit der Häufigkeit aller Elemente

Needs`["Graphics`Graphics`"]`

BarChart`[ { {anzahl,legende},{a,e},..} ]`
Säulendiagramm für die in paarweise gegebenen Daten

Diskrete und stetige Wahrscheinlichkeitsverteilungen

In den Statistik-Packages von Mathematica sind zahlreiche Wahrscheinlichkeitsverteilungen definiert, von denen hier nur die wichtigsten aufgezählt werden. Der Umgang mit diesen Verteilungen sieht folgendermaßen aus: Sie definieren zuerst mit Kommandos wie `NormalDistribution` die gewünschte Verteilung und speichern Sie in einer Variablen. Anschließend können Sie die Funktionen `PDF`, `CDF`, `Mean`, etc. bei Angabe der Verteilung verwenden:

```
Needs["Statistics`Master`"]

verteil=NormalDistribution[0,1];

PDF[verteil,0]
0.398942

CDF[verteil,0]
0.5
```

Als Verteilung wurde eine Normalverteilung mit dem Mittelwert 0 und der Standardabweichung 1 gewählt (das ist die Standard-Normalverteilung, die in jeder Mathematik-Formelsammlung tabelliert ist). Mit `PDF` wurde die Dichtefunktion und mit `CDF` die kumulierte Dichtefunktion (die Verteilungsfunktion) für z=0 berechnet.

```
CDF[verteil,x]
                x
1 + Erf[-------]
        Sqrt[2]
----------------
       2

PDF[verteil,x]
       1
----------------
  2
 x /2
E     Sqrt[2 Pi]

Plot[PDF[verteil,x],{x,-4,4}]    (* Bild 11.3 *)

Plot[CDF[verteil,x],{x,-4,4}]    (* Bild 11.4 *)
```

Mathematica kann die beiden Verteilungsfunktionen auch explizit angeben. `Erf` ist dabei eine numerische Näherung für das Gaußsche Fehlerintegral (dieses Integral kann nicht explizit gelöst werden).

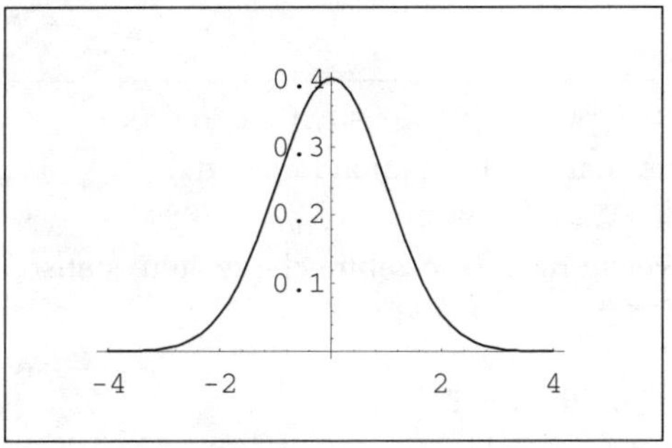

Bild 11.3: Die Wahrscheinlichkeitsdichtefunktion der Standard-Normalverteilung

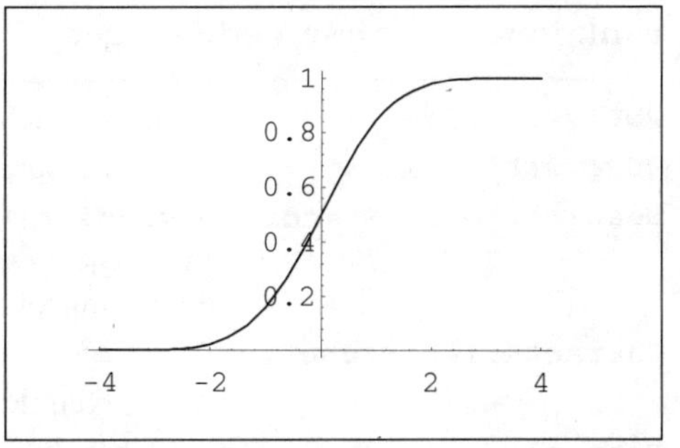

Bild 11.4: Die kumulierte Wahrscheinlichkeitsdichte der Standard-Normalverteilung

Needs["Statistics`Master`"]
: Package für die unten aufgezählten Statistik-Funktionen

Einige stetige Wahrscheinlichkeitsverteilungen

ChiSquareDistribution[n]
: Chi-Quadrat-Verteilung für den Freiheitsgrad n

FRatioDistribution[m, n]
: F-Verteilung für den Freiheitsgrad (m,n)

NormalDistribution[mu, sigma]
: Normalverteilung für den Mittelwert mu und die Standardabweichung sigma

StundentTDistribution[n]
: Stundent-t-Verteilung für den Freiheitsgrad n

Einige diskrete Wahrscheinlichkeitsverteilungen

BinomialDistribution[n, p]
: Binomialverteilung für n Versuche mit der Wahrscheinlichkeit p

GeometricDistribution[p]
: geometrische Verteilung für die Wahrscheinlichkeit p (Mittelwert 1/p)

HypergeometricDistribution[n, nok, population]
: hypergeometrische Verteilung für n Versuche ohne Zurücklegen aus einer Gesamtheit von population Elementen, in denen nok die erwünschte Eigenschaft haben

PoissonDistribution[mu]
: Poisson-Verteilung für den Mittelwert mu

Funktionen für diese Verteilungen

PDF[verteil,x]	Wahrscheinlichkeitsdichte (»probability density function«)
CDF[verteil,x]	Verteilungsfunktion (»cumulative distribution function«)
Mean[verteil],**StandardDeviation**[verteil], ...	Mittelwert, Standardabweichung, sowie zahlreiche weitere statistische Kenngrößen, siehe oben
CharacteristicFunction[verteil, t]	gibt die charakteristische Funktion phi[t] an
Domain[verteil]	möglicher Zahlenbereich der Verteilung
Random[verteil]	Zufallszahlen mit der entsprechenden Häufigkeitsverteilung

Gaußsches Fehlerintegral und Umkehrfunktionen

Erf[x]	ermittelt das Gaußsche Fehlerintegral erf(x), das die Ausgangsfunktion für die Normalverteilungsfunktion ist
Erf[x1, x2]	entspricht Erf[x2]-Erf[x1]
InverseErf[p]	ermittelt x, so daß gilt: p=Erf[x]
InverseErf[x0,p]	ermittelt x, so daß gilt: p=Erf[x0,x]
InverseErf[x0,-p]	ermittelt x, so daß gilt: p=Erf[x,x0]

Konfidenzintervalle

Konfidenzintervalle geben an, in welchen Grenzen sich ein Parameter mit der Wahrscheinlichkeit von 95 Prozent befinden wird:

```
Needs["Statistics`Master`"]

data = {17, 12, 19, 18, 17, 16, 17, 15, 20,
        18, 17, 18, 18, 18, 16, 19, 20};

MeanCI[data] //N
{16.3277, 18.3782}
```

Dieses Ergebnis bedeutet, daß weitere Meßwerte mit 95-prozentiger Wahrscheinlichkeit zwischen 16.33 und 18.38 liegen werden. `MeanCI` geht davon aus, daß die zugrundeliegenden Daten normalverteilt sind. Das Kommando unterstützt zwei Optionen, `KnownVariance->v` zur Angabe einer bekannten Varianz (andernfalls wird ein Näherungswert über die Student t Verteilung berechnet), und `ConfidenceLevel->c` zur Angabe einer anderen Wahrscheinlichkeit als 0.95.

Needs["Statistics`Master`"]	
MeanCI[data]	berechnet das Konfidenzintervall für den Mittelwert
VarianceCI[data]	berechnet das Konfidenzintervall für die Varianz
	ConfindeceLevel->c
	KnownVarianve->v
	optional für vorgegebene Sicherheit (Standard: 0.95) bzw. für bekannte Varianz (nur für MeanCI)

Hypothesentest

```
Needs["Statistics`Master`"]

data = {17, 12, 19, 18, 17, 16, 17, 15, 20,
        18, 17, 18, 18, 18, 16, 19, 20};

MeanTest[data,17.3,TwoSided->True,SignificanceLevel->0.9]
{TwoSidedPValue -> 0.914197,
 Accept null hypothesis at significance level -> 0.9}

VarianceTest[data,3.8, SignificanceLevel->0.9,TwoSided->True]
{TwoSidedPValue -> 0.80477,
 Reject null hypothesis at significance level -> 0.9}

Mean[data] //N        (* zum Vergleich *)
17.3529

Variance[data] //N
3.74265
```

Im obigen Beispiel wird für die gegebene Datenmenge bei einem Signifikanzniveau von je 90 Prozent überprüft, ob der Mittelwert 17.3 und die Varianz 3.8 beträgt. Die erste Hypothese wird bestätigt, die zweite wird verworfen. Zum Vergleich wurden der tatsächlichen Mittelwert und die Varianz ausgerechnet. Beide Hypothesentest wurden beidseitig durchgeführt – daher die Option TwoSided->True.

Needs["Statistics`Master`"]	
MeanTest[data,m]	berechnet die Wahrscheinlichkeit, daß die Daten den angegebenen Mittelwert aufweisen
VarianceTest[data,v]	berechnet die Wahrscheinlichkeit, daß die Daten die angegebene Varianz aufweisen

MeanDifferenceTest[data1,data2,diff]

berechnet die Wahrscheinlichkeit, daß die Mittelwerte der beiden Datenmengen um die angegebene Differenz voneinander abweichen

VarianceRatioTest[data1,data2,verh]

berechnet die Wahrscheinlichkeit, daß die Varianzen im angegebenen Verhältnis zueinander stehen

TwoSided->True

SignificanceLevel->s

optional zweiseitiger Test bzw. Test für ein bestimmtes Signifikanzniveau (im Ergebnis wird an den Wahrscheinlichkeitswert der Text »Reject ..« oder »Accept ..« angehängt)

Regressions- und Interpolationsfunktionen

In diesem Kapitel geht es in erster Linie darum, durch einige bekannte Datenpunkte eine Kurve zu legen. Die Funktion dieser Kurve kann für beliebige weitere Berechnungen verwendet werden, beispielsweise um Näherungswerte für nicht explizit bekannte Orte der Kurve zu berechnen. Die drei wichtigsten Kommandos lauten:

`Interpolation`
erstellt eine Interpolationsfunktion, die exakt durch die angegebenen Punkte führt

`InterpolatingPolynomial`
berechnet ein Polynom der Ordnung n-1, das exakt durch n Datenpunkte geht

`RationalInterpolation`
versucht eine rationale Funktion zu ermitteln, die eine vorhandene Funktion (keine Datenpunkte !) möglichst exakt nachbildet (Package `NumericalMath`Approximation``)

`Fit`
versucht eine optimale Linearkombination der angegebenen Funktionen zu bilden, so daß die Kurve möglichst nahe an den Datenpunkten verläuft

`Regress`
Regressionsanalyse für `Fit`

`PolynomialFit`
eine Variante zu `Fit`, die zwar nur für Polynome (und nicht für allgemeine Funktionen) geeignet ist, dafür aber stabilere Näherungen liefert (Package `NumericalMath`PolynomialFit``)

Verweis: Die Fourieranalyse zur Zerlegung *periodischer* Funktionen in harmonische Schwingungsanteile wird in Kapitel 23 behandelt.

Exakte Interpolation durch gegebene Punkte

`Interpolate` ermittelt eine Funktion, die exakt durch eine Menge gegebener Datenpunkte führt. Diese Funktion wird als sogenannte »pure function« zurückgegeben. Sie können sich das Innere dieser Funktion nicht ansehen. (Intern wird die Funktion stückweise aus Polynomen zusammengesetzt.)

```
list1=Table[Random[Real,10],{10}]

{6.77568, 6.80302, 1.47815, 0.547111, 9.13441, 3.48198, 3.77407,
 4.20468, 7.96992, 3.51255}

f1 = Interpolation[list1]
InterpolatingFunction[{1, 10}, <>]

gr1 = ListPlot[list1,PlotStyle->PointSize[0.03]]

gr2 = Plot[f1[x],{x,1,10}]

Show[gr2, gr1]                (* Bild 12.1 *)

f1d[x_] = D[f1[x], x]         (* Ableitung bilden *)
InterpolatingFunction[{1, 10}, <>][x]

Plot[f1d[x], {x,1,10}]        (* Bild 12.2 *)
```

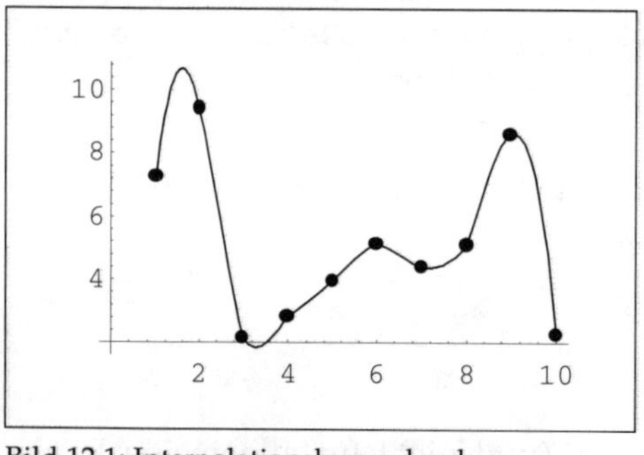

Bild 12.1: Interpolationskurve durch zehn Punkte

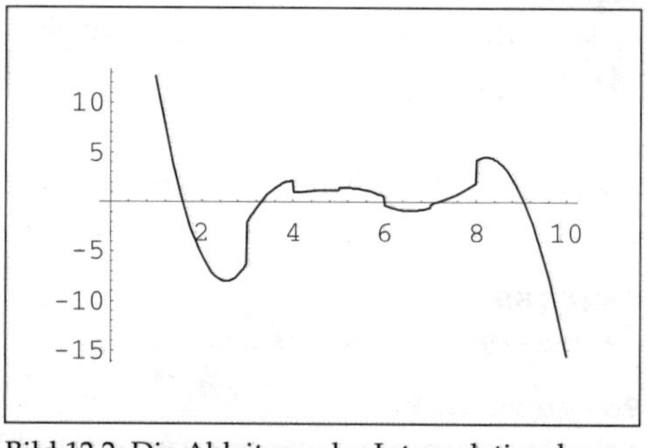

Bild 12.2: Die Ableitung der Interpolationskurve ist ziemlich eckig

Im Beispiel oben wurde zuerst eine Liste mit zehn Zufallszahlen zwischen 0 und 10 erstellt, anschließend wurde mit `Interpolation` eine Interpolationsfunktion ermittelt und `f1` zugewiesen. Wenn dem Kommando eine eindimensionale Liste übergeben wird, nimmt es an, daß die Datenpunkte zu den Orten x=1, x=2, x=3,.. gehören.

Das Ergebnis von `Interpolation` besteht in einer `InterpolatingFunction`, die dem Benutzer nur in der Beschreibung der Ausgangsdaten (in Kurzform durch <> angedeutet) und des zulässigen Zahlenbereichs (im Beispiel oben {1,10}) zugänglich ist. Die InterpolatingFunction ist also eine Art »Black Box«, in die Sie nicht hineinsehen können.

Das Ergebnis von Interpolation ist eine sogenannte »pure function«, bei denen die Parameterliste nicht explizit angegeben wird. Beachten Sie insbesondere die Definition von f1 durch die Interpolationsfunktion ohne die Angabe eines Parameters! Es ist nicht zulässig, f1[x_] zu definieren, wie das sonst üblich ist. Bei der Verwendung der Funktion müssen Sie dann aber sehr wohl einen Parameter angeben (siehe Plot-Kommando)!

Sie haben zwar keinen Einblick in das Innere der Interpolationsfunktion. Sie können die Funktion aber durchaus differenzieren oder integrieren. Das Ergebnis ist eine neue Interpolationsfunktion, deren Innenleben Ihnen ebenso verschlossen bleibt. Bild 12.2 zeigt, daß die Ableitung ziemlich eckig ist. (Die Definition von f1d[x] erfolgt wieder auf herkömmliche Weise, weil zur Bildung der Ableitung die Variable x verwendet werden muß.)

Das Kommando Show ermöglicht es, mehrere Grafiken in einem Bild zu vereinen. Im Beispiel oben wurden zuerst zwei separate Grafiken für die Kurve (mit Plot) und für die Datenpunkte (mit ListPlot) erstellt und in den Grafiken gr1 und gr2 gespeichert. Diese beiden Grafiken wurden dann mit Show vereint und in Bild 12.1 dargestellt. Die Kommandos Plot und ListPlot sind in Kapitel 17 beschrieben, Show in Kapitel 26.

Das folgende Beispiel zeigt einige weitere Anwendungen von Interpolation. Für die Funktion f2 wurden die Datenpunkte in einer zweidimensionalen Liste angegeben (jeweils in {x,y}-Zahlenpaaren). Für die Funktion f3 wurde zusätzlich die Ordnung der Interpolationsfunktion auf 1 reduziert. Interpolation nähert die Funktion dann durch Geraden an. Die Option InterpolationOrder ist also insbesondere zur Definition von Dreiecks- oder Rechtecksfunktionen sehr praktisch.

Für die Interpolationsfunktion f4 wurde neben den x- und y-Koordinaten auch noch die gewünschte Ableitung (Steigung) der Kurve angegeben. Das Ergebnis sehen Sie in Bild 12.5.

```
data1= { {1,0}, {4,3}, {5,1}, {7,0}};

f2=Interpolation[data1]
InterpolatingFunction[{1, 7}, <>]

gr3=Plot[f2[x], {x,1,7}]

f3=Interpolation[data1,InterpolationOrder->1]
InterpolatingFunction[{1, 7}, <>]

gr4=Plot[f3[x], {x,1,7}]

data2= { {1,{0,-1}}, {4,{3,0}}, {5,{1,0}}, {7,{0,-10}} };
```

```
f4=Interpolation[data2]
InterpolatingFunction[{1, 7}, <>]

gr5=Plot[f4[x], {x,1,7}]
gr6=ListPlot[data1, PlotStyle->PointSize[0.03]]

Show[gr3,gr6]  (* Bild 12.3 *)
Show[gr4,gr6]  (* Bild 12.4 *)
Show[gr5,gr6]  (* Bild 12.5 *)
```

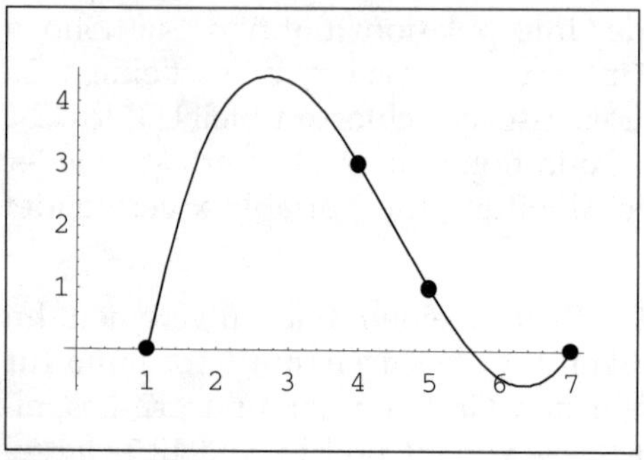

Bild 12.3: Interpolationskurve f2 durch vier Datenpunkte

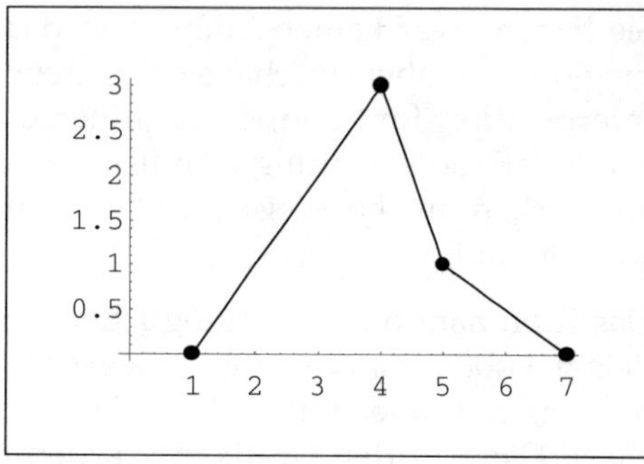

Bild 12.4: Interpolationskurve f3 der Ordnung 1 durch die gleichen Datenpunkte

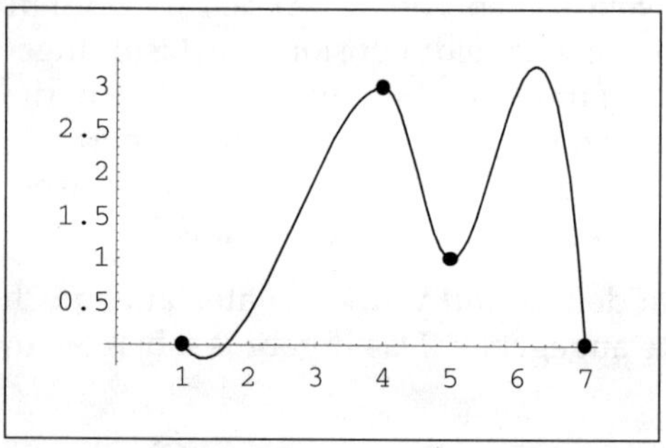

Bild 12.5: Interpolationskurve f4 mit vorgegebenen Steigungen durch die gleichen Datenpunkte

Interpolations-Polynome berechnen

`InterpolationPolynomial` ermittelt wie `Interpolate` eine Funktion, die exakt durch die gegebenen Datenpunkte durchführt. Allerdings wird diese Näherung nicht stückweise durchgeführt, sondern mit einem einzigen Polynom hohen Grades.

```
list1=Table[Random[Real,10],{10}]
{6.77568, 6.80302, 1.47815, 0.547111, 9.13441, 3.48198, 3.77407,
 4.20463, 7.96992, 3.51255}
f1 = Interpolation[list1]
InterpolatingFunction[{1, 10}, <>]
f2[x_]=InterpolatingPolynomial[list1,x] //Expand
```

$$1734.63 - 4747.52\ x + 5203.4\ x^2 - 3041.04\ x^3 + 1058.29\ x^4 - 229.936\ x^5 + 31.4776\ x^6 - 2.63794\ x^7 + 0.12356\ x^8 - 0.00247708\ x^9$$

```
g1=ListPlot[list1,PlotStyle->PointSize[0.03]]
g2=Plot[f1[x],{x,1,10}]
g3=Plot[f2[x],{x,1,10}]
Show[g2,g1]    (* Bild 12.6 *)
Show[g3,g1]    (* Bild 12.7 *)
```

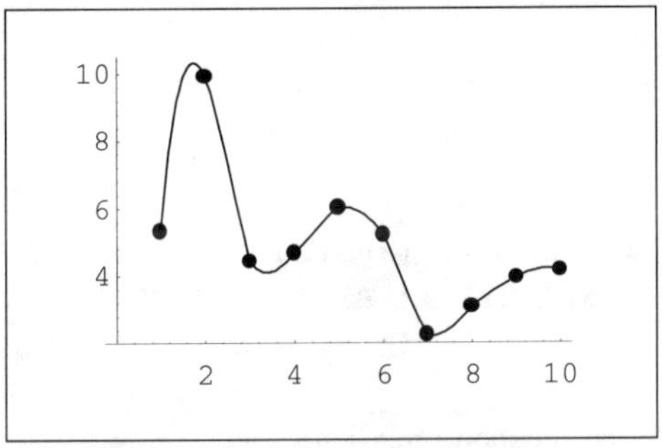

Bild 12.6: Interpolationsfunktion durch 10 Datenpunkte

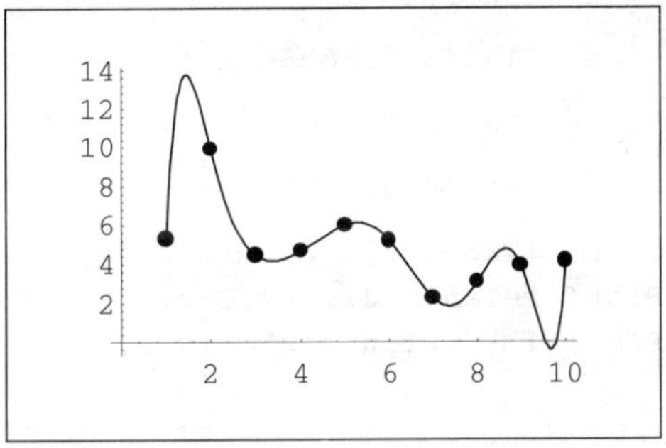

Bild 12.7: Interpolationspolynom neunten Grades durch die gleichen Datenpunkte

Das Beispiel zeigt recht drastisch die Unterschiede zwischen `Interpolation` und `InterpolatingPolynomial`. Das zweite Kommando konstruiert ein Polynom, das durch alle Datenpunkte durchgeht. Der Vorteil des Kommandos besteht darin, daß die resultierende Funktion explizit ausgegeben wird und daher viel besser weiterbearbeitet werden kann. Der Nachteil liegt in der hohen Ordnung der resultierenden Funktion, die zu einem starken Überschwingen neben den vorgegebenen Datenpunkten führt. Das Polynom wird für eine große Anzahl von Datenpunkten so unhandlich, daß es praktisch nicht mehr verwendbar ist.

Rationale Näherungsfunktionen ermitteln

Mit `RationalInterpolation` aus dem Package ``NumericalMath`Approximation` `` können Sie eine gegebene Funktion durch eine rationale Funktion (d.h. durch den Quotienten zweier Polynome) annähern. Das Kommando kann nur Näherungsfunktionen zu bereits vorhandenen Funktionen ermitteln (aber nicht zu einer gegebenen Menge von Datenpunkten). Das Ergebnis wird wie bei der oben besprochenen Funktion `InterpolatingPolynomial` als explizite Formel angegeben. Der wesentliche Vorteil von `RationalInterpolation` besteht darin, daß auch Funktionen angenähert werden können, deren Funktionswert stellenweise unendlich ist.

```
Needs["NumericalMath`Approximations`"]
f=RationalInterpolation[ Tan[x^2], {x,4,4}, {x,0,2}]
                       -6
(9.72454345477256 10   - 0.000735354511825825 x +
                      2                     3
   1.006299360112264 x  - 0.871088360538665 x  +
                      4
   0.171304637996066 x ) /
                                                2
 (1 - 0.870807607907153 x + 0.2854503084886548 x  -
                       3                      4
   0.3644844029134988 x  + 0.1461872082392903 x )
Plot[ {Tan[x^2], f}, {x,0,2}, PlotRange->{-20,20}] (* Bild 12.8 *)
Plot[ f-Tan[x^2], {x,0,2}, PlotRange->{-0.5,0.2}] (* Bild 12.9 *)
Plot[ 1 - f/Tan[x^2], {x,0,2}]                    (* Bild 12.10 *)
```

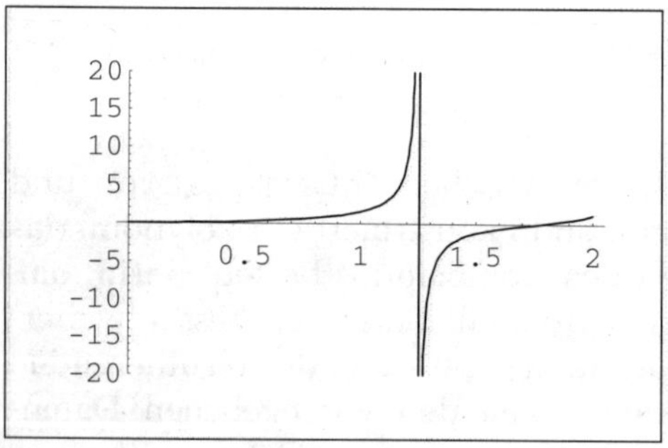

Bild 12.8: Die Funktion Tan[x^2] und ihre Näherungsfunktion; die Näherung ist so gut, daß die beiden Kurven nicht voneinander unterscheidbar sind

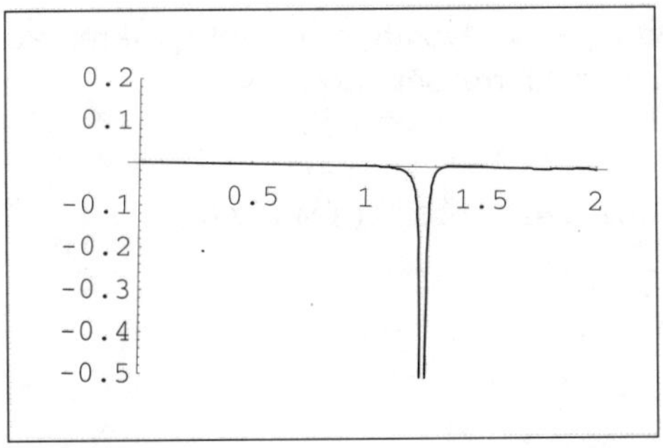

Bild 12.9: Die absolute Abweichung der beiden Funktionen

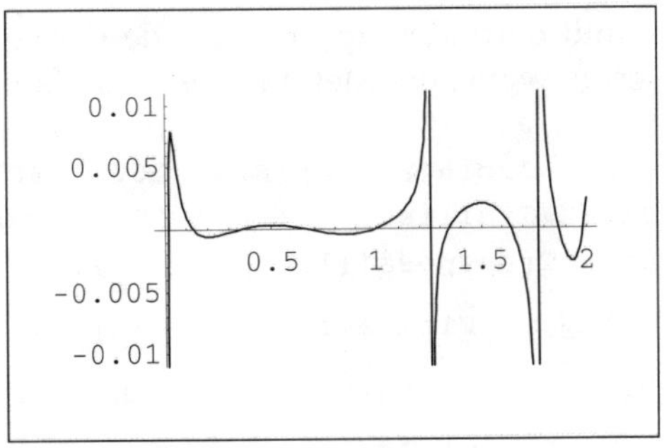

Bild 12.10: Die relative Abweichung der beiden Funktionen (0.01 bedeutet 1 Prozent Abweichung)

Im Beispiel oben wird eine Näherungsfunktion zu `Tan[x^2]` für den Zahlenbereich zwischen 0 und 2 ermittelt, wobei der Grad des Zähler- wie des Nennerpolynoms maximal 4 betragen soll. Beachten Sie, daß `RationalInterpolation` eine Funktion und nicht einige Datenpunkte (wie in der vorherigen Beispielen) als Ausgangspunkt benötigt. Mit den drei `Plot`-Kommandos werden anschließend der Verlauf der beiden Funktionen, ihre absolute und ihre relative Abweichung grafisch dargestellt (siehe Bild 12.8 bis 12.10).

Das Package `NumericalMath`Approximation`` enthält noch einige weitere Funktionen, die hier aus Platzgründen nur erwähnt werden: `MiniMaxApproximation` berechnet ebenfalls eine rationale Näherungsfunktion, allerdings wird diese Funktion anschließend in mehreren Schritten optimiert, um den relativen Fehler zu verkleinern. `GeneralRationalInterpolation` und `GeneralMiniMaxApproximation` sind Varianten zu den beiden vorher genannten Kommandos, bei denen die anzunähernde Funktion parametrisch angegeben werden kann `{fx[t],fy[t]}`.

Weitere Informationen zu den vier Kommandos des `Approximations``-Packages finden Sie im »Guide to Standard Mathematica Packages« sowie in der Package-Datei APPROXIMATIONS.M im Verzeichnis PACKAGES\NUMERICALMATH. In dieser Datei befinden sich unter anderem einige Beispiele sowie Hinweise auf mögliche Schwierigkeiten mit den Kommandos.

Näherungskurven an gegebene Datenpunkte

`Fit` berechnet eine Näherungsfunktion, die an den angegebenen Datenpunkten möglichst nahe vorbeiführt (Minimierung der Quadrate der Abstände zwischen der Näherungskurve und den Datenpunkten). Die Näherungsfunktion wird aus einer Linearkombination von vorgegebenen Teilfunktionen gebildet. Im Gegensatz zu den bisher behandelten Kommandos wird die Näherungsfunktion nicht exakt durch alle Datenpunkte durchgeführt, sondern nur möglichst nahe daran vorbei. `Fit` eignet sich damit besonders gut dazu, eine Kurve durch eine große Anzahl von Meßpunkten zu legen, wobei die Meßpunkte mit zufälligen Fehlern behaftet sein können.

```
list1=Table[Random[Real,100],{30}];
list2=Sin[list1 / 100 * Pi] + Table[Random[Real,0.3],{30}] //N;
data=Transpose[{list1,list2}];
f1[x_] = Fit[data, {1,x,x^2}, x]
```

$$0.18248 + 0.0379308\ x - 0.000389176\ x^2$$

```
f2[x_] = Fit[data,{1,x},x]
```

$$0.724528 + 0.000230459\ x$$

```
f3[x_]=Fit[data, {1,Sin[x / 10],Sin[x/20]}, x]
```

$$0.744179 + 0.229062\ \mathrm{Sin}[\frac{x}{20}] - 0.123497\ \mathrm{Sin}[\frac{x}{10}]$$

```
gr1=ListPlot[data, PlotStyle->PointSize[0.01],
        DisplayFunction->Identity]
gr2=Plot[f1[x],{x,0,100},DisplayFunction->Identity]
gr3=Plot[f2[x],{x,0,100},DisplayFunction->Identity]
gr4=Plot[f3[x],{x,0,100},DisplayFunction->Identity]
Show[gr1,gr2]   (* Bild 12.11 *)
Show[gr1,gr3]   (* Bild 12.12 *)
Show[gr1,gr4]   (* Bild 12.13 *)
```

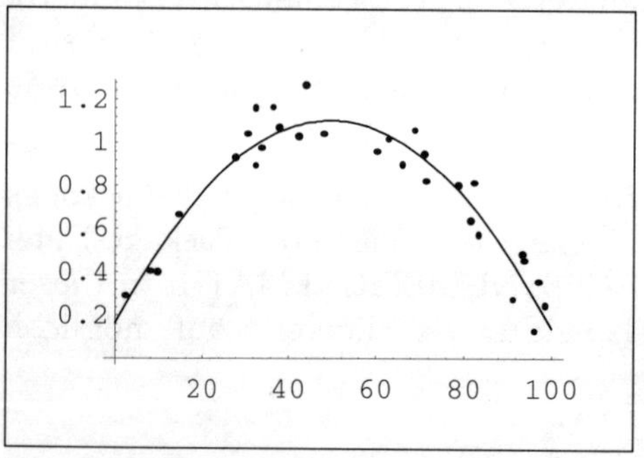

Bild 12.11: Quadratische Regressionskurve durch die Punkte

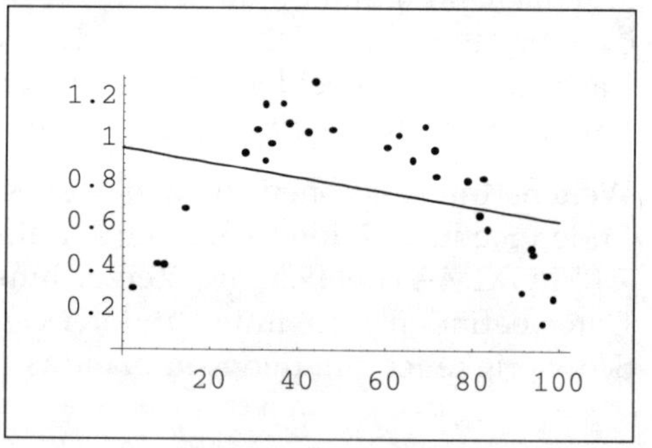

Bild 12.12: Lineare Regressionsgerade durch die Punkte

In den drei ersten Kommandos wird eine zweidimensionale Liste in der Form {{x1,y1},{x2,y2},..} erstellt. Die x-Werte sind Zufallszahlen zwischen 0 und 100. Die y-Werte werden über die Sinus-Funktion aus den x-Werten berechnet, wobei das Ergebnis mit Zufallszahlen zwischen 0 und 0.3 überlagert wird.

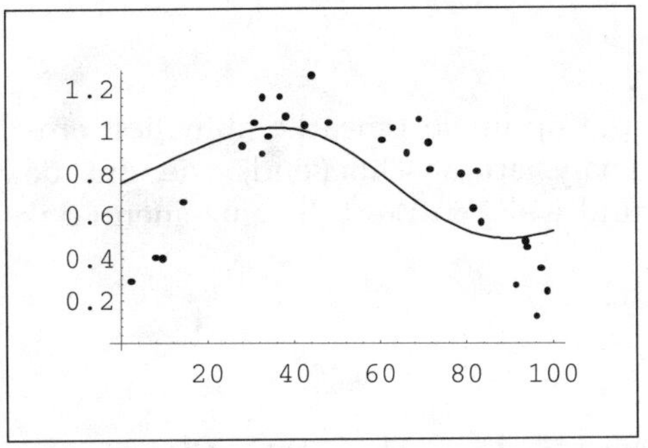

Bild 12.13: Versuch, die Daten durch eine Kurve mit zwei Sinusschwingungen anzunähern

Im folgenden werden mit `Fit` drei Funktionen gebildet. Die erste Funktion besteht aus einer Linearkombination von 1, x und x^2, das Ergebnis ist also ein Polynom der Form `a x^2 + b x + c`. Wie Bild 11.8 zeigt, kann der Sinusverlauf der Punkte recht gut angenähert werden.

In `f2` wird versucht, die Punkte durch `a x + b` anzunähern, was naturgemäß scheitern muß (Bild 11.9). `f3` stellt ein Optimum der Funktion `a Sin[x/10] + b Sin[x/20] + c` dar. Auch diese Näherung ist nicht besonders glücklich, weil für die Sinus-Schwingungen ungünstige Frequenzen ausgewählt wurden.

Die drei Beispiele zeigen aber recht deutlich, daß die Qualität der Ergebnisse von `Fit` sehr stark von den Funktionen abhängen, die im zweiten Parameter angegeben werden. `Fit` bildet aus diesen Funktionen eine Linearkombination, für die die Summe der Quadrate der Y-Abweichungen minimal ist.

Bei den `Plot`-Kommandos wird die Option `DisplayFunction->Identity` verwendet. Damit wird die Ausgabe der Grafik unterdrückt und somit Zeit und Speicherplatz gespart. Die kombinierte Darstellung der Grafiken am Bildschirm erfolgt dann einige Zeilen weiter unten mit `Show`. In Version 2.1 muß bei den `Show`-Kommandos zusätzlich die Option `DisplayFunction->$DisplayFunction` angegeben werden damit die unsichtbaren Grafiken wieder angezeigt werden.

`Fit` ist normalerweise nicht in der Lage, andere Parameter als die Koeffizienten der Funktionen zu bestimmen. Es kann also nicht die optimale Kombination von a und b für die Funktion `a Sin[x/b]` gesucht werden. Mit einem Trick können Sie aber immerhin Exponentialfunktionen der Form `E^(a x + b)` annähern:

```
f[x_] = Exp[ Fit[ Log[data], {1,x}, x ] ]
```

Hinweis: Mathematica 2.1 stellt das neue Kommando `NonLinearFit` im gleichnamigen `Statistics``-Package zur Verfügung. Dieses Kommando optimiert auch Parameter in allgemeinen Funktionen. Siehe Anhang C!

Regressionsanalyse

Das Kommando `Regress` ermittelt wie `Fit` die optimale Linearkombination einer gegebenen Funktionsliste. Das Kommando analysiert anschließend, wie gut das Ergebnis die gegebene Datenmenge annähert und welchen Wert die einzelnen Funktionsanteile aufweisen.

```
Needs["Statistics`Master`"]

list1=Table[Random[Real,100],{30}];
list2=Sin[list1 / 100 * Pi] + Table[Random[Real,0.3],{30}]  /N;
data=Transpose[{list1,list2}];

Regress[data,{1,x,x^2,Sin[x],Sin[x/10]},x,OutputList->{BestFit}]

{BestFit -> 0.113973 + 0.0425772 x - 0.000434544 x  +
                                                  2
                     x
   0.0299313 Sin[--] + 0.0098562 Sin[x],
                 10
 ParameterTable ->
            Estimate        SE               TStat        PValue     ,
  1         0.113973        0.0506285        2.25117      0.0334129
  x         0.0425772       0.00275971       15.4281      0
   2
  x         -0.000434544    0.0000291608     -14.9016     0
  Sin[x]    0.0098562       0.0297243        0.331588     0.742964
      x
  Sin[--]
      10    0.0299313       0.0347968        0.860172     0.397869
 RSquared -> 0.938825, AdjustedRSquared -> 0.929037,
 EstimatedVariance -> 0.00852508,
 ANOVATable ->

          DoF   SoS        MeanSS        FRatio      PValue}
  Model   4     3.27075    0.817688      95.9156     0
  Error   25    0.213127   0.00852508
  Total   29    3.48388
```

Für die gleichen Ausgangsdaten wie beim vorigen Beispiel wird eine Regressionsanalyse für die optimale Kombination der Koeffizienten von

a + b x + c x^2 + d Sin[x/10] + e Sin[x]

durchgeführt. In das Ergebnis gehen die beiden Sinus-Terme nur in vernachlässigbar kleinen Anteilen ein. (Lassen Sie sich nicht durch den ebenfalls kleinen Koeffizienten vor x^2 täuschen. Der Ausdruck x^2 erreicht für x=100 immerhin den Wert 10000, während Sin[x] niemals größer als 1 werden kann!)

Nun zur Interpretation des Zahlenfriedhofs, den das Regress-Kommando hinterläßt: Die beiden wichtigsten Werte sind RSquared bzw. AdjustedRSquared, die ein Maß für die Übereinstimmung der Datenpunkte und der Näherungsfunktion sind. Je näher die beiden Werte an 1 gehen, desto besser ist die gefundene Näherung.

In ParameterTable finden sich in der Estimate-Spalte die gesuchten Koeffizienten. Hinter SE verbirgt sich der »Standard Error« durch diesen Koeffizienten (kleine Werte bedeuten gute Übereinstimmung mit den Ausgangsdaten). In der TStat-Spalte befindet sich das Ergebnis des Hypothesen-Tests, der überprüft, ob die Funktion in Zusammenhang mit den Ausgangsdaten steht (hohe Beträge bei Übereinstimmung). Die dazugehörigen Werte in der PValue-Spalte sind umso höher, je ungeeigneter die jeweilige Funktion für die Näherung ist.

In ANOVATable werden nicht mehr einzelne Parameter, sondern die Näherungslösung als ganzes betrachtet. Dabei haben die Abkürzungen folgende Bedeutung: DoF .. Degree of Freedom, SoS .. Sum of Squares, MeanSS .. Mean Squares, FRatio .. Ergebnis des F-Tests, ob das Modell geeignet ist). Die Interpretation der obigen Beispiels sieht etwa so aus: Das gefundene Modell hat eine sehr hohe Übereinstimmung mit den Daten, die Terme Sin[x] und Sin[x/10] sind aber überflüssig.

Polynom-Näherungskurve

PolynomialFit aus dem Package NumericalMath`PolynomialFit` berechnet wie Fit eine Näherungsfunktion, die an den gegebenen Datenpunkten möglichst nahe vorbeiführt (Minimierung der Quadrate der Abstände). Allerdings werden zum Aufbau der Näherungsfunktion ausschließlich x-Potenzen bis zu einer vorgegebenen Ordnung verwendet. Die resultierende Funktion wird als »pure function« zurückgegeben, allerdings besteht im Gegensatz zu Interpolation die Möglichkeit, das Innere dieser Funktion anzusehen. Der Vorteil von PolynomialFit im Vergleich zu Fit besteht darin, daß die Näherungsfunktion intern in einer günstigeren Form gespeichert wird. Dadurch werden die Rundungsfehler beim Einsetzen der x-Werte vermieden. Dieser Vorteil wird vor allem bei Polynomen höherer Ordnung bemerkbar.

```
Needs["NumericalMath`PolynomialFit`"]

list1=Table[Random[Real,100],{30}];
list2=Sin[list1 / 100 * Pi] + Table[Random[Real,0.3],{30}] //N;
data=Transpose[{list1,list2}];

f1 = PolynomialFit[ data,4]
FittingPolynomial[<>, 4]
```

```
f1[x]

1.13672 - 0.033737 (-0.00579395 -
    0.001106 (-49.88208521834873 + x)) (-49.88208521834873 + x) +
 0.01686847887055814 (-0.050045 +
    0.001106 (-49.88208521834873 + x) +
    0.033737 (-0.757958 + 0.033737
       (-0.00579395 - 0.001106 (-49.88208521834873 + x))
       (-49.88208521834873 + x)) (-49.88208521834873 + x))
  (-49.88208521834873 + x)

Expand[ f1[x] ]

                                                2                -6  3
0.117398 + 0.0465125 x - 0.000675749 x  + 4.12566 10   x  -
            -8  4
 2.12346 10   x

f2[x_] = Fit[data,{1,x,x^2,x^3,x^4},x]

                                                2                -6  3
0.117398 + 0.0465125 x - 0.000675749 x  + 4.12566 10   x  -
            -8  4
 2.12346 10   x
```

Die Ausgangsdaten für das Beispiel sind diesselben wie in den vorangegangenen Beispielen. Beachten Sie, daß die Definition von `f1` ohne die Angabe einer Variablen erfolgt, weil `PolynomialFit` eine »pure function« zurückgibt. Durch die Eingabe `f1[x]` wird das Innenleben von `f1` angezeigt. Anschließend wird diese Funktion mit `Expand` ausmultipliziert und mit einem »normalen« `Fit`-Polynom verglichen – es zeigt sich, daß die Zahlenwerte gleich sind. Der Vorteil von `PolynomialFit` liegt in der anderen Schreibweise der Funktion, die Rundungsfehler durch Terme wie $2.123\ 10^{-8}\ x^4$ vermeidet.

Zusammenfassung

`Interpolation``[data]` erstellt eine Interpolationsform für die angegebenen Daten und gibt sie als »pure function« zurück; die Daten können in folgenden Formaten angegeben werden:

`{y1,y2,y3}`
es wird x1=1, x2=2,.. angenommen

`{{x1,y1}, {x2,y2},..}`
Zahlenpaare (x,y)

`{{x1,{y1,dy1,ddy1}}, {x2,{y2,dy2,ddy2}},..}`
zusätzlich wird die erste, zweite,.. Ableitung eingehalten

`InterpolationOrder``->n`
zur Näherung Polynome der gewünschten Ordnung verwenden

InterpolatingPolynomial[data,var]

erstellt ein Polynom, das durch alle Datenpunkte durchgeht; die Ordnung des Polynoms steigt mit der Zahl der Datenpunkte; die Daten werden wie bei `Interpolation` angegeben

Needs["NumericalMath`Approximations`"]

RationalInterpolation[func[x], {x,z,n}, {x,start,end}]

ermittelt eine rationale Näherungsfunktion zur angegebenen Funktion `func[x]` im Bereich zwischen `x=start` und `x=end` mit dem Zählergrad `z` und dem Nennergrad `n`

Fit[data, {functions}, vars]

ermittelt eine optimale Linearkombination der in der Liste angegebenen Funktionen, so daß die Funktion möglichst nahe an den vorgegebenen Datenpunkten vorbei führt; die Daten können in folgenden Formaten angegeben werden:

`{y1,y2,y3}`

`{{x1,y1}, {x2,y2},..}`

`{{x1,y1,z1},{x2,y2,z2},..}`

wenn Zahlentripel (x,y,z) angegeben werden, müssen sowohl in der Funktionsliste als auch in der Variablenliste zwei Variablen enthalten sein

Needs["Statistics`Master`"]

Regress[data, {functions}, var]

führt eine Regressionsanalyse durch; Parameter wie bei `Fit`

OutputList->{BestFit}

erweitert die Ausgabeliste durch die ermittelte Näherungsfunktion

Needs["NumericalMath`PolynomialFit`"]

PolynomialFit[data, n]

wie `Fit[data,{1,x,x^2,..,x^n}]`, allerdings wird das Ergebnis als »pure function« zurückgegeben und ist vor allem für Polynome höherer Ordnung numerisch stabiler; die Daten können in folgenden Formaten angegeben werden:

`{y1,y2,y3}`

`{{x1,y1}, {x2,y2},..}`

ListPlot[{y1,y2,..}]

ListPlot[{{x1,y1},{x2,y2},..}]

PlotStyle->**PointSize**[s]

PlotJoined->**True**

zeichnet ein Punkt-Diagramm (bei der ersten Variante mit x1=1, x2=2,..); optional Punktgröße erhöhen (z.B. s=0.02) und die Datenpunkte durch Linien verbinden

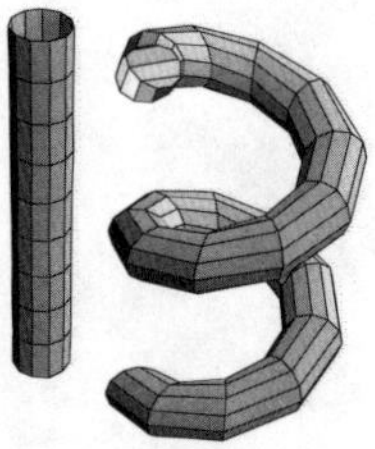

Grenzwertberechnungen (Limes)

Im Mittelpunkt dieses kurzen Kapitels steht die Berechnung von Grenzwerten. Mit `Limit` können Sie berechnen, wohin eine Funktion an undefinierten Stellen konvergiert (z.B. 1/x für x=0). Wenn `Limit` kein Ergebnis findet, kommt in günstigen Fällen die numerische Variante `NLimit` aus dem Package `NumericalMath`NLimit`` zum Ziel.

`Limit`
analytische Grenzwertberechnung

`NLimit`
numerische Grenzwertberechnung

Symbolische Grenzwertberechnung

```
Limit[1/x,x->0]
Infinity
```

```
Limit[1/x,x->Infinity]
0
```

```
Limit[(6x^2+5x)/(4x^2-2),x->Infinity]
```

$\frac{3}{2}$

```
Limit[ (4x/(2x+3))^3,x->Infinity]
8
```

```
Limit[ (1 + 1 / x)^x, x->Infinity]
E
```

Die prinzipielle Vorgehensweise bei der Berechnung von Grenzwerten ist einfach. Im ersten Parameter von `Limit` wird die zu untersuchenden Funktion angegegen, im zweiten Parameter eine Substitutionsregel für die Variable.

```
Plot[Tan[x], {x,Pi/2-0.5, Pi/2+0.5}]  (* Bild 13.1 *)
```

```
Limit[Tan[x], x->Pi/2]
-Infinity
```

```
Limit[Tan[x], x->Pi/2, Direction->1]
Infinity
```

In manchen Fällen ergibt sich ein unterschiedlicher Grenzwert, je nachdem, von welcher Seite die Annäherung an den Grenzwert erfolgt. Beispielsweise lautet der Grenzwert für `1/x` bei einer Annäherung von links `-Infinity`. Normalerweise erfolgt die Annäherung von der rechten Seite, mit `Direction->1` wird die Untersuchung von der linken Seite durchgeführt.

```
Limit[Sin[1/x],x->0]
RealInterval[{-1, 1}]
```

Für `Sin[1/x]` kann kein Grenzwert ermittelt werden. Mathematica stellt aber immerhin fest, daß nur ein Wertebereich zwischen -1 und 1 möglich ist.

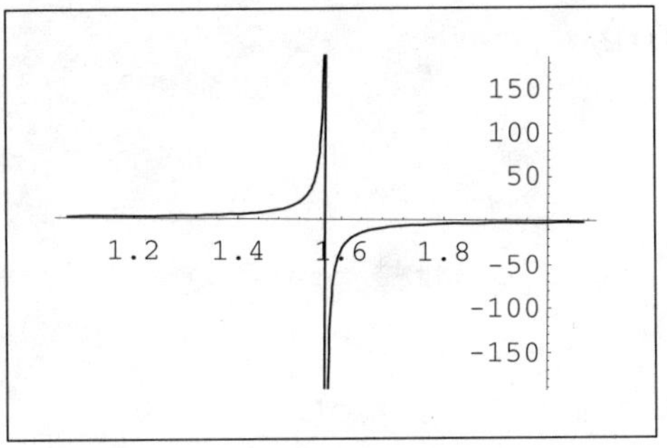

Bild 13.1: Der Verlauf der Tangensfunktion in der Nähe von Pi/2

```
Limit[ (Sin[x + dx] - Sin[x]) / dx, dx->0 ]
Cos[x]
```

Das Beispiel oben zeigt, wie mit `Limit` die Ableitung einer Funktion berechnet werden kann.

```
f[x_] = If[x>0, 1, 0]
If[x > 0, 1, 0]

Limit[f[x], x->0, Direction->-1]
Limit[If[x > 0, 1, 0], x -> 0, Direction -> -1]

Limit[f[x], x->1, Direction->-1]
Limit[If[x > 0, 1, 0], x -> 1, Direction -> -1]
```

`Limit` ist nicht in der Lage, den Grenzwert einer Funktion mit einem `If`-Term zu berechnen – weder an der kritischen Stelle 0, noch an der vollkommen unproblematischen Stelle x=1. Auch die numerische Grenzwertberechnung mit `NLimit` versagt bei solchen Funktionen.

```
f[x_]=(-x^-a + x^a) / (x-1/x)
   -a    a
-x   + x
----------
    1
-(-) + x
  x

Limit[f[x],x->1]
a

Limit[a^(1/x),x->Infinity]
1
```

Dafür kann `Limit` auch Funktionen mit unbekannten Parametern (hier a) bearbeiten und kommt zum korrekten Ergebnis.

Numerische Grenzwertberechnung

```
Limit[x! / x^x, x->Infinity]
Series::esss:
                                                  1              3
   Essential singularity encountered in Gamma[- + 1 + O[x] ].
                                                  x
Series::esss:
                                                  1              3
   Essential singularity encountered in Gamma[- + 1 + O[x] ].
                                                  x
      x!
Limit[--, x -> Infinity]
       x
      x
```

```
x! / x^x /. x->100 //N
            -43
9.33262 10
```

```
Plot[x! / x^x, {x,1,10}]   (* Bild 13.2 *)
```

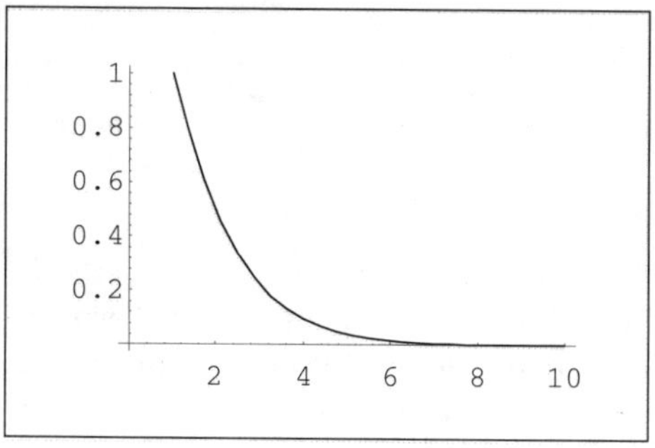

Bild 13.2: Die Funktion $x!/x^x$ konvergiert eindeutig gegen 0

Hier versagt `Limit` und gibt die Funktion unausgewertet zurück. Um den Grenzwert dennoch zu berechnen, wird die Funktion zuerst für einen relativ großen x-Wert berechnet und anschließend mit `Plot` grafisch dargestellt. Das Ergebnis $9\ 10^{-43}$ und der Verlauf der Kurve in Bild 13.2 zeigen, daß der Grenzwert 0 beträgt (was mathematisch auch zu beweisen ist).

```
Needs["NumericalMath`NLimit`"]
```

```
NLimit[x! / x^x, x->Infinity]
0.
```

Noch schneller kommen Sie zu diesem Ergebnis, wenn Sie eine numerische Grenzwertberechnung mit `NLimit` durchführen. Beachten Sie, daß `NLimit` nicht zu den Standard-Kommandos von Mathematica gehört, sondern Teil des Package `NumericalMath`NLimit`` ist!

Noch eine Anmerkungen zu `NLimit`: Das Kommando ist unbrauchbar, wenn der Grenzwert gegen unendlich konvergiert (»unendlich« kann nicht numerisch berechnet werden).

Grenzwerte von komplexen Funktionen

Bei komplexen Funktionen ist Vorsicht geboten. In den nachfolgenden Beispielen wurden fünf verschiedene Grenzwerte für `z=2+I` berechnet. Alle Grenzwerte haben den Betrag unendlich, sie unterscheiden sich allerdings je nach der Annäherungsrichtung. Beachten Sie die Schreibweise `(x+Iy)Infinity` für den Punkt »unendlich« für verschiedene Richtungen (Phaseswinkel) in der komplexen Zahlenebene.

```
f[z_]=z^2/(z-2-I)
      2
     z
-----------
-2 - I + z

Limit[f[1+x + I x], x->1]
  7     I
(-- + --) Sqrt[2] Infinity
 10    10

Limit[f[z], z->2+I]
 3   4 I
(- + ---) Infinity
 5    5

Limit[f[z], z->2+I,Direction->1]
    3    4 I
(-(-) - ---) Infinity
    5     5

Limit[f[2 + I y], y->1]
 4   3 I
(- - ---) Infinity
 5    5

Limit[f[2 + I y], y->1, Direction->1]
    4    3 I
(-(-) + ---) Infinity
    5     5
```

Bild 13.3 und 13.4 zeigen Real- und Imaginärteil der Funktion am kritischen Ort, wobei durch die `ViewPoint`-Option vermieden wurde, daß die positive Unendlichkeitsstelle die negative Unendlichkeitsstelle in der Grafik verdeckt.

```
Plot3D[Re[f[x+I y]],{x,1,3},{y,0,2},          (* Bild 13.3 *)
  PlotPoints->30,
  ViewPoint->{-1.426,2.327,2.000}]

Plot3D[Im[f[x+I y]],{x,1,3},{y,0,2},          (* Bild 13.4 *)
  PlotPoints->30,
  ViewPoint->{-1.426,2.327,2.000}]
```

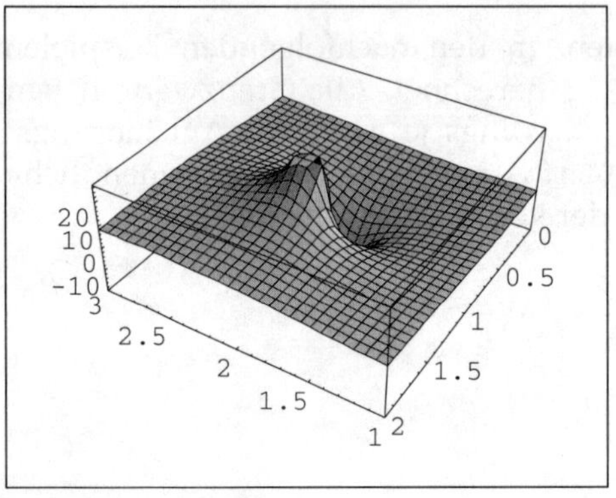

Bild 13.3: Der Realteil der Funktion $z^2/(z-2-I)$

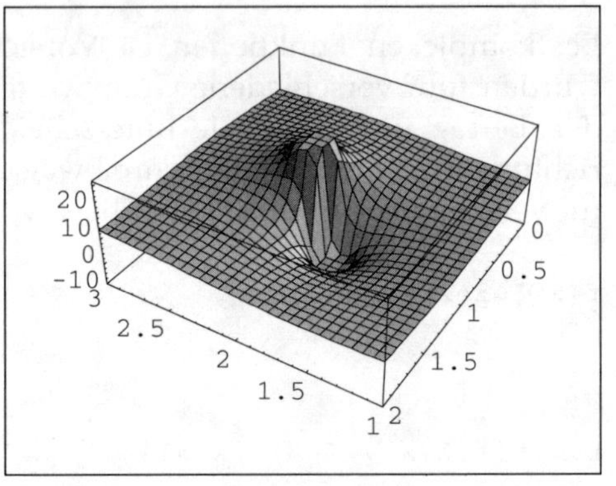

Bild 13.4: Der Imaginärteil derselben Funktion

Zusammenfassung

Limit[func[x], x->x0]

Direction->1

berechnet den Grenzwert f[x0] bei Annäherung an den kritischen Punkt von rechts (optional Annäherung von links)

Needs["NumericalMath`NLimit`"]
NLimit[func[x], x->x0]

numerische Grenzwertberechnung

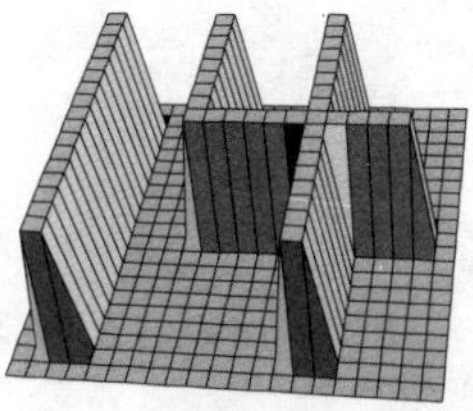

Differentiation

In diesem Kapitel lernen Sie die beiden Kommandos `D` und `Dt` zum Differenzieren kennen. Das Differenzieren ist in Mathematica an sich sehr einfach. Probleme gibt es am ehesten mit der Definition von Funktionen, Variablen und Konstanten. Wenn Mathematica nicht ganz genau weiß, welche Symbole Konstanten und welche Variablen sind und wovon die Variablen ihrerseits abhängig sind, kann es die korrekte Ableitung nicht bilden. Daher wird diesem Aspekt relativ großes Augenmerk gewidmet.

`D`
(partielle) Ableitung nach mehreren Variablen bilden

`Dt`
totales Differenzial bilden

Noch ein *Hinweis* auf Kapitel 25: Dort werden Kommandos zur Vektor-Analysis beschrieben, mit denen Sie unter anderem Divergenz, Gradient und Rotor von vektoriellen bzw. skalaren Funktionen berechnen können. Diese Kommandos stellen eine Erweiterung zu den »normalen« Differentiations-Kommandos für skalare Funktionen dar.

Partielle Differentiation nach einer Variablen

```
D[x^3 + x^2 + x, x]
```

```
             2
1 + 2 x + 3 x
```

```
D[x^3 + x^2 + x, {x,2}]
2 + 6 x
```

```
D[ (x^2+1) / (x^3-1), x] //Simplify
```

```
                  3
  x (2 + 3 x + x )
-(----------------)
          3 2
   (-1 + x )
```

```
D[ Sin[Cos[x]], x]
-(Cos[Cos[x]] Sin[x])
```

Die Anwendung von D ist denkbar einfach: als ersten Parameter geben Sie die abzuleitende Funktion an, als zweiten Parameter die Variable, nach der differenziert werden soll. Falls Sie eine Ableitung höherer Ordnung benötigen, formulieren Sie den zweiten Parameter als Liste {var,n}.

Differentiation von Funktionen mit mehreren Variablen

```
D[ (x^2 + y^3)^4, x]
```

```
      2    3 3
8 x (x  + y )
```

```
D[ (x^2 + y^3)^4, y]
```

```
    2   2    3 3
12 y  (x  + y )
```

```
D[ (x^2 + y^3)^4, x, y]
```

```
       2   2    3 2
72 x y  (x  + y )
```

```
D[ (x^2 + y^3)^4, y, x]
```

```
       2   2    3 2
72 x y  (x  + y )
```

Bei Funktionen mit mehreren Variablen (Symbolen) ermittelt D die partielle Ableitung nach der angegebenen Variablen. D betrachtet also alle anderen Symbole als Konstante. In den beiden ersten Beispielen wird somit die partielle Ableitung nach x und nach y berechnet.

Sie können auch mehrerer Ableitungsvariable angeben. Mathematica differentiert die Funktion dann zuerst nach der einen Variablen, das Ergebnis nach der nächsten Variablen, usw. Dabei wird vorausgesetzt, daß die Reihenfolge der partiellen Ableitungen keinen Einfluß auf das Ergebnis hat.

```
D[ (x^2 + y^3)^4, x, NonConstants->{y}]
     2    3 3             2
4 (x  + y )  (2 x + 3 y  D[y, x, NonConstants -> {y}])
D[ (x^2 + y[x]^3)^4, x]
     2       3 3               2
4 (x  + y[x] )  (2 x + 3 y[x]  y'[x])
```

Wenn Sie die partielle Ableitung der Funktion $(x^2 + y^3)^4$ nach x bilden möchten und wissen, daß y von x abhängig ist, dann müssen Sie das Mathematica mitteilen. Die eine Möglichkeit besteht in der Option `NonConstants`, mit der Sie alle nicht konstanten Symbole in einer Liste angeben können. Die andere Möglichkeit besteht darin, y als Funktion von x zu formulieren. Das Ergebnis ist in beiden Fällen weitgehend dasselbe, allerdings wird es bei der ersten Variante vorsichtiger formuliert (y könnte ja auch von anderen Variablen als von x abhängig sein). `y'` ist die Kurzschreibweise von `D[y,x]`.

Die Problematik Funktionen - Variablen - Konstanten wird etwas weiter unten nochmals aufgegriffen.

Differentiation von unbekannten Funktionen

```
D[ f[x] g[x],x]
g[x] f'[x] + f[x] g'[x]
D[ f[x] / g[x], x] //Together
g[x] f'[x] - f[x] g'[x]
-----------------------
              2
          g[x]
D[ f[g[x]], x]
f'[g[x]] g'[x]
```

Wenn Mathematica keine Informationen über die Funktionen haben, die Sie differenzieren möchten, dann formuliert es das Ergebnis in allgemeiner Form und verwendet dabei die Kurzschreibweise `f'[x]`. Die Beispiele oben veranschaulichen die Realisierung von Produktregel und innerer Ableitung.

```
D[ f[x],{x,2}]
f''[x]
D[ f[x],{x,3}]
 (3)
f   [x]
```

```
D[ f[x,y,z], x]
 (1,0,0)
f       [x, y, z]

D[ f[x,y,z], x,{y,2},z]
 (1,2,1)
f       [x, y, z]
```

Ableitungen höherer Ordnung als 2 sowie Ableitungen nach mehreren Variablen werden durch eine hochgestellte Ableitungsliste zwischen dem Funktionsnamen und der Parameterliste ausgedrückt. Die Reihenfolge der Ableitungswerte ist mit der Reihenfolge der Parameter ident.

```
f'[x] = fd[x]
fd[x]

D[f[x], x]
fd[x]
```

Sie können durch die Zuweisung von f' sogar eigene Ableitungen definieren. Das ist vor allem dann sinnvoll, wenn Sie mit Funktionen arbeiten, die nach herkömmlichen Mathematikregeln nicht abgeleitet werden können.

Totales Differential

```
Dt[ (x^2 + y^3)^4]
    2    3 3               2
4 (x  + y )  (2 x Dt[x] + 3 y  Dt[y])

Dt[ (x^2 + y^3)^4,x]
    2    3 3         2
4 (x  + y )  (2 x + 3 y  Dt[y, x])

Dt[ (x^2 + y^3)^4,y]
    2    3 3     2
4 (x  + y )  (3 y  + 2 x Dt[x, y])
```

Während `D` die partielle Ableitung nach der angegebenen Variablen bildet und dabei annimmt, daß alle anderen Variablen konstant und unabhängig von der Ableitungsvariablen sind, leitet `Dt` *alle* Symbole nach der Ableitungsvariablen ab. `Dt` nimmt also an, daß alle in der Funktion vorkommenden Symbole abhängig von der Ableitungsvariablen sind.

`Dt` kann mit nur einem Parameter verwendet werden – dann wird das totale Differential gebildet. Es kann aber auch als zweiter Parameter eine Ableitungsvariable angegeben werden – dann wird das totale Differential nach dieser Variablen ermittelt.

```
Dt[ (x^2 + y^3)^4, x, Constants->y]
        2    3 3
8 x (x  + y )

Dt[ x^2 + y^2 == a^2, x]
2 x + 2 y Dt[y, x] == 2 a Dt[a, x]

Dt[ x^2 + y^2 == a^2, x, Constants->a]
2 x + 2 y Dt[y, x, Constants -> {a}] == 0
```

So wie bei D einzelne Symbole als variabel deklariert werden können, besteht bei Dt die Möglichkeit, mit der Option Constants einzelne Symbole als konstant zu deklarieren. Das dritte Beispiel oben zeigt, daß das Ergebnis dennoch unübersichtlich aussieht.

Es bestehen aber noch zwei weitere Möglichkeiten, Mathematica mitzuteilen, daß a nicht von x abhängig ist:

```
a /: Dt[a,x]=0
0

Dt[x^2 + y^2 == a^2,x]
2 x + 2 y Dt[y, x] == 0
```

Die erste Variante besteht darin, die Ableitung Dt[a,x] explizit 0 zu setzen. Der Vorspann a /: ist notwendig, damit Mathematica diese Zuweisung dem Symbol a zuordnet.

```
Remove[a]   (* vorige Definition wieder löschen *)

SetAttributes[a, Constant]

Dt[x^2 + y^2 == a^2,x]
2 x + 2 y Dt[y, x] == 0
```

In der zweiten Variante wird a mit SetAttributes als Konstante definiert. Dt wertet diese Information aus. Um eine Beeinflussung durch die obige Zuweisung auszuschließen, wurde a vorher mit Remove aus dem Speicher entfernt.

Abschließend noch ein letzte Beispiel: Es soll die Steigung der Kreisgleichung in Abhängigkeit von x berechnet werden. Um den unhandlichen Term Dt[y,x] zu vermeiden, wird diesem Term das Symbol k zugewiesen. Auf die Steigung der Kurve kann somit über k zugegriffen werden.

```
y /: Dt[y,x]=k
k

gl = x^2 + y^2 == 16   (* Kreisgleichung *)
 2    2
x  + y  == 16
```

```
gldt = Dt[gl,x]          (* totale Ableitung *)
2 x + 2 k y == 0

Solve[ {gl,gldt},k,y] (* nach k auflösen *)
                       16                                16
{{k -> Sqrt[-1 + ---------]}, {k -> -Sqrt[-1 + ---------]}}
                        2                                 2
                 16 - x                            16 - x

%[[1]] //Simplify
              2
             x
{k -> Sqrt[---------]}
                  2
           16 - x
```

Von der Kreisgleichung wird das totale Differential nach x gebildet, anschließend wird k mit `Solve` explizit ausgerechnet (wobei y aus der Kreisgleichung eliminiert wird).

Funktionen, Variablen, Konstanten

Grundsätzlich nimmt `D` an, daß alle Symbole außer den Ableitungsvariablen konstant und von den Variablen unabhängig sind. Umgekehrt geht `Dt` davon aus, daß alle Symbole variabel bzw. von anderen Variablen abhängig sind. Bei beiden Kommandos können Sie dieses Verhalten mit Optionen verändern: Durch die Option `NonConstants` deklarieren Sie einzelne Symbole für `D` als variabel (abhängig), umgekehrt verwenden Sie bei `Dt` die Option `Constants`, um Symbole als konstant zu definieren.

In den vorigen Beispielen wurde darüberhinaus gezeigt, daß mit `/:` einzelne totale Ableitungen gezielt auf Null gesetzt bzw. durch ein neues Symbol ersetzt werden können.

Diese Lösungswege sind zwar gangbar, sie sind aber umständlich, unübersichtlich und vor allem fehleranfällig (Sie brauchen nur irgendeine Option zu vergessen, und Mathematica liefert Ihnen ein fehlerhaftes Ergebnis, ohne daß Sie es merken). Bei komplexeren Beispielen ist es daher sinnvoll,

- alle Konstanten mit `SetAttributes` als solche zu definieren
- und alle Abhängigkeiten explizit durch Funktionen auszudrücken (schreiben Sie `x[t]`, wenn x als eine von t abhängige Variable betrachtet werden soll).

Eine häufige Fehlerursache besteht übrigens in Symbolen, die irgendwann mit einem Wert oder einem Ausdruck belegt wurden und später vergessen wurden. Wenn Sie `x=3` verwendet haben, betrachtet Mathematica x als Konstante und wird bei der Ableitung von x^2 das Ergebnis 0 angeben! Wenn Sie ein neues Beispiel beginnen, sollten Sie mit ``Remove["Global`*"]`` alle bisher verwendeten Symbole löschen!

```
Remove["Global`*"]   (* alle Symbole löschen *)

f[t_]:= (x[t] + y[t])^2

D[ f[t], x[t] ]
2 (x[t] + y[t])

Dt[ f[t], t ]
2 (x[t] + y[t]) (x'[t] + y'[t])
```

Zur Zeit sind `x[t]` und `y[t]` noch nicht definiert. Also kann Mathematica ihre totalen Ableitungen nur in allgemeiner Form angeben.

```
x[t_] := 1 + Sin[a t];
y[t_] := b t^2;

Dt[ f[t], t]

                                           2
2 (2 b t + Cos[a t] (a + t Dt[a, t]) + t  Dt[b, t])
          2
 (1 + b t  + Sin[a t])

SetAttributes[{a,b}, Constant]

Dt[ f[t], t]
                                  2
2 (2 b t + a Cos[a t]) (1 + b t  + Sin[a t])
```

Die Definitionen von `x[t]` und `y[t]` sind jetzt nachgeholt. Nachdem a und b als Konstante definiert wurden, sieht auch die Ableitung wie erwünscht aus. Einen Hacken hat die Definition allerdings: Sie können keine partielle Ableitung nach `x[t]` mehr bilden (was vor der Definition von `x[t]` und `y[t]` noch möglich war), weil Mathematica die Funktionen sofort einsetzt:

```
D[ f[t], x[t]]

General::ivar: 1 + Sin[a t] is not a valid variable.
          2              2
D[(1 + b t  + Sin[a t]) , 1 + Sin[a t]]
```

Zusammenfassung

`D[f,x]`	bildet die partielle Ableitung nach x
`D[f,{x,n}]`	n-te Ableitung nach x
`D[f,x,y,z..]`	
`NonConstants->{v1,v2,..}`	
	partielle Ableitung nach x,y,z.. (die Reihenfolge der Ableitungsvariablen wird nicht berücksichtigt); optional werden v1,v2,.. als abhängige Variablen deklariert
`Dt[f]`	bildet das totale Differential
`Dt[f,x]`	bildet das totale Differential nach x
`Dt[f,x,y,z,..]`	`Constants->{c1,c2,..}`
	totales Differential nach x,y,z..; optional werden c1,c2,.. als unabhängige Konstanten deklariert
`f'[x] = term`	definiert das Ergebnis der partielle Ableitung von f nach x
`f /: Dt[f,x] = term`	definiert das Ergebnis des totalen Differentials von f nach x
`SetAttributes[c,Constant]`	
	definiert c als unabhängige Konstante (wird von `Dt` berücksichtigt)

15 Integration

Während das Bilden von Ableitungen (mathematisch gesehen) verhältnismäßig einfach ist, stellt der umgekehrte Prozeß ein großes Problem dar. Es gibt keine einheitliche Vorgehensweise, die für alle Integrale zum Ziel führt. Zum manuellen Integrieren (ohne Mathematica) werden normalerweise ganze Bücher mit Tabellen bekannter Integrale verwendet. Wenn das Integral nicht auf bekannte Einzelteile zurückgeführt werden kann, werden verschiedenste Integrationsregeln verwendet, die in ganz speziellen Fällen zum Ziel führen können. Und gar nicht so selten kommt es vor, daß ein Integral überhaupt nicht gelöst werden kann. Wie sieht nun die Integration mit Mathematica aus? Das Programm kennt zwar eine Menge Integrale, aber längst (noch) nicht alle, die in der Mathematik als gelöst bekannt sind. Des weiteren ist Mathematica nicht immer in der Lage, die zu integrierende Funktion so zu vereinfachen, daß es die entstehenden Terme integrieren kann. Daher kommt es bei komplexen Integralen durchaus vor, daß Mathematica beim ersten Versuch keine Lösung findet. Wenn Sie dann (mit Kommandos wie `Apart`, `Expand`, etc.) die Funktion in einfachere Teilfunktionen zerlegen, klappt das Integrieren plötzlich. Je größer Ihr Verständnis für die auftretenden Integrationsprobleme ist, desto eher können Sie Mathematica beim Integrieren gezielt helfen. In diesem Kapitel lernen Sie die unten aufgezählten Kommandos für verschiedene Anwendungsformen kennen: Mehrfachintegrale, Integrale in Polarkoordinaten, Integrale komplexer Funktionen, uneigentliche Integrale (mit Unendlichkeitsstellen), etc.

`Integrate`
symbolische Integration

`NIntegrate`
numerische Integration

`CauchyPrincipalValue`
zur Berechnung des »Cauchy Principal Value« von uneigentlichen Integralen

`Residue`
zur Berechnung von Residuen (zur Integration komplexer Funktionen)

`ListIntegrate`
numerische Integration, wenn nur einzelne Datenpunkte bekannt sind (z.B. Meßwerte)

Verweis: In Kapitel 25 (Vektor-Algebra und -Analysis) lernen Sie einige Kommandos kennen, mit denen Mathematica die Integration in den verschiedensten Koordinatensystemen unterstützt.

Symbolische und numerische Integration

```
Integrate[ x^2 + x^3, x]
 3    4
x    x
-- + --
3    4

Integrate[ x^2 + x^3, {x,2,3}]
271
---
12

Integrate[ x^2 + x^3, {x,a,b}]
  3    4    3    4
-a    a    b    b
--- - -- + -- + --
 3    4    3    4

NIntegrate[ x^2 + x^3, {x,2,3}]
22.5833
```

Die Beispiele oben zeigen die prinzipiellen Anwendungsmöglichkeiten von `Integrate` und `NIntegrate`. Mit `Integrate` können Sie sowohl allgemeine Integrale (erstes Beispiel) als auch bestimmte Integrale berechnen. Wenn Sie die Integrationsgrenzen in symbolischer Form angegeben, versucht Mathematica auch der Ergebnis symbolisch zu ermitteln (drittes Beispiel). Eine numerische Integration ist nur möglich, wenn die Funktion keine unbekannten Konstanten enthält und die Integrationsgrenzen numerisch gegeben sind.

```
Integrate[ 1/x^2, {x,1,Infinity}]

General::intinit: Loading integration packages.
1
```

Als Integrationsgrenze darf auch Unendlich (`Infinity`) verwendet werden. Wenn Mathematica mit seinen eingebauten Integrationsregeln nicht mehr auskommt, lädt es automatisch Packages mit weiteren Regeln nach. Dieser Vorgang wird durch die Mitteilung oben dokumentiert. Diese relativ einfache Integration nimmt bereits ziemlich viel Zeit in Anspruch (auf meinem 486-Rechner über 2 Minuten). Bei komplizierteren Integralen müssen Sie mitunter mit erheblich höheren Zeiten rechnen! (Es ist allerdings selten genau vorherzusehen, welche Integrale für Mathematica kompliziert sind, und welche es vergleichsweise rasch löst.)

```
f = Cos[x] / (Sqrt[1-Sin[x]])
      Cos[x]
------------------
Sqrt[1 - Sin[x]]

Integrate[f, {x,0,Pi/2}]
2
```

```
NIntegrate[f, {x,0,Pi/2}]
2.
Plot[f,{x,0,Pi}]  (* Bild 15.1 *)
```

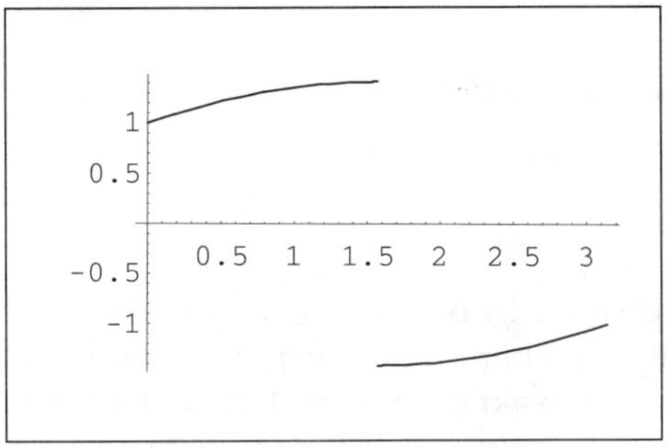

Bild 15.1: Die Funktion Cos[x]/f = Cos[x] / (Sqrt[1-Sin[x]])

Die analytische Berechnung der obigen Funktion nimmt ebenfalls einige Zeit in Anspruch, aber immerhin ist das Ergebnis (trotz der Unstetigkeitsstelle am oberen Integrationsende, siehe Bild 15.1) exakt. Erheblich schneller ist hier `NIntegrate`.

Kontrolle der Integration

```
f=1/(x(1+Sqrt[1-x^2]))
```

$$\frac{1}{x\ (1 + \text{Sqrt}[1 - x^2])}$$

```
fi=Integrate[f,x]
```

$$\frac{-1}{2\ x^2} + \frac{\text{Sqrt}[1 - x^2]}{2\ x^2} + \frac{\text{Log}[x]}{2} - \frac{\text{Log}[1 + \text{Sqrt}[1 - x^2]]}{2}$$

```
fid=D[fi,x]
```

$$x^{-3} + \frac{1}{2\ x} - \frac{1}{2\ x\ \text{Sqrt}[1 - x^2]} - \frac{\text{Sqrt}[1 - x^2]}{x^3} + \frac{x}{2\ \text{Sqrt}[1 - x^2]\ (1 + \text{Sqrt}[1 - x^2])}$$

```
fid-f //Together
0
```

Das Beispiel oben zeigt ein etwas aufwendigeres Integral. Das Integral wird zur Kontrolle anschließend wieder differenziert und von der Originalfunktion subtrahiert. Mit dem Kommando `Together` bringt Mathematica die zahlreichen Terme auf gemeinsamen Nenner und stellt schließlich fest, daß sich alle Terme kürzen (`Simplify` führt hier übrigens nicht zum Ziel!). Es gibt durchaus Situationen, bei denen diese Vereinfachung zu 0 noch mehr Probleme verursacht. Wenn Sie dennoch Wert auf eine Kontrolle legen, können Sie Identität der beiden Term auch durch Zufallszahlen testen:

```
Table[{x, fid-f} /. x->Random[Real,100], {8}] //Chop
{{94.6837, 0}, {72.5778, 0}, {80.7549, 0}, {7.50371, 0},
 {46.2366, 0}, {49.3829, 0}, {51.6863, 0}, {28.9897, 0}}
```

Mit dem Kommando oben wird eine Tabelle erstellt, in der für acht Zufallszahlen zwischen 0 und 100 die Differenz zwischen `f` und `fid` berechnet wird. Aufgrund von Rundungsfehlern ist das Ergebnis in der Regel nicht exakt 0, sondern hat die Größenordnung 10^{-15}. Zahlen dieser Größenordnung können mit `Chop` zu 0 gerundet werden.

Mathematica beim Integrieren helfen

```
zaehler=x^5 - 2 x^4 + 2 x^3 - x +1;
nenner=x^4 + x^2;
f=zaehler/nenner
```

$$\frac{1 - x + 2 x^3 - 2 x^4 + x^5}{x^2 + x^4}$$

```
Integrate[f,x]
```

$$-\left(\frac{\text{ArcTan}[\frac{-1 + 2 x}{\text{Sqrt}[3]}]}{\text{Sqrt}[3]}\right) + \text{Integrate}[\frac{x + 2 x^2}{1 - x^2 + x^3}, x] - \frac{\text{Log}[1 - x + x^2]}{2}$$

```
Apart[f]
```

$$-2 + x^{-2} - \frac{1}{x} + x + \frac{1 + 2 x}{1 + x^2}$$

```
Integrate[Apart[f],x]
```

$$-\left(\frac{1}{x}\right) - 2 x + \frac{x^2}{2} + \text{ArcTan}[x] - \text{Log}[x] + \text{Log}[1 + x^2]$$

Der erste Versuch, f zu integrieren, scheitert. Mathematica geht bei der Integration so ungünstig vor, daß es schließlich auf ein Teilintegral stößt, das es nicht mehr lösen kann. Das Programm gibt dieses unaufgelöste Integral als Teil der Lösung an.

Wenn Sie ein Integral dieser Art manuell integrieren müßten, würden Sie als erstes die Funktion durch eine Partialbruchzerlegung in einfachere Bestandteile zerlegen. Ebendas kann mit dem Kommando `Apart` durchgeführt werden. Wird Mathematica die zerlegte Funktion zum Integrieren gegeben, klappt es!

Mehrfachintegrale

```
Integrate[1, {x,0,2}, {y,0,3}]
6

Integrate[1, {x,x1,x2}, {y,y1,y2}]
-(x1 (-y1 + y2)) + x2 (-y1 + y2)

Integrate[1, {x,0,1}, {y,0,Sqrt[1-x^2]}]
Pi
--
4

Plot[Sqrt[1-x^2], {x,0,1}, AspectRatio->1]  (* Bild 15.2 *)
```

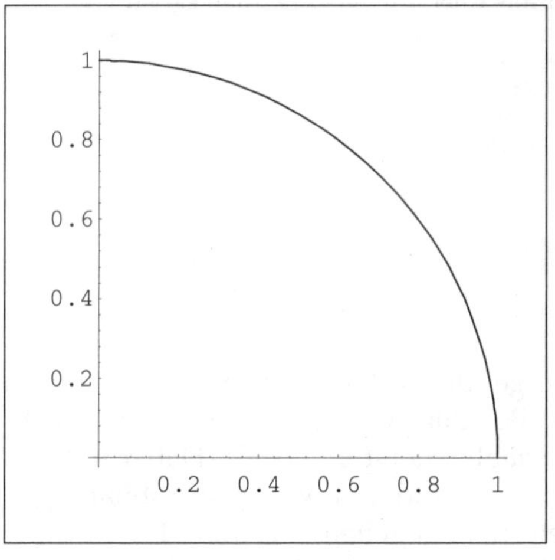

Bild 15.2: Die Funktion Sqrt[1-x[2]]

Die drei Beispiele demonstrieren eher triviale Flächenintegrale. Am interessantesten ist das dritte Integral, mit dem ein Viertel einer Kreisfläche berechnet wird (siehe Bild 15.2). Mathematica löst das Integral von hinten auf, d.h. es wird zuerst über die im letzten Parameter angegebene Variable integriert.

```
i1 = Integrate[ x^2 + y^2, {x,1,2}, {y,1,x^2} ] (* entspricht i3 *)
1006
----
105

i2 = Integrate[ x^2 + y^2, {y,1,x^2},{x,1,2} ]
            2    6
  8     7 x     x
-(-) + ----- + --
  3      3      3

i3 = Integrate[  Integrate[ x^2 + y^2, {y,1,x^2}], {x,1,2}]
1006
----
105

i4 = Integrate[ x^2 + y^2, {y,1,4}, {x,Sqrt[y],2}]
1006
----
105

g1=Plot[ {x^2,1}, {x,0,2.2}]

g2=ListPlot[ {{2,-0.1},{2,4.5}}, PlotJoined->True ]

Show[g1,g2]                                    (* Bild 15.3 *)
```

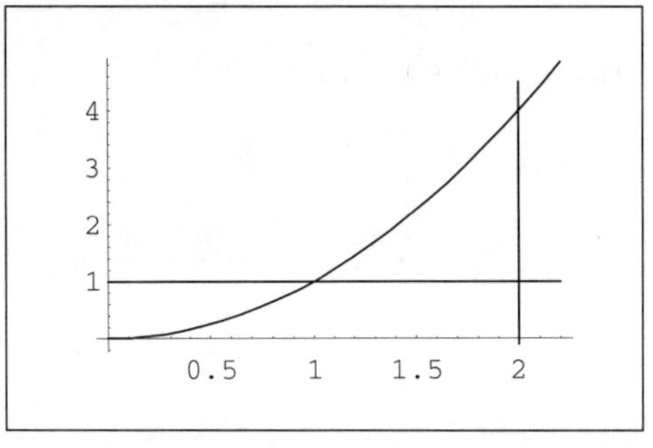

Bild 15.3: Über den Bereich zwischen den Geraden x=2 und y=1 sowie der Kurve $y=x^2$ wird integriert

Die Beispiele oben zeigen, daß die Reihenfolge der Integrationsgrenzen für ein korrektes Ergebnis von großer Bedeutung ist. Bei der Auswertung von Mehrfachintegralen wird über die zuletzt angegebene Variable zuerst integriert. Daher müssen feste Integrationsgrenzen im ersten Parameter, von anderen Variablen abhängigen Integrationsgrenzen in den weiteren Parametern angegeben werden! Im zweiten Integral wurde die Reihenfolge vertauscht, das Ergebnis entspricht nicht der Aufgabe, die Funktion $x^2 + y^2$ über den in Bild 15.3 angezeigten Bereich zu integrieren. Das dritte Integral ist mit dem ersten ident und veranschaulicht die Reihenfolge, in der das erste Integral ausgewertet wird. Das vierte Integral ist mathematisch ebenfalls mit dem ersten Integral ident, allerdings wird jetzt in horizontalen Streifen zwischen `Sqrt[y]` und 2 integriert (statt in vertikalen Streifen zwischen 1 und x^2).

Noch zwei Anmerkungen zu den `Plot`-Kommandos für die beiden letzten Abbildungen: Die Option `AspectRatio` für Bild 15.2 ist notwendig, damit das Kreisviertel rund (und nicht elliptisch) gezeichnet wird. Bei Bild 15.3 wurde mit

`ListPlot` die Funktion x=2 durch eine Linie zwischen (2,-0.1) und (2,4.5) dargestellt. Anscheinend gibt es keine einfachere Möglichkeit, diese Funktion mit Mathematica zu zeichnen.

Integration in Polarkoordinaten

Im folgenden Beispiel soll das Volumen des Körpers berechnet werden, der durch die Zylinderfläche $x^2 + y^2 = 1$, die Grundfläche $z = 0$ und den »Deckel« z = E^-(x^2+y^2) begrenzt ist (siehe Bild 15.4). Der erste Versuch, das Integral direkt in kartesischen Koordinaten zu lösen, scheitert:

```
4 Integrate[E^-(x^2 + y^2), {x,0,1}, {y,0,Sqrt[1-x^2]}]

General::intinit: Loading integration packages.

                                       2
                          Erf[Sqrt[1 - x ]]
2 Sqrt[Pi] Integrate[-------------------, {x, 0, 1}]
                                2
                               x
                              E

4 Integrate[E^-r^2 r, {r,0,1}, {phi,0,Pi/2}]   (* in Polarkoord. *)

   Pi    Pi
4 (-- - ---)
   4    4 E

Simplify[%]

     Pi
Pi - --
     E
```

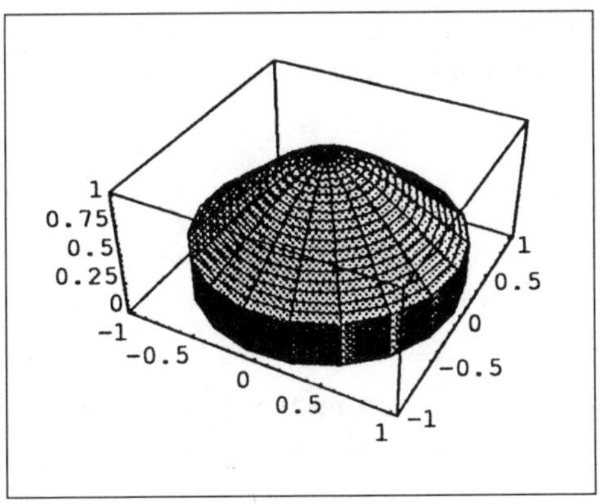

Bild 15.4: Das Volumen dieses Körpers wird durch ein Integral in Polarkoordinaten berechnet

Wenig Probleme macht das Integral, nachdem es in Polarkoordinaten transformiert wurde: x=r Cos[phi], y=r Sin[phi], $x^2+y^2=r^2$, dx dy = r dr dphi. Mathematica ist (zumindestens in der gegenwärtigen Version) nicht in der Lage, solche Transformationen selbständig zu erkennen. Für das Programm ist es kein Unterschied, ob Sie in kartesischen, polaren oder anderen Koordinatensystemen integrieren, solange Sie das Integral in einer für `Integrate` verständlichen Weise angeben. In Kapitel 25 finden Sie weitere Hinweise zur Integration in den verschiedensten Koordinatensystemen.

```
Needs["Graphics`Master`"]

CylindricalPlot3D[ E^-r^2, {r,0,1}, {phi,0,2 Pi}]

ParametricPlot3D[ {Cos[phi], Sin[phi], z},
  {phi, 0, 2 Pi}, {z, 0, E^-1}]

Show[%, %%]    (* Bild 15.4 *)
```

Beinahe noch mehr Schwierigkeiten als das Integrieren macht die grafische Darstellung des Körpers, dessen Volumen oben berechnet wurde. Die benutzten Grafikkommandos werden in Kapitel 18 näher beschrieben.

Uneigentliche Integrale

Es gibt zwei Typen »uneigentlicher« Integrale: solche, bei denen die Integrationsgrenzen unendlich sind, und solche, bei denen im Integrationsbereich der Funktionswert Unendlich auftritt. Integrale des ersteren Typs können häufig mit `Integrate` und fallweise auch mit `NIntegrate` berechnet werden. Das Ergebnis von uneigentlichen Integralen des zweiten Typs ist dagegen mathematisch nicht definiert, stattdessen existiert der sogenannte »Cauchy Principal Value«. Dieser Wert kann mit dem Kommando `CauchyPrincipalValue` aus dem Package `NumericalMath`CauchyPrincipalValue`` ermittelt werden. Der Versuch, solche Integrale direkt mit `Integrate` oder `NIntegrate` zu berechnen, führt in der Regel zu falschen Resultaten!

```
Integrate[1/x^2,{x,1,Infinity}]
1

NIntegrate[1/x^2,{x,1,Infinity}]
1.
```

Die beiden Beispiele oben zeigen uneigentliche Integrale des ersten Typs, also mit Integrationsgrenzen im Unendlichen. Sowohl `Integrate` als auch `NIntegrate` führen hier zum erwünschten Ziel.

Bei uneigentlichen Integralen mit Unendlichkeitsstellen im Integrationsbereich gibt es erheblich mehr Schwierigkeiten. Die Kommandos `Integrate` und (seltener) `NIntegrate` liefern zwar in manchen Fällen Ergebnisse, diese Ergebnisse stimmen aber nur in Einzelfällen mit dem gewünschten Cauchy-Stammwert überein. `Integrate` kommt zum korrekten Ergebnis, wenn die Funktion integriert werden kann, ohne dabei transzendente Funktionen wie `Log` oder `ArcSin` zu verwenden.

```
Integrate[1/x^3, {x,-2,2}]
0
```

Dieses Integral kann mit `NIntegrate` nicht mehr berechnet werden. Mathematica beklagt sich, daß der Funktionswert an der Stelle `x=0` nicht numerisch ist und bricht die Integration ab.

In jedem Fall zuverlässiger und häufig die einzige Möglichkeit, überhaupt zu einem Ergebnis zu kommen, ist das Kommando `CauchyPrincipalValue`. Bei diesem Kommando müssen Sie den Ort bzw. die Orte angeben, an denen die Funktion Unendlichkeitsstellen aufweist. Das Kommando ruft dann seinerseits `NIntegrate` auf, nutzt dabei aber die Symetrien der Funktion aus (so daß sich $1/x^3$ links und rechts von x=0 kürzt und somit keine Probleme mit Unendlichkeitsstellen auftreten).

```
Needs["NumericalMath`CauchyPrincipalValue`"]

CauchyPrincipalValue[ 1/x^3, {x,-2,{0},2} ]

NIntegrate::ploss:
   Numerical integration stopping due to loss of precision. Achieved
     neither the requested PrecisionGoal nor AccuracyGoal; suspect
     one of the following: highly oscillatory integrand or the true
     value of the integral is 0.
0.
```

Die Warnmeldung oben deutet an, daß es numerische Probleme bei der Auswertung des Integrals gegeben hat. Diese Probleme sind in diesem Fall darauf zurückzuführen, daß das Integral tatsächlich den Wert 0 aufweist. (Ein Vergleich zwischen 0 und einem sehr kleinen Wert in der Größenordnung 10^{-15} liefert trotz der hohen Genauigkeit einen sehr großen relativen Fehler.)

Die Parameterübergabe an `CauchyPrincipalValue` ist jener von `Integrate` sehr ähnlich: Im ersten Parameter wird die Funktion angegeben, im zweiten Parameter eine Liste mit der Integrationsvariablen, Startwert und Endwert. Zwischen Start- und Endwert müssen alle Unendlichkeitsstellen in diesem Bereich einzeln und jeweils in geschwungenen Klammern eingeschlossen aufgezählt werden. Für mehrere Unendlichkeitsstellen sieht der Aufruf von `CauchyPrincipalValue` folgendermaßen aus:

```
CauchyPrincipalValue[ 1/(x^2+x), {x, -2, {-1}, {0}, 1}]
-1.38629
```

Gleich drei verschiedene Ergebnisse erhalten Sie, wenn Sie versuchen, `1/x` im Bereich zwischen -1 und 2 integrieren:

```
Plot[ 1/x, {x,-3,3}, PlotRange->{-10,10}]  (* Bild 15.5 *)
Integrate[1/x, {x,-1,2}]  (* falsch, Integration nicht erlaubt *)
-I Pi + Log[2]
```

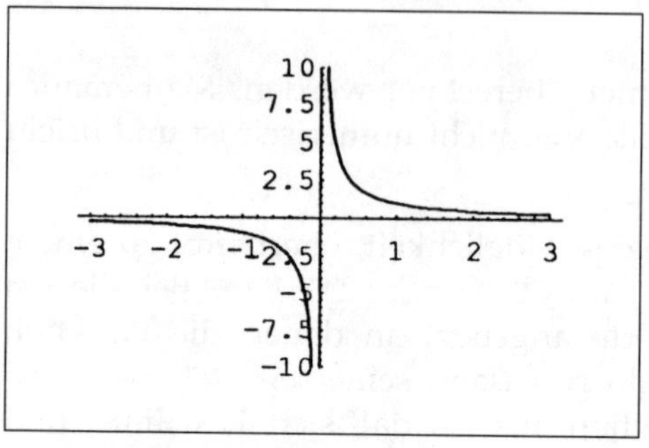

Bild 15.5: Die Funktion 1/x

`Integrate` liefert neben dem an sich korrekten »Cauchy Principal Value« `Log[2]` noch einen imaginären Anteil von `-Pi`. Dieses Ergebnis resultiert aus des Integration von `1/x` zu `Log[x]`. In `Log[x]` werden anschließend die Integrationsgrenzen eingesetzt, und `Log[-1]` ergibt `-I Pi`.

```
NIntegrate[1/x,{x,-1,2}]  (* falsch, Integration nicht erlaubt *)
NIntegrate::slwcon:
   Numerical integration converging too slowly; suspect one of the
     following: singularity, oscillatory integrand, or insufficient
     WorkingPrecision.
NIntegrate::ncvb:
   NIntegrate failed to converge to prescribed accuracy after 7
     recursive bisections in x near x = -0.00390625.
-3.67657
```

Bei `NIntegrate` sind die Warnmeldungen diesmal ernst zu nehmen. Das Resultat -3.67657 ist vollkommen irrelevant.

```
CauchyPrincipalValue[ 1/x, {x,-1,{0},2}]
NIntegrate::ploss:
   Numerical integration stopping due to loss of precision. Achieved
     neither the requested PrecisionGoal nor AccuracyGoal; suspect
     one of the following: highly oscillatory integrand or the true
     value of the integral is 0.
0.693147
```

`CauchyPrincipalValue` liefert als einziges Kommando das korrekte Ergebnis. Die Warnmeldung bezieht sich auf eines der drei Teilintegrale, in das die Berechnung des

»Cauchy Principal Value« zerlegt wird (nämlich auf das Integral im Bereich 0 +/- Epsilon, das tatsächlich 0 ist).

Das Ergebnis ist insofern »plausibel«, als die Integration im Bereich zwischen -1 und 1 wegen der Symetrie von `1/x` den Wert 0 ergeben muß. Das verbleibende Integral zwischen 1 und 2 kann dann auch mit den »normalen« Integrationskommandos berechnet werden:

```
Integrate[1/x,{x,1,2}] //N
0.693147
```

Fazit: Wenn Sie versuchen, mathematisch nicht definierte Berechnungen durchzuführen (eben die Integration über Unendlichkeitsstellen), müssen Sie damit rechnen, daß Mathematica Ihnen (unter Umständen ohne jede Warnung) falsche Resultate liefert. Ein weiteres Beispiel, das zu dieser Thematik paßt, finden Sie im nächsten Abschnitt.

Integration komplexer Funktionen, Residuen

Grundsätzlich ist Mathematica auch in der Lage, komplexe Funktionen zu integrieren. Es gibt allerdings eine Menge komplexer Wegintegrale, die mit `Integrate` nicht berechnet werden dürfen (für komplexe Wegintegrale müssen eigene Integrationsmethoden eingesetzt werden, die `Integrate` nicht kennt). `Integrate` liefert in den meisten Fällen ohne Warnung ein falsches Ergebnis. Aus diesem Grund sollten Sie solche Berechnung (sofern möglich) mit Residuen durchführen und anschließend mit `NIntegrate` kontrollieren – `NIntegrate` liefert in der Regel korrekte Ergebnisse.

Integrale zwischen zwei Punkten der komplexen Zahlenebene ohne Singularitäten bereiten keine Schwierigkeiten und werden vergleichsweise schnell (und korrekt) berechnet:

```
Integrate[ z^2, {z,0,1+I}]
   2    2 I
-(-) + ---
  3     3

Integrate[ z Cos[z^2], {z,0,Pi I}]
        2
-Sin[Pi ]
---------
    2
```

Relativ häufig werden geschlossene Wegintegrale rund um singuläre Punkte benötigt (hier `1/z`, singulär für `z=0`). Die übliche Integrationsmethode besteht darin, `z` durch `z0 + radius * (Sin[t] + I Cos[t])` zu substituieren und anschließend über die reelle Variable `t` entlang des Kreises zu integrieren.

$$\oint_C f(z)\,dz = \int_0^{2\pi} f(z(t))\,\dot{z}(t)\,dt$$

$$\text{mit} \quad z(t) = z0 + r(\cos t + i \sin t)$$

Dabei darf die Ableitung von `z` nach `t` nicht vergessen werden! Das Vorzeichen des Ergebnisses hängt von der Integrationsrichtung ab, in diesem und den folgenden Beispielen wird jeweils im Gegenuhrzeigersinn integriert.

```
z=Cos[t] + I Sin[t]; f=1/z; dz=D[z,t];

Integrate[f D[z,t], {t,0,2Pi}]
2 I Pi
```

Wenn in der komplexen Funktion im Inneren des Integrationsweges kompliziertere Unendlichkeitsstellen als `1/z` liegen, dann darf `Integrate` nicht mehr verwendet werden! Wird dies dennoch versucht, liefert Mathematica ein falsches Ergebnis:

```
z:=Cos[t] + I Sin[t]; f:=Sin[z]/z^4; dz=D[z,t];

Integrate[ f dz , {t,0,2Pi}]   (* falsches Ergebnis !! *)
0

2 Pi I Residue[ Sin[z]/z^4 , {z,0}]
-I
-- Pi
3

NIntegrate[ f dz , {t,0,2Pi}]
            -16
1.11022 10    - 1.0472 I

Pi/3 //N
1.0472
```

Die Funktion Sin[z]/z^4 wird zuerst analytisch integriert – Mathematica liefert das falsche Ergebnis 0. Nach dem Residueen-Satz

$$\oint_C f(z)\,dz = 2\pi i \sum_{j=1}^{k} \operatorname*{Res}_{z=z_j} f(z)$$

kann dieses Integral auch nach der Formel `2 Pi I Residue[f,{z,z0}]` berechnet werden. Das korrekte Ergebnis lautet -I Pi / 3. Dieses Ergebnis kann auch durch `NIntegrate` ermittelt werden (mit winzigen Rundungsfehlern).

Vorsicht: `Residue[f,{z,0}]` liefert im obigen Beispiel nicht das richtige Ergebnis, weil z mit `Cos[t]+I*Sin[t]` belegt ist. Wenn Sie die Funktion f nicht erneut eingeben möchten (wie dies im obigen Beispiel geschehen ist), müssen Sie z mit `Clear` löschen!

Kurz einige Worte zum Residuen-Satz: Ein Wegintegral im Gegenuhrzeigersinn um einige Unendlichkeitsstellen einer komplexen Funktion kann durch die Summe der Residuen dieser Unstetigkeitsstellen (soweit sie innerhalb des Integrationsweges liegen) mal `2 I Pi` berechnet werden. Bei einer Integration im Uhrzeigersinn ändert sich das Vorzeichen. Als Residuum wird der Koeffizient von 1/z bzw. 1/(z-z0) einer Laurent-Reihe bezeichnet, die um die jeweilige Unstetigkeitsstelle entwickelt wird. Das Thema Reihenentwicklung wird in Kapitel 22 noch behandelt. Für die Integration ist nur wesentlich, daß das Residuum (verglichen mit dem Integral) relativ einfach berechnet werden kann. In Mathematica steht hierfür das Kommando `Residue` zur Verfügung:

```
Residue[f[z], {z,z0}]
```

Dazu noch ein Beispiel: Für die Funktion f

$$\frac{8 - 22\,z - z^2}{4\,z - 5\,z^2 + z^3}$$

soll ein komplexes Wegintegral auf dem Kreis um den Mittelpunkt 0 mit dem Radius 1.5 mit dem Residuensatz berechnet werden. Dazu muß zuerst festgestellt werden, für welche z-Werte der Nenner 0 wird:

```
Clear[f,z,dz](* Definitionen aus vorigen Beispielen löschen *)
f:=(-z^2 - 22 z + 8) / (z^3 - 5 z^2 + 4 z);
Solve[ Denominator[f] == 0,z]
{{z -> 0}, {z -> 4}, {z -> 1}}
```

Von den drei z-Werten liegen 0 und 1 innerhalb des Kreises mit Radius 1.5. Die Berechnung des Integrals sieht damit folgendermaßen aus:

```
2 Pi I ( Residue[ f, {z,0}] + Residue[ f, {z,1}] )  //N
43.9823 I
```

Zum gleichen Ergebnis kommt auch `NIntegrate`:

```
z=1.5 (Cos[t] + I Sin[t]); dz=D[z,t];
NIntegrate[ f dz, {t,0,2Pi}]
            -16
-7.77156 10    + 43.9823 I
```

Integrate ermittelt abermals ein falsches Ergebnis:

```
Clear[z,dz];
Integrate[ Expand[Apart[f] dz] /.
   {z -> 1.5 (Cos[t] + I Sin[t]),
    dz -> D[ 1.5(Cos[t] + I Sin[t]), t]},
   {t,0,2Pi}]
0. + 1. I Pi
```

Die Formulierung des Integrals sieht vergleichsweise umständlich aus – in den Beispielen oben wurde `z=1.5(Cos[t]+I*Sin[t])` einfach direkt eingesetzt. Das hat allerdings den Nachteil, daß Mathematica nach der Ausmultiplikation des Ausdrucks nicht mehr in der Lage ist, eine für die Integration günstige Form zu finden. Es ist hier also wieder die Aufgabe des Anwenders, die zu integrierende Funktion in möglichst einfacher Form zu präsentieren. Zum besseren Verständnis sind unten nochmals die `Expand`- und `Apart`-Kommandos ausgeführt worden:

```
Expand[Apart[f] dz]
-8 dz       5 dz      2 dz
------  + ------  + ----
-4 + z    -1 + z      z
```

Erst jetzt wird z und dz eingesetzt:

```
Expand[Apart[f] dz]  /.
  {z -> 1.5 (Cos[t] + I Sin[t]),
   dz-> D[ 1.5 (Cos[t] + I Sin[t]), t]}
   -12. (I Cos[t] - Sin[t])            7.5 (I Cos[t] - Sin[t])
------------------------------ + ------------------------------ +
-4 + 1.5 (Cos[t] + I Sin[t])     -1 + 1.5 (Cos[t] + I Sin[t])
 2. (I Cos[t] - Sin[t])
-----------------------
  Cos[t] + I Sin[t]
```

Zum Vergleich der Ausdruck der entsteht, wenn z direkt eingesetzt wird:

```
z=1.5 (Cos[t] + I Sin[t]);
dz=D[z,t];
f=(-z^2 - 22 z + 8) / (z^3 - 5 z^2 + 4 z);
f dz
                                                               2
(1.5 (8 - 33. (Cos[t] + I Sin[t]) - 2.25 (Cos[t] + I Sin[t]) )
   (I Cos[t] - Sin[t])) /
                                                     2
 (6. (Cos[t] + I Sin[t]) - 11.25 (Cos[t] + I Sin[t])  +
                               3
   3.375 (Cos[t] + I Sin[t]) )
```

Integration über einzelne Datenpunkte

In den vorangegangenen Beispielen wurde immer über eine vorhandene Funktion integriert. Wenn Sie die Funktion gar nicht explizit kennen und Ihnen nur einige Datenpunkte (aus einer Messung, einem Experiment) zur Verfügung stehen, können Sie mit `ListIntegrate` aus dem Package ``NumericalMath`ListIntegrate` `` eine numerische Näherungslösung ermitteln.

```
Needs["NumericalMath`ListIntegrate`"]

data = Table[{x,Sin[x]},{x,0,Pi,Pi/50}] ;

ListIntegrate[data,2]  //N
1.99934

ListIntegrate[data,3]  //N
2.

Integrate[Sin[x],{x,0,Pi}]
2
```

Im Beispiel oben wird eine Tabelle mit 51 Datenpunkten einer Sinus-Schwingung angelegt. Mit `ListIntegrate` wird das Integral über diese Datenpunkte gebildet, und zwar beim ersten Versuch durch stückweise Polynome zweiter Ordnung. Beim zweiten `ListIntegrate`-Kommando wird die zu integrierende Funktion durch Polynome dritter Ordnung angenähert – das Ergebnis stimmt praktisch exakt mit dem tatsächlichen Integral 2 überein.

Im folgenden Beispiel werden die Ausgangsdaten durch Zufallszahlen im Bereich +/- 0.1 verfälscht. Die Genauigkeit des Ergebnisses kann hier durch eine Steigerung des Polynomgrades nicht mehr erhöht werden.

```
data1 = data + Table[Random[Real,0.2] - 0.1 , {51}] //N;

ListIntegrate[data1,2] //N
1.93455

ListIntegrate[data1,3] //N
1.94081

ListIntegrate[data1,4] //N
1.94081

f[x_]=Fit[data,{1,x,x^2,x^3,x^4},x]
```

$$0.000962139 + 0.984183\, x + 0.0524473\, x^2 - 0.232826\, x^3 + 0.0370554\, x^4$$

```
Integrate[f[x],{x,0,Pi}] //N
1.99993
```

Ein erheblich genaueres Ergebnis kann erzielt werden, wenn zuerst eine Näherungsfunktion zwischen den Datenpunkten mit `Fit` ermittelt wird und anschließend diese Funktion integriert wird. Das abschließenden Beispiel unten zeigt, daß der Abstand der Datenpunkte keineswegs konstant sein muß. Es wird hier über die Datenpunkte `{x,1/x^2}` integriert, wobei x mit jedem Datenpunkt potenziell vergrößert wird.

```
data2=Table[ {x,1/x^2} /. x->2^n, {n,0,10,0.5}] //N ;

ListIntegrate[data2, 2] //N
1.05962

Integrate[1/x^2, {x,1,Infinity}]   (* Kontrolle *)
1
```

Zusammenfassung

Integrate`[f, x]`	bildet das Integral von f über x
Integrate`[f, x, y]`	bildet das Doppelintegral f über x und y
Integrate`[f, {x,start,end}]`	berechnet das Integral über x zwischen start und end
Integrate`[f, {x,s,e}, {y,s,e},..]`	integriert zuerst über x, anschließend über y
NIntegrate`[f, {x,start,end}]` **NIntegrate**`[f, {x,s,e}, {y,s,e},..]`	führt eine numerische (Mehrfach-)Integration über `x` zwischen `start` und `end` durch
Needs`["NumericalMath`CauchyPrincipalValue`"]` **CauchyPrincipalValue**`[f, {x,start, {u1}, {u2},.., end}]`	berechnet den »Cauchy Principal Value« eines uneigentlichen Integrals, wobei f an den Stellen u1,u2,.. gegen Unendlich geht
Residue`[f,{z,z0}]`	berechnet das Residuum von f[z] an der Stelle z=z0
Needs`["NumericalMath`ListIntegrate`"]` **ListIntegrate**`[{{x1,y1}, {x2,y2},..}, n]`	führt eine numerische Integration über die angegebenen Datenpunkte durch und verwendet zur Interpolation zwischen den Punkten ein Polynom der Ordnung n

16 Differentialgleichungen

Differentialgleichungen sind in einer Beziehung Integralen sehr ähnlich: Es gibt in der Mathematik kein einheitliches Verfahren zur Lösung von Differentialgleichungen, sondern lediglich eine Menge Regeln, die jeweils nur für ganz spezielle Differentialgleichungen gelten. Aber während Mathematica mit Integralen recht gut zurecht kommt, sieht es bei der analytischen Lösung von Differentialgleichungen mit `DSolve` ziemlich trostlos aus. Dieses Kapitel ist daher beinahe schon eine Aufzählung dessen, was *nicht* funktioniert. Besser sieht es aus, wenn Sie sich mit numerischen Lösungen zufriedengeben und das Kommando `NDSolve` einsetzen.

`DSolve`
analytische Lösung von Differentialgleichungen

`NDSolve`
numerische Lösung von Differentialgleichungen

Andere Wege zur Lösung von Differentialgleichungen sind in den Kapiteln 22 (Reihenentwicklungen), 23 (Fourier-Transformation) und 24 (Laplace-Transformation) beschrieben.

Differentialgleichungen mit DSolve lösen

```
DSolve[ y'[x] + y[x] == 1, y[x], x]
              C[1]
{{y[x] -> 1 + ----}}
                x
               E
```

Das Beispiel demonstriert den prinzipiellen Umgang mit DSolve: im ersten Parameter wird die Differentialgleichung angegeben. Dabei muß darauf geachtet werden, daß y immer als Funktion von x (oder von einer anderen Variablen) formuliert wird, also y[x], y'[x], usw. Im zweiten Parameter wird die Funktion angegeben, die DSolve ermitteln soll (die Lösung einer Differentialgleichung ist immer eine Funktion, kein fester Wert wie bei Solve!). Im dritten Parameter muß die Variable der Gleichung angegeben werden. Die Lösung wird in allgemeiner Form mit durchnumerierten Integrationskonstanten C[n] angegeben. Die Integrationskonstanten sind frei wählbar und hängen von den Randbedingungen (Startzuständen) der Gleichung ab (siehe übernächstes Beispiel).

```
DSolve[ y'[x] + y[x] == 1, y, x]
            C[1]
{{y -> (1 + ---- & )}}
             #1
            E
```

Hier wurde dieselbe Differentialgleichung nochmals gelöst, allerdings wird die Lösung y hier als »pure function« zurückgegeben, weil als zweiter Parameter y statt y[x] angegeben wurde. Diese Schreibweise ist zwar unübersichtlicherer, hat aber gewisse Vorteile, wenn die Lösung in andere Gleichungen wieder eingesetzt werden soll. Mehr dazu im nächsten Abschnitt.

```
DSolve[ { y[x] y'[x] (1 + x^2) == x, y[0]==0 }, y[x], x]
                             2                            2
{{y[x] -> Sqrt[Log[1 + x ]]}, {y[x] -> -Sqrt[Log[1 + x ]]}}
```

Bei der Differentialgleichung oben wurde die Nebenbedingung y[0]==0 angegeben – Mathematica kann dadurch eine exakte Lösung ohne frei wählbare Integrationskonstanten angeben. Nebenbedingungen werden als zusätzliche Gleichungen im ersten Parameter formuliert. Sämtliche Gleichungen werden als Liste übergeben.

Abschließend noch zwei weitere Beispiele für etwas kompliziertere Differentialgleichungen, die von Mathematica gelöst werden können:

```
DSolve[ 3 y'[x] + y[x] (1 + (2x-1) y[x]^3)==0, y[x], x]
                        x       -(1/3)
{{y[x] -> (-1 - 2 x + E  C[1])      },
                    2/3
                (-1)
 {y[x] -> --------------------------},
                      x       1/3
          (-1 - 2 x + E  C[1])
```

```
                     4/3
                 (-1)
{y[x] -> ──────────────────────────}}
                     x        1/3
          (-1 - 2 x + E  C[1])
```

```
DSolve[ (y[x]^2-x) y'[x] + x^2 - y[x] == 0, y[x], x]
```

```
{{y[x] -> (2^(1/3)*x)/
      (-x^3 + 3*C[1] + (-4*x^3 + x^6 - 6*x^3*C[1] + 9*C[1]^2)^
          (1/2))^(1/3) + (-x^3 + 3*C[1] +
         (-4*x^3 + x^6 - 6*x^3*C[1] + 9*C[1]^2)^(1/2))^(1/3)/
     2^(1/3)},
  {y[x] -> (-I*(-2*I*x + 2*3^(1/2)*x -
         I*2^(1/3)*(-x^3 + 3*C[1] +
             (-4*x^3 + x^6 - 6*x^3*C[1] + 9*C[1]^2)^(1/2))^(2/3) -
         2^(1/3)*3^(1/2)*(-x^3 + 3*C[1] +
             (-4*x^3 + x^6 - 6*x^3*C[1] + 9*C[1]^2)^(1/2))^(2/3)))/
     (2^(5/3)*(-x^3 + 3*C[1] +
          (-4*x^3 + x^6 - 6*x^3*C[1] + 9*C[1]^2)^(1/2))^(1/3))},
  {y[x] -> (I*(2*I*x + 2*3^(1/2)*x +
         I*2^(1/3)*(-x^3 + 3*C[1] +
             (-4*x^3 + x^6 - 6*x^3*C[1] + 9*C[1]^2)^(1/2))^(2/3) -
         2^(1/3)*3^(1/2)*(-x^3 + 3*C[1] +
             (-4*x^3 + x^6 - 6*x^3*C[1] + 9*C[1]^2)^(1/2))^(2/3)))/
     (2^(5/3)*(-x^3 + 3*C[1] +
          (-4*x^3 + x^6 - 6*x^3*C[1] + 9*C[1]^2)^(1/2))^(1/3))}}
```

Diese geradezu unglaublich komplizierte Lösungsformel lautet übrigens in impliziter Form:

```
 3          3
x          y
── - x y + ── == C[1]
3          3
```

Lösungen von Differentialgleichungen weiterverwenden

Im folgenden Beispiel wird die beinahe schon triviale Differentialgleichung des freien Falls ohne Luftwiderstand gelöst. Der Körper beginnt in einer Höhe von 10 Metern mit der Startgeschwindigkeit 0 zu fallen. Das Ergebnis der Differentialgleichung wird als »pure function« berechnet. Das hat den Vorteil, daß die Substitutionsregel auch für `z'[t]` oder `z[const]` verwendet werden kann. (Wenn das Ergebnis in einer normalen Substitionsregel der Form `z[t]->...` formuliert wird, kann tatsächlich nur der Ausdruck `z[t]` ersetzt werden!)

```
lsg=DSolve[ {m z''[t] == -m g,z[0]==10, z'[0]==0}, z, t]
                 2
             g #1
{{z -> (10 - ----- & )}}
               2

Solve[ z[t]==0 /. lsg, t]
        2 Sqrt[5]          -2 Sqrt[5]
{{t -> ---------}, {t -> ----------}}
        Sqrt[g]             Sqrt[g]

t0 = t /. %[[1]] /. g->9.81 //N
1.42784
```

t0 ist jene Zeit, zu der der Körper nach 10 Metern freiem Fall den Boden (z=0) erreicht. Beachten Sie, wie t0 durch eine Zuweisung von t mit der Substitutionsregel der zuvor berechneten Lösung und einer weiteren Substitutionsregel für die Erdbeschleunigung g definiert wird.

Hinweis: Aus unerfindlichen Gründen weigert sich Mathematica (Version 2.0 für Windows), die obige Differentialgleichung zu lösen, wenn g vorher der Wert 9.81 zugewiesen wird bzw. wenn statt dem Symbol g überhaupt der Wert 9.81 in der Gleichung angeschrieben wird.

```
Plot[ Evaluate[ {z[t], z'[t]} /. lsg /. g->9.81 ],
      {t, 0, t0} ]                              (* Bild 16.1 *)
```

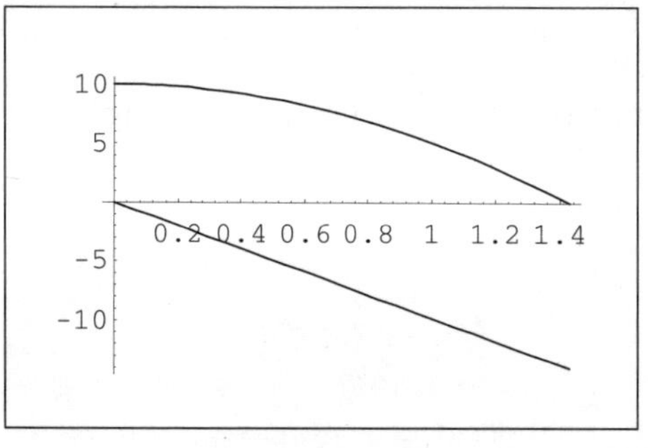

Bild 16.1: Höhe und Geschwindigkeit eines Körpers, der aus einer Höhe von 10 Metern auf den Boden fällt. Die z-Koordinatenachse zeigt nach oben, weswegen die Geschwindigkeit negativ ist.

Zum Abschluß dieses Beispiels wird die Höhe und die Geschwindigkeits des Körpers bis zur Zeit t0 grafisch dargestellt. Bemerkenswert ist dabei das `Evaluate`-Kommando, mit dem eine Auswertung der Substitutionsregeln und eine Differentiation (für `z'`) *vor* der eigentlichen Ausführung des `Plot`-Kommandos erzwungen wird. `Evaluate` ist hier notwendig, weil `Plot` normalerweise zuerst Zahlenwerte einsetzt und dann die Formel auswertet. Dieses etwas diffizile Verhalten wird in Kapitel 17 nochmals beschrieben.

Noch eine Anmerkung zum Umgang mit Substitutionsregeln: Wenn Ihnen das ständige Einsetzen der Substitutionsregeln mit `/. lsg` lästig ist, können Sie der Funktion z[t] die Lösung auch fix zuweisen. Damit sind z und alle seine Ableitungen in Hinkunft sofort verfügbar. Allerdings müssen Sie daran denken, z vor der Ausführung weiterer `DSolve`-Kommandos wieder mit `Clear` oder `Remove` zu löschen! (Und erfahrungsgemäß kommt es oft vor, daß nachträglich irgendwelche Parameter verändert werden, `DSolve` nochmals ausgeführt wird – und z natürlich vergessen wird. Ergebnis: Eine meist unverständliche Fehlermeldung von Mathematica.)

```
z[t_] = z[t] /. lsg[[1]]
          2
       g t
10 - ----
        2
```

Bei der obigen Definition von z sind mehrere Dinge zu beachten: Verwenden Sie den Operator = statt `:=`, insbesondere wenn Sie die Lösung nicht explizit in lsg speichern, sondern bei der Zuweisung mit `%` darauf verweisen! Geben Sie mit `[[1]]` an, daß Sie das erste Element der Lösungsliste verwenden möchten! Mathematica formuliert Lösungen immer als Listen, auch wenn nur eine einzige Lösung auftritt. Wenn Sie auf `[[1]]` verzichten, funktionieren die meisten Folgekommandos dennoch, allerdings treten immer wieder störende `{}`-Klammern auf.

Wenn Sie die Lösung von Differentialgleichungen in der obigen Form einer Funktion zuweisen, ist es egal, ob Sie mit `DSolve` die Lösungsregel als »pure functions« oder in der normalen Schreibweise anfordern – letzteres ist allerdings (vor allem bei komplizierteren Lösungen) übersichtlicher. Sobald `z[t]` definiert ist, können Sie auch Ableitungen in der Form `z'[t]` verwenden.

Abschließend ein weiteres Beispiel – die gedämpfte Schwingung eines Körpers an einer Feder, wobei der Körper zur Zeit t=0 außerhalb der Ruhelage (y[0]==1) losgelassen wird. In der Rechnung wird die Funktion y[t] – wie oben beschrieben – mit dem Ergebnis der Differentialgleichung definiert. Anschließend werden die komplexen `E`-Potenzen der Lösung mit `ComplexExpand` in `Sin`- und `Cos`-Terme umgewandelt und die resultierende Terme mit `Simplify` vereinfacht.

```
m=1; (* Masse des Körpers *)
c=1; (* Federkonstante *)
k=1; (* Reibungskoeffizient *)

Clear[y];

DSolve[ {m y''[t] + c y'[t] + k y[t] == 0,
         y[0]==1, y'[0]==0}, y[t], t]
                                  ((-1 - I Sqrt[3]) t)/2
              (3 + I Sqrt[3]) E
{{y[t] -> ---------------------------------------------- +
                                6
                         ((-1 + I Sqrt[3]) t)/2
     (3 - I Sqrt[3]) E
     --------------------------------------------------}}
                      6

y[t_] = y[t] /. %[[1]];
```

```
Simplify[ ComplexExpand[ y[t] ]]
        Sqrt[3] t                Sqrt[3] t
3 Cos[---------] + Sqrt[3] Sin[---------]
            2                        2
------------------------------------------
                   t/2
                3 E

Plot[y[t], {t,0,10}]    (* Bild 16.2 *)
```

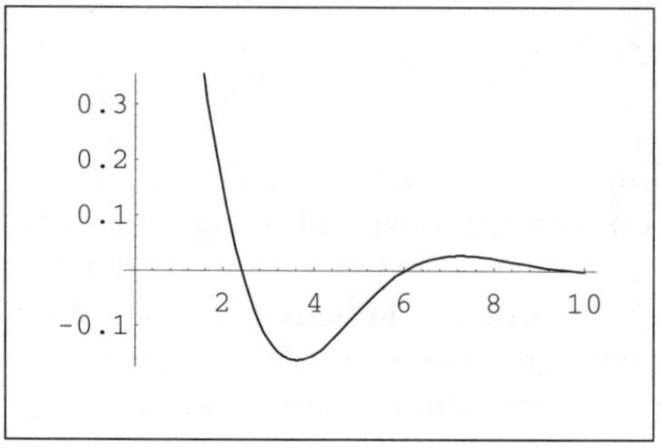

Bild 16.2: Der Verlauf einer gedämpften Schwingung

Systeme von Differentialgleichungen

`DSolve` ist auch in der Lage, (relativ einfache) Systeme von Differentialgleichungen zu lösen. Im ersten Beispiel wurde versucht, eine allgemeine Lösung eines linearen Systems zweiter Ordnung mit Konstanten als Koeffizienten zu lösen. Die vollständige Lösung ist über eine Seite lang, weswegen das Ergebnis mit `Short` auf zwei Zeilen verkürzt wurden. Die Ausdrücke `<<n>>` geben die Anzahl der Terme an, deren Ausgabe an dieser Stelle unterdrückt wurde. Diese Terme sind übrigens ziemlich umfangreich und mehrfach verschachtelt. Probieren Sie das Beispiel ohne `Short` selbst aus!

```
Short[ DSolve[ {x'[t] == a11 x[t] + a12 y[t],
                y'[t] == a21 x[t] + a22 y[t] }, {x[t], y[t]}, t] ,2]
                                  a12 <<1>> C[2]
{{x[t] -> <<2>> + --------------------------------------------,
                           2                                  2
                  Sqrt[a11  + 4 a12 a21 - 2 a11 a22 + a22 ]
               a21 <<1>> C[1]
  y[t] -> ------------------------- + <<1>>}}
                   2              2
          Sqrt[a11  + <<2>> + a22 ]
```

Die prinzipielle Vorgehensweise zum Lösen von Differentialgleichungssystemen höherer Ordnung ist einfach: Sämtliche Gleichungen werden als Liste im ersten Parameter von `DSolve` angegeben, die zu berechnenden Funktionen im zweiten Parameter, die Variablen im dritten Parameter. Das zweite Beispiel ist ein Sonderfall des ersten Beispiels (a11=0, a12=1, a21=-1, a22=0), außerdem wurden zwei Randbedingungen formuliert. Die Lösung wird den Funktionen fx[t] und fy[t] zugewiesen, mit `ComplexExpand` vereinfacht, und schließlich mit `ParametricPlot` grafisch dargestellt – den resultierenden Kreis sehen Sie in Bild 16.3.

```
DSolve[ {x'[t] == y[t], y'[t] == -x[t], x[0]==1, y'[1]==2},
        {x[t], y[t]}, t]
              -I t     I    2 I      I + 2 I t    2 I t
             E     (2 E  + E    - 2 E          - E     )
{{x[t] -> ---------------------------------------------,
                              2 I
                        -1 + E
                 -I t     I    2 I      I + 2 I t    2 I t
            -I E     (2 E  + E    + 2 E          + E     )
  y[t] -> ------------------------------------------------}}
                                2 I
                          -1 + E

lsg=%[[1]];
fx[t_]=x[t] /. lsg;
fy[t_]=y[t] /. lsg;
fx[t_]=ComplexExpand[ fx[t] ]  //Simplify
-4 Sin[1] (-Sin[1 - t] + 2 Sin[t])
----------------------------------
                    2 I 2
         Abs[-1 + E   ]
fy[t_]=ComplexExpand[ fy[t] ]  //Simplify
-4 (Cos[1 - t] + 2 Cos[t]) Sin[1]
---------------------------------
                    2 I 2
         Abs[-1 + E   ]
ParametricPlot[{fx[t],fy[t]}, {t,0,2 Pi},
               AspectRatio->1 ]                (* Bild 16.3 *)
```

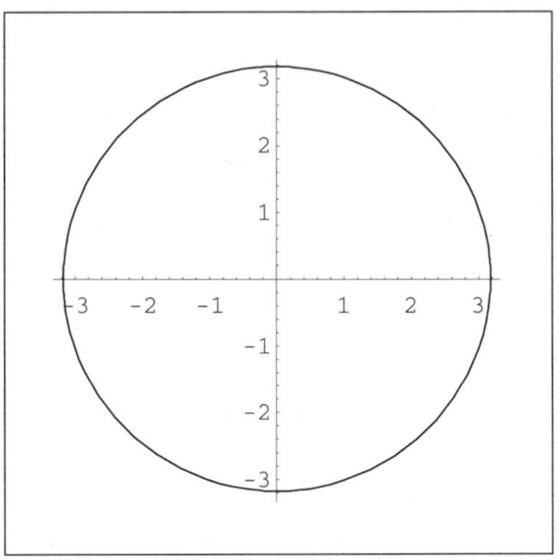

Bild 16.3: Die Lösung eines linearen Differentialgleichungssystems

Differentialgleichungen, die für DSolve nicht lösbar sind

`DSolve` ist nicht in der Lage, folgende Differentialgleichungen (kurz DGL) zu lösen:

- partielle DGL (das sind DGL mit mehreren Variablen und partiellen Ableitungen der Zielfunktion nach diesen Variablen); diese Einschränkung gilt leider auch für `NDSolve`
- nicht lineare DGL (das sind DGL, in denen Ableitungen in Funktionen verwendet werden, z.B. `y'^2`, `Sqrt[y']`, etc.)
- DGL, die in der Form `f[x] dx + f[y] dy` angeschrieben sind (dabei helfen auch Substitionsregeln oder zusätzliche Gleichungen für die Beziehung `y'=dy/dx` nicht weiter, die Gleichung *muß* mit `y'` formuliert werden)
- DGL, die durch Substitution in eine einfachere Form übergeführt werden könnten

Bei den verbleibenden Differentialgleichungen ist eine klare Unterscheidung zwischen DGL, die Mathematica löst, und solchen, die es unausgewertet zurückgibt, nicht ohne weiteres möglich. Im Mathematica-Buch von Stephen Wolfram finden sich keinerlei Informationen zu diesem Thema. `DSolve` ist weiters nicht in der Lage, implizite Lösungen zu produzieren, auch wenn die Lösung in dieser Form erheblich kürzer, einfacher und übersichtlicher angeschrieben werden könnte. Im folgenden einige Beispiele für Differentialgleichungen, die `DSolve` nicht lösen kann. Für alle verwendeten Gleichungen gibt es übrigens verhältnismäßig einfache Lösungen, die in jeder Vorlesung über Differentialgleichungen behandelt werden. Es sind jeweils nur die Eingabezeilen gedruckt, die Reaktionen von Mathematica (in der Art »Built-in procedures cannot solve this differential equation«) und die Ausgabe der unverarbeiteten Eingabezeile wurden weggelassen.

```
DSolve[ y'[x]^2 - x y'[x] + y[x]==0, y[x], x]
DSolve[ {9 y[x] dy == -4 x dx, y'[x]==dy/dx}, y[x], x]
DSolve[ y'[x] == - (x + y[x] + 1) / (3y[x] - x), y[x], x]
DSolve[ (2 x - 4 y[x] + 5) y'[x] + x -2 y[x] + 3 == 0, y[x], x]
DSolve[ x^3 y''[x] + 3 x^2 y'[x] + x y[x] == 6 Log[x], y[x], x]
DSolve[ Derivate[2,0][z[x,y]] + Derivate[0,2][z[x,y]] == 0,
        z[x,y], {x,y} ]
```

Wenn Sie mit `DSolve` nicht mehr weiterkommen, können Sie die Differentialgleichungen natürlich auch mit eigenen Lösungsansätzen bearbeiten. Mathematica unterstützt Sie dabei immerhin mit dem Kommando `Series` zur Reihenentwicklung sowie mit einigen Transformations-Kommandos. In den Kapitel 22 bis 24 (Reihenentwicklungen, Fourier- und Laplacetransformation) finden Sie dazu einige Beispiele. Die dort entwickelten Lösungen sind zwar zum Teil nur Näherungslösungen, diese liegen aber immerhin in symbolischer Form vor und nicht als numerische »Black Box« wie bei `NDSolve`.

Numerische Lösung von Differentialgleichungen

Wenn `DSolve` nicht in der Lage ist, Ihre Differentialgleichung symbolisch zu lösen, besteht noch die Hoffnung, daß `NDSolve` mit der Gleichung (oder dem Gleichungssystem) zurechtkommt. Voraussetztung für den Einsatz von `NDSolve` ist allerdings, daß Sie ausreichend Rand- und Nebenbedingungen formulieren können, so daß eine eindeutige Lösung möglich ist, und daß die Gleichungen keine unbestimmten Konstanten enthalten. Das Ergebnis von `NDSolve` ist eine Interpolationsfunktion, die nur für einen bestimmten Zahlenbereich gilt. (Der gewünschte Zahlenbereich muß beim Aufruf von `NDSolve` angeben werden). Diese Funktion verhält sich wie eine »Black Box«, d.h. Sie können sich die einzelnen Werte ausrechnen, die Funktion sogar ableiten, aber Sie erhalten keine Informationen, aus welchen Komponenten die Funktion intern zusammengesetzt ist (vermutlich durch stückweise Polynome).

```
m=1; c=1; k=1; Clear[y];
DSolve[ {m y''[t] + c y'[t] + k y[t] == 0, y[0]==1, y'[0]==0},
        y[t], t];
dy[t_] = y[t] /. %[[1]];        (* das ist die exakte Lösung *)
NDSolve[ {m y''[t] + c y'[t] + k y[t] == 0, y[0]==1, y'[0]==0},
         y[t], {t,0,10}]
{{y[t] -> InterpolatingFunction[{0., 10.}, <>][t]}}
ny[t_] = y[t] /. %[[1]];        (* das ist die Näherungslösung *)
Plot[ ny[t], {t,0,10}]          (* Bild 16.4 *)
Plot[ ny[t]-dy[t], {t,0,10}]    (* Bild 16.5 *)
```

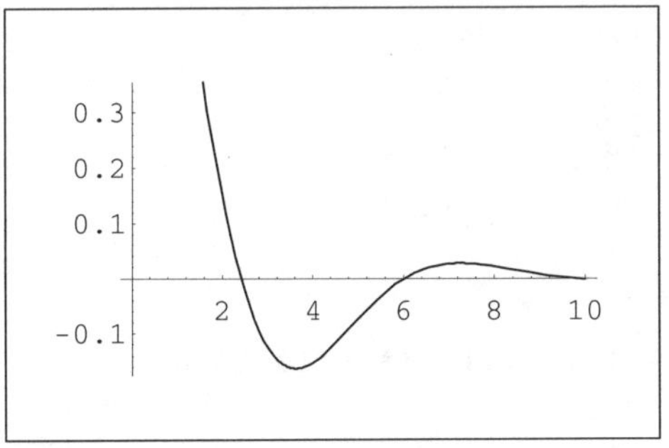

Bild 16.4: Der Verlauf einer gedämpften Schwingung

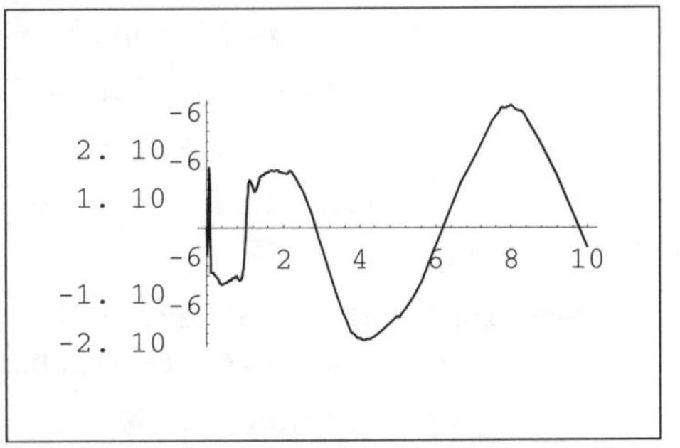

Bild 16.5: Die Abweichung zwischen der exakten und der numerischen Lösung der Differentialgleichung

Im Beispiel oben wird die eine Diffferentialgleichung für eine gedämpfte Schwingung zuerst symbolisch, anschließend numerisch gelöst. Sie sehen, daß der einzige Unterschied beim Aufruf von `NDSolve` gegenüber `DSolve` darin besteht, daß zusätzlich zur Variablen `t` der gewünschte Zahlenbereich für die Lösung angegeben werden muß. Das zweite Beispiel ist etwas komplexer. Das Gleichungssystem beschreibt ein bewegtes Proton in einem Magnetfeld (z.B. in einem Teilchenbeschleuniger). Das Gleichungssystem wurde in Vektorschreibweise formuliert, um etwas Schreibarbeit zu sparen.

```
Needs["LinearAlgebra`CrossProduct`"]
Remove[ "Global`*" ]
m = 1.6 10^-27;                (* Masse eines Protonss in kg *)
q = 1.6 10^-19;                (* Ladung eines Protons in Coulomb *)
bz = 1;                        (* Magnetfeld in Tesla *)
a={x''[t],y''[t],z''[t]};      (* Beschleunigung *)
v={x'[t], y'[t], z'[t]};       (* Geschwindigkeit *)
r={x[t],y[t],z[t]};            (* Ort *)
b={0,0,bz};                    (* Magnetfeld in z-Richtung *)
system = m a - q Cross[v,b]=={0,0,0} //Thread
              -19                -27
{-1.6 10    y'[t] + 1.6 10    x''[t] == 0,
           -19                -27                     -27
 1.6 10    x'[t] + 1.6 10    y''[t] == 0, 1.6 10    z''[t] == 0}
startpunkt = (r /. t->0) == {0,0,0} //Thread
{x[0] == 0, y[0] == 0, z[0] == 0}
startgeschw = (v /. t->0) == {10^8,0,10^6} //Thread
{x'[0] == 100000000, y'[0] == 0, z'[0] == 1000000}
NDSolve[ Join[system,startpunkt,startgeschw], r, {t,0,10^-7}]
Inverse::invc:
   Warning: Result for inverse of badly conditioned matrix
              -27                  -27
    {{1.6 10    , 0, 0}, {0, 1.6 10    , 0}, {0, 0, 1.}}
     may contain significant numerical errors.
                                              -7
{{x[t] -> InterpolatingFunction[{0., 1. 10  }, <>][t],
                                              -7
  y[t] -> InterpolatingFunction[{0., 1. 10  }, <>][t],
                                              -7
  z[t] -> InterpolatingFunction[{0., 1. 10  }, <>][t]}}
lsg=%[[1]];
ParametricPlot3D[ Evaluate[r /. lsg],
                  {t,0,10^-7},BoxRatios->{1,1,1}]   (* Bild 16.6 *)
ParametricPlot3D::ppcom:
   Function r /. lsg cannot be compiled; plotting will proceed with
     the uncompiled function.
```

Zuerst einige Anmerkungen zur Formulierung des Gleichungssystem: Das Kommando Thread wird mehrmals verwendet, um den Gleichheitsoperator von »innen« anzuwenden, so daß die drei Gleichungen für x-, y- und z-Komponenten in einer Liste angeordnet werden. Join vereint die drei Differentialgleichungen aus system und die sechs Startbedingungen in einer gemeinsamen Liste.

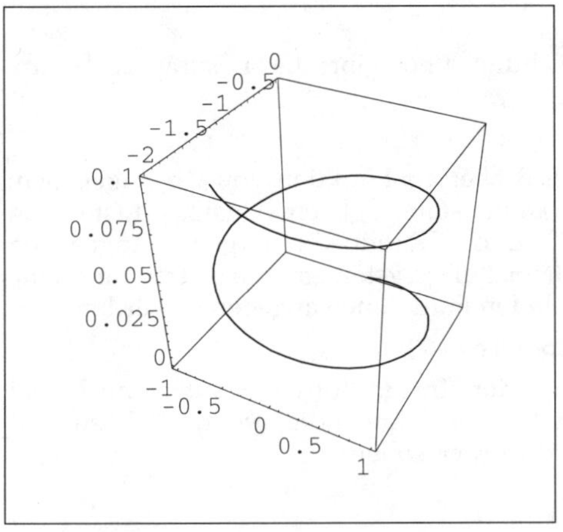

Bild 16.6: Die Flugbahn eines Protons im Magnetfeld

Die Warnmeldung bei NDSolve bezieht sich auf den großen Unterschied der Werte einer internen Matrix, die offensichtlich zur Lösung des Gleichungssystems verwendet wird. Wenn Sie Wert auf exakte Ergebnisse legen, sollten Sie mit der Option WorkingPrecision->40 die Rechengenauigkeit erhöhen (so daß jetzt selbst bei einer Addition von 1 und 10^{-27} noch etwa 13 zusätzliche signifikante Stellen für weitere Rechenschritte zur Verfügung stehen). Die Warnung erhalten Sie allerdings unabhängig von der eingestellten Genauigkeit in jedem Fall. Die Rechenzeit steigt durch eine Erhöhung des Genauigkeit um ein Vielfaches an. Im vorliegenden Beispiel entspricht das Ergebnis (eine spiralförmige Flugbahn, siehe Bild 16.6) den Erwartungen, so daß die Genauigkeit zumindestens für eine grobe Analyse der Flugbahn ausreichend ist.

Bei ParametricPlot3D ist das Evaluate-Kommando notwendig, damit die Substitionsregeld für den Ortsvektor r vor dem Einsetzten der Zahlenwerte ausgeführt wird (siehe nächstes Kapitel). Die Option BoxRatio beeinflußt das Verhältnis der Länge der drei Koordinatenachsen. Ohne diese Option zeichnet Mathematica die Grafik viel zu »flach« (d.h. mit kurzer z-Achse), weil die Zahlenwerte der z-Achse (0 bis 0.1) viel kleiner als jene von x- und y-Achse (-1 bis 1, bzw. 0 bis -2) sind.

Zusammenfassung

DSolve[dgl, func, var]

löst die Differentialgleichung und gibt die Lösung als »pure function« zurück

DSolve[dgl, func[var], var]

wie oben, die Lösung wird aber als Funktion von var angegeben; bei beiden Varianten kann statt dgl eine ganze Liste von Differentialgleichungen und Randbedingungen angegeben werden; bei Differentialgleichungssystemem muß statt func eine Liste mit allen zu ermittelnden Funktionen angegeben werden

DSolveConstants->(**Module**[{C}, C])

eindeutige Numerierung der Integrationskonstanten auch bei mehrfachem Aufruf von DSolve (notwendig, wenn die Lösungen mehrerer DGL kombiniert werden sollen)

NDSolve[dgl,func,{var,start,end}]

NDSolve[dgl,func[var],{var,start,end}]

wie oben, aber numerische Lösung

MaxSteps->n

maximale Anzahl der Rechenschritte (Standardeinstellung 500, muß nur bei sehr kompliziertem Verlauf der Lösungsfunktion erhöht werden)

WorkingPrecision->n

Anzahl der signifikanten Dezimalstellen (Standardeinstellung $MachinePrecision, es wird also im Zahlenformat Ihres Rechners gearbeitet, das am schnellsten verarbeitet werden kann)

Grafik (I): 2D-Grafik (Punkte, Kurven)

Mathematica ist nicht zuletzt wegen seiner spektakulären Grafikmöglichkeiten populär geworden. Das Thema »Grafik« ist so weitläufig, daß die Beschreibung der Kommandos und Optionen auf mehrere Kapitel verteilt wurde. Einige Absätze weiter unten erhalten Sie einen kurzen Überblick, wo Sie die gewünschten Informationen finden können. Vorher noch einige Worte zum grundsätzlichen Konzept der Grafik-Kommandos von Mathematica:

Das Aussehen einer Grafik wird durch zahllose Optionen gesteuert. Damit der Benutzer sich nicht um jeden Parameter kümmern muß, sind für diese Optionen Default-Werte vorgesehen (beispielsweise für die Farbgebung, für die Genauigkeit der Darstellung, für die Blickrichtung und Perspektive, etc.). Ein erster Entwurf der Grafik kann normalerweise sehr rasch (und ohne Einstellung irgendwelcher Optionen) erfolgen.

Wenn Sie mit diesem ersten Entwurf nicht zufrieden sind, beginnt die Feinarbeit mit den Optionen. (Bei manchen Kommandos stehen über 30 Optionen zur Verfügung!) Eine Liste mit allen für ein bestimmtes Kommando verfügbaren Optionen liefert `Options[kommando]`.

Durch eine geschickte Auswahl der Optionen können Sie praktisch jede beliebige Darstellungsvariante erreichen. Allerdings erfordert die Einstellung der Optionen etwas Übung und ein gewisser Zeitaufwand.

Überblick zum Thema Grafik

Dieses und das nächste Kapitel behandeln die grundlegenden Kommandos zur Darstellung von Funktionsverläufen und Punktmengen. Dabei werden in diesem Kapitel Kommandos für zweidimensionale Grafiken behandelt, im nächsten Kapitel Kommandos für dreidimensionale Grafiken. In beiden Kapiteln werden die wichtigsten und für das jeweilige Kommando charakteristischen Optionen gleich zusammen mit dem Kommando beschrieben.

Kapitel 19 ist dann ausschließlich der Einstellung der Grafik-Optionen gewidmet. (Sie werden feststellen, daß dieses Kapitel eines der längsten dieses Buches geworden ist.) Dort finden Sie eine thematisch geordnete Beschreibung fast aller Grafik-Optionen, die zusammen mit den unterschiedlichsten Grafik-Kommandos verwendet werden können. In diesem Kapitel werden auch die Notebook-Menübefehle 3D-VIEWPOINT-SELECTOR und COLORSELECTOR behandelt.

Das Thema »Grafik« wird dann in Kapitel 26 nochmals aufgegriffen: Dort werden fortgeschrittene Grafik-Kommandos behandelt, die beispielsweise das Zeichnen logarithmischer Diagramme, die Darstellung von Vektorfeldern, die Animation von Grafiken (bewegte Grafik) ermöglichen. Außerdem erfahren Sie einiges über die Interna der Grafik von Mathematica. Dieses Wissen können Sie zum Zeichnen vollkommen eigenständiger Grafiken nutzen.

Überblick über dieses Kapitel

Das Kapitel beschreibt die wichtigsten Kommandos zur Darstellung zweidimensionaler Grafiken. Von großer allgemeiner Bedeutung ist `Evaluate`, dessen Beschreibung Sie sich auch dann durchlesen sollten, wenn Sie komplexere Grafiken mit den Kommandos der folgenden Kapitel erstellen möchten. Beachten Sie, daß ein Teil der Kommandos nicht zu den Standard-Kommandos von Mathematica gehört, sondern in diversen `Graphics``-Packages enthalten ist. Sie müssen vor der ersten Verwendung dieser Kommandos das jeweilige Package mit `Needs` laden.

`Plot`
Darstellung einer oder mehrerer Funktionskurven (z.B. $y=3x^2$)

`Evaluate`
die Auswertung von Funktionen bzw. Kommandos *vor* dem Zeichnen der Kurve(n) erzwingen

`PolarPlot`
wie Plot, allerdings für Polarkoordinaten (z.B. r=Sin[phi])

`FilledPlot`
den Bereich zwischen zwei oder mehreren Kurven farbig hervorheben

`ParametricPlot`
parametrisch definierte Funktion darstellen (z.B. $x=t$, $y=t^2$)

`ImplicitPlot`
implizit definierte Funktion darstellen (z.B. $x^2+y^2==1$)

`ListPlot`
Punktmenge darstellen (oder einen Funktionsverlauf, von dem nur einige Punkte bekannt sind)

Die Darstellung von Kurvenfunktionen mit Plot

Das elementarste und wichtigste Grafik-Kommando von Mathematica ist zweifellos `Plot`. Mit dem Kommando kann der Verlauf einer oder mehrerer Kurven dargestellt werden. Das Kommando ist so einfach zu bedienen und so schnell in der Ausführung, daß es grundsätzlich das erste Hilfsmittel zur Analyse mathematischer Probleme sein sollte.

```
Plot[ x^2, {x,-2,3} ]                              (* Bild 17.1 *)
Plot[ {Sin[x], Sin[3x], Sin[5x]}, {x,0,Pi} ]       (* Bild 17.2 *)
```

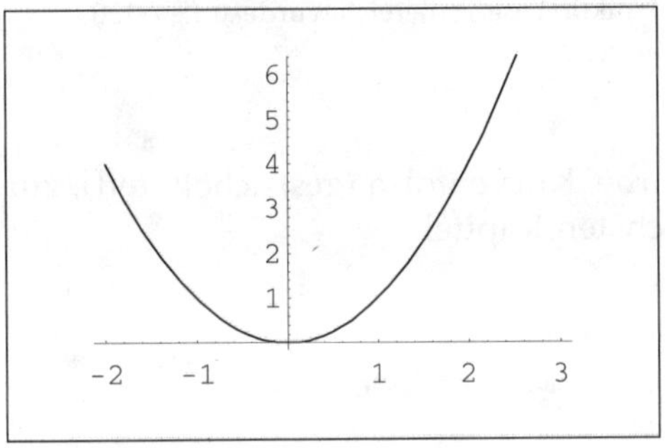

Bild 17.1: Die Funktion x^2

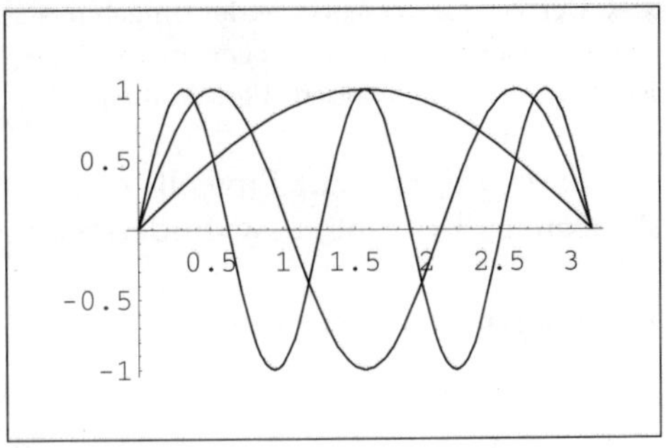

Bild 17.2: Drei Sinus-Funktionen in einem Diagramm

Die Bedienung des `Plot`-Kommandos geht aus den beiden Beispielen klar hervor – im ersten Parameter wird die darzustellende Funktion angegeben, im zweiten Parameter die Variable und der gewünschte Darstellungsbereich. Wenn mehrere Funktionen gleichzeitig dargestellt werden sollen (zweites Beispiel), dann müssen diese Funktionen in einer Liste angegeben werden.

```
Plot[x^5-x, {x,-3,3}]                              (* Bild 17.3 *)
Plot[x^5-x, {x,-3,3}, PlotRange->{-150,150}]       (* Bild 17.4 *)
```

Die beiden Beispiele oben zeigen die Verwendung der `PlotRange`-Option. Mathematica ermittelt den y-Bereich zur Darstellung der Kurven selbständig. Normalerweise ist dieser Bereich sinnvoll. Manchmal ist es aber notwendig, den Bereich selbst mit `PlotRange` einzustellen, beispielsweise um bestimmte Details zu erkennen oder um abgeschnittene Kurventeile zu betrachten.

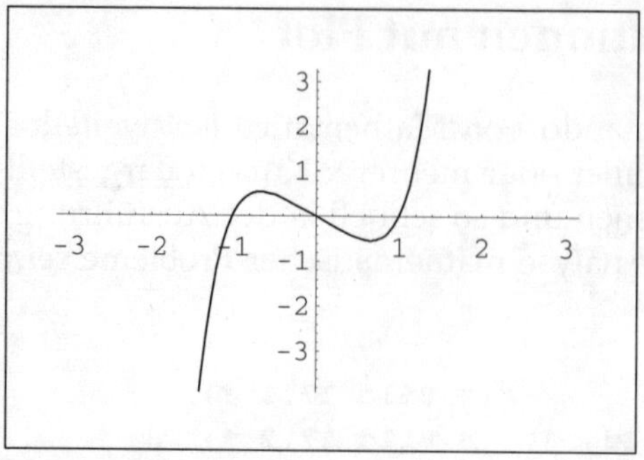

Bild 17.3: Die Default-Darstellung der Funktion x^5-x. Der Verlauf der Kurve in der Umgebung des Nullpunktes ist gut zu erkennen, allerdings ist die Kurve an den Enden abgeschnitten.

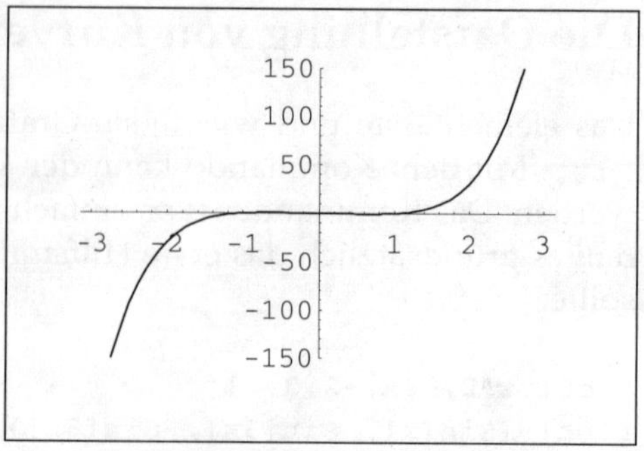

Bild 17.4: Alternative Darstellung der gleichen Funktion, der Y-Bereich wurde auf +/-150 erweitert.

Weitere Optionen zur Einstellung der Kurvenfarbe, Kurvenform (gestrichelt, fett), zur Achsenbeschriftung, usw. finden Sie im übernächsten Kapitel.

```
Plot[Sqrt[x], {x,-1,0}]

Plot::plnr: CompiledFunction[{x}, <<1>>, -CompiledCode-][x]
     is not a machine-size real number at x = -1..

Plot[ Im[Sqrt[x]], {x,-1,0}]                    (* Bild 17.5 *)
```

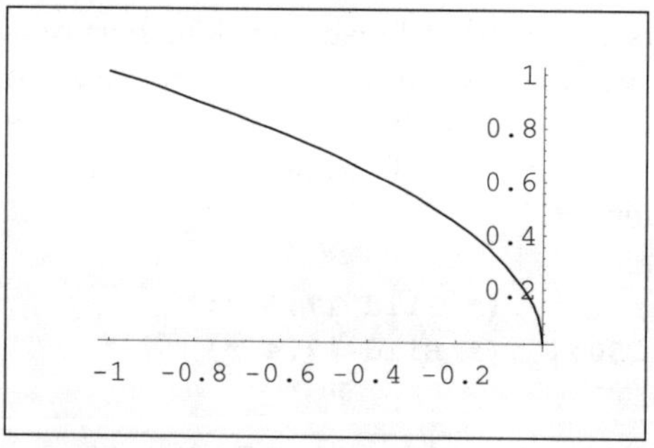

Bild 17.5: Verlauf des Imaginärteils der Quadratwurzelfunktion.

`Plot` ist nicht in der Lage, komplexe Funktionen darzustellen. Wenn bei der Auswertung der Funktion komplexe Werte auftreten, meldet sich Mathematica mit einer Warnmeldung. Wenn es sich dabei nur um vereinzelte Punkte handelt, versucht Mathematica die Kurve für den restlichen Bereich zu zeichnen, wenn dagegen die gesamte Funktion komplex ist, verweigert Mathematica jede Ausgabe. Zur Analyse komplexer Funktionen können Sie sich mit den Funktionen `Re`, `Im`, `Abs` und `Arg` den Real- und Imaginärteil sowie Betrag und Argument der Funktion separat ansehen. Weitergehende Möglichkeiten bieten die Kommandos `PolarMap` und `CartesianMap` aus dem Package `Graphics`ComplexMap`` Informationen zum Einsatz dieser Kommandos sazu finden Sie in Kapitel 26.

Plot kann naturgemäß nur dann verwendet werden, wenn eine numerische Berechnung der Funktionswerte möglich ist. Daher wird die Funktion a x^2 + b nur dann gezeichnet, wenn a und b bekannt sind. Wenn Sie diese Koeffizienten nicht durch eine Zuweisung fest belegen möchten, können Sie beim Aufruf von Plot auch Substitutionsregeln angeben:

```
Plot[ a x^2 + b /. a->3 /. b->2, {x,0,2}]          (* Bild 17.6 *)
```

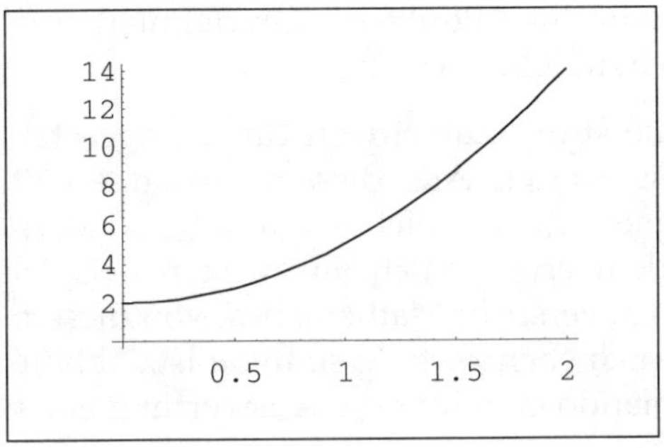

Bild 17.6: Die Funktion $3\ x^2 + 2$

Das Evaluate-Kommando zur vorzeitigen Auswertung von Ausdrücken

Gelegentlich weigert sich Mathematica (nach der Ausgabe einiger kaum verständlicher Fehlermeldungen), scheinbar triviale Plot-Kommandos auszuführen. Dazu zwei Beispiele:

```
Plot[ Table[ Sin[n x]/n, {n,1,5} ], {x,0,2 Pi} ]
Plot::plnr: CompiledFunction[{x}, <<1>>, -CompiledCode-][x]
     is not a machine-size real number at x = 0..
Plot[ D[x^2,x], {x,0,1} ]
General::ivar: 0. is not a valid variable.
Plot::plnr: CompiledFunction[{x}, <<1>>, -CompiledCode-][x]
     is not a machine-size real number at x = 0..
```

Mit dem ersten Kommando sollte eine Kurvenschar von fünf Sinusschwingen gezeichnet werden, mit dem zweiten Kommando die Ableitung einer einfachen

Funktion. Um zu verstehen, warum Mathematica dazu nicht in der Lage ist, müssen Sie die Vorgehensweise bei der Auswertung des `Plot`-Kommandos kennen: Mathematica nimmt die gegebene Funktion (also den ersten Parameter des Kommandos) und setzt für jeden zu berechnenden Punkt explizite Zahlenwerte ein. Der Parameter wird vorher nicht ausgewertet oder vereinfacht. Diese Vorgehensweise unterscheidet sich von der sonst üblichen Auswertung von Ausdrücken und gilt nur für das `Plot`-Kommando, für die zahlreichen weiteren Grafik-Kommandos, und für einige Spezialkommandos wie `If`, `Do`, `Table`, `For`. Diese Vorgehensweise hat den Vorteil, daß auch Funktionen gezeichnet werden können, die an einzelnen Punkten nicht definiert sind und deren allgemeingültige Auswertung gar nicht möglich wäre.

Im ersten Beispiel wird also für jeden Punkt zuerst der Zahlenwert für `x` eingesetzt, erst danach wird das `Table`-Kommando ausgewertet. Aus diesem Grund erhält Mathematica nicht eine Liste von fünf Funktionen, die es zeichnen könnte, sondern für jeden Datenpunkt eine Liste mit fünf Zahlenwerten. Auch im zweiten Beispiel wird zuerst ein Zahlenwert eingesetzt, erst danach versucht Mathematica, von diesem Wert die Ableitung nach `x` zu bilden, was natürlich ebensowenig sinnvoll ist. Abhilfe bietet das Kommando `Evaluate`. Dieses Kommando erzwingt die Auswertung eines Ausdrucks *bevor* Zahlenwerte eingesetzt werden.

```
Plot[ Evaluate[ Table[ Sin[n x]/n, {n,1,5} ]],
      {x,0,2 Pi} ]                            (* Bild 17.7 *)
Plot[ Evaluate[ D[x^2,x]], {x,0,1} ]          (* Bild 17.8 *)
```

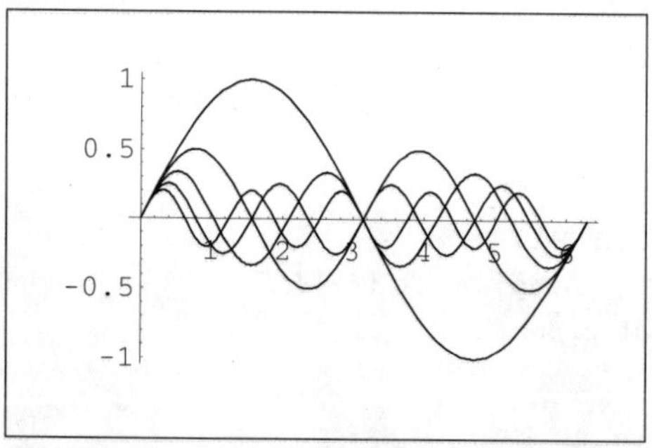

Bild 17.7: Kurvenbündel von Sin[n x] / n für n zwischen 1 und 5

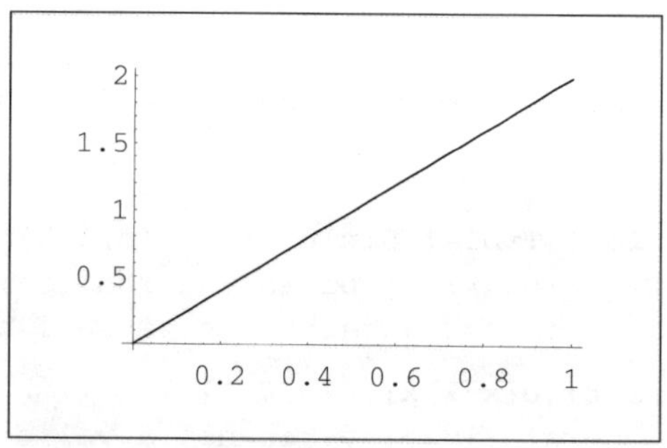

Bild 17.8: Die Kurve 2x (Ableitung von x^2)

Das `Evaluate`-Kommando muß in analoger Weise auch bei allen anderen Grafik-Kommandos eingesetzt werden, wenn Tabellen oder noch nicht berechnete Ableitungen, Integrale,.. dargestellt werden sollen!

Kurven in Polarkoordinaten

Im Package `Graphics`Graphics`` befindet sich das Kommando `PolarPlot`, mit dem Sie Diagramme in Polarkoordinaten zeichnen können. Das Kommando wird im Prinzip wie `Plot` verwendet. Der einzige Unterschied besteht darin, daß die Funktion nicht in der Form y=f[x], sondern in der Form r=f[phi] angegeben wird. Es dürfen auch mehrere Funktionen in einer Liste angegeben werden. Die Koordinaten der einzelnen Punkte ergeben sich aus dem Radius r und dem Winkel phi: x=r*Cos[phi], y=r*Sin[phi]

```
Needs["Graphics`Graphics`"]
PolarPlot[Sin[3 phi], {phi,0,2 Pi}]                    (* Bild 17.9 *)
```

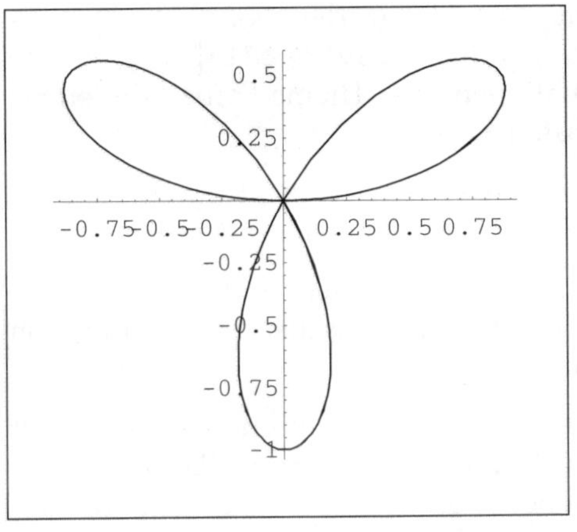

Bild 17.9: Die Kurve r=Sin[3 phi] wurde mit PolarPlot gezeichnet

FilledPlot zur Darstellung der Fläche zwischen zwei Kurven

Das Kommando `FilledPlot` aus dem Package `Graphics`FilledPlot`` wird wie das oben behandelte `Plot`-Kommando bedient. Im ersten Parameter müssen eine oder mehrere Funktionen (in einer Liste) angegeben werden. `FilledPlot` zeichnet dann die Funktionen und füllt die dazwischenliegenden Flächen mit verschiedenen Mustern. Wenn nur eine einzige Funktion angegeben wird, füllt das Programm die Fläche zwischen der Kurve und der x-Achse.

```
Needs["Graphics`FilledPlot`"]
FilledPlot[ {x^2, x^3}, {x,0,2} ]                    (* Bild 17.10 *)
```

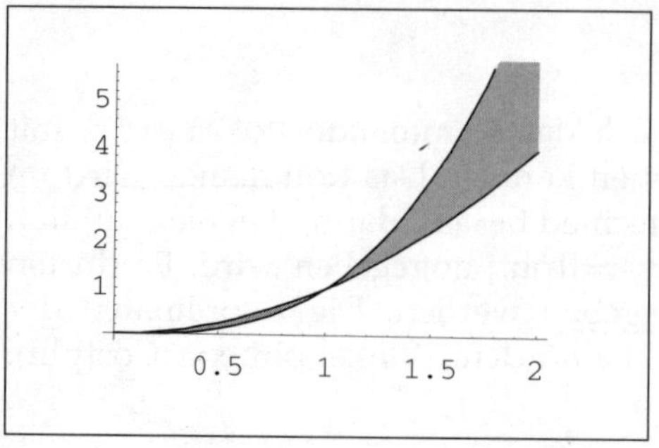

Bild 17.10: Die Fläche zwischen den beiden Kurven wurde mit FilledPlot hervorgehoben

Das Kommando sieht zwei Optionen zur Beeinflussung des Diagrammes vor:

`Fills->{farbe1,farbe2,..}`	bestimmt die Farben zwischen den Kurven `n` und `n+1`; Farben werden in der Form `RGBColor`-[rot,grün,blau] oder `GrayLevel`[n] angegeben; mehr Informationen zum Thema Farben finden Sie im übernächsten Kapitel.
`Curves->Front`	die Funktionskurven werden nicht durch die Füllmuster überdeckt (das ist normalerweise der Fall)

Das Kommando sieht leider keine Möglichkeit vor, die zu füllende Fläche auf einen bestimmten x-Achsenbereich einzuschränken. Gerade zur grafischen Darstellung von Integrationsflächen wäre das oft recht angenehm.

Das folgende Beispiel zeigt, wie zumindestens eine eingegrenzte Fläche zwischen *einer* Kurve und der x-Achse markiert werden kann. Dazu wird im ersten Parameter des `FilledPlot`-Kommandos neben der eigentlichen Funktion eine `If`-Funktion mit dem gewünschten x-Wertebereich angegeben. Wenn die `If`-Bedingung erfüllt ist, ist der Funktionswert 0, andernfalls ist er identisch mit der zu zeichnenden Funktion. Im zweiteren Fall verschwindet die Fläche zwischen den beiden Kurven, so daß nur der durch die `If`-Bedingung selektierte Bereich der Fläche tatsächlich gefüllt wird.

```
Needs["Statistics`NormalDistribution`"]
f[x_] := PDF[ NormalDistribution[0,1], x]
FilledPlot[ {f[x], If[ -1<x<1, 0, f[x]] },
          {x,-3,3}]                        (* Bild 17.11 *)
```

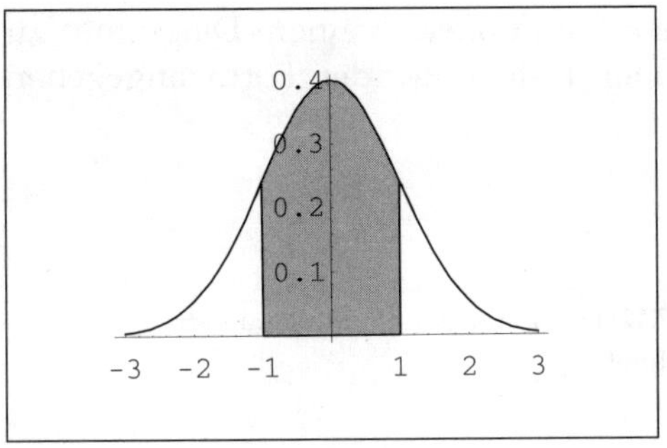

Bild 17.11: Von der Normalverteilungskurve ist nur der Bereich zwischen +/-1 hervorgehoben

Das Beispiel oben verwendet die Kommandos `PDF` und `NormalDistribution` aus dem Package `Statistics`NormalDistribution``, um die Normalverteilungsfunktion zu definieren (detaillierte Informationen zu diesem Thema finden Sie in Kapitel 11). Die `If`-Funktion hat folgenden Syntax:

```
If[bedingung, funktion1, funktion2]
```

Wenn die Bedingung erfüllt ist, liefert `If` die erste Funktion zurück, andernfalls die zweite.

Parametrische Funktionen zeichnen

`Plot` kann nur Funktionen zeichnen, die in der Form `y=f[x]` definiert sind. Wenn x- und y-Koordinaten der Funktion durch zwei eigene Funktionen mit einem eigenständigen Parameter definiert sind, müssen Sie stattdessen `ParametricPlot` verwenden. Die allgemeine Syntax dieses Kommandos sieht folgendermaßen aus:

```
ParametricPlot[ {x[t], y[t]}, {t,tmin,tmax}]
```

Im Beispiel unten wurden die beiden Funktionen `t Cos[t]` und `t Sin[t]` verwendet, um eine Spirale zu definieren. Die Option `AspectRatio->Automatic` wurde gewählt, damit die Spirale kreisförmig (und nicht elliptisch) dargestellt wird. Normalerweise stellt Mathematica Grafiken unabhängig von den tatsächlich auftretenden Koordinaten in einem Rechteck mit dem Seitenverhältnis 1:1.6 dar.

```
ParametricPlot[ {t Cos[t], t Sin[t]}, {t,0,6 Pi},
  AspectRatio->Automatic]                          (* Bild 17.12 *)
```

`ParametricPlot` ist auch in der Lage, mehrere Funktionen in einem Diagramm zu zeichnen. Dazu müssen die Funktionen in einer Liste folgender Form angegeben werden:

```
{ {x1[t], y1[t]}, {x1[t], y2[t]}, ..}
```

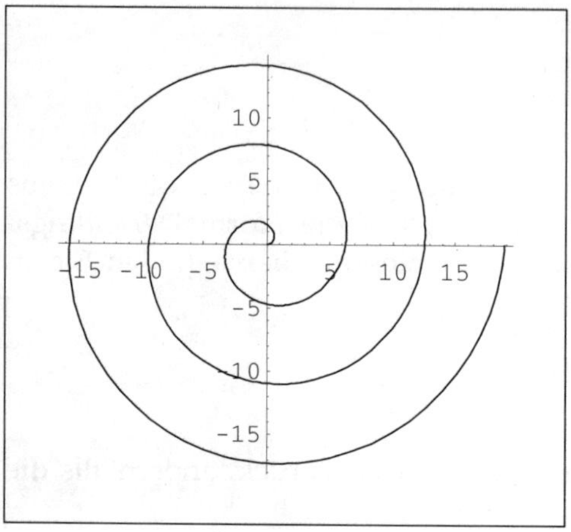

Bild 17.12: Die Spirale wurde mit ParametricPlot gezeichnet

Implizit definierte Funktionen zeichnen

Implizite Funktionen sind durch eine Gleichung definiert, etwa `x^2+y^2==1`. Wenn Sie Funktionen dieser Art darstellen möchten, steht Ihnen das Kommando `ImplicitPlot` aus dem Package `Graphics`ImplicitPlot`` zur Verfügung.

Als ersten Parameter geben Sie die Funktionsgleichung an (oder eine Liste von Funktionsgleichungen, wenn Sie mehrere Funktionen gleichzeitig zeichnen möchten). Im zweiten Parameter geben Sie den Wertebereich für eine der beiden Variablen an. Diese Variable gilt dann als x-Variable (horizontale Koordinatenachse), während die zweite Variable als y-Variable (vertikale Achse) gilt. Aus diesem Grund sind die beiden Abbildungen 17.13 und 17.14 um 90 Grad gegeneinander verdreht. Mathematica versucht die Gleichung nach der x-Variablen aufzulösen. Wenn das unmöglich ist (beispielsweise für die Gleichung $y^x==x^y$), bricht Mathematica die Ausführung mit einigen Fehlermeldungen ab.

In diesem Fall können Sie die zweite Variante des `ImplicitPlot`-Kommandos verwenden, bei der Sie den gewünschten Wertebereich für *beide* Variablen angeben. Mathematica berechnet dann Funktionswerte für zahlreiche Punkte innerhalb des so definierten Rechteckes und stellt den Verlauf der Kurve anhand von Vorzeichenwechsel fest. Diese Berechnungsmethode liefert relativ eckige Kurven. Dafür funktioniert sie auch bei beliebig komplexen Funktionsgleichungen zuverlässig. Welche der beiden Varianten schneller ist, hängt von der Komplexität der Gleichung ab. Wenn der Aufwand zum Separieren einer Variablen (geschieht intern mit `Solve`) sehr groß ist, kann die hier beschriebene Variante schneller sein. Intern greift die zweite `ImplicitPlot`-Variante auf das Kommando `ContourPlot` zurück, das in Kapitel 26 beschrieben wird. Aus diesem Grund können alle Optionen von `ContourPlot` verwendet werden.

Vorsicht: Die erste `ImplicitPlot`-Variante (mit der Angabe nur eines Wertebereiches) kann unter Umständen falsche oder zumindestens unvollständige Lösungen liefern. Wenn Sie Zweifel an der Glaubwürdigkeit des Ergebnisses haben, sollten Sie auf jeden Fall auch die zweite Variante des Kommandos ausführen. Das gilt insbesondere, wenn eine Warnmeldung der Art `Solve::ifun: Warning: Inverse functions are being used by Solve, some solutions may not be found.` auftritt!

```
Needs["Graphics`ImplicitPlot`"]
ImplicitPlot[ x^2 - x == y^3 - 3 y, {x,-3,3} ]              (* Bild 17.13 *)
ImplicitPlot[ x^2 - x == y^3 - 3 y, {y,-3,3} ]              (* Bild 17.14 *)
ImplicitPlot[ x^2 - x == y^3 - 3 y, {x,-3,3}, {y,-3,3} ]  (* Bild 17.15 *)
```

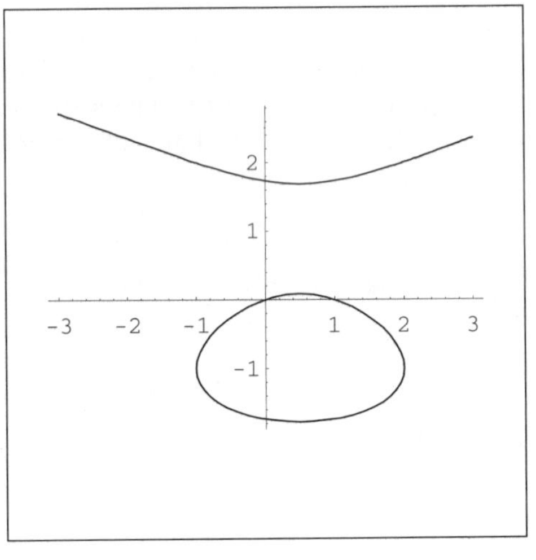

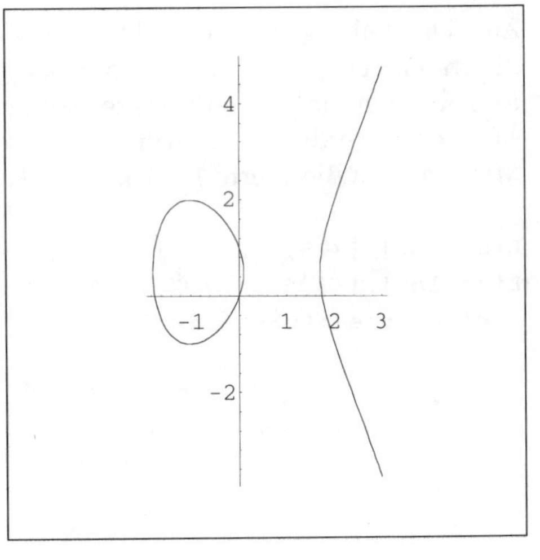

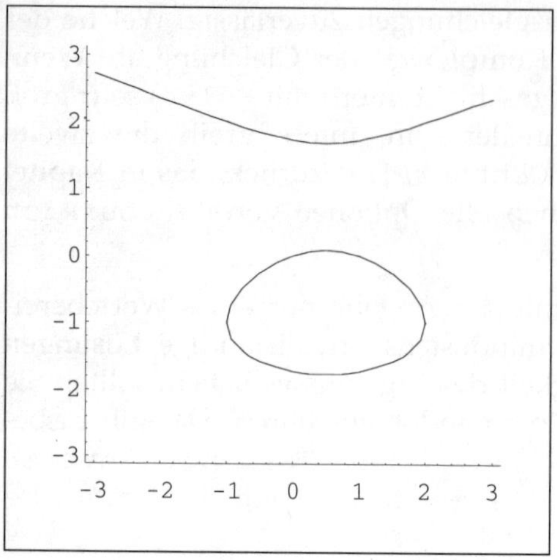

Bild 17.13, 17.14 und 17.15: In allen drei Bildern wird die Funktion x^2-x==y^3-y^2 dargestellt. In Bild 17.13 wurde die Funktionsgleichung nach x aufgelöst, in 17.14 nach y (90-Grad-Drehung). In Bild 17.15 wurde der Verlauf der Kurven durch die punktweise Berechnung der Funktion in einem quadratischen Raster ermittelt – daher sieht diese Darstellung etwas eckig aus.

Punktgrafiken

Zur Darstellung einzelner Datenpunkte oder von Funktionen, deren Verlauf nur durch einzelne Punkte bekannt ist, eignet sich das Kommando `ListPlot`. Die Koordinaten der Datenpunkte können wahlweise in einer ein- oder zweidimensionalen Liste durch Koordinatenpaare angegeben werden. Im ersten Fall verwendet Mathematica die Werte 1,2,3,4.. als y-Koordinaten:

```
ListPlot[ {7,5,6,2,2} ]                        (* Bild 17.16 *)
ListPlot[ {{3,5}, {7,2}, {6,5}},               (* Bild 17.17 *)
  PlotStyle->PointSize[0.02] ]
```

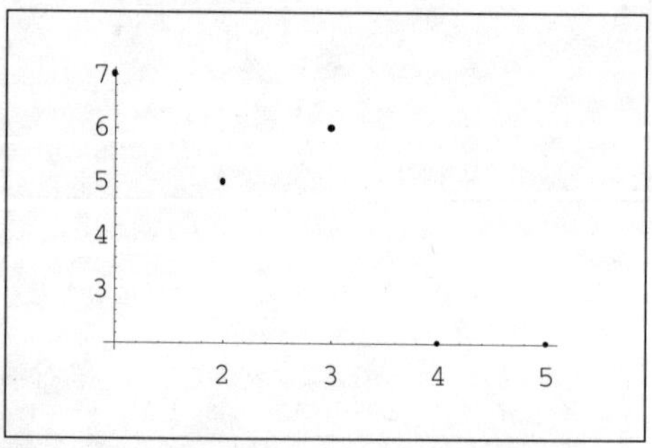

Bild 17.16: Die Defaultgröße für Punkte ist ziemlich klein, der erste Datenpunkt verschwindet außerdem in der y-Achse

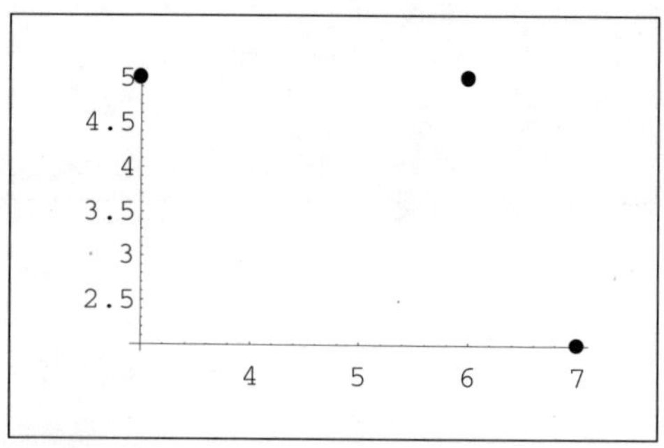

Bild 17.17: Die Punktgröße wurde mit der PlotStyle-Option erhöht

```
ListPlot[ Table[Sin[x], {x,0,Pi,Pi/30}],          (* Bild 17.18 *)
  PlotStyle->PointSize[0.02]]
ListPlot[ {1,7,2,4,5,3}, PlotJoined->True]        (* Bild 17.19 *)
```

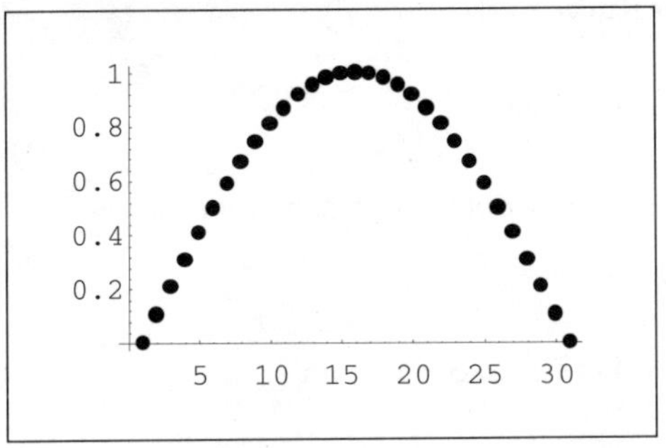

Bild 17.18: Die Datenpunkte können auch mit Table aus einer Funktionsvorschrift berechnet werden

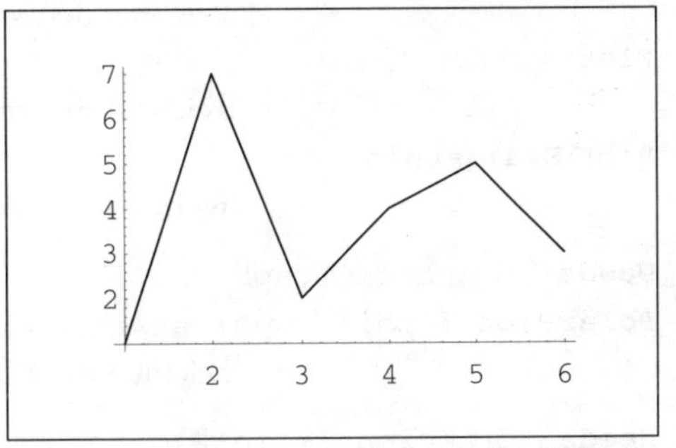

Bild 17.19: ListPlot wird zum Zeichnen eines punktweise definierten Funktionsverlaufes eingesetzt

Die beiden wichtigsten Optionen des Kommandos sind `PlotStyle` und `PlotJoined`:

`PlotStyle->PointSize[v]`	bestimmt die Größe eines Punktes relativ zur Größe der Gesamtgrafik; normalerweise sind Werte im Bereich zwischen 0.01 und 0.02 sinnvoll
`PlotJoined->True`	verbindet die Datenpunkte durch Linien

Wenn Sie durch mehrere Datenpunkte eine Näherungs- oder Interpolationsfunktion legen möchten, sollten Sie einen Blick in Kapitel 12 (`Interpolate`) werfen.

Im Package `Graphics`MultipleListPlot`` befindet sich das Kommando `MultipleListPlot`, das zum gleichzeitigen Zeichnen mehrerer Listen geeignet ist. Jede Datenmenge kann mit unterschiedlichen Punktformen und Linienmustern dargestellt werden. Siehe Kapitel 19, Bild 19.22.

Das Package `Graphics`Graphics`` enthält das Kommando `ErrorListPlot` zum Zeichnen von Fehlerkurven, in denen außer dem eigentlichen Datenpunkt noch eine dünnen Linie gezeichnet wird, die die maximale Abweichung angibt. Das Kommando ist im »Guide to Standard Mathematica Packages« beschrieben.

Zusammenfassung

`Plot[f[x], {x,start,end}]`

zeichnet den Verlauf der Kurve y=f[x]

`Plot[{f1[x],f2[x],..}, {x,s,e}]`

zeichnet mehrere Kurven gleichzeitig

`Plot[Evaluate[ausdruck], {x,s,e}]`

wertet den Ausdruck vor dem Einsetzen der Zahlenwerte aus

`Needs["Graphics`Graphics`"]`

`PolarPlot[f[phi], {phi,start,end}]`

zeichnet die Kurve r=f[phi] in Polarkoordinaten

`Needs["Graphics`FilledPlot`"]`

`FilledPlot[f[x], {x,s,e}]`

`FilledPlot[{f1[x], f2[x],..}, {x,s,e}]`

markiert die Fläche(n) zwischen der Funktion und der x-Achse bzw. zwischen den angegebenen Funktionen

`Fills->{farbe1,farbe2,..}`

bestimmt die gewünschten Füllfarben

`Curves->Front`

verhindert, daß die Kurven durch Füllmuster überlagert werden

`ParametricPlot[{x[t],y[t]}, {t,start,end}]`

zeichnet die angegebene parametrische Funktion

`Needs["Graphics`ImplicitPlot`"]`

`ImplicitPlot[gleichung, {x,start,end}]`

zeichnet die implizite Gleichung für den Wertebereich zwischen start und end der x-Variablen; dabei wird die Gleichung nach x aufgelöst

`ImplicitPlot[gleichung, {x,s,e}, {y,s,e}]`

zeichnet die implizite Gleichung für die angegebenen Wertebereiche; die Funktion wird dazu punktweise in einem engen Raster ausgewertet

`ListPlot[{x1, x2, x3}]`

`ListPlot[{{x1,y1}, {x2,y2}, {x3,y3}}]`

`PlotJoined->True`

`PlotStyle->PointSize[n]`

zeichnet die Punkte an den angegebenen `{x,y}`-Koordinatenpositionen; bei der ersten Variante werden als y-Koordinaten die Werte 1,2,3,.. verwendet; optional können die Punkte durch Linien miteinander verbunden werden bzw. die Punktgröße relativ zur Bildgröße eingestellt werden (z.B. n=0.02)

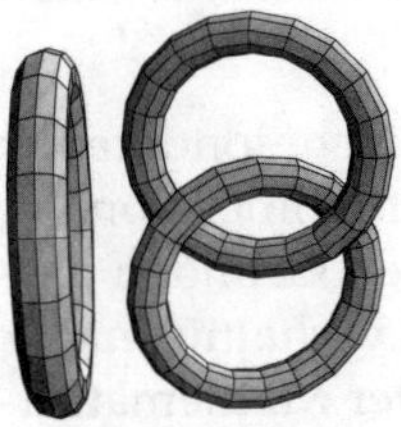

Grafik (II): 3D-Grafik (Flächen, Körper)

Nachdem im letzten Kapitel die wichtigsten Kommandos für zweidimensionale Grafiken behandelt wurden, sind jetzt Kommandos zur dreidimensionalen Darstellung von Flächen und Körpern an der Reihe. Zum Teil handelt es sich bei diesen Kommandos um einfache Varianten der Kommandos des letzten Kapitels. Beachten Sie bitte, daß die meisten der unten angeführten Kommandos in verschiedenen `Graphics``-Packages versteckt sind. Wenn Sie mehrere Kommandos ausprobieren wollen, beginnen Sie einfach mit

```
Needs["Graphics`Master`"]
```

Mathematica lädt dann die entsprechenden Packages automatisch. Es sind alle `Graphics``-Packages aktiviert (daher die Bezeichnung `Master``). Etwas weniger Speicherplatz kostet es, wenn Sie – wie in den Beispielen im Verlauf dieses Kapitel – mit `Needs` nur jenes Package aktivieren, das Sie tatsächlich benötigen.

Plot3D
Darstellung von Funktionen mit zwei Variablen (z=f[x,y]) durch dreidimensionale Flächen (z.B. $z=x^2+3y$)

ShadowPlot3D
wie `Plot3D`, allerdings wird unter der Funktionsfläche deren Schatten gezeichnet

ListPlot3D, ListSurfacePlot3D
Darstellung dreidimensionaler Flächen, deren Koordinatenpunkte in Listen gegeben sind

ParametricPlot3D
Darstellung von dreidimensionalen Kurven oder Flächen, deren Koordinaten durch parametrische Gleichungen mit einem oder zwei Parametern bestimmt sind (z.B. $x=s+t$, $y=s^2$, $z=t^2$)

SphericalPlot3D
wie `ParametricPlot3D`, aber für Kugelkoordinaten

CylindricalPlot3D
wie `ParametricPlot3D`, aber für Zylinderkoordinaten

SurfaceOfRevolution
zeichnet den Körper, der durch Drehung einer Funktionskurve um eine Achse entsteht

ScatterPlot3D
zeichnet eine Punktmenge, wobei die dreidimensionalen Koordinaten der Punkte in einer Liste vorliegen müssen

PointParametricPlot3D
wie `ParametricPlot3D`, allerdings wird die Funktion nicht durch Flächen, sondern durch zahlreiche einzelne Punkte dargestellt

Abschließend noch ein *Hinweis*, der für alle Grafik-Kommandos und insbesondere für alle 3D-Grafik-Kommandos gilt: Das Berechnen und Zeichnen dreidimensionaler Grafiken beansprucht in der Regel relativ viel Zeit. Aus unerfindlichen Gründen vergeht *nach* dem Zeichnen der vollständigen Grafik abermals eine verhältnismäßig große Zeitspanne (umso größer, je komplizierter die Grafik ist), bis der Mathematica-Kernel wieder bereit ist, eine neue Berechnung durchzuführen. Diese Zeit kann gespart werden, wenn Sie hinter dem `Plot..`-Kommando einen Strichpunkt angeben.

Mathematica zeichnet dann die Grafik wie bisher. Es gibt allerdings nicht mehr die Zeile »-..Graphics-« aus, die den Typ der Grafik (siehe Kapitel 26) angibt. Dieser Verlust kann aber angesichts der gesparter Rechenzeit (oft einige Minuten) verkraftet werden. Natürlich können Sie nach dem Zeichnen der Grafik auch Alt+. (Notebook-Interface) bzw. Ctrl+C (Text-Interface) drücken, um den nachfolgenden Rechenprozeß abzubrechen – eleganter ist allerdings der Strichpunkt.

Dreidimensionale Darstellung von Flächen mit Plot3D

`Plot3D` ist eine Erweiterung des `Plot`-Kommandos, das im vorigen Kapitel vorgestellt wurde. Statt einer zweidimensionalen Kurve y=f[x] wird jetzt eine dreidimensionale Fläche z=f[x,y] gezeichnet, d.h. es gibt jetzt zwei Parameter. Die Bedienung des Kommandos sieht erwartungsgemäß ähnlich aus wie bei `Plot`:

```
Plot3D[ x^2-y^2, {x,-1,1}, {y,-1,1}]                (* Bild 18.1 *)
Plot3D[ Im[Sin[ x + I y]], {x,0,2 Pi},
        {y,-Pi/2, Pi/2}]                             (* Bild 18.2 *)
```

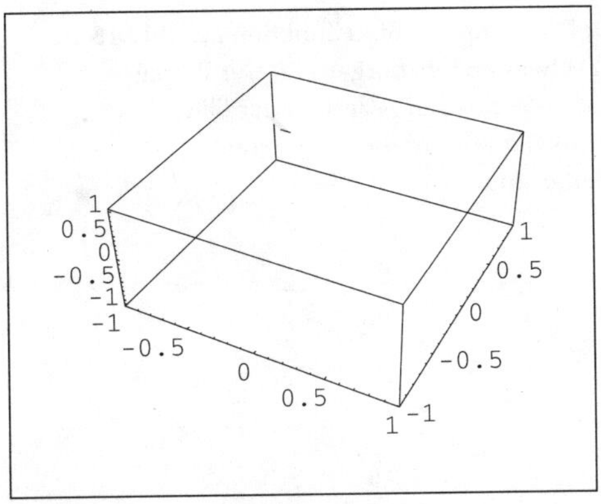

Bild 18.1: Die Funktion $z=x^2-y^2$

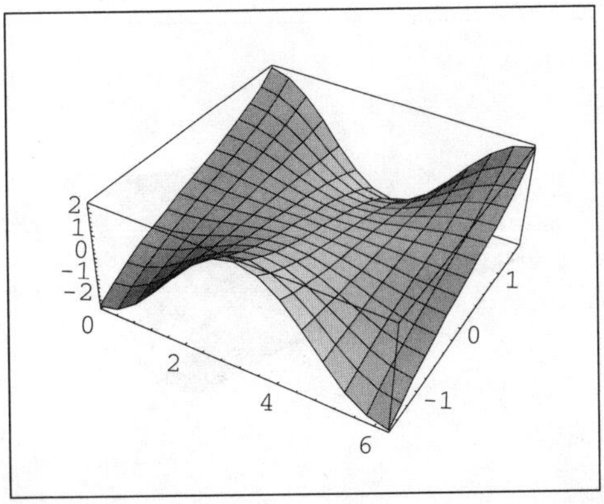

Bild 18.2: Der Imaginärteil der komplexen Sinus-Funktion

Die Funktion im ersten Parameter von `Plot3D` muß zwei voneinander unabhängige Variablen aufweisen (normalerweise x und y), deren Wertebereich in den beiden folgenden Parametern angegeben wird. `Plot3D` ist zwar nicht in der Lage, komplexe Funktionen direkt anzuzeigen, Sie können sich aber selbstverständlich den Real- oder Imaginärteil bzw. Betrag oder Phase anzeigen lassen, wie dies im zweiten Beispiel demonstriert ist. Eine weitere Möglichkeit, komplexe Funktionen übersichtlich darzustellen, bietet eine Variante des `Plot3D`-Kommandos:

```
Plot3D[m {func, farbe}, {var1,start,end}, {var2,start,end} ]
```

Zusätzlich zur Funktion für die z-Koordinate wird eine weitere Funktion angegeben, welche die Farbe der Fläche an diesem Punkt bestimmt. Damit kann beispielsweise der z-Verlauf der Fläche durch den Betrag der komplexen Funktion bestimmt werden, die Farbgebung durch den Phasenwinkel der Funktion. Im Beispiel unten wird die komplexe Sinus-Funktion auf diese Weise dargestellt. Die Berechnung des Arguments für `GrayLevel` wurde so gewählt, daß der Wertebereich des Phasenwinkels (`-Pi` bis `+Pi`) in Zahlen zwischen 0 und 1 umgewandelt wird. Das Thema Farbgebung und die Funktion `GrayLevel` wird im nächsten Kapitel noch ausführlicher behandelt.

```
f[x_,y_]:=Sin[ x + I y]                                    (* Bild 18.3 *)
Plot3D[ {Abs[f[x,y]], GrayLevel[ (Arg[ f[x,y]] + Pi) / (2Pi)]},
        {x,0,2 Pi}, {y,-Pi/2, Pi/2}]
```

`Plot3D` zeichnet die x-Achse standardmäßig von links nach rechts (für wachsende Werte), die y-Achse rechts von nach hinten. Diese Darstellung entspricht der üblichen zweidimensionalen Koordinatendarstellung (x von links nach rechts, y von unten nach oben). Im nächsten Kapitel wird beschrieben, wie ein anderer Blickpunkt und eine andere Perspektive eingestellt werden kann. Dort werden auch zahlreiche weitere Optionen vorgestellt, mit denen das Aussehen der Grafik beeinflußt werden kann.

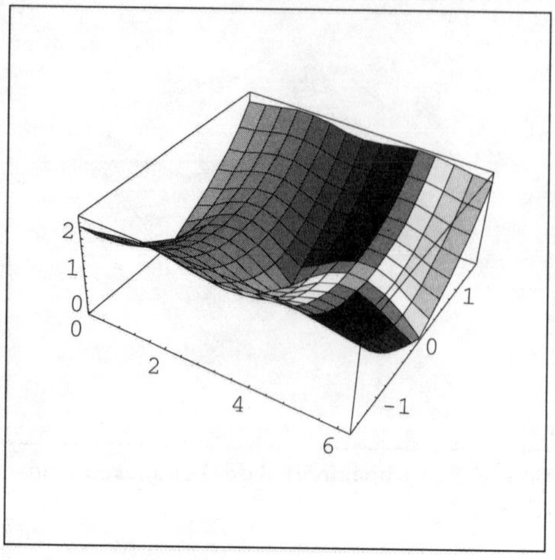

Bild 18.3: Die komplexe Sinusfunktion aus Bild 18.2 wird jetzt etwas anders dargestellt: Der Betrag der Funktion ergibt den z-Verlauf der Fläche, der Phasenwinkel bestimmt die Farbe bzw. Grauschattierung.

Eine besonders wichtige Option ist `PlotPoints`. Normalerweise berechnet Mathematica die z-Koordinaten der Grafik für einen Raster mit 15*15 Punkten. Für manche Grafiken ist dieser Raster zu grob (Bild 18.4) – in diesem Fall muß die Zahl der Rasterpunkte mit `PlotPoints->n` vergrößert werden.

```
Plot3D[ Cos[Sqrt[x^2+y^2]], {x,-3Pi,3Pi},              (* Bild 18.4 *)
       {y,-3Pi,3Pi}]
Plot3D[ Cos[Sqrt[x^2+y^2]], {x,-3Pi,3Pi},              (* Bild 18.5 *)
       {y,-3Pi,3Pi}, PlotPoints->40]
```

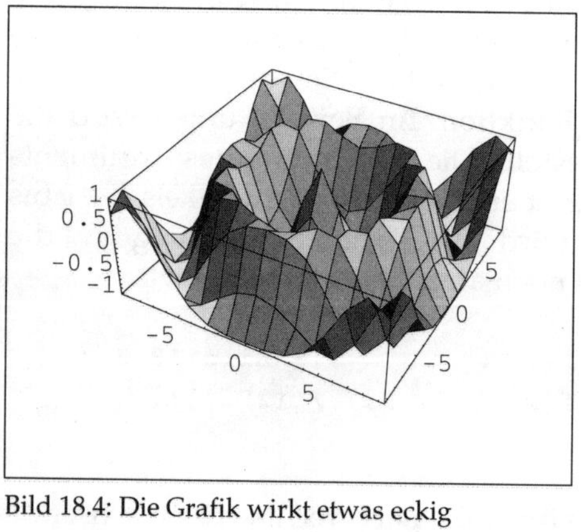

Bild 18.4: Die Grafik wirkt etwas eckig

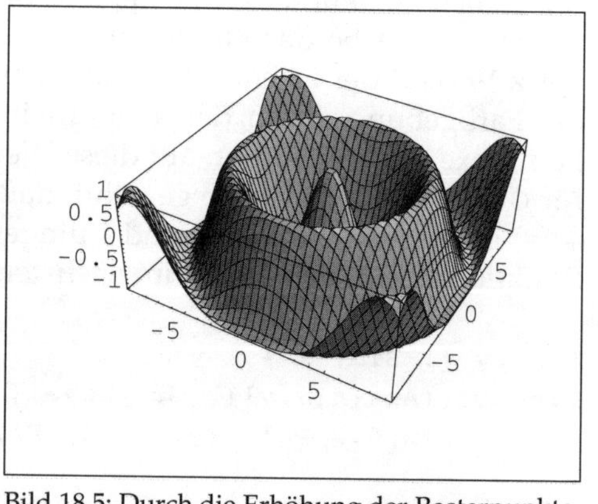

Bild 18.5: Durch die Erhöhung der Rasterpunkte mit PlotPoints->40 wird die Fläche nun ausreichend genau dargestellt

Dreidimensionale Flächen mit Schatten

Das Kommando `ShadowPlot3D` aus dem Package `Graphics`Graphics3D`` wird wie `Plot3D` eingesetzt und führt im wesentlichen zum gleichen Ergebnis. Der einzige Unterschied besteht darin, daß unterhalb der Grafik – gleichsam wie ein Schatten – die Farbverteilung der Fläche nochmals angezeigt wird. Dadurch wird ein exaktes Ablesen der Grafik vereinfacht.

```
Needs["Graphics`Graphics3D`"]
Needs["Graphics`Graphic1`"]     (* Mathematica 2.0 für Windows *)
ShadowPlot3D[ Abs[Sqrt[x + I y]], {x,-1,1}, {y,-1,1}] (* Bild 18.6 *)
```

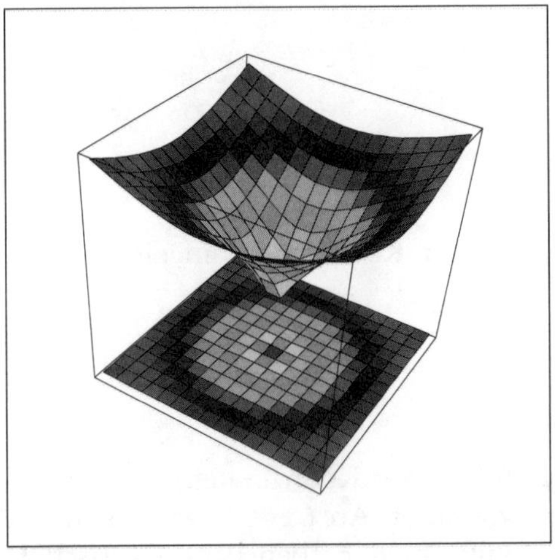

Bild 18.6: Der Betrag von Sqrt[x + I y]

Hinweis: Auf DOS/Windows-Systemen werden bei den Dateinamen von Packages systembedingt nur die ersten 8 Buchstaben ausgewertet. Da es bereits ein `Graphics``-Package »`Graphics``« gibt, ist die Bezeichnung »`Graphics3D``« nicht mehr eindeutig, es wird das falsche Package geladen. Laut dem »Guide to Standard Mathematica Packages« sollte die korrekte Bezeichnung des Package `Graphic3`` lauten, tatsächlich muß aber (Version 2.0) der Name `Graphic1`` verwendet werden, damit Mathematica das Package findet.

Dreidimensionale Flächen, die durch Listen definiert sind

```
data = Table[ Sin[x] + Sin[y], {x,0,3Pi,Pi/5}, {y,0,3Pi,Pi/5}];
ListPlot3D[data]                                    (* Bild 18.7 *)
```

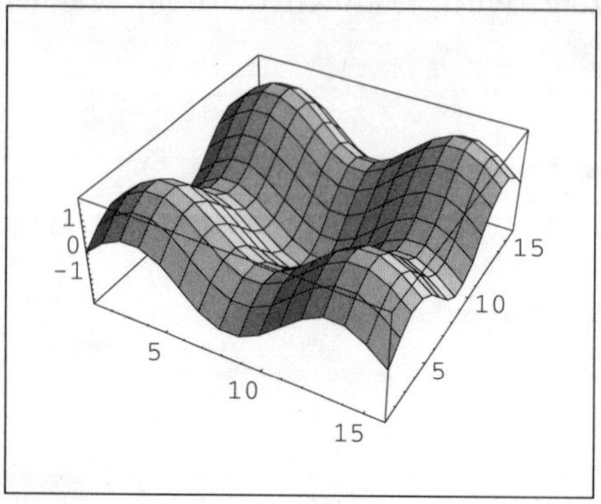

Bild 18.7: Die dreidimensionale Fläche wurde durch eine Liste beschrieben und mit ListPlot gezeichnet

`ListPlot3D` zeichnet eine Oberflächengrafik, deren z-Koordinaten in einer zweidimensionalen Liste der Form

```
{{z11,z12,z13,..}, {z21,z22,z23,..},..}
```

gegeben ist. Die Grafik wird unabhängig von der Zahl der Koordinatenpunkte in x- und y-Richtung auf einer quadratischen Ebene abgebildet. An `ListPlot3D` kann in einem zweiten Parameter eine Liste mit den gewünschten Farben bzw. Grauschattierungen für jede Ebene übergeben werden. Wenn die z-Liste m*n Datenpunkte enthält, muß die Farbliste (m-1)*(n-1) Farbkommandos (`GrayLevel`, `RGBColor`) enthalten. (Siehe auch `Plot3D`, Bild 18.3, wo statt einer Liste mit Farbkommandos eine Funktion zur Farbgestaltung angegeben wurde.)

Eine Variante zu `ListPlot3D` stellt `ListSurfacePlot3D` aus dem Package ``Graphics`Graphics3D` `` dar. Bei diesem Kommando müssen bei jedem Datenpunkt außer der z-Koordinate auch x- und y-Koordinaten angegeben werden. Damit ist die Form der darzustellenden Fläche nicht mehr auf ein Quadrat eingeschränkt. Bild 18.8 zeigt beispielsweise eine kreisförmige Fläche.

```
Needs["Graphics`Graphics3D`"]
Needs["Graphics`Graphic1`"]       (* Mathematica 2.0 für Windows *)

data = Table[ {r Cos[phi], r Sin[phi], 5 Cos[r] E^-(r/(Pi)) },
             {r,0,3Pi,Pi/5}, {phi,0,2Pi,Pi/7}];

ListSurfacePlot3D[data]                               (* Bild 18.8 *)
```

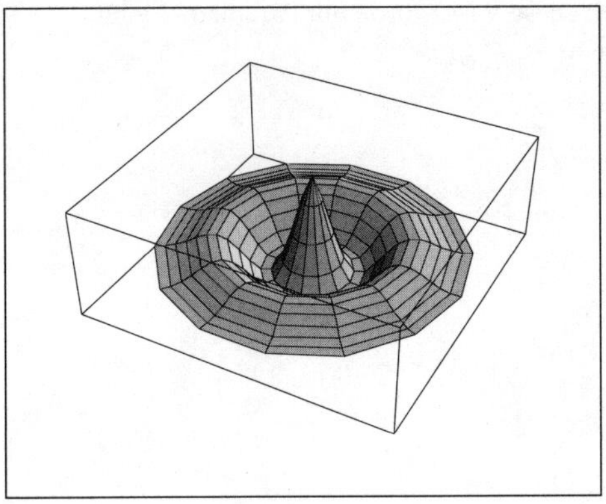

Bild 18.8: Mit ListSurfacePlot3D können auch nicht-rechteckige Flächen gezeichnet werden

Parametrische Funktionen dreidimensional darstellen

Das Kommando `ParametricPlot3D` ist eine Erweiterung des zweidimensionalen Kommandos `ParametricPlot`, das im vorigen Kapitel behandelt wurde. Mit dem Kommando wird die dreidimensionale Fläche einer parametrischen Funktion mit zwei freien Parametern dargestellt. Die Funktion muß also in der Form

```
x=f1[s,t], y=f2[s,t], z=f3[s,t]
```

definiert sein, wobei s und t die beiden Parameter sind. Die Berechnung von Grafiken parametrischer Funktionen ist in den meisten Fällen sehr zeitaufwendig. (Genaugenommen ist es die Sichtbarkeitsuntersuchung, die die meiste Zeit beansprucht, d.h. die Untersuchung, welche Teile der Grafik von weiter vorne liegenden Teilen verdeckt werden). Einen Teil dieser Zeit können Sie sparen, wenn Sie hinter dem `..Plot`-Kommando einen Strichpunkt angeben (siehe auch Hinweis am Beginn dieses Kapitels).

```
x=r Cos[phi]; y=r Sin[phi]; r=2+Sin[z];
ParametricPlot3D[ {x,y,z}, {z,0,2Pi}, {phi,0,2Pi}];   (* Bild 18.9 *)
```

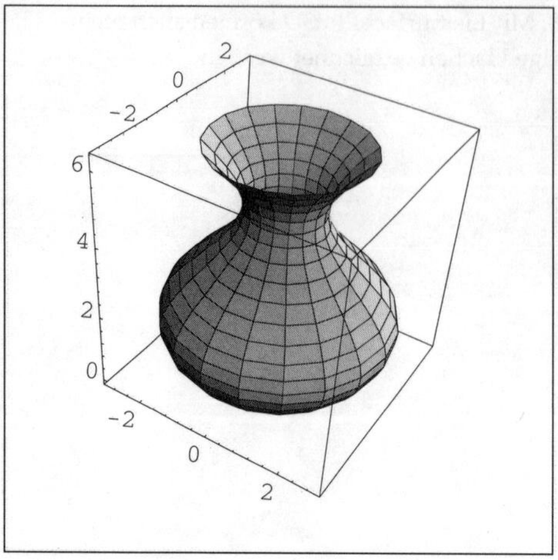

Bild 18.9: Diese Vase wurde mit ParametricPlot3D gezeichnet

Parametrische Funktionen in Kugel- und Zylinderkoordinaten

Im Package `Graphics`ParametricPlot3D`` befinden sich die Kommandos `SphericalPlot3D` und `CylindricalPlot3D`, mit denen parametrische Funktionen in Kugel- und Zylinderkoordinaten gezeichnet werden können.

Dem Kommando `SphericalPlot3D` wird im ersten Parameter die Funktion r übergeben, die von den beiden Raumwinkeln theta und phi abhängig ist. In den beiden folgenden Parametern werden die gewünschten Wertebereiche für diese beiden Variablen angegeben. (Beachten Sie die korrekte Reihenfolge: zuerst theta, dann phi.)

```
Needs["Graphics`ParametricPlot3D`"]

Clear[r]; r=Sin[theta] * Cos[Pi/2 Sin[theta] Cos[phi]];

SphericalPlot3D[ r, {theta, 0, Pi}, {phi, 0, 2Pi},    (* Bild 18.10 *)
                 Boxed->False, Axes->False,
                 PlotPoints->25,
                 ViewPoint->{2.162,-1.999,2.157}];
```

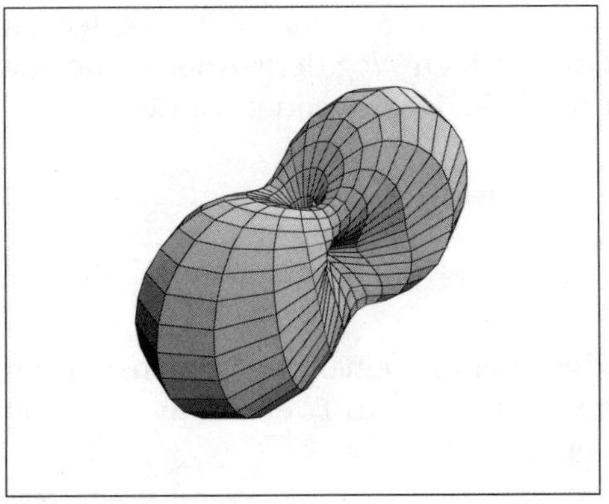

Bild 18.10: Dieses mit SphericalPlot3D gezeichnete Diagramm gibt näherungsweise die Richtcharakteristik einer Antenne an

Zusammen mit `SphericalPlot3D` wurden einige Optionen angegeben, um das Aussehen der Grafik ein wenig zu optimieren: `Boxed->False` und `Axes->False` eliminieren die Umrandung der Grafik durch die 3D-Box, `PlotPoints->25` erhöht die Genauigkeit der Grafik (normalerweise wird die Grafik aus lediglich 15*15 Rechtecken zusammengesetzt, in Bild 18.10 sind es 25*25), `ViewPoint` verändert die Blickrichtung auf die Grafik. Alle Optionen werden im nächsten Kapitel noch ausführlich behandelt.

`CylindricalPlot3D` ist im Prinzip wie `SphericalPlot3D` zu bedienen, allerdings wird im ersten Parameter die Funktion z[r,phi] angegeben. Damit eignet sich dieses Kommando hauptsächlich zur Darstellung dreidimensionaler Flächen in einem kreisförmigen Raster (vergleichbar mit `Plot3D` mit einem rechteckigen Raster). Achten Sie auch bei diesem Kommando auf die richtige Reihenfolge des zweiten und dritten Parameters für die Variablen r und phi.

```
Clear[r]; z=Sin[r]+phi * 0.66;

CylindricalPlot3D[ z, {r,Pi,2Pi},{phi,-Pi/4,13Pi/4}, (* Bild 18.11 *)
                   Boxed->False, Axes->False,
                   PlotPoints->{9,30}];
```

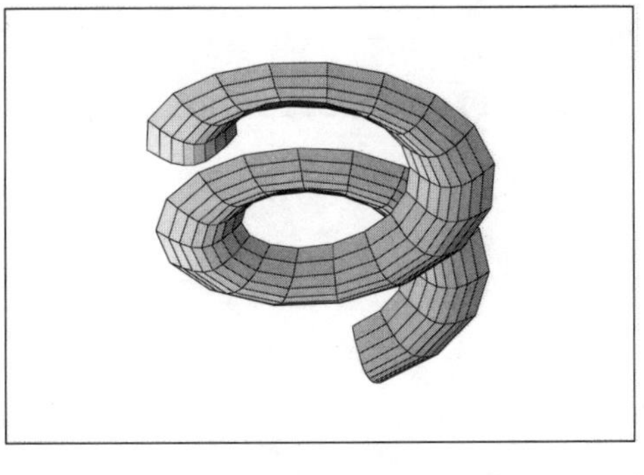

Bild 18.11: Diese »Rutschbahn« wurde mit CylindricalPlot3D gezeichnet

Bild 18.11 wurde mit Hilfe der Option `PlotPoints->{9,30}` aus 9*30 Rechtecken zusammengesetzt wird, wobei die 9 Punkte für den kleinen Weg der r-Koordinate, die 30 Punkte dagegen für den langen Weg der phi-Koordinate verwendet werden.

Rotationskörper

Wenn Sie Körper darstellen möchten, die aus der Drehung einer zweidimensionalen Kurve um eine Achse entstehen, hilft Ihnen das Kommando `SurfaceOfRevolution` aus dem gleichnamigen `Graphics``-Package weiter.

```
Needs["Graphics`SurfaceOfRevolution`"]
SurfaceOfRevolution[x^2, {x,0,1}]                    (* Bild 18.12 *)
```

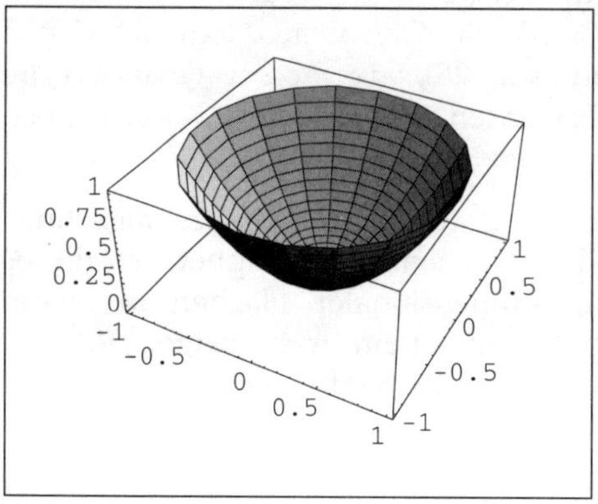

Bild 18.12: Die Kurve $z=x^2$ wurde um die z-Achse rotiert

Vom Kommando `SurfaceOfRevolution` existieren zwei Varianten: In der ersten Variante (Beispiel oben) wird die Kurve z=f[x] um die z-Achse rotiert. In der zweiten Variante (Beispiel unten) werden die x- und z-Koordinaten der Kurve parametrisch angegeben, also in der Form x=f1[t] und z=f2[t]; die resultierende Kurve wird abermals um die z-Achse rotiert.

```
SurfaceOfRevolution[ {2+Sin[t],Cos[t]}, {t,0,Pi}]  (* Bild 18.13 *)
```

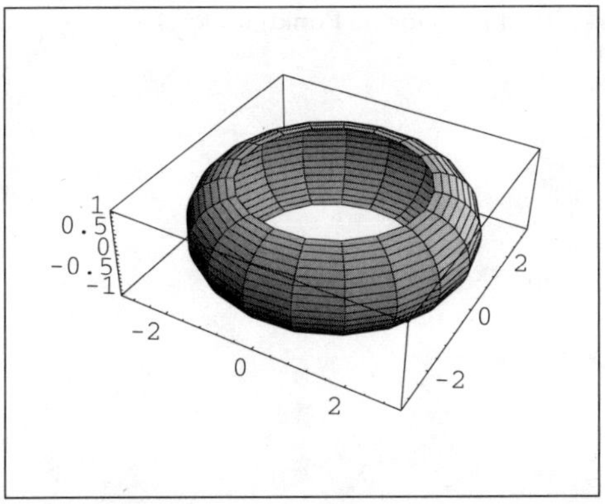

Bild 18.13: Rotation eines parametrisch definierten Halbkreises

Beide Varianten können durch einen zusätzlichen Parameter in der Form {phi,start,end} ergänzt werden. Dieser Parameter gibt an, von welchem Start- bis zu welchem Endwinkel die Rotation durchgeführt werden soll. Die in diesem Parameter genannte Variable (z.B. »phi«) muß nicht Bestandteil der Funktionsvorschrift für die Kurve sein. Wenn – wie in den obigen Beispielen – auf diesen Parameter verzichtet wird, führt Mathematica eine volle Drehung durch. Das Aussehen der Grafik kann durch Optionen wie bei `ParametricPlot3D` beeinflußt werden – siehe nächstes Kapitel.

Dreidimensionale Punkt-Grafiken

Mit `ListPlot` können zweidimensionale Punktmengen dargestellt werden. Das zugehörige dreidimensionale Kommando lautet nun nicht etwa `ListPlot3D` (damit können dreidimensionale Flächen gezeichnet werden, siehe oben), sondern `ScatterPlot3D` aus dem Package `Graphics`Graphics3D``. Dem Kommando wird eine Liste mit Zahlentripeln für die x-, y- und z-Koordinaten der einzelnen Punkte übergeben.

```
Needs["Graphics`Graphics3D`"]
Needs["Graphics`Graphic1`"]  (* für DOS/Windows, Math. Version 2.0 *)
pts = Table[ {t/10, Sin[t], Cos[t]}, {t,0,10 Pi,Pi/30} ];
ScatterPlot3D[pts]           (* Bild 18.14 *)
```

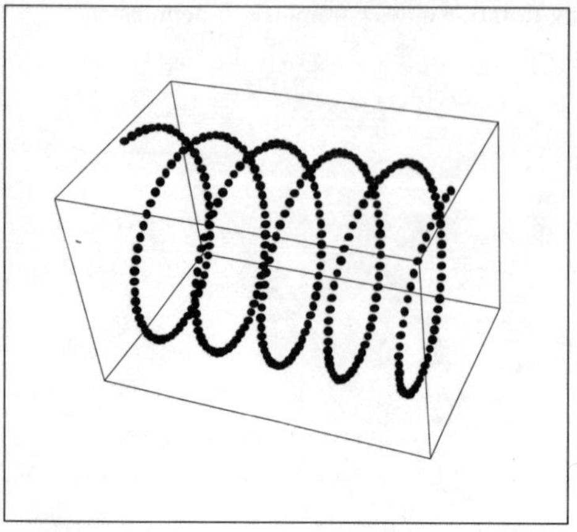

Bild 18.14: Dreidimensionale Punktgrafik

Mit der Option `PlotJoined->True` erreichen Sie, daß die Punkte durch Linien miteinander verbunden werden.

Parametrische Punkt-Grafiken

`PointParametricPlot3D` ist eine Variante zum weiter oben behandelten Kommando `ParametricPlot3D`. Statt aus drei- oder viereckigen Flächen einen dreidimensionalen Körper zu bilden, werden hier allerdings nur Punkte gezeichnet. Das hat zwei Vorteile: Die Berechnung der Grafik ist um ein Vielfaches schneller, und es können auch dreidimensionale parametrische Funktionen mit nur einer Variablen (das ist ein geschwungener Linienzug) gezeichnet werden.

Die Bedienung des Kommandos erfolgt im Prinzip wie bei `ParametricPlot` durch Angabe der x-, y- und z-Funktionen in einer Liste und durch Angabe einer oder zweier Listen mit den Wertebereichen der Variablen. In diesen Listen kann durch einen vierten Parameter die gewünschte Schrittweite angegeben werden. Das ist vor allem bei parametrischen Funktionen mit zwei Variablen praktisch, weil Sie damit die eine oder andere Variable durch eine kleine Schrittweite betonen können (siehe zweites Beispiel).

Hinweis: Im Gegensatz zu `ListPlot` und `ScatterPlot` (siehe oben) ist es nicht möglich, die Punkte mit der Option `PlotJoined` durch Linien zu verbinden.

```
Needs["Graphics`ParametricPlot3D`"]

PointParametricPlot3D[                          (* Bild 18.15 *)
        {s/12 Cos[s], s/12 Sin[s], -s/6},
        {s,0,20 Pi,Pi/20}]
```

```
PointParametricPlot3D[                          (* Bild 18.16 *)
        {Sin[s] Cos[t], Cos[s] Cos[t], t},
        {s,0,2Pi,Pi/20}, {t,0,Pi,Pi/15}]
```

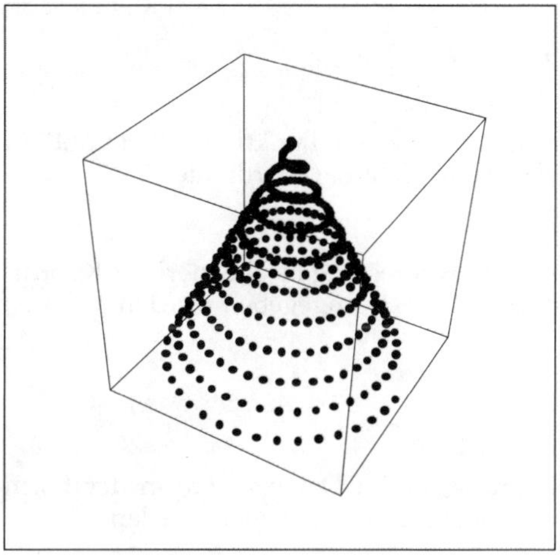

Bild 18.15: Dreidimensionale parametrische Punkt-Grafik mit einer Variablen

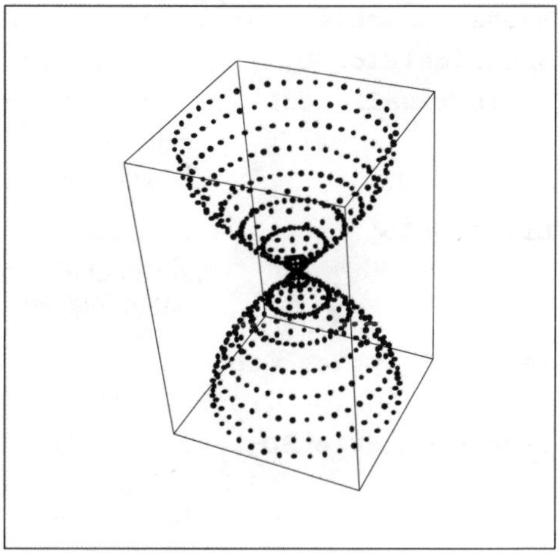

Bild 18.16: Dreidimensionale parametrische Punkt-Grafik mit zwei Variablen

Zusammenfassung

Plot3D[f[x,y], {x,start,end}, {y,start,end}]

Plot3D[{ f[x,y], farbe }, {x,s,e}, {y,s,e}]

stellt die Fläche z=f[x,y] dreidimensional dar; die Farbgebung der Grafik kann durch eine zweite Funktion gesteuert werden;

PlotPoints->n

stellt die Zahl der Rasterpunkte pro Richtung ein (Default: 15) und steuert damit die Genauigkeit der Grafik

Needs["Graphics`Graphics3D`"]

Needs["Graphics`Graphic1`"]   (* für DOS/Windows, Version 2.0 *)

ShadowPlot3D[f[x,y], {x,start,end}, {y,start,end}]

wie Plot3D, aber mit zusätzlicher Darstellung eines Schattens unterhalb der Funktionsfläche; eine getrennte Steuerung der Farbe wie in der zweiten Plot3D-Variante ist allerdings nicht möglich

ParametricPlot3D[{fx,fy,fz}, {s,smin,smax}, {t,tmin,tmax}]

zeichnet die Grafik der parametrischen Funktion {fx[s,t], fy[s,t], fz[s,t]}

Needs["Graphics`ParametricPlot3D`"]

SphericalPlot3D[r, {theta,tmin,tmax}, {phi,pmin,pmax}]

CylindricalPlot3D[z, {r,rmin,rmax}, {phi,pmin,pmax}]

zeichnet die Grafik der parametrischen Funktion r[theta,phi] in Kugelkoordinaten bzw. z[r,phi] in Zylinderkoordinaten

ListPlot3D[{z11,z12,z13,..}, {z21,z22,z23,..}, ..}]

zeichnet eine dreidimensionale rechteckige Fläche, deren z-Koordinaten in einer zweidimensionalen Liste angegeben werden

Needs["Graphics`Graphics3D`"]

Needs["Graphics`Graphic1`"] (* Mathematica 2.0 für Windows *)

ListSurfacePlot3D[{p11,p12,p13}, {p21,p22,p23},..}]

zeichnet eine Oberflächengrafik, deren Datenpunkte in der Form {x,y,z} in einer zweidimensionalen Liste angegeben werden

Needs["Graphics`SurfaceOfRevolution`"]

SurfaceOfRevolution[f[x], {x,start,end}]

SurfaceOfRevolution[{f1[t], f2[t]}, {x,start,end}]

SurfaceOfRevolution[..., {x,start,end}, {phi,start,end}]

rotiert die Kurve z=f[x] bzw. {x=f1[t],z=f2[t]} um die z-Achse; mit dem zusätzlichen Parameter für phi können die Grenzen des Rotationswinkels eingestellt werden

Needs["Graphics`Graphics3D`"]

Needs["Graphics`Graphic1`"] (* für DOS/Windows, Version 2.0 *)

ScatterPlot3D[{{x1,y1,z1}, {x2,y2,z2}, ..}]

PlotJoined->True

PlotStyle->PointSize[n]

zeichnet eine dreidimensionale Punktgrafik; optional können die Punkte durch Linien miteinander verbunden werden bzw. die Punktgröße relativ zur Bildgröße eingestellt werden (z.B. n=0.02)

Needs["Graphics`ParametricPlot3D`"]

PointParametricPlot3D[{x[t], y[t], z[t]}, {t,start,end,delta}]

PointParametricPlot3D[{x[s,t], y[s,t], z[s,t]}, {s,..}, {t,..}]

wie ParametricPlot3D, allerdings für Punktgrafiken

19 Grafik (III): Optionen (Darstellungsformat, Farben, Beschriftung)

Die Grafik-Kommandos von Mathematica sind (im Vergleich zu anderen Mathematik-Programmen) recht einfach zu bedienen, weil Mathematica unzählige Optionen selbständig einstellt. Daher ist der Aufwand für den ersten Entwurf der Grafik meist gering. Wenn Sie mit dem Ergebnis dann nicht zufrieden sind, beginnt das Jonglieren mit zahllosen Optionen, mit denen Sie praktisch alles einstellen können. (Daß dieses Kapitel länger ist, als die beiden vorigen zusammen, spricht ohnedies für sich.) In den beiden vorangegangenen Kapiteln wurden lediglich die allerwichtigsten Optionen bei den dazu passenden Kommandos kurz erwähnt (oder solche Optionen, die nur speziell für ein bestimmtes Kommando verwendet werden können). In diesem Kapitel steht der allgemeine Charakter der Optionen im Vordergrund, die Beschreibung ist nicht nach einzelnen Kommandos geordnet, sondern nach inhaltlichen Kriterien:

Bildausschnitt, Proportionen
`PlotRange, AspectRatio, BoxRatios, ViewPoint, ViewVertical`

Koordinatenachsen
`Axes, AxesOrigin, Frame, GridLines, Boxed, Ticks, FrameTicks`

Beschriftung
`PlotLabel, RotateLabel, FrameLabel, AxesLabel`

Punkt- und Linienformen
`AxesStyle, BoxStyle, FrameStyle, MeshStyle, PlotStyle; Dashing, Thickness, PointSize, AbsolutePointSize, AbsoluteDashing, AbsoluteThickness`

Farben und Schattierung
`GrayLevel, RGBColor, Hue, CMYKColor, DefaultColor, Background, AmbientLight, Lighting, Shading, Mesh, LightSources, AmbientLight, SurfaceColor`

Am Ende dieses Kapitels finden Sie eine alphabetische Syntax-Übersicht aller Grafik-Optionen bzw. der Kommandos zur Einstellung dieser Optionen. Bevor die detaillierte Beschreibung der Optionen zur Einstellung des Bildausschnittes und der Proportionen beginnt, noch einige allgemeine Informationen zum Thema Optionen.

Umgang mit Optionen

Einen Überblick über alle für ein bestimmtes Kommando zugänglichen Optionen und deren aktuellen Einstellungen liefert das Kommando `Options`:

```
Options[Plot]
```

$$\{\text{AspectRatio} \to \frac{1}{\text{GoldenRatio}}, \text{Axes} \to \text{Automatic}, \text{AxesLabel} \to \text{None},$$

```
 AxesOrigin -> Automatic, AxesStyle -> Automatic,
 ....
 DisplayFunction :> $DisplayFunction}
```

Wenn Sie die Optionen einer bereits berechneten Grafik ansehen möchten, müssen Sie stattdessen das Kommando `FullOptions` verwenden, das zu einer noch umfangreicheren Ausgabe führt:

```
grafik=Plot3D[ Sin[x y], {x,0,Pi}, {y,0,2Pi}];
FullOptions[grafik]
{AmbientLight -> GrayLevel[0.], AspectRatio -> Automatic,
 ...
 DisplayFunction -> ((Display[stdout, #1]; #1) & )}
```

Optionen werden wie zusätzliche Parameter beim Aufruf des jeweiligen Grafik-Kommandos angegeben. Der übliche Syntax sieht dabei folgendermaßen aus: `option->einstellung`, also beispielsweise:

```
ListPlot[ {4,7,3}, PlotStyle->PointSize[0.02] ]
```

Die eigentliche Option lautet hier `PlotStyle`, das Kommando `PointSize` wird lediglich zur bequemen Einstellung dieser Option verwendet. Die Einstellung für die Option gilt nur für das gerade ausgeführte Kommando. Wenn Sie feststellen, daß Sie bestimmte Optionen immer wieder in gleicher Weise benötigen, können Sie die Option mit `SetOptions` auch bleibend einstellen, beispielsweise:

```
SetOptions[ListPlot, PlotStyle->PointSize[0.02]]
```

Damit wird die Option `PlotStyle` für das Kommando `ListPlot` auf eine neue Größe fixiert. Mathematica zeigt nach dieser Eingabe sämtliche Options-Einstellungen des `ListPlot`-Kommandos an, darunter auch die veränderte `PlotStyle`-Option. Diese Einstellung gilt jetzt bis zum Ausschalten Ihres Rechners. Sie können die Einstellung aber jederzeit durch ein weiteres `SetOptions`-Kommando widerrufen oder vorübergehend durch die Angabe einer anderlautenden Option beim Aufruf von

ListPlot überdecken. (Beim Kommandoaufruf angegebene Optionen haben immer Vorrang gegenüber den voreingestellten Default-Werten. Die Standard-Einstellung für PlotStyle lautet übrigens Automatic.)

Dazu noch ein *Hinweis*: Die veränderte Einstellung gilt prinzipiell nur für ListPlot. Wenn andere Grafik-Kommandos (z.B. in Packages) auf ListPlot zurückgreifen, wirkt sich die geänderte Einstellung allerdings auch auf diese Kommandos aus.

Bildausschnitt, Proportionen, Blickpunkt

Bildausschnitt (PlotRange)

Beim Zeichnen zweidimensionaler Funktionen geben Sie normalerweise den x-Bereich vor, Mathematica ermittelt selbständig eine sinnvolle Skalierung für die y-Achse. Ähnliches gilt bei dreidimensionalen Grafiken für die z-Achse. Es gibt aber Situationen, in denen es für Mathematica nicht klar ist, was Sie sehen möchten: den prinzipiellen Verlauf der Funktion bis zu deren Ende, oder das Detailverhalten nahe einem Grenzwert. In solchen Fällen müssen Sie den y- bzw. z-Bereich mit der Option PlotRange selbst wählen:

```
Plot[ (1-E^-t) + 0.5 E^(-t/3) * Sin[ t], {t,0,30}]   (* Bild 19.1 *)

Plot[ (1-E^-t) + 0.5 E^(-t/3) * Sin[ t], {t,0,30},   (* Bild 19.2 *)
      PlotRange->{0,1.2}]
```

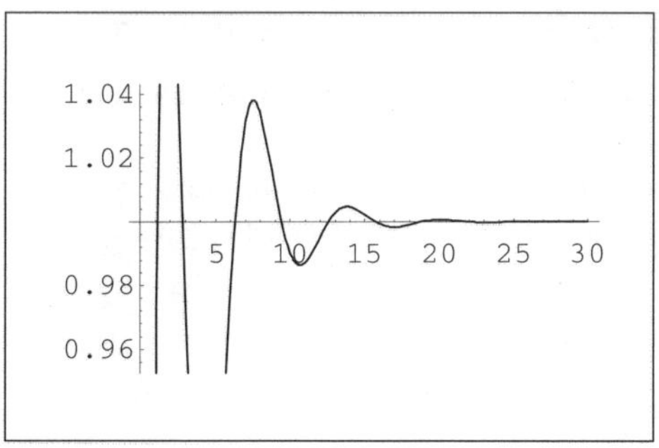

Bild 19.1: Die automatische Skalierung durch Mathematica zeigt gut den Detailverlauf nahe y=1

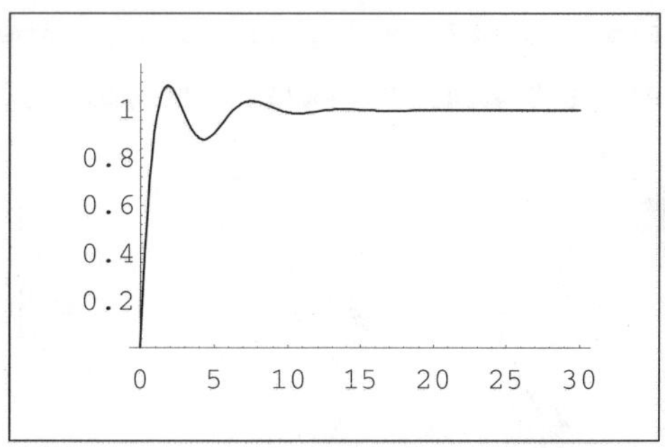

Bild 19.2: Durch die mit PlotRange veränderte Skalierung wird der prinzipielle Verlauf des Einschwingvorgangs besser erkennbar

PlotRange wird durch eine Liste mit den gewünschten Grenzwerten für die y-Achse (2D-Grafiken) bzw. für die z-Achse (3D-Grafiken) eingestellt. Andere Einstellungsmöglichkeiten sind Automatic (die Grafik wird bei weit außerhalb liegenden Punkten abgeschnitten) und All (der vollständige Verlauf der Kurve wird angezeigt; diese Einstellung ist unbrauchbar, wenn die Kurve gegen unendlich konvergiert). Sie können mit `PlotRange` auch die Grenzwerte für die restlichen Koordinaten bestimmen:

```
PlotRange->{ {xmin,xmax}, {ymin,ymax}, {zmin,zmax} }
```

Diese Form der Einstellung ist dann sinnvoll, wenn Sie einen größeren Koordinatenbereich anzeigen möchten, als dies für die Grafik eigentlich notwenig wäre. Anwendungsbeispiele sind bewegte Grafiken (wo alle Grafiken unabhängig von ihrem Inhalt den gleichen Koordinatenbereich aufweisen müssen; siehe Kapitel 26, Bild 26.29), oder Grafiken, bei denen der Koordinatenursprung außerhalb des ursprünglichen Zeichenbereiches verlegt wurde (siehe einige Absätze weiter unten).

Bildproportionen (AspectRatio, BoxRatios)

Die Option `AspectRatio` ist vor allem für zweidimensionale Grafiken wichtig. Normalerweise wählt Mathematica die Bildproportionen (Breite zu Höhe) automatisch im Verhältnis 1.62 zu 1 (Goldener Schnitt), und zwar unabhängig von den tatsächlich auftretenden x- und y-Werten. Das führt dazu, daß Kreise als Ellipsen dargestellt werden. Das können Sie vermeiden, indem Sie die Option auf `Automatic` eingestellen. Mathematica verwendet dann den gleichen Maßstab für x- und y-Koordinaten. Die Einstellung `Automatic` ist aber nur dann sinnvoll, wenn beide Koordinatenwerte in der gleichen Größenordnung liegen. In manchen Fällen ist eine ganz eigenständige Einstellung durch die Angabe des gewünschten Seitenverhältnisses sinnvoll, was durch Bild 19.4 bewiesen wird.

```
Plot[ Sqrt[1-x^2], {x,-1,1}, AspectRatio->Automatic]  (* Bild 19.3 *)
Plot[ Sin[x] E^(-x/10), {x,0,40}, AspectRatio->1/3 ]  (* Bild 19.4 *)
```

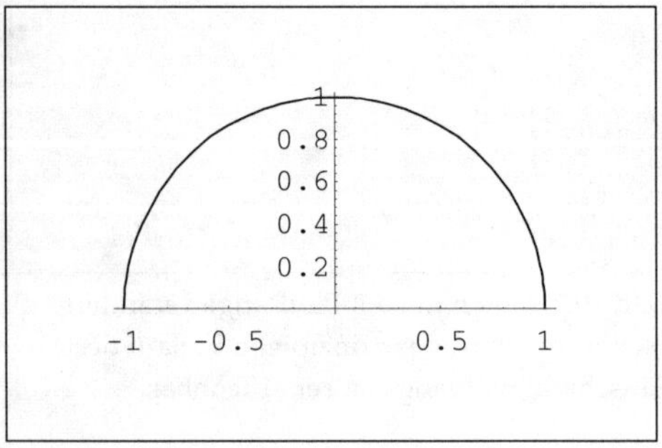

Bild 19.3: Die Option AspectRatio->Automatic ermöglicht die verzerrungsfreie Darstellung des Halbkreises

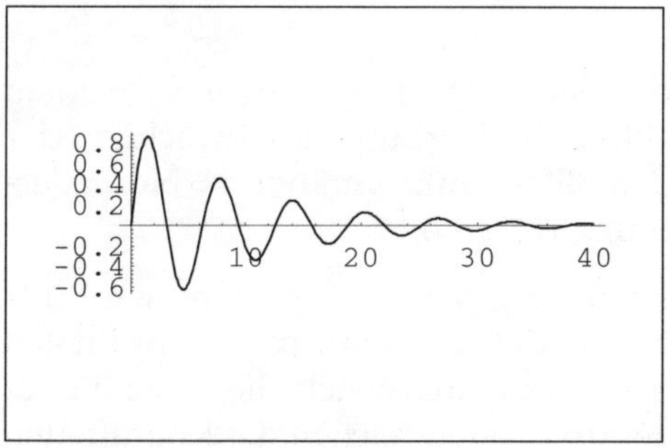

Bild 19.4: Mit AspectRatio->1/3 kann der Verlauf der gedämpften Sinus-Schwingung besser verfolgt werden

Prinzipiell kann `AspectRatio` auch zur Einstellung der Bildproportionen von 3D-Grafiken verwendet werden, allerdings führt dies in der Regel zu einer stark verzerrten Darstellung.

Für dreidimensionale Grafiken ist die Option `BoxRatios` besser geeignet – damit wird das Verhältnis der Seitenlängen des die Grafik umschließenden Quaders eingestellt. `BoxRatios->{5,1,1}` gibt an, daß der x-Koordinate fünf Mal mehr Platz gegeben wird als der y- und z-Koordinate.

```
Plot3D[ Re[ 1/(1+x^2+I y)], {x,-1,1}, {y,-0.5,0.5},     (* Bild 19.5 *)
        BoxRatios->{6,3,1}]
```

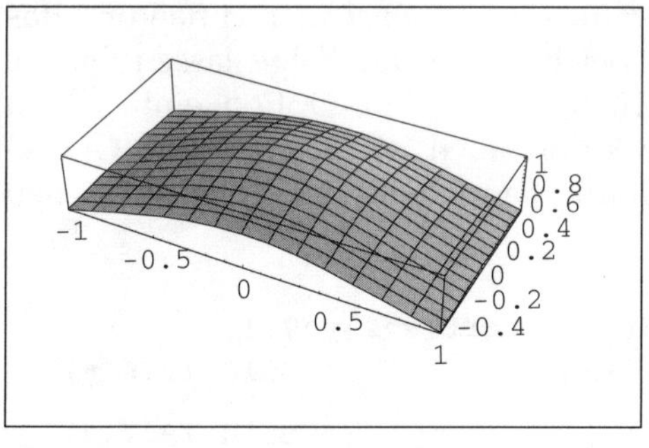

Bild 19.5: Die Seitenverhältnisse der Grafik wurden mit BoxRatios auf das Verhältnis 6 zu 3 zu 1 (x zu y zu z) eingestellt

Die Default-Einstellung für die Option `BoxRatios` lautet `Automatic` für allgemeine dreidimensionale Grafiken, bzw. `{1,1,0.4}` für Oberflächengrafiken (Kommando `Plot3D`). Bei der Einstellung `Automatic` werden die wahren x-, y- und z-Werte zur Bestimmung des Seitenverhältnisses herangezogen. Das führt allerdings nur dann zu brauchbaren Ergebnissen, wenn alle drei Werte in der gleichen Größenordnung liegen.

Blickpunkt (ViewPoint, ViewVertical)

Wenn Sie eine dreidimensionale Grafik von der Seite, von hinten oder von unten betrachten möchten, bzw. wenn Sie die perspektivische Wirkung abschwächen oder verstärken möchten, dann müssen Sie dazu den Blickpunkt verändern. Normalerweise gilt für die `ViewPoint`-Option die Einstellung {1.3, -2.4, 2}.

Um für alle 3D-Grafiken eine einheitliche Einstellung zu ermöglichen, wird für `ViewPoint` ein eigenes Koordinatensystem verwendet, das von den Koordinaten innerhalb der Grafik unabhängig ist. In diesem Koordinatensystem liegt der Punkt {0,0,0} im Zentrum der Grafik. Für die längste der drei Seiten reichen die Koordinaten von -0.5 bis +0.5, bei den anderen Seiten sind die Werte kleiner oder gleich. Jeder `ViewPoint`-Punkt mit absoluten Werten größer 0.5 liegt damit außerhalb der Grafik.

Die Default-Einstellung von `ViewPoint` ist so gewählt, daß die x-Achse der Grafik von links nach rechts verläuft, die y-Achse von vorne nach hinten, und die z-Achse von unten nach oben. Wenn Sie bei der `ViewPoint`-Einstellung einen positiven x-Wert angeben, betrachten Sie die Grafik von rechts, mit einem positiven y-Wert von hinten, und mit einem positiven z-Wert von oben. Durch die Veränderung des Vorzeichens sehen Sie die Grafik von links, vorne bzw. unten. Je größer die drei Werte gewählt werden, desto geringer wird die perspektivische Verzerrung (und damit auch der dreidimensionale Eindruck). Mit diesen prinzipiellen Hinweisen ist eine Einstellung der `ViewPoint`-Option möglich. Einige Versuche werden Sie in der Regel aber brauchen, bis das Ergebnis dem entspricht, was Sie sich vorstellen. Um während des Probierens Zeit zu sparen, sollten Sie die Grafik zuerst *einmal* ausrechnen und das resultierende Grafikobjekt in einer Variablen speichern. In der Folge lassen Sie die Grafik mit `Show` unter Angabe der gewünschten `ViewPoint`-Option einfach neu zeichnen. Selbstverständlich können Sie die Option auch direkt mit dem Grafik-Kommando angeben. Allerdings wird die Grafik dann jedesmal vollständig neu berechnet.

```
grafik=Plot3D[ Sin[Sqrt[x^2+y^2]] * Exp[-0.1 Sqrt[x^2+y^2]],
  {x,-Pi,5Pi}, {y,-3Pi,3Pi}, PlotPoints->20]          (* Bild 19.6 *)

Show[ grafik, ViewPoint->{-2.5, -1.5, 2} ]            (* Bild 19.7 *)

Show[ grafik, ViewPoint->{1, -0.8, 0.7} ]             (* Bild 19.8 *)
```

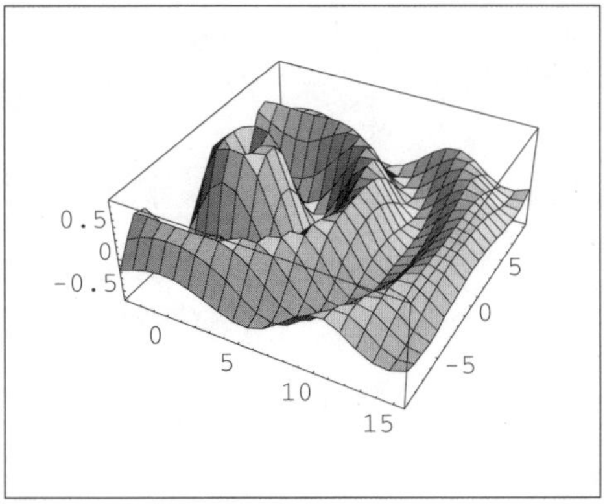

Bild 19.6: Eine gedämpfte dreidimensionale Sinuswelle in der Default-Perspektive

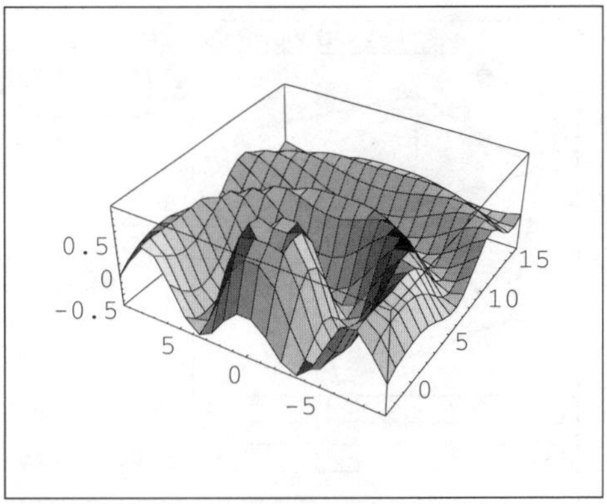

Bild 19.7: Durch die Veränderung der ViewPoint-Option wird die gleiche Grafik von links betrachtet

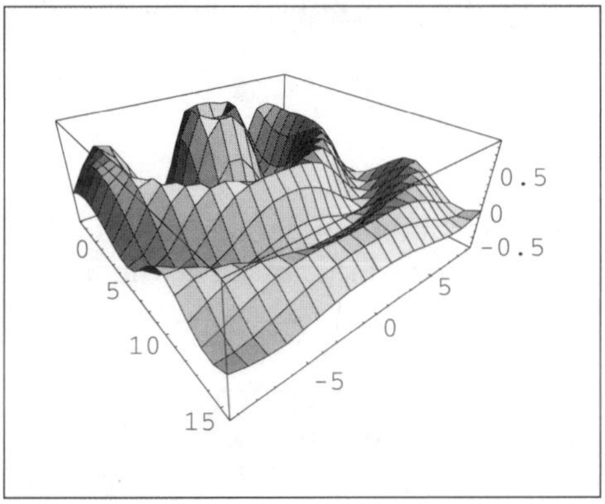

Bild 19.8: Die gleiche Grafik mit stärkerer perspektivischer Betonung, Ansicht von rechts

Falls Sie eine Mathematica-Version mit Notebook-Oberfläche besitzen, können Sie die `ViewPoint`-Einstellung erheblich komfortabler in einem Formular durchführen, das sich hinter dem Menüeintrag ACTION | PREPARE INPUT | 3D-VIEWPOINT-SELECTOR verbirgt. Bei verschiedenen Mathematica-Versionen kann die genaue Bezeichnung der Menüeinträge etwas abweichen. Bild 19.9 zeigt das Formular in seiner Windows-Variante.

Bevor Sie mit dem Formular zu arbeiten beginnen, sollte Ihnen klar sein, daß es sich dabei nur um eine Eingabehilfe handelt. Sie können damit nicht direkt das Aussehen einer bereits gezeichneten Grafik verändern. Das Formular erfüllt lediglich die Aufgabe, Ihnen bei der richtigen Einstellung der drei `ViewPoint`-Werte zu helfen. Der Text für diese Einstellung kann anschließend in eine Mathematica-Eingabezeile kopiert werden, anschließend muß das `..Plot`- oder `Show`-Kommando neu ausgeführt werden.

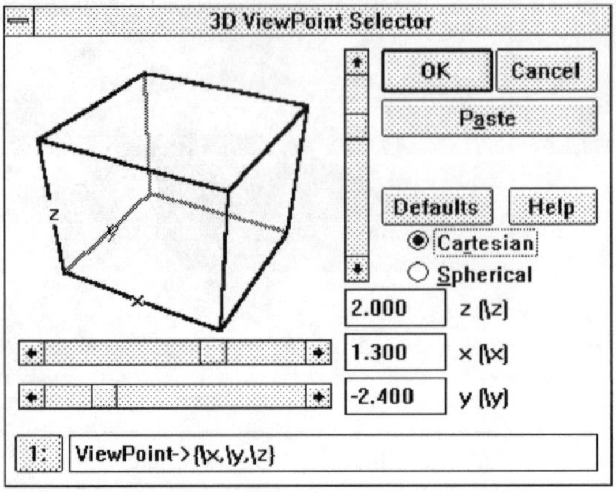

Bild 19.9: Das Formular zur Einstellung der ViewPoint-Option

Wenn Sie eine Grafik mit veränderter `ViewPoint`-Einstellung darstellen möchten, geben Sie (über die Tastatur) das Grafik-Kommando bis hin zum Komma vor der ersten Option ein, beispielsweise

```
Plot3D[x^2+y^2, {x,0,1}, {y,0,1},
```

Rufen Sie nun das ViewPoint-Selector-Formular auf. Dort können Sie die gewünschte Perspektive auf dreierlei Arten einstellen: Durch die direkte Eingabe über die Tastatur, durch das Verstellen der Bildlaufleisten mit der Maus oder indem Sie eine Ecke des Würfels mit der Maus anklicken und verschieben. Der Würfel wird automatisch für die jeweilige Perspektive neu gezeichnet, um Ihnen einen ungefähren Eindruck der Grafik zu geben. Wenn Sie mit Ihrer Einstellung zufrieden sind, klicken Sie den »Paste«-Button an. Mathematica fügt dann den Text »ViewPoint->{x,y,z}« in Ihre Eingabezeile ein, wobei statt x,y,z natürlich für die eingestellten Werte steht. Jetzt müssen Sie die Eingabezeile nur noch mit »]« und `Shift`+`Return` abschließen.

Das Formular ermöglich die Einstellung auch in Kugelkoordinaten (Radius und zwei Winkel). Da dieses Format von `ViewPoint` nicht unterstützt wird, müssen Sie darauf achten, daß im Formular das Auswahlfeld »cartesian« aktiviert ist.

Das Formular unterstützt mehrere Ausgabeformate. Normalerweise ist das Format »1« eingestellt, das zum Text »ViewPoint->{x,y,z}« führt. Andere Formate geben beispielsweise nur die Werteliste »{x,y,z}« oder gleich ein ganzes Kommando »Show[%,ViewPoint->{x,y,z}]« aus. Beachten Sie, daß der »Paste«-Button nur dann wirksam ist, wenn Sie bereits mit der Eingabe eines Kommandos begonnen haben (d.h. wenn im Notebook-Fenster der Textcursor sichtbar ist).

Als letzte Option zur Manipulation der Darstellungsweise von 3D-Grafiken soll hier `ViewVertical` genannt werden. Normalerweise werden Grafiken (unabhängig von der `ViewPoint`-Einstellung) so angezeigt, daß die z-Achse vertikal von unten nach oben verläuft. In manchen Situationen wäre es praktischer, die gesamte Grafik im Raum zu drehen, beispielsweise um Sie »aufzuklappen«. Mit der `ViewVertical`-Option können Sie einstellen, welche Koordinatenachse vertikal dargestellt wird.

```
Show[ grafik, ViewVertical->{1,0,0} ]                    (* Bild 19.10 *)
```

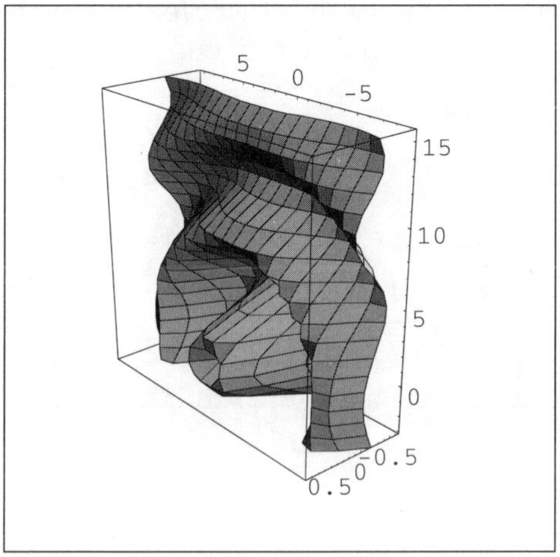

Bild 19.10: Die Grafik aus Bild 19.6 wurde so verdreht, daß die x-Achse nach oben zeigt

Prinzipiell können Sie mit `ViewVertical` jede beliebige Richtung angeben, nach der die Grafik orientiert wird, also beispielsweise auch {1,1,0}. In den meisten Fällen wird das Ergebnis dann aber eher unübersichtlich.

Koordinatenachsen bzw. Rahmen

Normalerweise stellt Mathematica 2D-Grafiken mit einem Koordinatenkreuz dar, 3D-Grafiken werden von einem Quader umgeben. In beiden Fällen sind die Achsen zwar mit Zahlenwerten versehen, aber ansonsten unbeschriftet.

Über die in diesem Kapitel behandelten Optionen können Sie die Beschriftung und den Nullpunkt der Achsen einstellen bzw. die Darstellung der Achsen ganz abschalten. Der Maßstab der Achsen ist durch die Grafik sowie durch die im vorigen Abschnitt behandelten Optionen `AspectRatio` bzw. `BoxRatios` vorgegeben. Grafiken mit logarithmischem Maßstab werden separat in Kapitel 26 behandelt.

2D-Grafiken mit Koordinatenachsen, Rahmen oder Gitterlinien (Axes, Frame, GridLines)

Die Option `Axes->False` deaktiviert die Darstellung von Achsen. Mit `Frames->True` wird ein Rahmen um die Grafik gezeichnet, dessen Skala wie bei den Koordinatenachsen automatisch beschriftet wird. Mit `GridLines->Automatic` wird über die Grafik ein Linienraster gelegt. In den Bildern 19.11 bis 19.16 sehen Sie die möglichen Kombinationen dieser drei Optionen für zweidimensionale Grafiken.

```
Plot[ Sin[x], {x,-1,2}]                                   (* Bild 19.11 *)
Plot[ Sin[x], {x,-1,2}, Axes->False]                      (* Bild 19.12 *)
Plot[ Sin[x], {x,-1,2}, GridLines->Automatic]             (* Bild 19.13 *)
Plot[ Sin[x], {x,-1,2}, Frame->True, Axes->False]         (* Bild 19.14 *)
Plot[ Sin[x], {x,-1,2}, Frame->True]                      (* Bild 19.15 *)
Plot[ Sin[x], {x,-1,2}, GridLines->Automatic,             (* Bild 19.16 *)
      Frame->True]
```

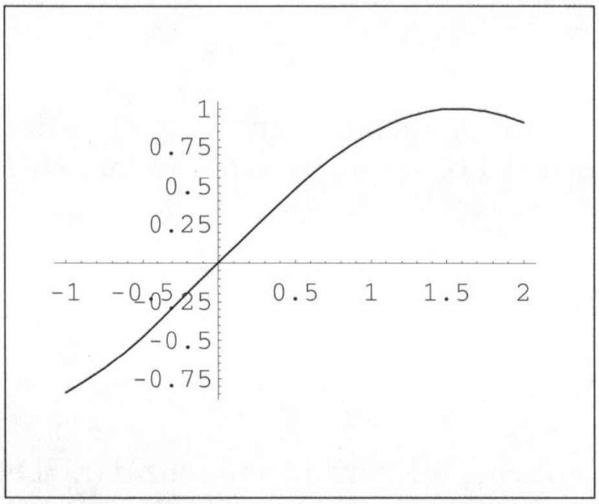

Bild 19.11: Diagramm einer Sinus-Kurve mit Default-Einstellung

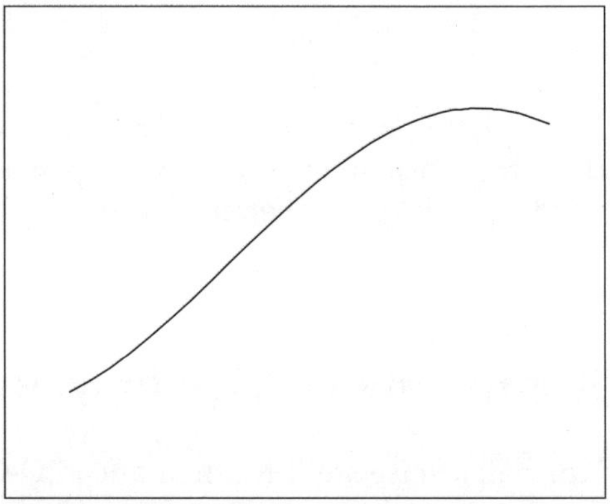

Bild 19.12: Das gleiche Diagramm ohne Koordinatenachsen

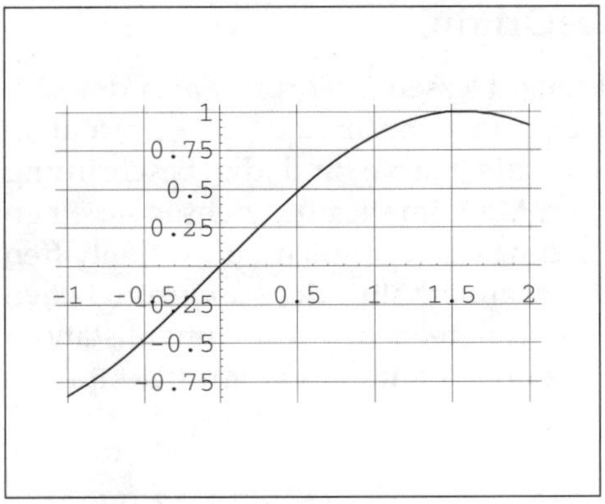

Bild 19.13: Das Diagramm mit Gitterlinien

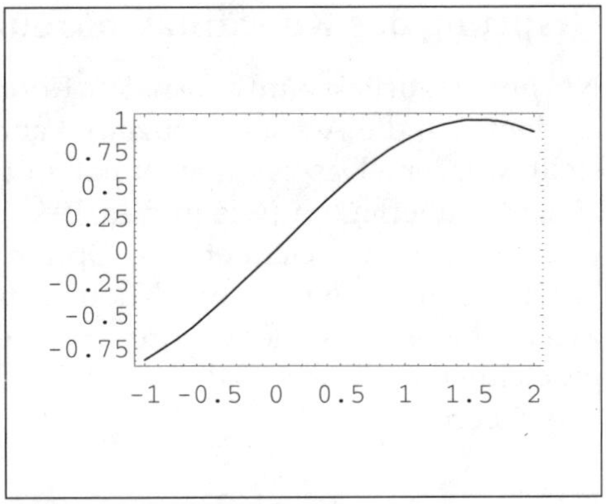

Bild 19.14: Das Diagramm nur mit Rahmen

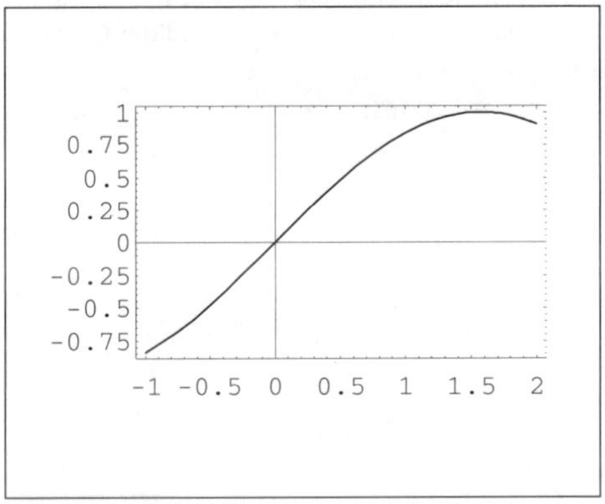

Bild 19.15: Das Diagramm mit Rahmen und Koordinatenachsen

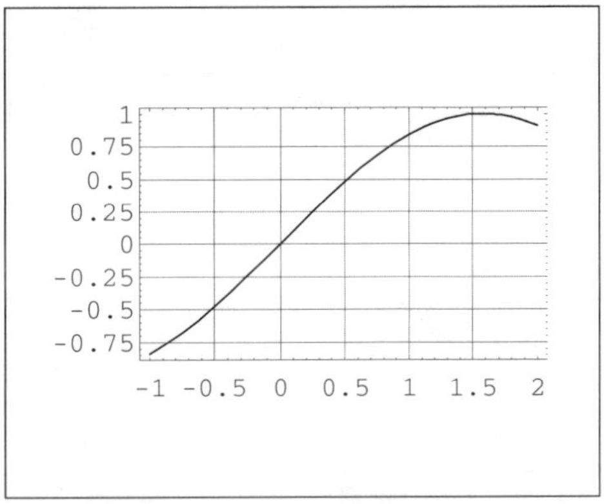

Bild 19.16: Das Diagramm mit Rahmen und Gitterlinien

Die Option `GridLines` kann noch erheblich exakter gesteuert werden. Beispielsweise werden mit

```
GridLines->{None,Automatic}
```

nur horizontale Rasterlinien gezeichnet. Mit

```
GridLines->{{Pi,2Pi,3Pi}, None}
```

werden nur vertikale Rasterlinien an den Orten x=Pi, x=2Pi und x=3Pi gezeichnet.

Mit den Optionen `AxesStyle`, `FrameStyle` und `BoxStyle` wird das Aussehen von Koordinatenachsen und Rahmen eingestellt: Farbe, Linienbreite, etc. Mögliche Einstellungen werden im übernächsten Abschnitt »Punkt- und Linienformen« behandelt.

Ursprung des Koordinatenkreuzes (AxesOrigin)

Nochmals zurück zum normalen Koordinatenkreuz. Dessen Ursprung (also der Ort, an dem sich die Achsen kreuzen), kann mit der Option `AxesOrigin->{x,y}` eingestellt werden. Das ist manchmal nützlich, wenn die Kurve und die Beschriftung einander überlagern (wie in Bild 19.11), oder wenn Mathematica die Achsen an einen ungünstigen Ort zeichnet. Die Option führt allerdings gelegentlich zu zweifelhaften Ergebnissen: Wenn der Koordinatenursprung außerhalb des ursprünglichen Zeichenbereichs verlegt wird, werden die Koordinatenachen nur unvollständig gezeichnet. In diesem Fall müssen Sie den Zeichenbereich mit der Option `PlotRange` vergrößern.

```
Plot[ Sin[x], {x,-1,2}, AxesOrigin->{-1,0}]          (* Bild 19.17 *)
```

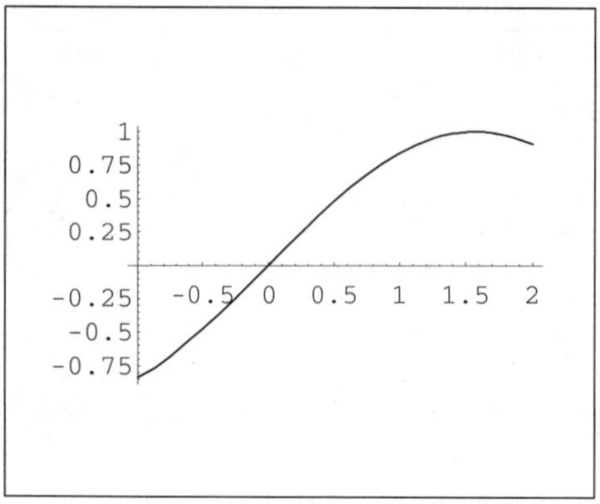

Bild 19.17: Die vertikale Koordinatenachse wurde (im Vergleich zu Bild 19.11) an den linken Rand der Grafik verschoben

Skalenbeschriftung der Koordinatenachsen (Ticks, FrameTicks)

Die Skalenbeschriftung von Koordinatenachsen bzw. Rahmen erfolgt über die Optionen `Ticks` bzw. `FrameTicks` (je nachdem, ob die Grafik mit einem normalen Koordinatenkreuz oder einem Rahmen dargestellt wird). Die Default-Einstellung für beide Optionen lautet `Automatic`, Mathematica versucht die Achsen bzw. den Rahmen an geeigneten Orten mit Skalenstrichen und -werten zu versehen. Da beide Optionen die gleiche Syntax aufweisen, wird im folgenden nur noch `Ticks` beschrieben.

Mit `Ticks->None` kann die Skalenbeschriftung ganz abgeschalten werden. Wenn Sie die Orte der Skalenstriche selbst bestimmem möchten, gilt die Syntax:

```
Ticks->{xticks, yticks}
Ticks->{xticks, yticks, zticks}  (* für 3D-Grafiken *)
```

Die Skalenstriche können für die einzelnen Achsen separat eingestellt werden. Sie können abermals `Automatic` oder `None` verwenden, wenn Sie nur die Skalenbeschriftung für eine Koordinatenrichtung einstellen möchten. Die Angabe der Orte mit der Skalenbeschriftung erfolgt durch eine Liste: {x1,x2,x3}. Wenn Sie an bestimmten Orten nur einen Skalenstrich (ohne Wertangabe) möchten, geben Sie statt der reinen Koordinate {x,""} an.

```
Plot[ Cos[x], {x,0,4Pi},                          (* Bild 19.19 *)
      Ticks->{{ Pi, 2Pi, 3Pi}, Automatic} ]
```

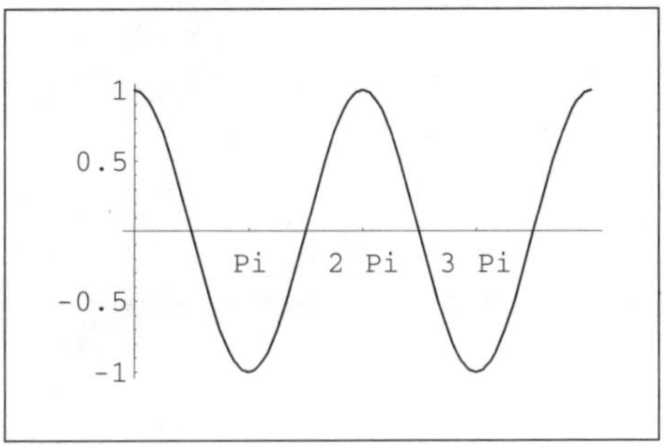

Bild 19.18: Skalenbeschriftung der x-Achse an Vielfachen von Pi

Die Möglichkeiten zur Skalenbeschriftung sind damit noch nicht erschöpft. Im Mathematica-Buch finden Sie Hinweise dazu, wie Sie das Aussehen der Beschriftung (Farbe, Länge der Skalenstriche, Schriftart) beeinflussen können. Da diese Art der Beschriftung extrem aufwendig wird, ist es oft sinnvoller, eine eigene Funktion zu schreiben, die die Tabelle für `Ticks` erzeugt. Sie können diese Funktion statt »xticks« angeben. Der Funktion werden die minimalen und maximalen Werte der jeweiligen Achse übergeben. Im Mathematica-Buch finden Sie dazu ein Beispiel (Abschnitt 2.9.5).

Die Beschriftung der Achsen oder Rahmen erfolgt über die Optionen `AxesLabel` bzw. `FrameLabel`. Damit können Sie die x-Achse beispielsweise mit »Zeit t« benennen. Alles weitere dazu im nächsten Abschnitt.

Umrahmung von 3D-Grafiken (Boxed, FaceGrids)

Die bisherigen Beispiele bezogen sich ausschließlich auf 2D-Grafiken. Gleichermaßen für 3D-Grafiken gelten die Optionen `Axes` und `Ticks`. Daneben existieren einige eigenständige Optionen: Mit `Boxed->False` wird die automatische Umrahmung dreidimensionaler Grafiken durch einen Quader abgeschalten. Über `FaceGrids` können die Seitenflächen des Quaders mit Rasterlinien versehen werden (siehe Mathematica-Buch, Abschnitt 2.9.13).

```
ParametricPlot3D[ {Cos[t] (2.5+Sin[s]), Sin[t] (2.5+Sin[s]), Cos[s]},
  {s,Pi/2+Pi/4,5Pi/2-Pi/4}, {t,0,2Pi},
  Boxed->False, Axes->False]                           (* Bild 19.19 *)
```

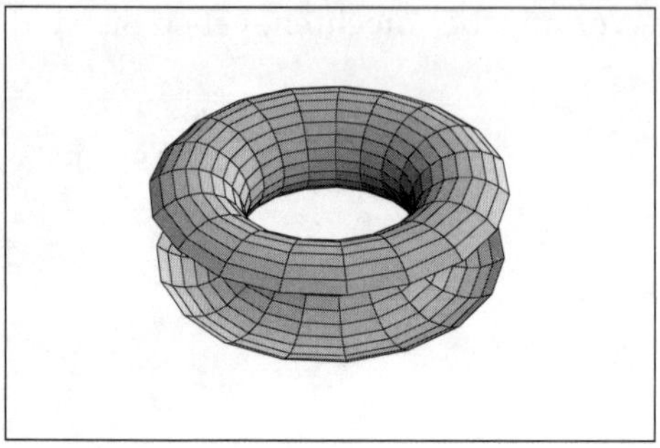

Bild 19.19: Ein aufgeschnittener Torus, dargestellt ohne Koordinatenachsen und ohne quaderförmigen Rahmen

Beschriftung

Mathematica stellt mehrere Kommandos zur Beschriftung der verschiedenen Komponenten der Grafik zur Verfügung. `Ticks` zur Skalenbeschriftung der Koordinatenachsen wurde bereits im vorigen Kapitel besprochen.

Beschriftung der Grafik, der Achsen und des Rahmens (PlotLabel, AxesLabel, FrameLabel)

`PlotLabel` dient zur Beschriftung der Grafik als ganzes, der Text wird oberhalb der Grafik plaziert. Mit `AxesLabel` werden die Koordinatenachsen beschriftet, mit `FrameLabel` die Umrahmung zweidimensionaler Grafiken. Dabei gilt folgende Syntax:

```
AxesLabel->text    (* für die y- (2D) oder die z-Achse (3D) *)
AxesLabel->{xtext, ytext, ztext}
FrameLabel->{unten, links, oben, rechts}
```

Texte müssen in Hochkommatas stehen, also beispielsweise "ein Text". Es sind aber auch mathematische Formeln erlaubt, etwa »x^2«. In diesem Fall dürfen keine Hochkommas verwendet werden, Mathematica stellt die Formel im Output-Format dar (x^2).

Bei der Beschriftung des Rahmens von 2D-Grafiken dreht Mathematica die Texte für den linken und rechten Rand um 90 Grad (das ist bei den meisten Rechnern nur am

Ausdruck zu sehen). Wenn Sie diese Drehung verhindern möchten, müssen Sie die Option `RotateLabel` auf `False` setzen.

```
Plot[ x^2/2, {x,0,5}, AxesLabel->{"x","y"}]     (* Bild 19.20 *)
```

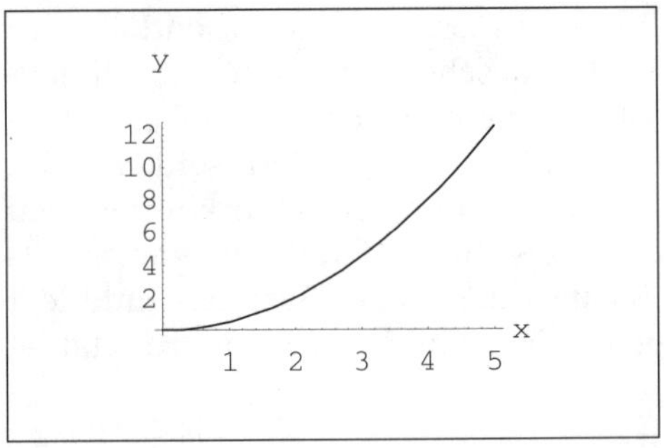

Bild 19.20: Die Kurve $x^2/2$; die Koordinatenachsen sind mit »x« und »y« beschriftet

Einstellung der Schriftart (DefaultFont, $DefaultFont, FontForm)

Die Schriftart und -größe für eine einzelne Grafik stellen Sie am einfachsten mit der Option `DefaultFont` ein:

```
DefaultFont-> {"fontname", größe}
```

Wenn Sie die Schriftart für alle Grafiken ändern möchten, sollten Sie stattdessen in einem eigenen Kommando der Variablen `$DefaultFont` eine neue Schrift zuweisen. Diese Variable wird von allen Grafik-Kommandos automatisch berücksichtigt, sofern nicht die obige Option `DefaultFont` verwendt wird.

```
$DefaultFont = {"fontname", größe}
```

Die Bezeichnung der Schriftart muß PostScript-konform erfolgen (z.B. "Helvetica", "Times-Italic"). Achten Sie darauf, daß die PostScript-Namensgebung nicht immer ganz logisch ist. Wenn Sie Schwierigkeiten mit dem Ausdruck von Schriften haben, schlagen Sie in der Dokumentation Ihres Druckers die exakte Bezeichnung der gewünschten Schrift nach. Am Bildschirm können die verschiedenen Schriftarten nur auf wenigen Rechnern einigermaßen wirklichkeitsnah dargestellt werden (hier heben sich NeXT-Rechner mit Display-PostSripl positiv ab). Die Schriftart-Einstellung über `DefaultFont` gilt für alle Texte der Grafik. Wenn Sie für einzelne Texte unterschiedliche Schriften verwenden möchten, müssen Sie bei der jeweiligen Option (`PlotLabel`, `FrameLabel`, `Ticks`, usw.) das Kommando `FontForm` angeben. In diesem

Kommando geben Sie im ersten Parameter den Text an, im zweiten Parameter den Zeichensatz:

```
PlotLabel->FontForm[ "ein Text", {"Helvetica",18} ]
```

Abschließend noch ein Verweis: Das Package `Graphics`Legend`` enthält das Kommando `ShowLegend`, das eine professionelle Beschriftung von zweidimensionalen Grafiken ermöglicht. Das Kommando ist vor allem zur optischen Gestaltung von Abbildungen für Publikationen wertvoll. `ShowLegend` plaziert seitlich oder unterhalb der Grafik eine Beschriftungsbox, in der die in der Grafik vorkommenden Linienmuster oder Farben aufgeschlüsselt werden. Sowohl die Grafik als ganzes, als auch die Beschriftungsbox können mit einem Raster oder einem Schatten unterlegt werden. Das Kommando ist mit einigen Beispielen im »Guide to Standard Mathematica Packages« beschrieben.

Punkt- und Linienformen

Normalerweise stellt Mathematica Geraden und Kurven durch dünne schwarze Linien dar, Punkte durch winzige schwarze Kreise. Über die unten tabellarisch aufgezählten Optionen können Farben und Formen verschiedener Grafik-Elemente eingestellt werden.

`AxesStyle`	Aussehen der Koordinatenachsen
`BoxStyle`	Aussehen des Quaders um 3D-Grafiken
`FrameStyle`	Aussehen des Rahmens um 2D-Grafiken
`MeshStyle`	Aussehen der Linien zwischen den Punkten von 3D-Grafiken
`PlotStyle`	Aussehen der Linien und Punkte von 2D-Grafiken

Während Farben erst im nächsten Abschnitt behandelt werden, geht es hier um Kommandos zur Durchführung der sonstigen Einstellmöglichkeiten. In den folgenden Beispielen wird grundsätzlich die Option `PlotStyle` verwendet, die Einstellung der anderen Optionen erfolgt analog.

Bevor die einzelnen Einstellungsmöglichkeiten im Detail behandelt werden, noch einige grundsätzliche Bemerkungen zur Syntax. Am einfachsten ist es, nur ein einziges Attribut zu verändern:

```
PlotStyle->style
```

Wenn mehrere Grafik-Elemente (z.B. mehrere Kurven, die mit einem `Plot`-Kommando gezeichnet wurden), durch verschiedene Formen unterschieden werden sollen, ist eine einfache Liste erforderlich:

```
PlotStyle->{style1, style2,..}
```

Es ist aber auch der Fall denkbar, daß mehrere Einstellungen für ein Grafik-Element vorgenommen werden sollen (z.B. Farbe *und* Form) – dann ist zur Unterscheidung von der obigen Zeile eine zweite Klammerebene notwendig:

```
PlotStyle->{{style,style,style,..}}
```

Der allgemeinste Fall tritt ein, wenn mehrere Grafik-Elemente mit unterschiedlichen Einstellungskombinationen dargestellt werden sollen:

```
PlotStyle->{ {styles1}, {styles2},.. }
```

Linienformen (Dashing, Thickness)

Die Darstellung von Linien und Kurven wird mit den Kommandos `Dashing` (für gestrichelte Linien) und `ThickNess` (für die Linienstärke) gesteuert.

`Dashing[{l1,l2,..}]` gibt an, daß die aufeinander folgenden Linienstücke die Länge l1, l2,.. aufweisen sollen. Dieses Muster wird anschließend zyklisch wiederholt. Alle Längenangaben erfolgen relativ zur Größe der gesamten Grafik. Die Länge eines Strichs mit l=0.02 beträgt rund ein fünzigstel der Größe der Grafik.

Durch `Thickness[breite]` wird die Linienbreite relativ zur Gesamtgröße eingestellt. Sinnvolle Werte liegen im Bereich zwischen 0.001 und 0.02. Die Default-Einstellung beträgt 0.004 für zweidimensionale Grafiken und 0.001 für dreidimensionale Grafiken.

Zu beiden Kommandos gibt es eine Alternative, nämlich `AbsoluteDashing` und `AbsoluteThickness`. Die Bedienung der Kommandos bleibt unverändert, allerdings erfolgen die Längenangaben absolut in der Einheit »Punkt«. Ein Punkt entspricht etwa 0.3 mm.

Im Beispiel unten werden drei Kurven mit unterschiedlichen Linienmustern gezeichnet. Für die erste Kurve wird die Standard-Einstellung übernommen, daher wurde statt einer Option nur ein leeres Klammernpaar angegeben.

```
Plot[ {x, x^2, x^3}, {x, 0, 3},                    (* Bild 19.21 *)
     PlotStyle->{ {}, Dashing[{0.05}], Thickness[0.01]} ]
```

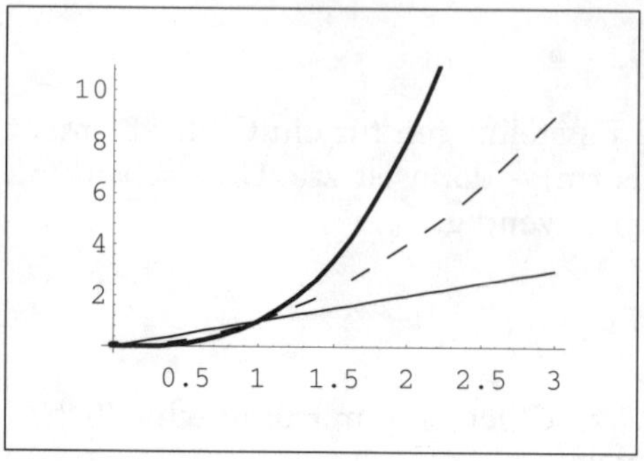

Bild 19.21: Die Kurven x, x^2 und x^3 sind durch die Linieneinstellung gut unterscheidbar

Punktgröße (PointSize)

Zur Einstellung der Punktgröße für zwei- und dreidimensionale Punktgrafiken (z.B. `ListPlot`) sind die Kommandos `PointSize[größe]` bzw. `AbsolutePointSize` vorgesehen. Auch bei diesen Kommandos wird die Größe relativ zur Gesamtgrafik bzw. absolut in Punkt angegeben. Die Defaultwerte für `PointSize` betragen 0.008 für zweidimensionale Grafiken und 0.01 für dreidimensionale Grafiken.

Wenn Sie mehrere Punktgrafiken in einem Diagramm unterbringen möchten, sollten Sie das Kommando `MultipleListPlot` aus dem gleichnamigen `Graphics'`-Package verwenden. Bei diesem Kommando können Sie für die Punktmengen unterschiedliche Symbole (Dreiecke, Vierecke,..) einstellen, so daß die Kurven leichter voneinander unterschieden werden können. Das Kommando ist mit mehreren Beispielen im »Guide to Standard Mathematica Packages« beschrieben.

```
list1=Table[x, {x,0,10,0.5}];
list2=Table[x^2/2-x, {x,0,10,0.5}];
list3=Table[x^3/10-x^2, {x,0,10,0.5}];
Needs["Graphics`MultipleListPlot`"]
MultipleListPlot[list1, list2, list3]     (* Bild 19.22 *)
```

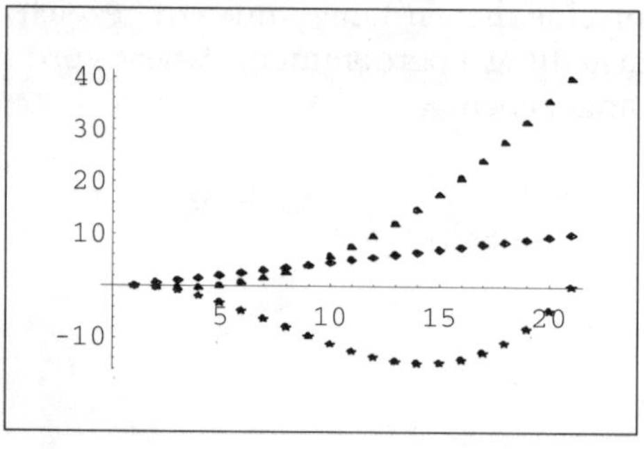

Bild 19.22: Drei Punktkurven mit unterschiedlichen Punktsymbolen

Farben und Schattierung

Durch den Einsatz von Farbe lassen sich Grafiken erheblich informativer gestalten. Probleme gibt es dann aber gewöhnlich beim Ausdruck. Aus diesem Grund werden Sie sich häufig auf Grauschattierungen einschränken müssen.

Die Kommandos zur Farbeinstellung werden zusammen mit den Optionen `AxesStyle`, `BoxStyle`, `FrameStyle`, `MeshStyle` und `PlotStyle` verwendet, also beispielsweise:

```
PlotStyle->RGBColor[0,1,0]
```

Die Bedeutung dieser Optionen wurde am Beginn des vorigen Abschnitt tabellarisch aufgezählt. Daneben kann die Farbgebung einiger Grafik-Kommandos über die Option `ColorFunction` (siehe unten) gesteuert werden.

Farben und Grauschattierungen einstellen (RGBColor, GrayLevel, CMYKColor, Hue)

Die beiden wichtigsten Kommandos zum Einstellen von Farben bzw. Grauschattierungen lauten `RGBColor[rot,grün,blau]` und `GrayLevel[n]`, wobei bei beiden Kommandos der zulässige Zahlenbereich für die Parameter zwischen 0 und 1 liegt. `RGBColor[0,0,0]` bzw. `GrayLevel[0]` liefern jeweils die Farbe Schwarz.

Das Kommando unten demonstriert nochmals die Anwendung der `PlotStyle`-Option und zeichnet drei Sinus-Kurven unterschiedlicher Frequenz in den Farben rot, grün und blau (ohne Abbildung).

```
Plot[ {Sin[x], Sin[2x], Sin[3x]}, {x,0,Pi},
    PlotStyle->{RGBColor[1,0,0], RGBColor[0,1,0], RGBColor[0,0,1]} ]
```

Wenn Sie eine Mathematica-Version mit Notebook-Oberfläche besitzen, können Sie die mühsame Eingabe der Zahlenwerte umgehen und stattdessen das Color-Selector-Formular verwenden, das über den Menüeintrag ACTION | PREPARE INPUT | COLOR SELECTOR aufgerufen wird (siehe Bild 19.23).

Im Formular wählen Sie die gewünschte Farbe mit der Maus aus. Wie die Farben am Bildschirm angezeigt bzw. am Drucker ausgedruckt werden, hängt sehr stark von Ihrer Hardware ab. Die Farbfelder »Color« und »Sample« des Formulars zeigen den Unterschied zwischen der ausgewählten Farbe und der tatsächlichen Darstellung am Bildschirm an, falls Ihr Rechner nicht mit einer True-Color-Grafikkarte ausgestattet ist.

Sobald Sie die Eingabe im Formular mit »Ok« abschließen, wird in die aktuelle Mathematica-Eingabezeile der Text »RGBColor[...]« eingefügt. Sie können mit dem Formular also eine schon gezeichnete Grafiken nicht direkt verändern, sondern lediglich die Eingabe des Kommandos vereinfachen. Das Kommando `..Plot` oder `Show` muß anschließend neu ausgeführt werden.

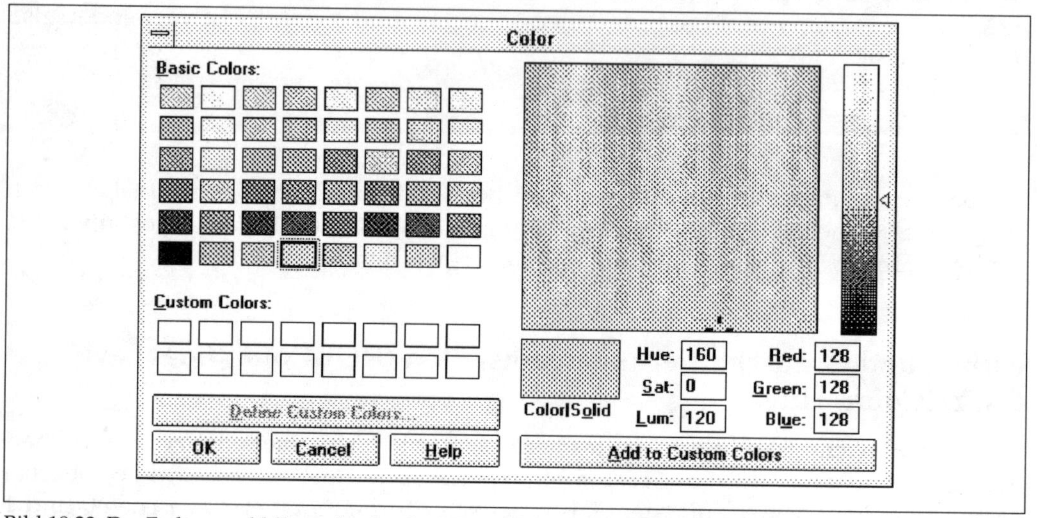

Bild 19.23: Das Farbauswahl-Formular (in der Windows-Version von Mathematica)

Etwas weniger gebräuchlich als `RGBColor` sind die Kommandos `CMYKColor` und `Hue`: `CMYKColor[cyan, magenta, yellow, black]` stellt Farben im CMYK-Farbmodell (subtraktive Farbmischung) ein, das von vielen Druckern verwendet wird. Alle vier Argumente müssen zwischen 0 und 1 liegen.

Mit `Hue[farbton, sättigung, helligkeit]` wird der Farbton durch einen einzigen Parameter eingestellt. Die Farbe durchläuft für die Farbton-Werte zwischen 0 und 1 den Farbkreis rot, gelb, grün, cyan, blau, violett und wieder rot. Die beiden anderen Parameter steuern den Kontrast und die Helligkeit der Farben. Bei der Kurzvariante `Hue[farbton]` sind Sättigung und Helligkeit jeweils mit dem Wert 1 voreingestellt.

Farbeinstellung mit ColorFunction

Neben den verschiedenen `..Style`-Optionen können die Farbkommandos auch bei einigen `Plot`-Varianten direkt als Parameter verwendet werden. Beispielsweise bietet das Kommando `Plot3D` die Möglichkeit an, die Farbe der einzelnen Dreiecke, aus denen die Fläche zusammengesetzt wird, durch eine eigene Funktion einzustellen. Dazu muß im ersten Parameter des Kommandos eine Liste mit zwei Funktionen angegeben werden. Die erste Funktion ist wie bisher für die z-Koordinate der Fläche zuständig, die zweite Funktion für die Farbgebung.

```
Plot3D[{ Sin[ Sqrt[x^2+y^2]],                    (* Bild 19.24 *)
         GrayLevel[ Sin[x]*0.5+0.5 ]  },
       {x,-3Pi, 3Pi}, {y,-3Pi, 3Pi},
       PlotPoints->40, BoxRatios->{1,1,0.2}]
```

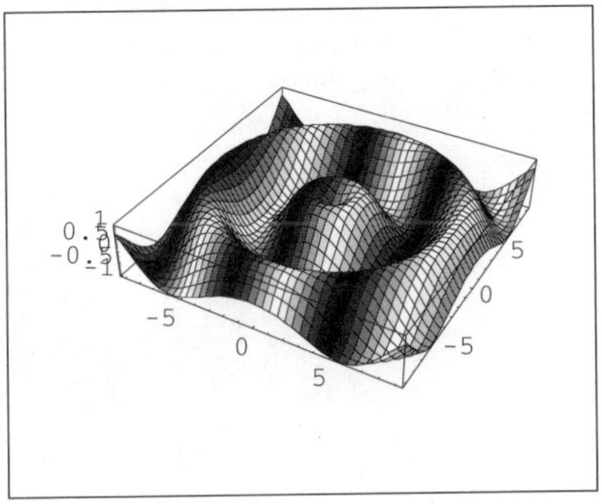

Bild 19.24: Der Verlauf der Schattierung der Grafik wurde durch eine eigene Farbfunktion gesteuert

Ein weiteres Beispiel für diese Technik finden Sie im vorigen Kapitel (Bild 18.3). Dort wurde die z-Koordinate aus dem Betrag einer komplexen Funktion ermittelt, die Schattierung aus dem Phasenwinkel derselben Funktion. Auf diese Weise können zwei an sich voneinander getrennte Informationen in einer Grafik dargestellt werden. Bei einigen anderen Grafik-Kommandos (`Plot3D`, `DensityPlot`, `ContourPlot`, `Raster`, etc.) kann die Farbfunktion zwar nicht direkt in einem dafür vorgesehenen Parameter angegeben werden, aber immerhin indirekt über die Option `ColorFunction`. Dazu muß das Farbkommando als »pure function« formuliert werden. Mathematica übergibt an diese Funktion einen Zahlenwert zwischen 0 und 1. Sie müssen sich also nicht mehr um die Skalierung der z-Werte kümmern.

```
ColorFunction->(GrayLevel[1-#]&)
```

Die obige Optionsanweisung dreht den Verlauf der Grauschattierungen um: Flächen, die bisher weiß dargestellt wurden, werden jetzt weiß eingefärbt, und umgekehrt. Ein Beispiel zur Anwendung dieser Option finden Sie in Kapitel 26 (Bild 26.6).

Farbeinstellung durch komplexe Funktionen (ArgColor, ArgShade)

Speziell zur Farbeinstellung durch komplexe Zahlen stellt das Package `Graphics`ArgColors`` zwei Kommandos zur Verfügung: `ArgColor[z]` stellt den Farbton (`Hue`) je nach Phasenwinkel der komplexen Zahl ein. `ArgShade[z]` arbeitet analog, allerdings wird statt der Farbe ein Grauton zurückgegeben: `GrayLevel[0.5]` für den Phasenwinkel 0, 0.75 für 90 Grad, 1 bzw. 0 für 180 Grad, 0.25 für 270 Grad. Die Wirkungsweise wird durch Bild 19.25 veranschaulicht.

```
Needs["Graphics`ArgColors`"]

Plot3D[ {1,ArgShade[x + I y]}, {x,-1,1}, {y,-1,1},     (* Bild 19.25 *)
        Boxed->False]
```

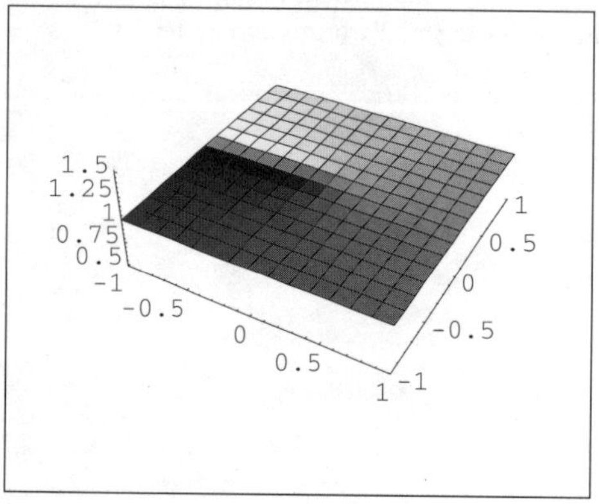

Bild 19.25: Die Grauschattierungen auf der komplexen Zahlenebene wurden mit ArgShade eingestellt

Default-Farbe und Hintergrundfarbe (DefaultColor, BackGround)

Während mit den Optionen `..Style` und `ColorFunction` ganz spezifische Teile der Grafik eingefärbt werden, kann über die viel allgemeinere Option `DefaultColor` die Standard-Zeichenfarbe für Linien, Koordinatenachsen und Texte (normalerweise schwarz) eingestellt werden. Dazu passend ist die Option `BackGround` zur Einstellung der Hintergrundfarbe der Grafik (normalerweise weiß).

```
Plot[ x^2, {x,0,3}, DefaultColor->GrayLevel[1],       (* Bild 19.26 *)
                    Background->GrayLevel[0.3]]
```

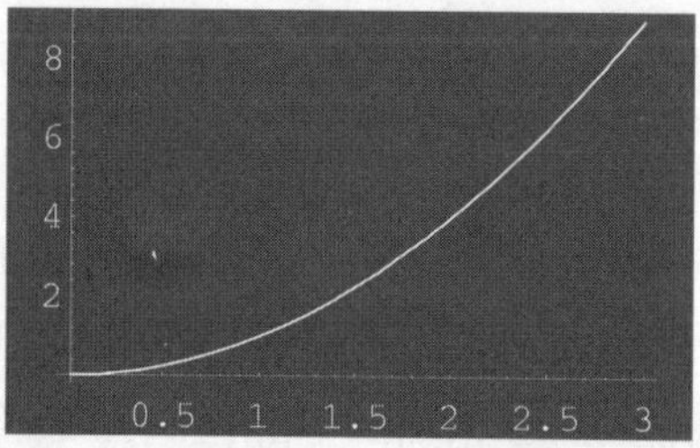

Bild 19.26: Eine Grafik mit weißen Linien auf dunklem Hintergrund

Beleuchtung von 3D-Grafiken

Bisher wurden Möglichkeiten beschrieben, die Farben unmittelbar selbst einzustellen. Speziell bei dreidimensionalen Grafiken kennt Mathematica eine weitere, indirekte Methode zur Berechnung der Farben: Es beleuchtet die Dreiecke, aus denen die Flächen oder Körper zusammengesetzt sind, durch einige fiktive Lichtquellen. Je nach Stellung dieser Lichtquellen relativ zu den Dreiecken und zur Position des Betrachters erscheinen die Dreiecke mehr oder weniger stark in den Farben der Lichtquellen.

Diese automatische Beleuchtung von 3D-Grafiken kann mit der Option `Lighting->False` abgeschalten werden – Mathematica berechnet die Farbe bzw. die Grauschattierung dann nach der z-Koordinaten der einzelnen Punkte. Die Beleuchtung ist auch dann inaktiv, wenn eine eigene Farbfunktion verwendet wird (wie zur Berechnung von Bild 19.24 und 19.25).

Während Sie auf den Algorithmus zur Berechnung der Helligkeit der einzelnen Dreiecke keinen Einfluß haben, können Sie sonst praktisch alle Parameter der Beleuchtung einstellen: Den Ort und die Farbe der Lichtquellen, die Materialeigenschaften (Reflexionsverhalten, Eigenfarbe) der Dreiecke, usw. Diese Parameter sind Thema dieses Abschnittes.

Schattierung und Gitterlinien von 3D-Grafiken (Shading, Mesh)

Im Zusammenhang mit dem Beleuchtungsmodell von Mathematica sind auch die beiden Optionen `Shading` und `Mesh` von Bedeutung: Mit `Shading->False` wird die schattierte bzw. farbige Darstellung der Dreiecke (und damit auch die automatische Beleuchtung) ganz abgeschalten. Es werden nur noch die Begrenzungslinien der Dreiecke oder Rechtecke gezeichnet, das Innere bleibt weiß (Bild 19.27).

Genau die umgekehrte Wirkung hat `Mesh->False`: Damit wird das Zeichnen der Verbindungslinien verhindert, es werden nur noch die Farben bzw. Schattierungen der Dreiecke gezeichnet. Diese Option ist vor allem dann sinnvoll, wenn eine Grafik mit hoher Auflösung (`PlotPoints` größer 50) auf einem Farbmonitor dargestellt werden soll. In diesem Fall stören die schwarzen Verbindungslinien den Gesamteindruck der Grafik.

```
Plot3D[ Sin[Sqrt[x^2+y^2]] * Exp[-0.1 Sqrt[x^2+y^2]],
  {x,-Pi,5Pi}, {y,-3Pi,3Pi},
  PlotPoints->20, Shading->False]                    (* Bild 19.27 *)
Plot3D[ Sin[Sqrt[x^2+y^2]] * Exp[-0.1 Sqrt[x^2+y^2]],
  {x,-Pi,5Pi}, {y,-3Pi,3Pi},
  PlotPoints->40, Mesh->False]                       (* Bild 19.28 *)
```

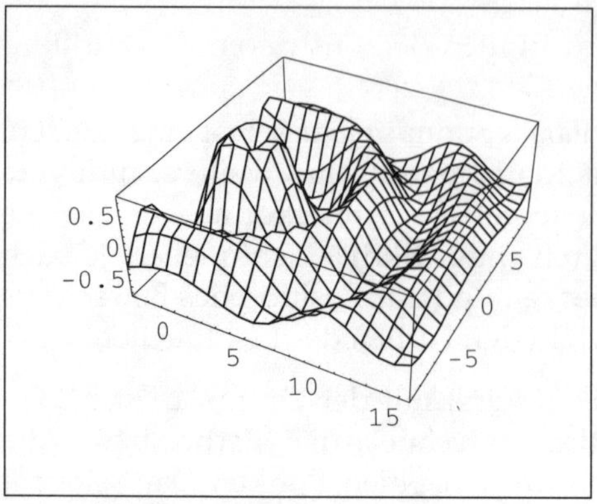

Bild 19.27: Eine dreidimensionale Grafik ohne die schattierte bzw. farbige Darstellung der Flächenstücke (Shading->False)

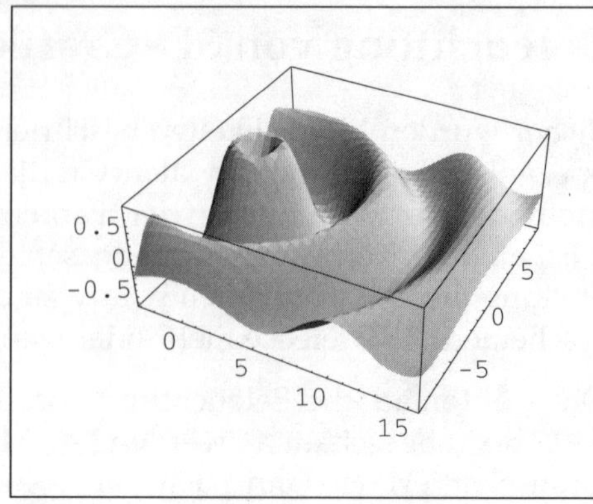

Bild 19.28: Dieselbe Grafik wie in Bild 19.27, diesmal mit schattierten Flächen, aber ohne Begrenzungslinien (Mesh->False)

Lichtquellen (LightSources, AmbientLight)

Nun aber zurück zum Beleuchtungsmodell von Mathematica, das bei dreidimensionalen Grafiken automatisch gilt, wenn Sie es nicht durch die oben erwähnten Optionen abschalten.

Mit der Option `LightSources` können Sie die Beleuchtung quasi ein- und ausschalten. An die Option wird eine Liste mit Lichtquellen übergeben, wobei jede Lichtquelle abermals durch eine Liste bestimmt wird:

```
{{x,y,z}, farbe}
```

Mit x, y und z geben Sie an, aus welcher Richtung Ihre Lichtquelle leuchtet. Das Modell für diese Lichtquellen sieht so aus, daß die Lichtquelle beinahe unendlich weit von der Grafik entfernt ist. Daher treffen alle Lichtstrahlen parallel auf die Grafik (ebenso wie die Lichtstrahlen der Sonne auf der Erde praktisch parallel auftreffen). Das Koordinatensystem für die Beleuchtung sieht so aus, daß dessen x-Achse in der Ebene Ihres Bildschirms von links nach rechts geht, die y-Achse in der Bildschirmebene von unten nach oben; die z-Achse steht normal auf die Bildschirmebene und zeigt (für ansteigende Werte) zu Ihnen. Eine Lichtquelle mit der Richtung {1,0,0} leuchtet daher von rechts auf die Grafik. Flächen, die nach links zeigen, bleiben schwarz! (Siehe Bild 19.30!)

Dieses auf ersten Blick ungewöhnlich anmutende Koordinatensystem hat den Vorteil, daß der Ort der Lichtquellen unabhängig vom Koordinatensystem der Grafik ist. Auch wenn Sie die Ansicht der Grafik mit den `ViewPoint`- oder `ViewVertical`-Optionen verändern, bleiben die Lichtquellen unverändert. Das ist gerade für bewegte

Grafiken von großer Bedeutung. Die Kommandos unten demonstrieren die Wirkung einzelner Lichtquellen. Dabei wurde `Show` verwendet, um bereits berechnete Grafiken mit neuen Optionen anzuzeigen.

```
Needs["Graphics`ParametricPlot3D`"]

grafik=SphericalPlot3D[ 1, {theta,0,Pi}, {phi,0,2Pi},
                  Boxed->False, Axes->False]        (* Bild 19.29 *)
Show[grafik, LightSources->{ {{1,0,0},GrayLevel[1]} }]   (* 19.30 *)
Show[grafik, LightSources->{ {{0,1,0},GrayLevel[1]} }]   (* 19.31 *)
Show[grafik, LightSources->{ {{0,0,1},GrayLevel[1]} }]   (* 19.32 *)
```

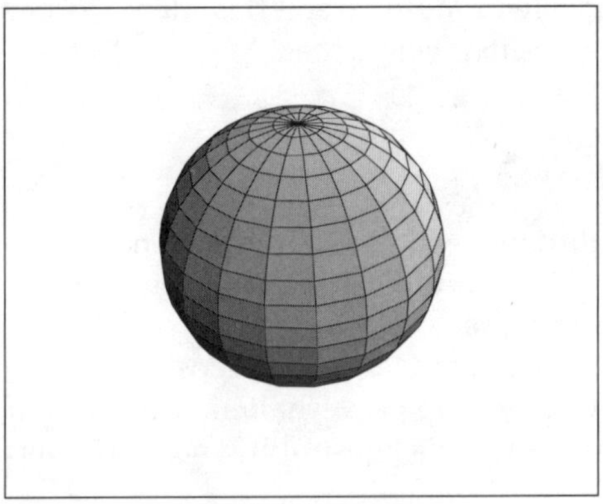

Bild 19.29: Eine Kugel mit der Default-Beleuchtung von Mathematica (auf einem Farbbildschirm leuchtet die Kugel in allen Farben)

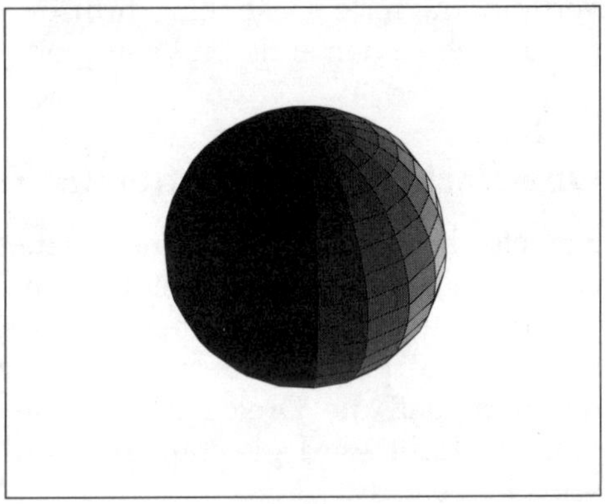

Bild 19.30: Die gleiche Kugel, aber nur noch durch eine Lichtquelle von rechts beleuchtet

Bild 19.31: Die gleiche Kugel von oben beleuchtet

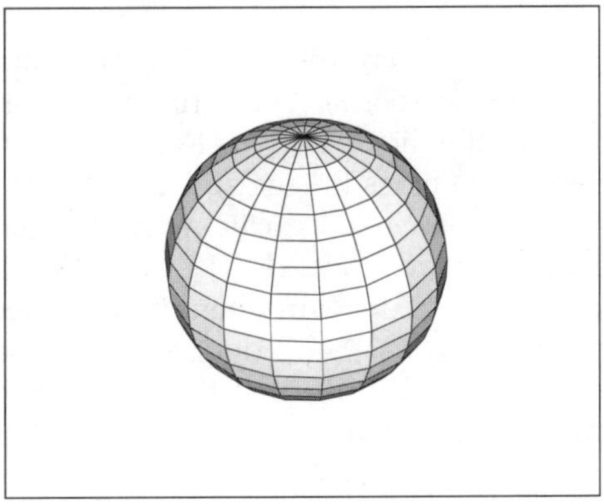

Bild 19.32: Die gleiche Kugel von vorne beleuchtet

Die Default-Beleuchtung für 3D-Grafiken erfolgt durch drei Lichtquellen in den Farben rot, grün und blau, die von rechts vorne, von rechts oben vorne und von oben vorne auf die Grafik strahlen.

```
LightSources ->
 {{{1, 0, 1}, RGBColor[1, 0, 0]},
  {{1, 1, 1}, RGBColor[0, 1, 0]},
  {{0, 1, 1}, RGBColor[0, 0, 1]}},
```

In den Bildern 19.30 bis 19.32 sehen Sie, daß unbeleuchtete Teile der Kugel vollkommen schwarz bleiben. Durch die Option `AmbientLight->farbe` können Sie das verhindern, indem Sie ein diffuses Umgebungslicht definieren, das den Körper (zusätzlich zu den anderen Lichtquellen) von allen Seiten beleuchtet.

Oberflächeneigenschaften (SurfaceColor)

Schließlich besteht noch eine letzte, etwas diffizile Möglichkeit, das endgültige Aussehen der Grafik zu beeinflussen: Mit dem Kommando `SurfaceColor` können Sie die Materialeigenschaften der Dreiecke beeinflussen, aus denen die dreidimensionalen Körper gebildet werden. Normalerweise sind diese Eigenschaften so definiert, daß die Dreiecke sich wie mattes weißes Papier verhalten. Das darauf fallende Licht wird gleichmäßig in alle Richtungen zurückgestrahlt und verändert seine Farbe nicht.

Mit `SurfaceColor[diffusefarbe]` bleiben die Materialeigenschaften unverändert (matte Oberfläche), allerdings bekommt die Oberfläche eine Farbe. Wenn Sie als Farbe rot wählen, erscheint der Körper rot, wenn er mit weißem Licht angestrahlt wird. Wenn Sie den roten Körper mit blauem Licht anstrahlen, wird er dagegen schwarz.

Die nächst kompliziertere Variante lautet `SurfaceColor[diff,spec]`. Hier geben Sie zwei Farben an, eine für die diffuses Reflexion des Lichtes am Körper, und die zweite für die spekulare Reflexion. Unter »spekularer Refelexion« versteht man das Verhalten eines Spiegels, der Licht exakt nach dem Reflexionsgesetz »Einfallswinkel ist Ausfallswinkel« zurückwirft. Die eines Dreiecks ist also nicht mehr nur von dessen Lage und vom Ort der Lichtquellen abhängig, sondern auch von der Position des Betrachters (der im oben beschriebenen Beleuchtungskoordinatensystem aus der Richtung {0,0,1} auf den Körper blickt). Nur wenn der Lichtstrahl mit geringer Winkelabweichung zum Betrachter reflektiert wird, wirkt sich die spekulare Reflexion aus. Die meisten realen Materialien (z.B. Metall) weisen sowohl eine diffuse als auch eine spekulare Reflexion auf, wobei die Farben durchaus unterschiedlich sein können. Die diffuse Reflexion gibt die eigentliche Objektfarbe an, die spekulare Reflexion ist häufig weiß.

Die letzte Variante des Kommandos weist einen dritten Parameter `n` auf. Dieser Parameter steuert das Verhalten der spekularen Reflexion. Wenn n sehr groß ist, verhält sich der Körper weitgehend wie ein idealer Spiegel. Bei einer Kugel sind die Lichtquellen als winzige hellweiße Refelexionen sichtbar. Bei kleineren n-Werten wird das Licht zunehmend auch bei größeren Winkelabweichungen noch reflektiert. Die auf einer Kugel reflektierten Lichtquellen werden immer größer. (Falls Sie sich mit Grafik-Programmierung beschäftigt haben: Mathematica verwendet das Phong-Beleuchtungsmodell, n ist der spekulare Exponent.)

Ein gewissen Problem mit `SurfaceColor` besteht darin, daß es sich nicht um eine Option handelt, die nachträglich mit `Show` verwendet werden kann. Vielmehr handelt es sich um eine sogenannte Grafik-Anweisung (»directive«), die Bestandteil der internen Beschreibung von 3D-Grafik-Objekten ist (siehe auch Kapitel 26, wo diese Thematik von einem anderen Standpunkt aus nochmals behandelt wird). Im Mathematica-Buch finden Sie in Abschnitt 2.9.12 ein Beispiel, in dem eine Grafik aus mehreren Direktiven zusammengesetzt wird, mit `Graphics3D` zu einem 3D-Grafik-Objekt vereint wird und schließlich mit `Show` angezeigt wird.

Für Grafiken, die mit `..Plot3D` erstellt wurden, ist diese Vorgehensweise nicht möglich. Sie können aber bei den meisten `..Plot3D`-Kommandos eine Farbfunktion angeben (siehe Bild 18.3, 19.24 und 19.25). Statt dieser Farbfunktion darf auch das Kommando `SurfaceColor` eingesetzt werden, so daß Sie die Materialeigenschaften sogar über den Verlauf des Körpers variieren könnten. Das folgende Beispiel demonstriert diese Vorgehensweise, wobei allerdings für den gesamten Körper die gleichen Materialeigenschaften verwendet wurden.

```
Needs["Graphics`ParametricPlot3D`"]

SphericalPlot3D[ 1,                                  (* Bild 19.33 *)
        {theta,0,Pi}, {phi,0,2Pi},
        LightSources->{ {{1,1,1}, GrayLevel[1]} },
        Boxed->False, Axes->False]

SphericalPlot3D[                                     (* Bild 19.34 *)
        {1,SurfaceColor[GrayLevel[0.25], GrayLevel[0.75], 5]},
        {theta,0,Pi}, {phi,0,2Pi},
        LightSources->{ {{1,1,1}, GrayLevel[1]} },
        Boxed->False, Axes->False]
```

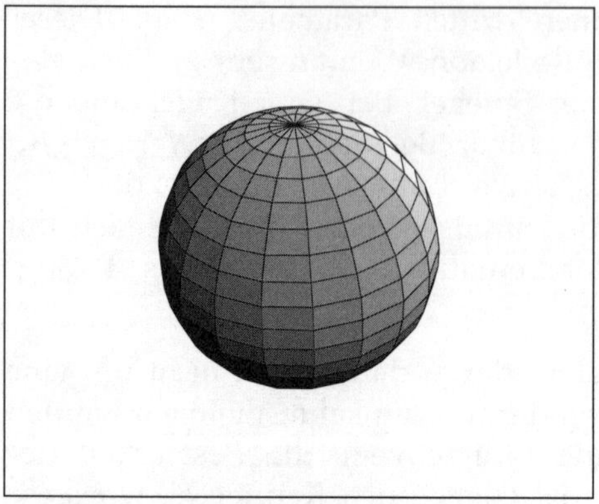

Bild 19.33: Eine Kugel mit normalen Materialeigenschaften (matte weiße Oberfläche) und Beleuchtung von rechts oben vorne

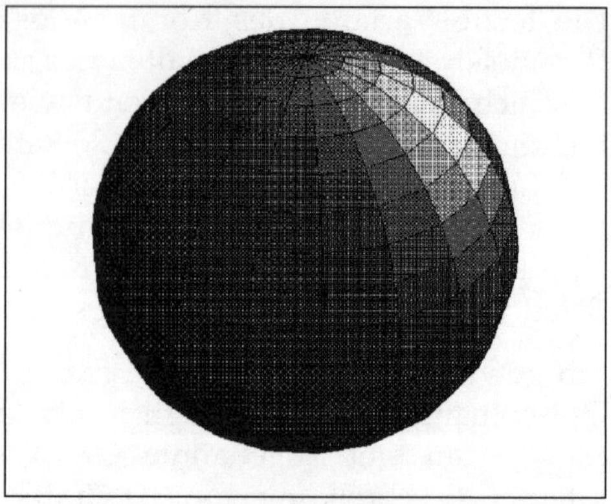

Bild 19.34: Wie in Bild 19.33, aber mit geänderten Materialeigenschaften: Die Oberfläche ist glänzendend (hauptsächlich spekulare Reflexion)

Hinweis: Bild 19.34 kann mit dem obrigen Kommando zwar in Version 2.0 von Mathematica berechnet werden, nicht aber mit der neuen Version 2.1 für Windows. In der Windows-Verion 2.0 besteht dafür – sozusagen als Ausgleich – keine Möglichkeit, die Grafik zu drucken. Aus diesem Grund wurde Bild 19.34 ausnahmsweise direkt vom Bildschirm in eine Bitmap-Datei gelesen und in dieser Form auch gedruckt. Alle anderen Grafiken in diesem Buch sind im PostScript-Format gedruckt worden und Weisen daher eine viel höhere Qualität auf.

Alphabetische Zusammenfassung der Grafikoptionen

AbsoluteDashing[{länge1, länge2,..}]
AbsolutePointSize[größe]
AbsoluteThickness[breite]

Kommandos zur Einstellung des Linienmuster, der Punktgröße und der Linienbreite über die Optionen `..Style`; die Größenangaben erfolgen absolut in der Einheit »Punkt« (etwa 0.3 mm)

AmbientLight->farbe stellt das Umgebungslicht zur Beleuchtung von 3D-Grafiken ein; damit wird vermieden, daß Körperteile, die durch keine anderen Lichtquellen beleuchtet werden (siehe `LightSources`), schwarz bleiben; Default: kein Umgebungslicht

AspectRatio->1/n
AspectRatio->Automatic
bestimmt das Verhältnis Breite zu Höhe von 2D-Grafiken; mit Automatic wird für beide Koordinatenachsen der gleiche Maßstab verwendet; Default: n=1/1.6

Axes->False
verhindert das automatische Zeichnen von Koordinatenachsen

AxesLabel->text
AxesLabel->{xtext, ytext, ztext}
beschriftet die Koordinatenachsen; in der ersten Variante wird nur die y-Achse (2D-Grafik) bzw. die z-Achse (3D-Grafik) beschriftet

AxesOrigin->{x,y}
verändert der Ort der Koordinatenachen bei 2D-Grafiken

AxesStyle->style
verändert das Aussehen (Farbe, Linienstärke) der Koordinatenachsen

BackGround->farbe
stellt die Standard-Hintergrundfarbe ein (Default: weiß, also RGBColor[1,1,1])

Boxed->True oder **False**
schaltet die Umrandung von 3D-Grafiken durch einen Quader ein bzw. aus

BoxStyle->style
verändert das Aussehen (Farbe, Linienstärke) des Quaders um 3D-Grafiken

BoxRatios->{x,y,z}
BoxRatios->Automatic
bestimmt das Verhältnis der Seiten einer 3D-Grafik (x zu y zu z); mit Automatic wird für alle Koordinatenachsen der gleiche Maßstab verwendet

CMYKColor[cyan, magenta, yellow, black]
Kommando zur Einstellug der Farbe (subtraktive Farbmischung) für die ..Style-Optionen; die vier Parameter müssen zwischen 0 und 1 liegen

ColorFunction->(farbe[#]&)
Option zur Steuerung der Farbverteilung; das Farbkommando (z.B. GrayLevel, Hue) muß als »pure function« formuliert werden; Mathematica übergibt den Parameter »#« automatisch im Wertebereich zwischen 0 und 1

Dashing[{länge1, länge2,..}]
Kommando zur Einstellung des Linienmusters für die Optionen ..Style; die Längenangaben erfolgen relativ zur Gesamtgröße der Grafik; das Linienmuster wird zyklisch wiederholt; Default: {} für Linien ohne Unterbrechung

DefaultColor->farbe
stellt die Standard-Zeichenfarbe ein (Default: schwarz, also RGBColor[0,0,0])

DefaultFont->{"fontname", größe}
stellt den Standard-Zeichensatz für die Beschriftung der Grafik ein

FaceGrids->None

FaceGrids->All

FaceGrids->{ {0,0,1}, {0,0,-1}, ..}

zeichnet Rasterlinien in den Seitenflächen des Rahmen-Quaders um 3D-Grafiken; wenn die Rasterlinienen nicht in allen Seitenflächen erwünscht sind, müssen die ausgewählten Flächen aufgezählt werden (im Syntax-Beispiel oben: Rasterlinien nur in der oberen und unteren z-Begrenzungsfläche)

FontForm["text", {"fontname", größe}]

kann zusammen mit AxesLabel, FrameLabel, PlotLabel,.. verwendet werden, um einen Text in der gewünschten Schriftart und Größe auszugeben

Frame->True umrahmt zweidimensionale Grafiken, mit automatischer Skalenbeschriftung

FrameLabel->{unten, links, oben, rechts}

beschriftet den Rahmen um eine 2D-Grafik

FrameStyle->style verändert das Aussehen (Farbe, Linienstärke) der Umrandung einer 2D-Grafik

FrameTicks->None oder **Automatic**

mit None wird die automatische Skalenbeschriftung des Rahmens um die Grafik abgeschalten; weitere Möglichkeiten zur Einstellung der Option finden Sie bei Ticks

GrayLevel[n] Kommando zur Einstellug der Grauschattierung für die ..Style-Optionen; der Parameter muß zwischen 0 (schwarz) und 1 (weiß) liegen

GridLines->Automatic

GridLines->{xgrid,ygrid}

xgrid: **Automatic** oder **None** oder {x1,x2,..}

zeichnet Rasterlinien in zweidimensionalen Grafiken; der Ort der Rasterlinien wird entweder von Mathematica bestimmt, oder die Positionen müssen getrennt für x- und y-Richtung durch Listen angegeben werden

Hue[farbton]

Hue[farbton, sättigung, helligkeit]

Kommando zur Einstellug der Farbe für die ..Style-Optionen; die drei Parameter müssen zwischen 0 und 1 liegen

Lighting->False

schaltet die automatische Beleuchtung von 3D-Grafiken ab; die Farben der einzelnen Flächen werden aus den z-Koordinaten der zugehörigen Punkte berechnet

LightSources->{ lichtquelle, lichtquelle,.. }

lichtquelle: {{x,y,z}, farbe}

bestimmt Richtung und Farbe der Lichtquellen zur Beleuchtung von 3D-Grafiken; Default: drei Lichtquellen in den Farben rot, grün und blau aus verschiedenen 45-Grad-Richtungen rund um die Grafik

Mesh->False verhindert das Zeichnen der schwarzen Verbindungslinien zwischen den Teilflächen einer 3D-Grafik; es werden nur die schattierten oder farbigen Flächen gezeichnet

MeshStyle->style verändert das Aussehen (Farbe, Linienstärke) der Verbindungslinien zwischen den Punkten einer 3D-Grafik

PlotLabel->text beschriftet die Grafik mit dem angegebenen Text

PlotRange->{min,max}

PlotRange->Automatic

PlotRange->All

PlotRange->{ {xmin,xmax}, {ymin,ymax} }

PlotRange->{ {xmin,xmax}, {ymin,ymax}, {zmin,zmax} }

die erste Variante stellt die Grenzen des Zeichenbereichs für die y-Achse (2D-Grafiken) bzw. für die z-Achse (3D-Grafiken) direkt ein; andere Einstellungsmöglichkeiten sind Automatic (weit außerhalb liegende Punkte werden abgeschnitten) und All (zeichnet alle Punkte); die beiden letzten Varianten grenzen den dargestellten Bereich an allen Seiten ein

PlotStyle->style verändert Farbe, Linienform, Punktgröße für die Linien bzw. Kurven in 2D-Grafiken sowie für die Punkte in 2D- und 3D-Grafiken

PointSize[größe] Kommando zur Einstellung der Option PlotStyle; die Punktgröße wird relativ zur Gesamtgrafik angegeben; Default: 0.008 für 2D-Grafik, 0.01 für 3D-Grafik

RGBColor[rot,grün,blau]

Kommando zur Einstellug der Farbe für die ..Style-Optionen; die drei Parameter müssen zwischen 0 und 1 liegen

RotateLabel->False verhindert bei der Beschriftung des Rahmens einer 2D-Grafik, daß der Text auf der linken und rechten Seite um 90 Grad gedreht wird; Default-Einstellung: True

Shading->False verhindert die Schattierung bzw. Färbung der Flächenstücke von 3D-Grafiken; es werden nur die Gitterlinien der Grafik gezeichnet

Show[grafik, optionen]

zeigt eine bereits berechnete Grafik mit veränderten Optionen an; das ist nur möglich, wenn durch diese Optionen keine Neuberechnung der Grafik erforderlich wird

SurfaceColor[diffusefarbe]

SurfaceColor[diffus, spekular]

SurfaceColor[diffus, spekular, n]

bestimmt die Materialeigenschaften von 3D-Körpern; es können die Farben der diffusen und spekularen Reflexion sowie des spekularen Exponenten n (Phong Beleuchtungsmodell) angegeben werden

Thickness[breite] Kommando zur Einstellung der Linienbreite für die Optionen ..Style; die Breite wird relativ zur Gesamtgröße der Grafik angegeben; Default: 0.004 für 2D-Grafik, 0.001 für 3D-Grafik

Ticks->None oder **Automatic**

Ticks->{xticks, yticks, zticks}

xticks: **Automatic** oder **None**

xticks: {x1,x2,..}

xticks: {{x1,text1},{x2,text2},..}

mit None wird die automatische Skalenbeschriftung der Koordinatenachsen abgeschalten; zur manuellen Beschriftung muß der Ort jedes Skalenstriches angegeben werden; die zusätzliche Angabe des Beschriftungstextes ist nur dann notwendig, wenn die Beschriftung des Striches vom dortigen Wert abweichen soll (oder gar keine Beschriftung erwünscht ist – Text: "")

ViewPoint->{x,y,z} gibt den Koordinatenpunkt an, von dem die 3D-Grafik betrachtet wird; im hierfür verwendeten Koordinatensystem liegt der Punkt {0,0,0} im Mittelpunkt der Grafik, die längste Seite der Grafik reicht von -0.5 bis +0.5; der Blickpunkt muß außerhalb der Grafik liegen; Default: {1.3,-2.4,2p

ViewVertical->{x,y,z}

gibt an, welche Koordinatenachse von 3D-Grafiken vertikal dargestellt wird; Default: {0,0,1}, also die z-Achse

$DefaultFont = {"fontname", größe}

stellt den Standard-Zeichensatz für alle weiteren Grafiken ein

Needs["Graphics`ArgColors`"]

ArgColor[z]

ArgShade[z] bestimmt den Farbton Hue bzw. die Grauschattierung GrayLevel durch das Argument (den Phasenwinkel) der komplexen Zahl z

Teil 3

Mathematica für Fortgeschrittene

Der dritte und letzte Abschnitt dieses Buchs beschäftigt sich mit Problemen, die im alltäglichen Gebrauch von Mathematica seltener vorkommen: lineare Optimierungsaufgaben, Reihenentwicklungen, Fourier- und Laplace-Transformation, Vektoranalysis, bewegte Grafik, etc. Für viele Leser wird vielleicht gerade *eines* dieser Themen interessant oder wichtig sein, die anderen dagegen nicht. Aus diesem Grund sind die Kapitel vollkommen unabhängig voneinander, sie bauen nicht aufeinander auf. Allerdings wird ein Grundlagenwissen aus Teil 2 dieses Buches (z.B. der Umgang mit Listen und Matrizen) vorausgesetzt.

In den Kapitel 27 und 28 wird versucht, eine Einführung in das Programmieren mit Mathematica zu geben. Mathematica kann ähnlich wie eine »normale« Programmiersprache verwendet werden, wobei Sie Zugriff auf alle mathematischen Spezialkommandos haben. Dabei ist ein traditioneller Programmierstil mit Schleifen, Funktionen und Prozeduren möglich. Die zahlreichen Kommandos zur Listenbearbeitung und Mustererkennung erinnern allerdings eher an Sprachen wie Lisp oder Prolog und erlauben beispielsweise den Aufbau von Regelsystemen. Wenn Sie bisher mit prozeduralen Sprachen (C, Pascal, Fortran) gearbeitet haben, ist zur effizienten Mathematica-Programmierung einiges Umdenken notwendig.

Kapitel 29 beschreibt die vielfältigen Möglichkeiten zum Datenaustausch zwischen Mathematica und anderen Programmen: Zahlenmaterial in ASCII-Dateien, Formeln im TeX-Syntax, Grafiken als PostScript-Dateien, etc.

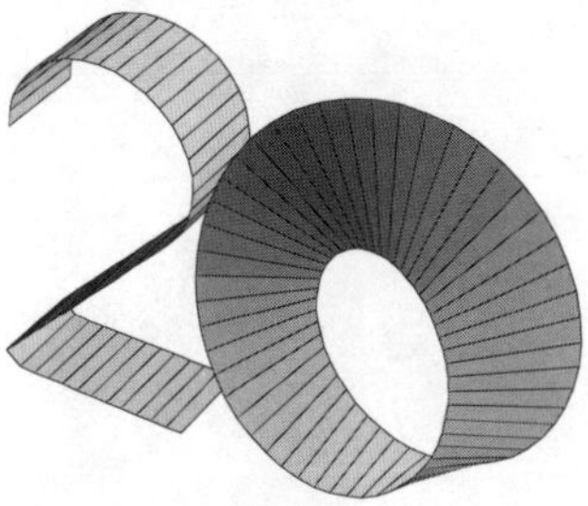

Lineare Optimierung, Minimierungs- und Maximierungsaufgaben

Dieses Kapitel beschreibt mehrere Kommandos, die zur Suche von Extremwerten geeignet sind. Am allgemeingültigsten ist das Kommando `FindMinimum`, das ausgehend von einem gegebenen Punkt das nächste lokale Minimum einer beliebigen (auch mehrdimensionalen) Funktion sucht. `ConstrainedMin`, `ConstrainedMax` und `LinearProgramming` erfüllen prinzipiell die gleiche Aufgabe, allerdings mit einer wesentlichen Einschränkung: die zu minimierende Funktion muß linear sein. Dafür werden sonstige Randbedingungen beachtet, außerdem finden die Kommandos nicht nur das lokale, sondern sogar das globale Minimum (oder Maximum).

`FindMinimum`
sucht den Ort eines lokalen Minimums einer allgemeinen Funktion

`ConstrainedMin`, `ConstrainedMax`
sucht das globale Minimum oder Maximum einer linearen (!) Funktion unter Beachtung von Randbedingungen

`LinearProgramming`
wie `ConstrainedMin`, allerdings wird das zugehörige mathematische System als Matrix formuliert

Lokale Minima suchen

```
Plot[ x^3 - 2x^2 - x + 2 Sin[3x], {x,-2,3}]     (* Bild 20.1 *)

FindMinimum[ x^3 - 2x^2 - x + 2 Sin[3x], {x,0} ]
{-2.35361, {x -> -0.735899}}

FindMinimum[ x^3 - 2x^2 - x + 2 Sin[3x], {x,1} ]
{-4.63012, {x -> 1.56571}}

FindMinimum[ -(x^3 - 2x^2 - x + 2 Sin[3x]), {x,0} ]
{-1.20816, {x -> 0.402943}}

FindMinimum[ x^3 - 2x^2 - x + 2 Sin[3x], {x,-10} ]
FindMinimum::fmlim:
   The minimum could not be bracketed in 30 iterations.
                 3      2
FindMinimum[x  - 2 x  - x + 2 Sin[3 x], {x, -10}]
```

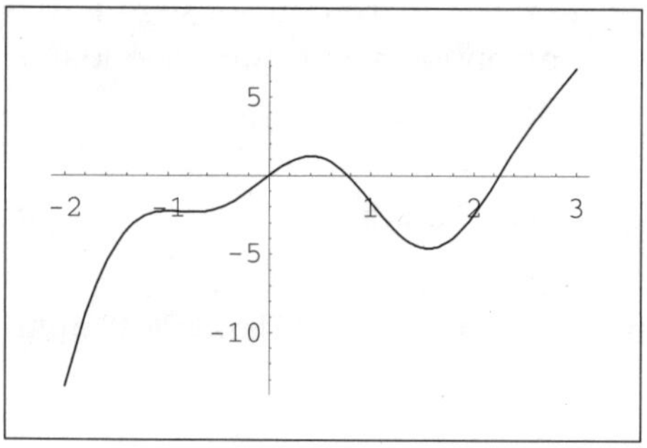

Bild 20.1: Die Kurve $x^3 - 2x^2 - x + 2$ Sin[3x] besitzt je zwei lokale Minima und Maxima

`FindMinimum` hat im obigen Beispiel keinerlei Schwierigkeiten, die lokalen Minima bei x=-0.736 und x=1.566 zu finden. Da es kein Kommando `FindMaximum` gibt, muß der Funktion ein negatives Vorzeichen vorangestellt werden, um eines der beiden lokalen Maxima bei x=0.403 zu finden. Der Versuch, ein Minimum für x im Bereich von -10 zu finden, scheitert allerdings. Die Kurve geht gegen minus Unendlich, wenn auch x minus Unendlich wird. Dieser Fall wird allerdings nicht als Minumum akzeptiert.

Die Syntax von `FindMinimum` ist einfach: Im ersten Parameter wird die zu minimierende Funktion angegeben. Die folgenden Parameter enthalten Listen mit den unabhängigen Variablen und dem gewünschten Startwert für die Minima-Suche.

```
f:= (x-1)^2 + (y-1)^2 - 3 Abs[Sqrt[x + I y]]

D[f,x]
              3 Abs'[Sqrt[x + I y]]
2 (-1 + x) -  ---------------------
                2 Sqrt[x + I y]
```

```
Plot3D[ f, {x,-0.5,3}, {y,-0.5,3},                   (* Bild 20.2 *)
         PlotPoints->30, Shading->False]

FindMinimum[ f, {x,{0,1}}, {y,{0,1}}]
{-3.90221, {x -> 1.37972, y -> 1.37961}}

FindMinimum[ -f, {x,{0,1}}, {y,{0,1}}]   (* Maximumssuche *)
{-2., {x -> 0., y -> 0.}}
```

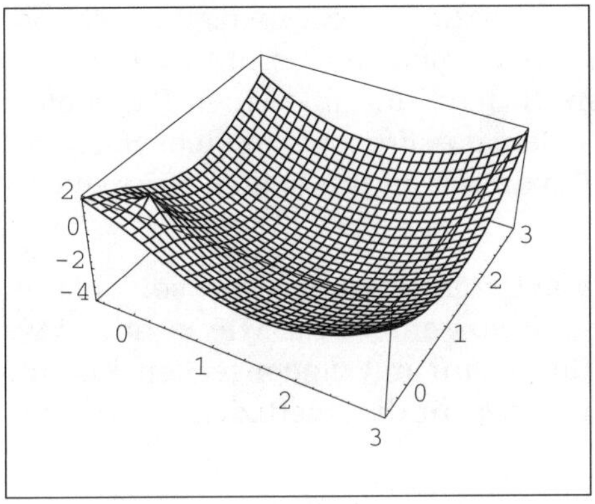

Bild 20.2: Die Fläche hat ein Minimum bei {1.38, 1.38} sowie ein Maximum bei {0,0}

Das zweite Beispiel ist insofern komplizierter, als von der zweidimensionalen Funktion wegen des `Abs`-Terms keine Ableitung gebildet werden kann. `FindMinimum` verwendet in diesem Fall numerische Verfahren zur Lösungssuche. Dazu müssen beim Aufruf der Funktion allerdings gleich zwei Startwerte angegeben werden. Abermals wird die Funktion negiert, um ein lokales Maximum zu suchen.

Lineare Optimierung

```
ConstrainedMax[ 300 x1 + 500 x2,
  {2 x1 + 4 x2 <= 170, 2 x1 + 2 x2 <= 150, 6 x2 <= 180},
  {x1,x2}]
{24500, {x1 -> 65, x2 -> 10}}
```

Aufgabe:

Zwei Produkte P1 und P2 werden auf drei Maschinen M1, M2 und M3 hergestellt. Um P1 herzustellen, muß je 2 Stunden auf den Maschinen M1 und M2 gearbeitet werden. Um P2 herzustellen, werden die Maschinen M1, M2 und M3 für 4, 2 bzw. 6 Stunden beansprucht. Pro Monat können maximal 170 Stunden auf M1, 150 Stunden auf M2 und 180 Stunden auf M3 gearbeitet werden. Pro Produkt P1 kann ein Gewinn von 300 DM erzielt werden, pro P2 ein Gewinn von 500 DM. Wieviel Produkte P1 und P2 sollen hergestellt werden.

Die Lösung zu diesem Problem liefert das obige Beispiel: Die Funktion 300 x1 + 500 x2 (das ist der Gewinn) soll optimiert werden. Dabei müssen drei Restriktionen beachtet werden, die sicherstellen, daß auf keiner der drei Maschinen zu lange gearbeitet wird.

Die Bedienung von `ConstrainedMax` geht aus dem Beispiel bereits hervor: Im ersten Parameter wird die zu maximierende Zielfunktion angegeben, im zweiten Parameter eine Liste mit allen Restriktionen (die als Ungleichungen mit <= oder >= sowie als Gleichungen mit == formuliert werden dürfen), und im dritten Parameter eine Liste mit allen Variablen. Das Kommando liefert das Ergebnis in einer Substitutionsliste zurück und gibt außerdem das erzielte Maximum an (im obigen Beispiel ein Gewinn von 24500 DM).

Bei der Eingabe des zu optimierenden Systems muß beachtet werden, daß sowohl die Zielfunktion als auch die Bedingungen linear sein müssen. Terme wie x^2 oder x*y oder Sin[x] sind nicht erlaubt. Alle Variablen dürfen nur mit einem reellen Koeffizienten versehen werden. Komplexe Zahlen sind weder für die Koeffizienten erlaubt, noch findet Mathematica komplexe Lösungen.

Bei der Lösungssuche geht Mathematica davon aus, daß alle Variablen größer gleich 0 bleiben müssen.

Die Ungleichungen dürfen auch mit < oder > formuliert werden, Mathematica beachtet den Unterschied allerdings nicht und gibt unter Umständen trotz der Bedingung x<2 als Lösung x->2 an.

Die Lösungen sind exakt, sofern auch die Koeffizienten exakt sind. Wenn dagegen Kommazahlen angegeben werden, ist das Ergebnis mit der durch die Option `Tolerance` vorgegebenen Ungenauigkeit behaftet (normalerweise 10^{-6}).

```
ConstrainedMax[ 6 x1 + 10 x2 + 8 x3 + 12 x4,
    { 3 x1 + 2 x2 +        2 x4 <= 60,
        x1 +   x2 + 2 x3 +   x4 <= 45,
      2 x1 +                4 x4 <= 90,
      4 x1 +        4 x3 + 3 x4 <= 120,
        x1 + 2 x2 + 2 x3 + 2 x4 <= 30    },
    { x1, x2, x3, x4} ]
```

```
{180, {x1 -> 15, x2 -> 0, x3 -> 0, x4 -> 15/2}}
```

Das Beispiel oben zeigt eine Einschränkung des Kommandos: es findet nur eine einzige Lösung, auch wenn mehrere gleichwertige Lösungen existieren. Im Beispiel oben wäre auch x1=x2=x3=0, x4=15 eine korrekte Lösung.

Das Kommando ConstrainedMin funktioniert im Prinzip wie ConstrainedMax, allerdings versucht es, die Zielfunktion zu minimieren. Auch hier gilt automatisch die Bedingung, daß alle Variablen größer gleich 0 bleiben müssen.

Beinahe die gleiche Aufgabe wie ConstrainedMin erfüllt das Kommando LinearProgramming[ziel,matrix,restrik]. Es minimiert für den Variablenvektor x die Zielfunktion ziel . x. Dabei werden die Restriktionen matrix. x >=restrik sowie x >= 0 beachtet. Die einzige Einschränkung gegenüber ConstrainedMin besteht darin, daß in den Restriktionen keine Gleichungen mit == formuliert werden können. Der Vorteil von LinearProgramming besteht im geringeren Schreibaufwand.

```
LinearProgramming[ -{6, 10, 8, 12},
                   -{ {3,2,0,2},
                      {1,1,2,1},
                      {2,0,0,4},
                      {4,0,4,3},
                      {1,2,2,2} },
                   -{60, 45, 90, 120, 30} ]
```

$\{15, 0, 0, \frac{15}{2}\}$

Das Beispiel oben zeigt die Anwendung des Kommandos für das gleiche Optimierungssystem wie im Beispiel darüber. Die Ähnlichkeit in der Anordnung der Koeffizienten für die beiden Kommandos ist nicht zu übersehen, das Ergebnis ist erwartungsgemäß identisch. Die negativen Vorzeichen vor den drei Koeffizientenlisten sind notwendig, um das Maximierungsproblem des vorigen Beispieles in ein Minimierungsproblem umzuformen.

Transportprobleme mit ConstrainedMin lösen

Transportprobleme stellen neben den liniearen Optimierungsaufgaben die zweite wichtige Problemgruppe der Operation Research dar. (Operation Research ist jener Wissenschaftszweig, der sich mit Optimierungsaufgaben beschäftigt.) Mathematica bietet zwar kein Kommando an, mit dem sich Transportprobleme unmittelbar lösen lassen. Mit einigen Listenkommandos kann ein gegebenes Problem allerdings so formuliert werden, daß es für ConstrainedMin geeignet ist. Am leichtesten kann das anhand eines Beispiels nachvollzogen werden:

Drei Baustellen benötigen pro Woche 160, 330 bzw. 340 m^3 Schotter, der von drei Kiesgruben mit einer Kapazität von 220, 290 und 320 m^3 angeliefert wird. Die Kosten für den Transport zwischen den Kiesgruben und Baustellen sehen (pro m3 in DM) folgendermaßen aus:

	B1	B2	B3
K1	21	15	18
K2	10	17	23
K3	16	19	20

Ziel der Aufgabe ist es, die Gesamttransportkosten zu minimieren.

Das Problem kann mit neun Variablen x[1][1] bis x[3][3] formuliert werden, die angeben, wieviel m^3 Schotter von einer bestimmten Kiesgrube zu einer bestimmten Baustelle transportiert werden. Die zu minimierende Zielfunktion lautet x[1][1]*21 + x[1][2]*15 +..

Für das Problem existieren sechs Restriktionen: Für jede Baustelle muß die Summe aller x der jeweiligen Spalte die erforderliche Gesamtmenge ergeben. Für jede Kiesgrube darf die Summe aller x der jeweiligen Zeile die vorhandene Kapazität nicht überschreiten.

Der Aufwand für dieses relativ einfache Beispiel wirkt vielleicht etwas hoch. Die prinzipielle Vorgehensweise für ein Beispiel mit 20 Quellen und 15 Zielorten bleibt aber gleich, und der Aufwand verändert sich (abgesehen von der Eingabe der Koeffizienten) nicht mehr.

```
kies={220, 290, 320}; baustelle={160, 330, 340};

kosten={ {10, 15, 18},
         {10, 17, 23},
         {16, 19, 20} };

restr = Join[
   Table[ Sum[ x[i][j], {j,1,3}] == kies[[i]], {i,1,3}],
   Table[ Sum[ x[i][j], {i,1,3}] == baustelle[[j]], {j,1,3}] ]

{x[1][1] + x[1][2] + x[1][3] == 220,
 x[2][1] + x[2][2] + x[2][3] == 290,
 x[3][1] + x[3][2] + x[3][3] == 320,
 x[1][1] + x[2][1] + x[3][1] == 160,
 x[1][2] + x[2][2] + x[3][2] == 330,
 x[1][3] + x[2][3] + x[3][3] == 340 }

var = Flatten[ Table[ x[i][j], {i,1,3}, {j,1,3}]]

{x[1][1], x[1][2], x[1][3], x[2][1], x[2][2], x[2][3], x[3][1],
 x[3][2], x[3][3]}

ziel = Sum[ x[i][j] * kosten[[i]][[j]], {i,1,3}, {j,1,3}]

10 x[1][1] + 15 x[1][2] + 18 x[1][3] + 10 x[2][1] + 17 x[2][2] +
 23 x[2][3] + 16 x[3][1] + 19 x[3][2] + 20 x[3][3]
```

```
ConstrainedMin[ ziel, restr, var]

{13570, {x[1][1] -> 0,   x[1][2] -> 200, x[1][3] -> 20,
        x[2][1] -> 160, x[2][2] -> 130, x[2][3] -> 0,
        x[3][1] -> 0,   x[3][2] -> 0,   x[3][3] -> 320}}
```

`ConstrainedMin` führt zum Ergebnis, daß Baustelle 1 160 m^3 von Kiesgrube 2 erhält, Baustelle 2 200 m^3 von Kiesgrube 1 und weitere 130 m^3 von Kiesgrube 2, Baustelle 3 20 m^3 von Kiesgrube 1 und 320 m^3 von Kiesgrube 1. Die Gesamtkosten betragen 13570 DM.

Zusammenfassung

FindMinimum`[func, {var1, start}]`
FindMinimum`[func, {var1, {start1, start2}}]`
FindMinimum`[func, {var1, start, min, max}]`
FindMinimum`[func, {var1, {start1, start2}, min, max}]`
FindMinimum`[func, {var1,..}, {var2,..}, {var3,..},..]`

`FindMinimum` sucht ausgehend von einem Startwert das nächste lokale Minimum; wenn von der Funktion keine Ableitungen gebildet werden können, müssen zwei Startwerte angegeben werden; die Suche kann außerdem auf einen Zahlenbereich zwischen min und max eingeschränkt werden

ConstrainedMax`[ziel, restrik, var]`
ConstrainedMin`[ziel, restrik, var]`

Die beiden Kommandos ermitteln das Maximum oder Minimum der Zielfunktion; im zweiten Parameter muß eine Liste mit allen Restriktions-(Un-)Gleichungen angegeben werden, im dritten Parameter eine Liste mit allen Variablen; die Kommandos können nur für lineare Systeme verwendet werden

LinearProgramming`[ziel,matrix,restrik]`

Das Kommando minimiert für den Variablenvektor x die Zielfunktion `ziel . x`; dabei werden die Restriktionen `matrix . x >= restrik` sowie x >= 0 beachtet

21 Summen und Produkte

Zur Bildung von Summen und Produkten sind die beiden Kommandos `Sum` und `Product` sowie deren numerischen Varianten `NSum` bzw. `NProduct` vorgesehen. Die Kommandos können nicht nur unmittelbar für Berechnungen eingesetzt werden, sondern auch zum Bilden aufwendiger Formeln (wie im letzten Beispiel des vorigen Kapitels) oder zum Aufstellen von Reihen und Folgen.

`Sum`
bildet die Summe eines Ausdrucks

`NSum`
numerische Variante von `Sum`, ist auch für unendliche Summen geeignet

`EulerSum`
Alternative zu `NSum`, besonders zur numerischen Berechnung alternierenden Reihen geeigne

`Product`
bildet das Produkt eines Ausdrucks

`NProduct`
numerische Variante von `Product`

Summen

```
Sum[ 1/2^n, {n,1,20}]
1048575
-------
1048576
```

```
N[%,30]
0.99999904632568359375
```

`Sum` berechnet die Summe des Ausdrucks, der im ersten Parameter angegeben wird. Im zweiten Parameter wird in einer Liste der Wertebereich für die Variable des Ausdrucks angegeben. Dabei sind wie bei einer Unzahl weiterer Kommandos folgende Aufzählungs-Varianten (»iterators«) möglich:

`{var,10}`	Summe für var=1, 2, 3,.. 9, 10
`{var,4,10}`	Summe für var=4, 5,.. 9, 10
`{var,4,10,2}`	Summe für var=4, 6, 8, 10

Bei der Berechnung der Summe geht Mathematica ähnlich wie beim Zeichnen von Grafiken vor: Der im ersten Parameter genannte Ausdruck wird erst beim Einsetzen der erforderlichen Zahlenwerte ausgewertet (und nicht schon im vorhinein). In manchen Fällen ist diese Vorgangsweise allerdings unbrauchbar: beispielsweise um die Summe einer Ableitung zu berechnen: Es ist nicht möglich, in eine Funktion zuerst einen Zahlenwert einzusetzen und das (numerische) Ergebnis dann nach einer nicht mehr vorhandenen Variablen abzuleiten. In solchen Fällen müssen Sie mit `Evaluate` die sofortige Auswertung des Ausdrucks erzwingen.

```
Sum[ D[ x^2-x, x], {x,1,10}]

General::ivar: 1 is not a valid variable.
General::ivar: 2 is not a valid variable.
General::ivar: 3 is not a valid variable.
General::stop:
   Further output of General::ivar
     will be suppressed during this calculation.
D[0, 1] + D[2, 2] + D[6, 3] + D[12, 4] + D[20, 5] + D[30, 6] +
 D[42, 7] + D[56, 8] + D[72, 9] + D[90, 10]
```

```
Sum[ Evaluate[D[ x^2-x, x]], {x,1,10}]
100
```

`Sum` ermittelt das Ergebnis symbolisch. Aus diesem Grund führen Ausdrücke, deren Summe sich nicht vereinfachen läßt, zu sehr umgangreichen Ergebnissen:

```
Sum[ (-1)^n / Sqrt[n], {n,20}]
            3/2
   7    -(3/2)   2        1            1            1
-(──) + 2      + ──── - ─────────── - ─────────── + ───────── -
  12              3     2 Sqrt[3]    2 Sqrt[5]    Sqrt[6]
   1          1           1            1             1            1
───────── + ────────── - ────────── - ────────── + ────────── - ────────── -
 Sqrt[7]    Sqrt[10]    Sqrt[11]     Sqrt[13]     Sqrt[14]     Sqrt[15]
    1           1
────────── - ──────────
 Sqrt[17]     Sqrt[19]
```

Sum kann auch mit Variablen oder Variablenfeldern verwendet werden, um komplexe Formeln oder Reihenentwicklungen anzuschreiben. Im zweiten Beispiel wird gleichzeitig demonstriert, daß Sum auch für mehrdimensionale Summen über mehrere Variablen geeignet ist.

```
Sum[ x^n/n!, {n,1,10}]
     2    3    4     5     6      7       8        9         10
    x    x    x     x     x      x       x        x         x
x + -- + -- + -- + --- + --- + ---- + ----- + ------ + -------
    2    6    24   120   720   5040   40320   362880   3628800
matrix=Table[ x^y, {x,1,3}, {y,0,2} ]
{{1, 1, 1}, {1, 2, 4}, {1, 3, 9}}
Sum[ x[i][j] matrix[[i]][[j]], {i,1,3}, {j,1,3}]
x[1][1] + x[1][2] + x[1][3] + x[2][1] + 2 x[2][2] + 4 x[2][3] +
 x[3][1] + 3 x[3][2] + 9 x[3][3]
```

Numerische Berechnung von Summen

NSum ist die numerische Variante zu Sum. Das Kommando ermöglicht die Berechnung von unendlichen Summen bzw. eine vergleichsweise rasche Berechnung von sehr umfangreichen Summen. NSum wird prinzipiell wie Sum verwendet:

```
NSum[ 1/2^n, {n,1,Infinity}]
1.
```

NSum kommt auch mit komplexen Summen zurecht, wie das Beispiel unten zeigt. Um die Plausibilität des Ergebnisses zu überprüfen, wurde die Funktion $(1+2I)^n/n!$ für n=20 ausgerechnet. Das Ergebnis ist tatsächlich so klein, daß keine Beeinflussung der Summe mehr zu erwarten ist. Auch eine exakte Berechnung der Summe mit Sum für die ersten zwanzig Terme führt zum gleichen Ergebnis wie NSum.

```
NSum[ (1 + 2 I)^n / n!, {n,0,Infinity} ]
-1.1312 + 2.47173 I
```

```
(1 + 2 I)^n / n! /. n->20  //N
            -12            -13
-3.96781 10    - 6.07087 10    I

Sum[ (1 + 2 I)^n / n!, {n,0,20} ] //N
-1.1312 + 2.47173 I
```

Grundsätzlich sollten Sie immer versuchen, die mit numerischen Kommandos ermittelten Resultate in irgendeiner Weise zu überprüfen. Falsche Ergebnisse sind trotz der zumeist sehr ausgeklügelten Mathematica-Algorithmen nie auszuschließen.

Die Genauigkeit von `NSum` wird über mehrere Optionen gesteuert: Mit `AccuracyGoal` und `WorkingPrecision` bestimmen Sie die gewünschte Stellenanzahl des Ergebnisses und die Rechengenauigkeit während der Berechnung, mit `NSumTerms` und `NSumExtraTerms` die Zahl der Terme bis zum Beginn der Extrapolation der Funktion und die Zahl der Stützpunkte zur Extrapolation (Default: 15 bzw. 12). Da die Genauigkeit des Ergebnisses von der Kombination aller Optionen abhängt, müssen Sie normalerweise sämtliche Einstellungen zugleich ändern.

Das Beispiel unten zeigt den Versuch, die Zahl Pi/4 durch eine Reihe mit bekannt schlechter Konvergenz zu berechnen:
`1 - 1/3 + 1/5 - 1/7 + .. - ..`

```
N[ Pi/4, 40]
0.785398163397448309615660845819875721049
```

Zuerst wird diese Reihe für immerhin 1000 Terme exakt mit `Sum` berechnet. Das Ergebnis ist allerdings nur bis zur vierten Stelle korrekt!

```
N[ Sum[ (-1)^(n+1)/(2n-1), {n,1,1000}], 30]
0.785148163459948231490899125 72
```

Der erste Versuch mit `NSum` ist schon besser. Bereits ohne die Veränderung von Optionen werden die ersten sechs Stellen exakt berechnet. Im nächsten `NSum`-Kommando wird die Arbeitsgenauigkeit auf 50 Stellen und die Zielgenauigkeit auf 30 Stellen erhöht. Das Ergebnis ist daraufhin immerhin schon in den ersten 16 Stellen exakt.

```
NSum[ (-1)^(n+1)/(2n-1), {n,1,Infinity} ]
0.785398

NSum[ (-1)^(n+1)/(2n-1), {n,1,Infinity},
      WorkingPrecision->50, AccuracyGoal->30 ]
0.785398163397448 + 0. I
```

Noch besser gelingt die Berechnung, nachdem auch die Zahl der Stützpunkte vergrößert wird. Alle 36 angezeigten Stellen des Ergebnisses stimmen mit dem exakten Sollwert (siehe oben) überein. Daß die Probe eine Abweichung von Null ergibt (und nicht wie erwartet ..*10-37), ist darauf zurückzuführen, daß Mathematica grundsätzlich nur mit der Genauigkeit des ungenausten Einzelterms rechnet. Im vorliegenden Beispiel hat das NSum-Ergebnis eine Genauigkeit von 36 Stellen, aus diesem Grund wird auch Pi/4 für nur 36 Stellen berechnet, die Abweichung beider Werte ist Null.

```
NSum[ (-1)^(n+1)/(2n-1), {n,1,Infinity},
      WorkingPrecision->50, AccuracyGoal->30,
      NSumTerms->30, NSumExtraTerms->30 ]
0.785398163397448309615660845819875 72 + 0. I

%-Pi/4 //N
0. + 0. I
```

Numerische Berechnung von Summen mit EulerSum

Das Kommando EulerSum aus dem Package NumericalMath`NLimit` ist eine Variante zu NSum. Das Kommando verwendet intern die Euler-Transformation und ist besonders für alternierende Reihen geeignet.

```
Needs["NumericalMath`NLimit`"]

EulerSum[ (-1)^n/n, {n,1,Infinity}]
-0.693147
```

Die gewünschte Genauigkeit des Ergebnisses kann über die Optionen Working-Precision, Terms und ExtraTerms eingestellt werden. Die Wirkung dieser Optionen ist mit den oben besprochenen Optionen für NSum vergleichbar.

Reihenbildung mit Sum

Mathematica kennt einige Kommandos zum Bilden und Weiterverarbeiten von Reihen, die im nächsten Kapitel vorgestellt werden. Mit der notwendigen Entwicklungsformel können Sie Reihen auch selbst mit Sum zusammensetzen. Dazu zwei Beispiele:

```
reihesinus[x_] = Sum[ (-1)^n x^(2 n + 1) / (2n +1)!, {n,0,6}]
```

$$x - \frac{x^3}{6} + \frac{x^5}{120} - \frac{x^7}{5040} + \frac{x^9}{362880} - \frac{x^{11}}{39916800} + \frac{x^{13}}{6227020800}$$

```
Plot[ {Sin[x],reihesinus[x]}, {x,0,3Pi}]          (* Bild 21.1 *)
```

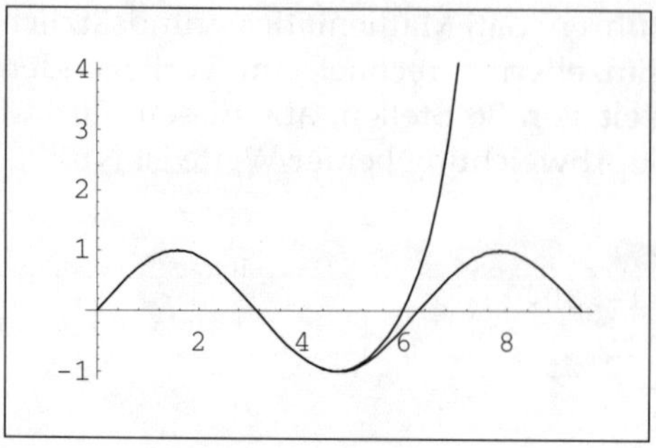

Bild 21.1: Die Sinus-Funktion und deren Reihenentwicklung stimmen im Bereich +/- 3 Pi/2 gut überein

Das erste Beispiel zeigt, daß das Aufstellen einer Reihe aus einer bekannten Entwicklungsformel kein Problem darstellt. Die Konvergenz für die Sinus-Reihe ist hervorragend.

Im zweiten Beispiel wird für eine etwas unhandlichere Funktion eine Taylor-Reihenentwicklung an der Stelle x0=-Pi/2 durchgeführt. Das ist nur möglich, wenn die Funktion ausreichend oft abgeleitet werden kann und die Ableitungen an der Stelle x0 reelle Werte liefern. Das im nächsten Kapitel vorgestellte Kommando `Series` ermittelt übrigens die gleiche Reihe.

```
func[x_]=Sin[x]^2+1/(x-1)
```

$$\frac{1}{-1 + x} + \mathrm{Sin}[x]^{2}$$

```
reihefunc[x_]=
  Sum[ ((x-x0)^n * D[func[x0],{x0,n}] / n! ), {n,0,9}] /. x0->-Pi/2
```

$$1 + \frac{1}{-1 - \frac{Pi}{2}} - \frac{\frac{Pi}{2} + x}{(-1 - \frac{Pi}{2})^{2}} + \frac{(-2 + \frac{2}{(-1 - \frac{Pi}{2})^{3}}) (\frac{Pi}{2} + x)^{2}}{2} -$$

...

$$\frac{(128 + \frac{40320}{(-1 - \frac{Pi}{2})^{9}}) (\frac{Pi}{2} + x)^{8}}{40320} - \frac{(\frac{Pi}{2} + x)^{9}}{(-1 - \frac{Pi}{2})^{10}}$$

```
reihefunc[x] //N
```

$$0.611015 - 0.151309 (1.5708 + x) - 1.05886 (1.5708 + x)^{2} -$$
$$0.0228944 (1.5708 + x)^{3} + 0.324428 (1.5708 + x)^{4} -$$
$$0.00346413 (1.5708 + x)^{5} - 0.0457919 (1.5708 + x)^{6} -$$
$$0.000524154 (1.5708 + x)^{7} + 0.00297072 (1.5708 + x)^{8} -$$

```
                        9
0.0000793091 (1.5708 + x)
```

```
Plot[ {func[x],reihefunc[x]}, {x,-2Pi,Pi},          (* Bild 21.2 *)
      PlotStyle->{Thickness[0.01],{} },
      PlotRange->{-2,2}, AxesOrigin->{-2Pi,0}]
```

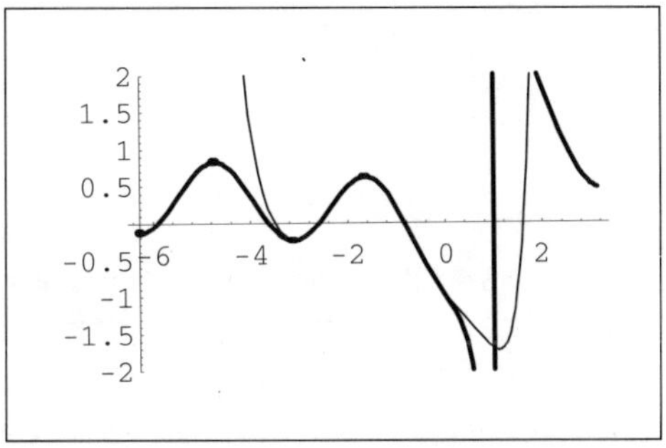

Bild 21.2: Die Funktion 1/(x-1) + Sin[x]² (fett gezeichnet) und deren Reihenentwicklung

Wie im nächsten Kapitel noch ausgeführt wird, stellt Mathematica Reihen intern nicht durch eine einfache Formel dar, sondern in einem eigenen Format. Dieses Format enthält auch die Ordnung jenes x-Terms, ab dem die Reihe abgebrochen wird. Um die mit `Sum` gebildete Reihen in das Mathematica-Reihen-Format zu bringen (was zur Weiterverarbeitung oft vorteilshaft ist), müssen Sie den Term `O[x,x0]^n` hinzufügen. Für das obige Beispiel sieht das folgendermaßen aus:

```
seriesfunc[x_] = reihefunc[x] + O[x,-Pi/2]^10;

% //InputForm
SeriesData[x, -Pi/2, {1 + (-1 - Pi/2)^(-1), -(-1 - Pi/2)^(-2),
   (-2 + 2/(-1 - Pi/2)^3)/2, -(-1 - Pi/2)^(-4),
   (8 + 24/(-1 - Pi/2)^5)/24, -(-1 - Pi/2)^(-6),
   (-32 + 720/(-1 - Pi/2)^7)/720, -(-1 - Pi/2)^(-8),
   (128 + 40320/(-1 - Pi/2)^9)/40320, -(-1 - Pi/2)^(-10)}, 0, 10, 1]
```

Der Ausdruck `seriesfunc` ist also keine einfache Formel mehr, sondern ein eigenes Datenobjekt, das durch das Kommando `SeriesData` beschrieben wird.

Produkte

Analog zu den beiden gerade behandelten `Sum`-Kommandos können Sie mit `Product` und `NProduct` Produkte berechnen. Dazu einige Beispiele:

```
Product[x,{x,1,5}]
120
```

```
Product[ (x+a), {x,1,2,2/10}]
          6         7         8         9
(1 + a) (- + a) (- + a) (- + a) (- + a) (2 + a)
          5         5         5         5

Product[ 1 + 1 / x^2, {x,1,100}] //N
3.63968

NProduct[ 1 + 1 / x^2, {x,1,100}]
3.63968
```

Zusammenfassung

Sum[funktion, {x, start,end}]
Sum[funktion, {x, start,end, delta}]
Sum[funktion, {x, ..}, {y,..}, ..]

berechnet die Summe der angegebenen Funktion, wobei die Variable im angegebenen Zahlenbereich variiert wird; bei mehrdimensionalen Funktionen werden die Variablen beginnend mit der letzten aufgelöst

NSum[... wie oben]

AccuracyGoal->n
WorkingPrecision->n
NSumTerms->n
NSumExtraTerms->n

die numerische Variante zu Sum; als Grenzen für den Variablenbereich ist nun auch Infinity erlaubt; mit den vier Optionen wird die gewünschte Zielgenauigkeit, die gewünschte Rechengenauigkeit, die Anzahl der Terme bis zum Beginn der Extrapolation der Funktion sowie die Anzahl der Stützpunkte für die Extrapolation gesteuert

Needs["NumericalMath`NLimit`"]
EulerSum[funktion, {x,start, end}]

Alternative zu NSum, besonders für alternierende Reihen geeignet

Product[... wie oben]

berechnet das Produkt der angegebenen Variante

NProduct[... wie oben]

AccuracyGoal->n
WorkingPrecision->n
NProductFactors->n
NProductExtraFactors->n

numerische Variante zu Product

22 Reihenentwicklungen

Bei längeren technischen Berechnungen treten häufig komplizierte Funktionen auf, die mathematisch nur mit sehr hohem Aufwand (oder überhaupt nicht) weiterbearbeitet werden können. Gerade in technischen Anwendungen sind Näherungslösungen mit einer Genauigkeit von einigen Nachkommastellen oft ausreichend. In solchen Fällen ist es sinnvoll, die auftretenden Funktionen durch einfacher Reihenentwicklungen zu ersetzen und damit weiterzurechnen. Gerade zum Lösen komplizierter Differentialgleichungen ist dieser Ansatz oft zielführend. Mathematica unterstützt die Bildung und Weiterverarbeitung solcher Reihen mit einigen Kommandos:

`Series`
führt eine Reihenentwicklung durch

`Normal`
wandelt eine Reihenentwicklung in eine »normale« Mathematica-Formel um

`InverseSeries`
invertiert eine vorhandene Reihenentwicklung und liefert damit die Umkehrfunktion

`LogicalExpand`
ermöglicht einen Koeffizientenvergleich für Reihen

Reihenentwicklungen mit Series aufstellen

```
Series[ Sin[x], {x,0,5}]
```

$$x - \frac{x^3}{6} + \frac{x^5}{120} + O[x]^6$$

Der Einsatz des `Series`-Kommandos ist denkbar einfach: Im ersten Parameter geben Sie die zu entwickelnde Funktion an, im zweiten Parameter in einer Liste die Variable, den Ort der Entwicklung und die Ordnung der Entwicklung. Mathematica gibt die Entwicklungsformel zusammen mit der Ordnungsfunktion `O[x-x0]^n` zurück, die angibt, bei welcher Ordnung die Reihenentwicklung abgebrochen wurde. Dieser Term wird bei der weiteren Bearbeitung der Reihe (siehe unten) immer am aktuellen Stand gehalten und stellt ein Maß für die Genauigkeit der Näherung dar.

Eine Entwicklung für `Log[x]` um den Punkt x=0 ist nicht möglich, Mathematica liefert die Funktion zurück (obwohl auch dieses Ergebnis intern als Reihe – allerdings mit der Funktion Log[x] – angeschrieben wird). Eine Reihenentwicklung um einen anderen Punkt ist aber möglich. Selbiges gilt auch für die `Sqrt`-Funktion.

```
Series[ Log[1/x], {x,0,5}]
```

$$-\mathrm{Log}[x] + O[x]^6$$

```
Series[ Log[x], {x,1,4}]
```

$$(-1 + x) - \frac{(-1 + x)^2}{2} + \frac{(-1 + x)^3}{3} - \frac{(-1 + x)^4}{4} + O[-1 + x]^5$$

`Series` bildet je nach Art der Funktion Taylor- oder Laurent-Reihen. Das Kommando kann auch zur Entwicklung komplexer Funktionen (und um einen komplexen Entwicklungsort) verwendet werden. Das Beispiel unten zeigt eine Entwicklung um den Punkt z0=I.

```
Series[ 1/(z^2 + 1), {z,I,5}]
```

$$\frac{\frac{-I}{2}}{-I + z} + \frac{1}{4} + \frac{I}{8}(-I + z) - \frac{(-I + z)^2}{16} - \frac{I}{32}(-I + z)^3 + \frac{(-I + z)^4}{64} + \frac{I}{128}(-I + z)^5 + O[-I + z]^6$$

Obwohl Mathematica Reihenentwicklungen wie gewöhnliche Formeln mit dem zusätzlichen Ordnungsterm $O[]^n$ ausgibt, werden Reihen intern nicht wie »normale« Formeln, sondern mit dem Kommando `SeriesData` in einer eigenen Objekt-Struktur gespeichert. Der Unterschied wird offensichtlich, sobald Sie versuchen, die Reihe für einen x-Wert auszurechnen bzw. mit `Plot` zu zeichnen: Mathematica bricht den Vorgang mit einer Fehlermeldung ab.

```
f1[x_] = Series[ 1/Sin[x], {x,0,6}]
                 3         5
1   x     7 x      31 x          7
- + - + ------- + ------- + O[x]
x   6     360      15120

f1[1]

SeriesData::ssdn:
   Attempt to evaluate a series at the number 1
    ; returning Indeterminate.
Indeterminate
```

Der innere Aufbau der Serie kann mit dem Kommando `InputForm` betrachtet werden. Mit `Normal` können Sie die Reihe in eine gewöhnliche Formel umwandeln. Solange Sie die Reihe als solches noch bearbeiten möchten, sollten Sie auf `Normal` allerdings verzichten. Die interne Reihendarstellung bietet für Mathematica enorme Vorteile.

```
f1[x] //InputForm
SeriesData[x, 0, {1, 0, 1/6, 0, 7/360, 0, 31/15120}, -1, 7, 1]

f1n[x_] = Normal[f1[x]]
                 3         5
1   x     7 x      31 x
- + - + ------- + -------
x   6     360      15120

f1n[1]
3593
----
3024
```

Das Berechnen des Funktionswertes stellt jetzt kein Problem mehr da. Ebenso kann die Funktion nun mit `Plot` angezeigt werden. Das ist gleichzeitig die einfachste Methode, die Konvergenz der Reihenentwicklung abzuschätzen. Mathematica gibt nämlich keine Hinweise darüber ab, wie groß der Konvergenzbereich der Reihe ist.

```
Plot[ {1/Sin[x], f1n[x]},                      (* Bild 22.1 *)
      {x,-2Pi, 2Pi},
      PlotStyle->{ Thickness[0.01], {}}]
```

Eine Konvergenz-Abschätzung für komplexe Funktionen kann mit `Plot3D` vorgenommen werden. Die Reihenentwicklung für $1/(z^2+1)$ wurde einige Absätze weiter oben schon berechnet. Beim `Plot3D`-Kommando wurden unsymetrische Grenzen verwenden, weil als Reihenentwicklungspunkt nicht 0 sondern `I` angegeben wurde.

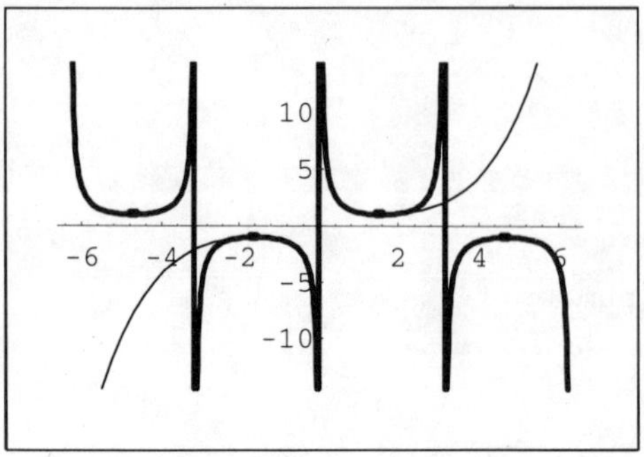

Bild 22.1: Die Originalfunktion (fett) und die Reihenentwicklung unterscheiden sich im Bereich zwischen -Pi/2 und +Pi/2 kaum

Bei `Show` wurde der z-Bereich auf Werte kleiner 0.01 eingeschränkt, so daß klar ersichtlich wird, ab welcher Entfernung vom Entwicklungsort die Abweichung zwischen Orignalfunktion und Näherung größer 0.01 wird. Die Näherung wird natürlich umso genauer, je höher die bei `Series` angegebene Ordnung ist.

```
f=Normal[ Series[ 1/(z^2 + 1), {z,I,5}] ];
Plot3D[ Abs[ 1/(z^2 + 1) - f ] /. z-> x + I y,        (* Bild 22.2 *)
   {x,-3,3}, {y,-2,4}]
Show[%, PlotRange->{0, 0.01}]                          (* Bild 22.3 *)
```

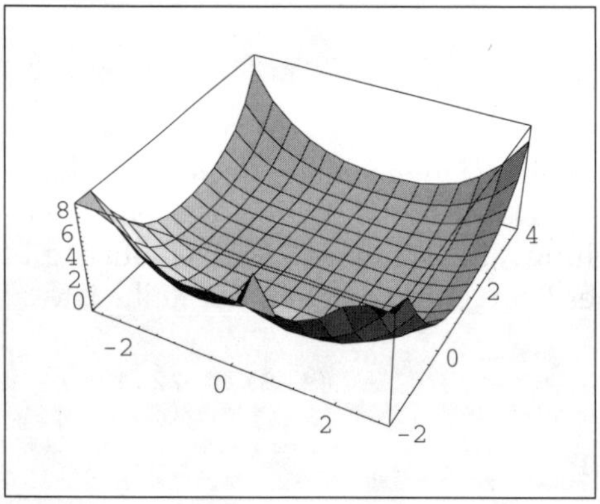

Bild 22.2: Die Abweichung zwischen der komplexen Originalfunktion und der Näherung fünfter Ordnung

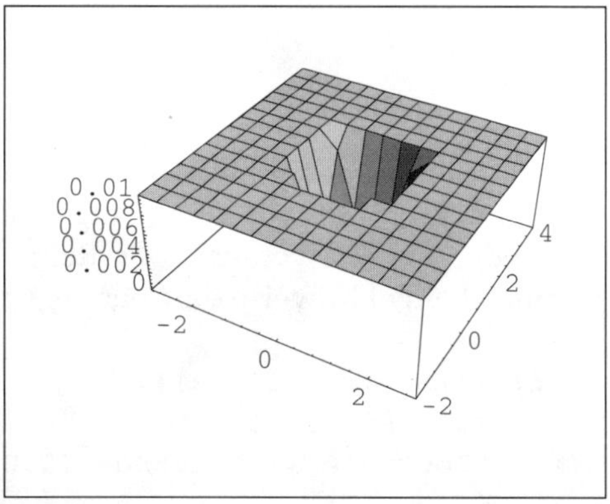

Bild 22.3: Die Abbildung zeigt deutlich, wann der Betrag der Abweichung zwischen Original- und Näherungsfunktion den Wert 0.01 übersteigt

`Series` ist auch für mehrdimensionale Reihenentwicklungen (mit mehreren Variablen) geeignet. Wenn Mathematica die zu entwickelnde Funktion nicht explizit kennt, formuliert es eine allgemeine Taylor-Reihe:

```
Series[ g[x,y], {x,0,2}, {y,0,2}]
```

$$g[0,\ 0] + g^{(0,1)}[0,\ 0]\ y + \frac{g^{(0,2)}[0,\ 0]\ y^2}{2} + O[y]^3 + \left(g^{(1,0)}[0,\ 0] + g^{(1,1)}[0,\ 0]\ y + \frac{g^{(1,2)}[0,\ 0]\ y^2}{2} + O[y]^3\right) x + \left(\frac{g^{(2,0)}[0,\ 0]}{2} + \frac{g^{(2,1)}[0,\ 0]\ y}{2} + \frac{g^{(2,2)}[0,\ 0]\ y^2}{4} + O[y]^3\right) x^2 + O[x]^3$$

Reihenentwicklungen weiterverarbeiten

Sobald Sie eine Reihenentwicklung vorliegen haben, können Sie damit ähnlich wie mit anderen mathematischen Formeln arbeiten: Erlaubt sind nicht nur Operationen mit skalaren Größen (z.B. Multiplikation der ganzen Reihe mit einem Faktor), sondern auch Grundrechnungsarten mit *zwei* Reihen (Addition, Multiplikation), das Einsetzen einer Reihe in den x-Parameter einer anderen Reihe, die Bildung des Reziprokwertes einer Reihe, das Aufstellen der inversen Reihe für die Umkehrfunktion, sowie das Differenzieren und Integrieren von Reihen.

```
f[x_] = Series[ Sqrt[x], {x,1,4}]
```

$$1 + \frac{-1 + x}{2} - \frac{(-1 + x)^2}{8} + \frac{(-1 + x)^3}{16} - \frac{5\ (-1 + x)^4}{128} + O[-1 + x]^5$$

```
f[x]+x
```

$$2 + \frac{3\ (-1 + x)}{2} - \frac{(-1 + x)^2}{8} + \frac{(-1 + x)^3}{16} - \frac{5\ (-1 + x)^4}{128} + O[-1 + x]^5$$

```
f[x] x
```

$$1 + \frac{3\ (-1 + x)}{2} + \frac{3\ (-1 + x)^2}{8} - \frac{(-1 + x)^3}{16} + \frac{3\ (-1 + x)^4}{128} + O[-1 + x]^5$$

```
f[x] (x-1)
```

$$(-1 + x) + \frac{(-1 + x)^2}{2} - \frac{(-1 + x)^3}{8} + \frac{(-1 + x)^4}{16} - \frac{5\ (-1 + x)^5}{128} + O[-1 + x]^6$$

f[x] stellt die Reihenentwicklung der `Sqrt`-Funktion um den Punkt x0=1 dar. Wenn zu dieser Reihe ein einfaches x addiert wird, ändern sich die beiden (!) ersten Terme. Mathematica stellt die Reihe automatisch so um, daß der Entwicklungspunkt x0=1 erhalten bleibt. Ähnlich sieht es aus, wenn die gesamte Reihe mit x multipliziert wird.

Leichter nachzuvollziehen ist die Multiplikation mit (x-1). Beachten Sie, daß dabei automatisch die Ordnung der Reihe um 1 ansteigt (Term `O[-1+x]`).

```
D[ f[x], x]
```

$$\frac{1}{2} - \frac{-1 + x}{4} + \frac{3\ (-1 + x)^2}{16} - \frac{5\ (-1 + x)^3}{32} + \frac{35\ (-1 + x)^4}{256} + O[-1 + x]^5$$

```
Integrate[ f[x], x]
```

$$(-1 + x) + \frac{(-1 + x)^2}{4} - \frac{(-1 + x)^3}{24} + \frac{(-1 + x)^4}{64} - \frac{(-1 + x)^5}{128} + \frac{7\ (-1 + x)^6}{1536} + O[-1 + x]^7$$

Das Differenzieren und Integrieren von Reihen erfolgt gliedweise. Auch dabei bleibt der Entwicklungspunkt unverändert, der Ordnungsterm wird automatisch angepaßt.

```
f[x] + Sin[x-1]
```

$$1 + \frac{3\ (-1 + x)}{2} - \frac{(-1 + x)^2}{8} - \frac{5\ (-1 + x)^3}{48} - \frac{5\ (-1 + x)^4}{128} + O[-1 + x]^5$$

```
f[x] + Sin[x]
```

$$(1 + \mathrm{Sin}[1]) + (\frac{1}{2} + \mathrm{Cos}[1])\ (-1 + x) + (-(\frac{1}{8}) - \frac{\mathrm{Sin}[1]}{2})\ (-1 + x)^2 + (\frac{1}{16} - \frac{\mathrm{Cos}[1]}{6})\ (-1 + x)^3 + (-(\frac{5}{128}) + \frac{\mathrm{Sin}[1]}{24})\ (-1 + x)^4 + O[-1 + x]^5$$

Wenn zu einer Reihe eine noch nicht entwickelte Funktion addiert (subtrahiert, multipliziert,..) wird, zerlegt Mathematica diese Funktion automatisch um den Entwicklungspunkt der vorhandenen Reihe. Das erste der beiden obigen Beispiele liefert wegen der günstigen Formulierung der Sinus-Funktion (die so leicht um x-1 entwickelt werden kann) ein einfaches Ergebnis. Im zweiten Beispiel wird `Sin[x]` um x0=1 zerlegt. Zum gleichen Ergebnis würden Sie gelangen, wenn Sie `Sqrt[x]+Sin[x]` mit einem einzigen `Series`-Kommando um x0=1 in eine Reihe entwickeln würden.

```
g[x_] = Series[ Sin[x], {x,0,5}]
```

$$x - \frac{x^3}{6} + \frac{x^5}{120} + O[x]^6$$

```
1/g[x]
```

$$\frac{1}{x} + \frac{x}{6} + \frac{7\ x^3}{360} + O[x]^4$$

Series[1/Sin[x], {x,0,4}]

$\frac{1}{x} + \frac{x}{6} + \frac{7\,x^3}{360} + O[x]^5$

Wenn Sie eine Reihe als Divisor verwenden, formt Mathematica die ganze Reihe automatisch so um, daß sie wieder in der normalen Reihendarstellung präsentiert werden kann. Das dritte Kommando oben beweist, daß Sie zum gleichen Ergebnis kommen, wenn Sie sofort die Reihe für 1/Sin[x] entwickeln.

InverseSeries[g[x]]

$x + \frac{x^3}{6} + \frac{3\,x^5}{40} + O[x]^6$

Series[ArcSin[x], {x,0,6}]

$x + \frac{x^3}{6} + \frac{3\,x^5}{40} + O[x]^7$

Mit `InverseSeries` invertieren Sie eine Reihe. Das Ergebnis stellt die Reihenentwicklung für die Umkehrfunktion dar, was durch das zweite Kommando bewiesen wird.

g[x] /. x->Series[ArcSin[x], {x,0,4}]

$x + O[x]^5$

Sie können auch eine Reihe in eine andere Reihe einsetzen. Mathematica führt auch dabei alle möglichen Vereinfachungen durch. Das Ergebnis oben entspricht Sin[ArcSin[x]]=x. Genau den umgekehrten Effekt erreichen Sie, wenn Sie die Sinus-Reihe als Argument für `ArcSin` einsetzen:

ArcSin[g[x]]

$x + O[x]^6$

Auch in diesem Fall führt Mathematica eine Reihenentwicklung für `ArcSin` durch. Beim Einsetzen der Sinus-Reihe vereinfacht es das Ergebnis zu x.

g[x] /. x->Series[ArcCos[x], {x,0,4}]

```
SeriesData::scmp:
```

The constant term of series $\frac{Pi}{2} - x - \frac{x^3}{6} + O[x]^5$

doesn't match the expansion point of

$\frac{Pi}{2} - x - \frac{x^3}{6} + O[x]^5 + <<2>> + O[\frac{Pi}{2} + <<3>>]^6$.

Im obigen Beispiel klappt das Einsetzen einer anderen Reihe nicht. Die Reihe für ArcCos beginnt mit dem konstanten Term Pi/2, der mit der ursprünglichen Reihenentwicklung der Sinus-Funktion um x0=0 nicht vereint werden kann. Mathematica liefert in diesem Fall eine ziemlich komplizierte Formel zurück, die in Wahrheit aus zwei ineinander verschachtelten Series-Kommandos besteht.

Zum Abschluß noch zwei Beispiele zur Konversion zwischen Reihen und normalen Formeln. Die Konversion von Reihen zur Formeln wurde schon im vorigen Abschnitt erwähnt: Normal entfernt den Ordnungsterm O[x-x0] und löst das SeriesData-Kommando auf. Das Ergebnis ist eine normale Formel, wie Sie sie zum Einsetzen von Zahlenwerten, zum Zeichnen der Funktion, zum Lösen von Gleichungen mit Solve, etc. benötigen. Die oben beschriebenen Möglichkeiten zur Reihenbearbeitung fallen dann allerdings weg.

```
Normal[g[x]]
     3     5
    x     x
x - -- + ---
    6    120
```

Genau der umgekehrte Vorgang findet statt, wenn Sie zu einer gewöhnlichen Formel einen Ordnungsterm in der Art O[x,x0]^n addieren. Mathematica formt dann die ganze Formel so um, daß sie als Reihe um den Entwicklungspunkt x0 angeschrieben werden kann. Terme mit einer höheren Ordnung als n werden dabei eliminiert.

```
x + 3x^3 - 5x^3 + x^6 + O[x,1]^7
                       2               3               4
(-1 + x) + 9 (-1 + x)  + 18 (-1 + x)  + 15 (-1 + x)  +
           5           6             7
 6 (-1 + x)  + (-1 + x)  + O[-1 + x]
```

Differentialgleichungen mit Reihenentwicklungen lösen

Die Lösung komplizierterer Differentialgleichungen ist normalerweise unmöglich, weil Mathematica keinen ausreichend einfachen Lösungsansatz für die Ergebnisfunktion findet (bzw. weil keine exakte Lösung existiert). Mit dem hier vorgestellte Verfahren können zahlreiche für DSolve unlösbare Differentialgleichungen zumindestens näherungsweise gelöst werden.

Die prinzipielle Idee sieht folgendermaßen aus: Für die zu ermittelnde Funktion y[x] wird eine allgemeine Reihe der Form

$$a_0 + a_1 x + a_2 x^2 + a_3 x^3 + ..$$

formuliert. Diese Reihe kann leicht nach x differenziert werden, so daß auch die Ableitungen y'[x] der Differentialgleichung (DGL) durch Varianten dieser Reihe ausgedrückt werden können. Falls in der DGL Funktionen wie `Sin`, `Sqrt`, etc. auftreten, können auch sie in Reihen aufgelöst werden.

Damit liegt jetzt eine ziemlich unübersichtliche Gleichung mit einer Menge Koeffizienten a_i und x-Potenzen x^i vor. Diese Gleichung wird mit `LogicalExpand` in Teilgleichungen für die einzelnen x-Potenzen zerlegt, d.h. es wird ein Koeffizientenvergleich durchgeführt. `Solve` ermittelt dann die Lösungen für die Koeffizienten a_i.

Damit ist für die Lösungsfunktion y[x] eine Reihenentwicklung gefunden. Zu beachten ist, daß es sich dabei nur um eine Näherungslösung handelt. Die Genauigkeit kann durch viele Koeffizienten gesteigert werden, die Konvergenz dagegen kaum. Sie müssen sich also immer bewußt sein, daß die Lösung nur in einer (oft kleinen) Umgebung um den Entwicklungspunkt der Reihe gilt.

Im ersten Beispiel wird die vergleichsweise triviale DGL

y[x] - y'[x] == Sin[x]

gelöst. (Diese DGL bewältigt sogar `DSolve`.)

Im ersten Schritt wird y[x] mit `Sum` durch eine allgemeine Reihe mit den Koeffizienten a[i] formuliert. Die Eingabezeile y'[x] beweist, daß Mathematica diese Reihe problemlos differenziert.

```
y[x_]=Sum[ a[n]x^n, {n,0,6}] + O[x]^7
```

$$a[0] + a[1]\, x + a[2]\, x^2 + a[3]\, x^3 + a[4]\, x^4 + a[5]\, x^5 + a[6]\, x^6 + O[x]^7$$

```
y'[x]
```

$$a[1] + 2\, a[2]\, x + 3\, a[3]\, x^2 + 4\, a[4]\, x^3 + 5\, a[5]\, x^4 + 6\, a[6]\, x^5 + O[x]^6$$

Im nächsten Schritt wird auch für `Sin` eine Reihe entwickelt. Mit `LogicalExpand` wird die aus den drei Reihen y[x], y'[x] und Sin[x] entstehende Gleichung in Teilgleichungen zerlegt.

```
y[x]-y'[x] == Series[Sin[x],{x,0,6}]  //Simplify
```

$$(a[0] - a[1]) + (a[1] - 2\, a[2])\, x + (a[2] - 3\, a[3])\, x^2 + (a[3] - 4\, a[4])\, x^3 + (a[4] - 5\, a[5])\, x^4 + (a[5] - 6\, a[6])\, x^5 + O[x]^6 == x - \frac{x^3}{6} + \frac{x^5}{120} + O[x]^7$$

```
glsys = LogicalExpand[ y[x]-y'[x] == Series[Sin[x],{x,0,6}] ]
a[0] - a[1] == 0 && -1 + a[1] - 2 a[2] == 0 &&
                  1
 a[2] - 3 a[3] == 0 && - + a[3] - 4 a[4] == 0 &&
                  6

                        1
 a[4] - 5 a[5] == 0 && -(---) + a[5] - 6 a[6] == 0
                       120
```

Diese mit && (logisches UND) verbundenen Gleichungen können mit `Solve` gelöst werden. Die Liste mit den zu lösenden Variablen für `Solve` (nämlich a[1], a[2],..) wird mit einem `Table`-Kommando aufgestellt. Dabei muß beachtet werden, daß in der Lösung einer DGL erster Ordnung eine frei bestimmbare Konstante enthalten sein muß (die dann durch eine Randbedingung bestimmt werden kann). Aus diesem Grund wird a[0] nicht in die Liste der zu lösenden Variablen aufgenommen.

```
lsg=Solve[ glsys, Table[ a[i], {i,1,6}] ]
                                1    a[0]                 1    a[0]
{{a[1] -> a[0], a[2] -> -(-) + ----, a[3] -> -(-) + ----,
                                2     2                   6     6

          a[0]          a[0]                  1      a[0]
 a[4] -> ----, a[5] -> ----, a[6] -> -(---) + ----}}
           24           120                  720     720
```

Die allgemeine Lösung für y[x] sieht damit folgendermaßen aus:

```
y[x] /. lsg[[1]]
                         1    a[0]   2         1    a[0]   3   a[0] x^4
a[0] + a[0] x + (-(-) + ----) x  + (-(-) + ----) x  + --------- +
                         2     2               6     6            24

 a[0] x^5          1     a[0]    6        7
 -------- + (-(---) + ----) x  + O[x]
   120            720    720
```

Wenn die Lösung in die ursprüngliche DGL eingesetzt wird, kürzen sich tatsächlich alle Terme außer `O[x]`. Das Ergebnis ist also korrekt!

```
y[x] - y'[x] - Series[Sin[x], {x,0,6}]  /. lsg[[1]]  //Simplify
     6
O[x]
```

Wenn neben der DGL auch eine Randbedingung bekannt ist, kann aus der allgemeinen Lösung die spezielle Lösung ermittelt werden. Beim `Solve`-Kommando unten wird mit der Randbedingung y[0]==0 der noch frei wählbaren Koeffizient a[0] ermittelt. Die Lösungsreihe wird durch `Normal` in eine gewöhnliche Funktion umgeformt.

```
Solve[ y[0]==0 /. lsg , a[0]]
{{a[0] -> 0}}
```

```
ylsg[x_]=Normal[ y[x] /. lsg[[1]] /. a[0]->0]
  2    3    6
-x    x    x
--- - -- - ---
 2    6    720
```

Um eine zweite Kontrolle des Ergebnisses durchzuführen, wird der Verlauf der gerade berechneten Lösung mit der durch `DSolve` ermittelten Lösung verglichen:

```
dlsg=DSolve[ {y1[x] - y1'[x] == Sin[x], y1[0]==0}, y1[x], x]
               x
            -E  + Cos[x] + Sin[x]
{{y1[x] -> ----------------------}}
                     2

Plot[ {y1[x] /. dlsg[[1]], ylsg[x]}, {x,-3,3},     (* Bild 22.4 *)
      PlotRange->{-3,0}]
```

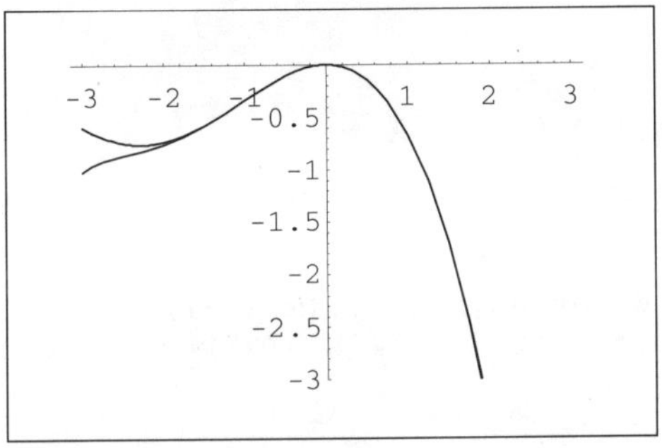

Bild 22.4: Die durch eine Reihenentwicklung bestimmte Näherungslösungen und die exakte Lösung stimmen trotz der niedrigen Ordnung der Näherung gut überein

Bevor dieser Abschnitt mit einem zweiten Beispiel abgeschlossen wird, noch einige prinzipielle *Hinweise*: Ausgangspunkt für dieses Näherungsverfahren ist die allgemeine Reihenentwicklung für y[x]. Diese Reihenentwicklung kann auch für jeden beliebigen Entwicklungspunkt x0 durchgeführt werden. Im weiteren Rechengang können Schwierigkeiten auftreten, wenn die Ordnung dieser Reihe mit der Ordnung der Reihenentwicklungen der anderen Funktionen nicht übereinstimmen.

Dazu ein Beispiel: Wenn in der obigen Rechnung die Reihe für y[x] bis x^8 formuliert wird, tritt bei `Solve` zusätzlich der Koeffizient a[7] auf. Die Lösung der Koeffizienten a[1] bis a[7] ist jetzt nicht mehr möglich, weil zuwenig Gleichungen vorliegen. *Abhilfe*: Entweder reduzieren Sie die Ordnung der y-Reihe, oder Sie erhöhen die Ordnung der Reihe des inhomogenen Anteils der DGL (hier die Sinus-Funktion), oder Sie setzen den lästigen Koeffizienten a[7] einfach 0. Die dritte Variante ist eindeutig am einfachsten und schnellsten. Beachten Sie aber, daß Sie durch das Kommando `a[7]=0` die Konstante a[7] definieren. Diese Definition kann unter Umständen bei weiteren Rechnungen stören und muß dann mit `Clear[a[7]]` wieder gelöscht werden.

An das Kommando `LogicalExpand` muß eine Gleichung in der Form `links==rechts` übergeben werden. Das Kommando zerlegt diese Gleichung in Einzelgleichungen für die jeweils gleichen (x-x0)-Potenzen auf beiden Seiten. Das

Kommando führt damit den ersten Schritt eines Koeffizientenvergleichs durch. Den zweiten Schritt (die Bestimmung der Koeffizienten) wird anschließend mit `Solve` durchgeführt.

Noch ein Beispiel zur Lösung von Differentialgleichungen mit dem Reihenansatz

Im zweiten Beispiel soll die DGL

```
x³ y''[x] + 3 x² y'[x] + x y[x] == 6 Log[x]
```

gelöst werden. `DSolve` ist dazu nicht in der Lage. Wegen `Log[x]` ist eine Reihenentwicklung um x0=0 nicht möglich, daher wird der Entwicklngspunkt 1 gewählt.

```
Clear[y]

y[x_]=Sum[ a[i] (x-1)^i, {i,0,9}] + O[x,1]^10
                                              9            10
a[0] + a[1] (-1 + x) + ... + a[9] (-1 + x)  + O[-1 + x]

dgl =  Simplify[
   x^3 y''[x] + 3 x^2 y'[x] + x y[x] == 6 Series[Log[x],{x,1,9}] ]
(a[0] + 3 a[1] + 2 a[2]) + (a[0] + 7 a[1] + 12 a[2] + 6 a[3])

                                                                 2
   (-1 + x) + (4 a[1] + 19 a[2] + 27 a[3] + 12 a[4]) (-1 + x)  +
  ...
                           2              3     3 (-1 + x)4
  == 6 (-1 + x) - 3 (-1 + x)  + 2 (-1 + x)  -  ----------- +
                                                    2
  ...
            9
  2 (-1 + x)             10
  ----------- + O[-1 + x]
       3

glsys=LogicalExpand[ dgl ]
a[0] + 3 a[1] + 2 a[2] == 0 &&
...
   6
 -(-) + 49 a[6] + 169 a[7] + 192 a[8] + 72 a[9] == 0
   7
```

Die beiden Koeffizienten a[0] und a[1] bleiben von der Lösungssuche ausgeschlossen und stellen die beiden frei wählbaren Koeffizienten der allgemeinen Lösung einer DGL zweiten Grades dar.

```
lsg=Solve[ glsys, Table[ a[i], {i,2,9}]]
             -(a[0] + 3 a[1])
{{a[2] -> ----------------,   ...
                  2
```

```
             5767   6515 (a[0] + 3 a[1])   1063 (3 + 4 a[1])
  a[9] -> ---- + --------------------- + ----------------- -
             4320            2016                   1440

    1571 (-6 + a[0] + 7 a[1])
    -------------------------}}
              1120
```

Zur Kontrolle wird die Lösung in die DGL eingesetzt (wobei der Term 6 Log[x] auf die linke Seite gebracht wurde, damit `Simplify` funktioniert).

```
Simplify[ (x^3 y''[x] + 3 x^2 y'[x] + x y[x] /. lsg[[1]]) -
          6 Series[Log[x],{x,1,7}] ]

         8
O[-1 + x]
```

Das Ergebnis ist korrekt. Die beiden Koeffizienten a[0] und a[1] könnten durch Randbedingungen ermittelt werden.

Zusammenfassung

Series[func, {x,x0,n}] **Series**[func, {x,x0,n}, {y,y0,n}]	führt eine Reihenentwicklung (Taylor- oder Laurent-Reihe) um den Entwicklungspunkt x0 bis zur Ordnung n durch; als Entwicklungspunkt ist in vielen Fällen auch `Infinity` erlaubt
InverseSeries[reihe]	bildet aus einer Reihe die Umkehrung (d.h. die Reihenentwicklung zur inversen Funktion)
LogicalExpand[reihe1 == reihe2]	führt einen Koeffizientenvergleich für zwei Reihen durch; das Ergebnis sind zahlreiche mit && verknüpfte Einzelgleichungen für die verschiedenen (x-x0)-Potenzen; beide Reihen müssen den gleichen Entwicklungspunkt aufweisen; das Ergebnis kann mit `Solve` weiterbearbeitet werden, um die Gleichungen zur Bestimmung der Koeffizienten aufzulösen
func[reihe]	setzt die Reihe in eine Funktion ein; dabei wird für die Funktion automatisch eine Reihenentwicklung um den gleichen Entwicklungspunkt durchgeführt, das Ergebnis wird soweit wie möglich vereinfacht
reihe /. x->func reihe /. x->reihe	setzt in die Variable x eine Reihe bzw. die Reihenentwicklung einer Funktion ein; sonst wie oben

SeriesData[x, x0, {a0,a1,a2,..}, nmin, nmax, deltan]	Das Kommando wird zur internen Darstellung von Reihen verwendet; seine Parameter geben die Variable, den Ort der Entwicklung, die Koeffizienten der (x-x0)-Potenzen, die kleinste und die größte auftretende Potenz, und den Abstand zwischen den Potenzen (meistens 1) an; `SeriesData`-Objekte werden von Mathematica automatisch als Formeln mit dem zusätzlichen Term `O[x-x0]^n` angezeigt; die Darstellung im `SeriesData`-Format kann durch `//InputForm` erzwungen werden
O[-x0+x]^n	Der Term wird bei der Ausgabe von Reihen angegeben; er signalisiert, daß es sich nicht um eine normale Formel, sondern um eine Reihe handelt, und gibt zugleich an, bis zu welcher Ordnung die Reihe gültig (genau) ist
Normal[reihe]	wandelt eine Reihe in eine »normale« Formel um
formel + **O**[x,x0]^n	wandelt eine Formel in eine Reihe um; dabei wird die Formel so umgeformt, daß sie als Reihe um den Entwicklungspunkt x0 angeschrieben werden kann; Terme mit einer höheren Ordnung als `n` werden eliminiert

23

Fourier-Transformation

Eigentlich geht es in diesem Kapitel nicht nur um mehrere Varianten der Fourier-Transformation zur Bearbeitung nichtperiodischer Funktionen bzw. Daten, sondern auch um Kommandos zur Fourier-Reihenzerlegung für periodische Funktionen. Die Anwendungsbereiche der hier besprochenen Kommandos sind sehr vielseitig:

- Die Fourier-Transformation für diskrete Daten ermöglicht die Auswertung (Spektralanalyse) und Weiterverarbeitung (Glättung) von Meßdaten, die mit hohen Übertragungs- oder Meßfehlern behaftet sind.
- Die Fourier-Transformation für nichtperiodische Funktionen wird beispielsweise zur Lösung partieller Differentialgleichungen verwendet.
- Mit der Fourier-Reihenentwicklung können beliebige periodische Signale aus Sinus- (oder Cosinus-)Funktionen unterschiedlicher Frequenz zusammengesetzt werden. Damit läßt sich das Verhalten technischer Systeme, die durch Differentialgleichungen beschrieben werden, unter dem Einfluß periodischer Eingangsgrößen analysieren.

Die wichtigsten in diesem Kapitel behandelten Kommandos sind:

`Fourier`
Fourier-Transformation für diskrete Daten

`InverseFourier`
die Umkehrtransformation zu `Fourier`

`FourierTransform`
Fourier-Transformation für analytische Funktionen

`InverseFourierTransform`
die dazugehörige Umkehrfunktion

`FourierExpSeries`
Fourier-Reihenentwicklung für periodische Funktionen in komplexe E-Potenzen

`FourierTrigSeries`
Fourier-Reihenentwicklung in Sinus- und Cosinus-Terme

`Fourier...SeriesCoeffizient`
einzelne Koeffizienten für verschiedene Fourier-Reihenzerlegungen

Beachten Sie, daß sämtliche Kommandos mit Ausnahme von `Fourier` und `Inverse-Fourier` Bestandteil des Package `Calculus`FourierTransformation`` sind.

Fourier-Transformation für diskrete Daten

Das Kommando `Fourier` führt eine Fourier-Transformation für diskrete Daten durch, die einen nicht-periodischen Funktionsverlauf widerspiegeln. Die Transformation entspricht einem Übergang vom Zeit- in den Frequenzbereich. Während die Ausgangsliste den zeitlichen Verlauf einer Funktion (aufgetragen über die Zeit) enthält, gibt die resultierende Ergebnisliste das zugehörige Frequenzspektrum an.

Die Fourier-Transformation von Zufallszahlen, die im wesentlichen einem weißem Rauschen entsprechen, ergibt eine Liste mit annähernd gleichgroßen Frequenz-Werten, weil im weißen Rauschen alle Frequenzen gleichermaßen vertreten sind. Die Fourier-Transformation einer Sinus-Schwingung ergibt dagegen ein Frequenzspektrum mit einer ausgeprägten Spitze für die Frequenz der Schwingung, alle anderen Werte der Fourier-Transformation sollten 0 sein.

Etwas komplizierter sieht das Frequenz-Spektrum eines einzelnen Rechteckimpulses aus (Bild 23.3). Der zeitliche Verlauf dieses Impulses ist in Bild 23.1 dargestellt. Das gesamte Spektrum ist in Bild 23.2 zu sehen.

Das durch `Fourier` ermittelte Spektrum ist aus berechnungstechnischen Gründen immer symetrisch. Daher ist prinzipiell nur die erste Hälfte der Datenwerte signifikant, die zweite Hälfte ist lediglich eine Spiegelung der ersten Hälfte.

```
data = Join[Table[0,{462}], Table[1,{100}], Table[0,{462}]];

ListPlot[ data, PlotJoined->True]                    (* Bild 23.1 *)

fdata = Fourier[ data ];

fdata //Short
{16. + 0. I, -0.03125 + <<1>>, <<1021>>, -0.03125 + 10.1859 I}

ListPlot[Abs[ fdata ],                               (* Bild 23.2 *)
         PlotRange->All, PlotJoined->True]

ListPlot[Abs[ fdata[[ Range[1,50] ]] ],              (* Bild 23.3 *)
         PlotRange->All, PlotJoined->True]
```

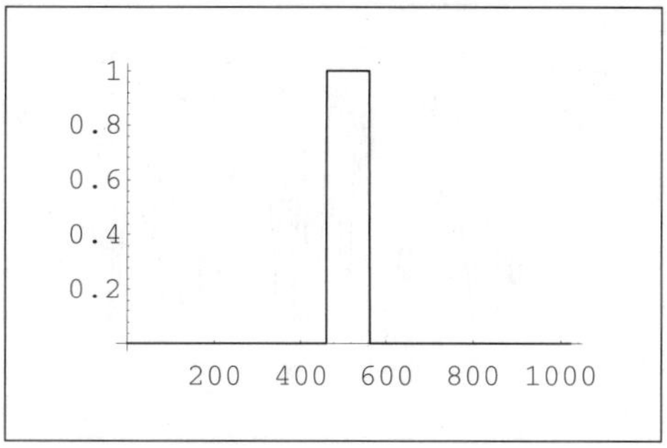

Bild 23.1: Der zeitliche Verlauf eines Rechteckimpulses

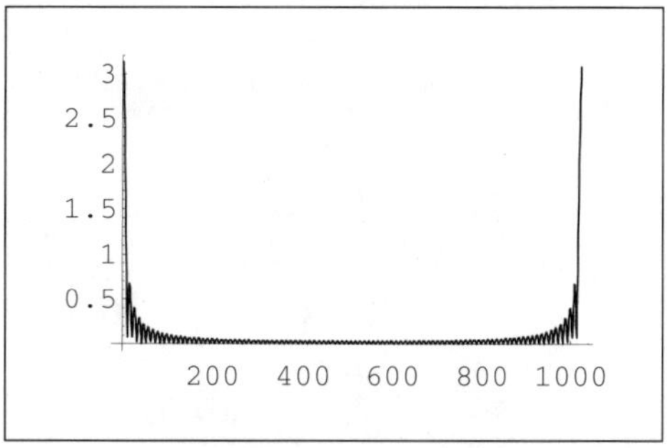

Bild 23.2: Das Frequenzspektrum des Rechteckimpulses; vom Diagramm ist nur die erste Hälfte relevant, von dort müßte die Kurve eigentlich flach weiterverlaufen

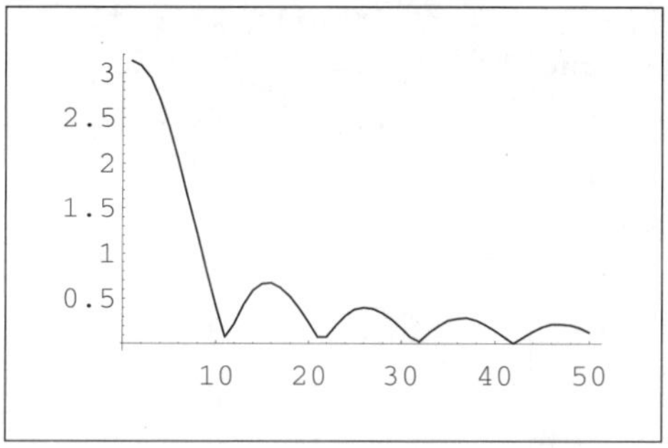

Bild 23.3: Detail von Bild 23.2

Die Fourier-Transformation wird häufig dazu verwendet, Datenwerte mit zufälligen Meß- oder Übertragungsfehlern zu analysieren. In den folgenden Beispielen wird eine Sinus-Schwingung mit Zufallszahlen überlagert, wobei die Zufallszahlen eine fünfmal (!) größere Amplitude als die eigentlichen Meßwerte haben. Der Verlauf der Schwingung ist praktisch nicht mehr erkennbar (Bild 23.5). Dennoch kann aus dem mit der Fourier-Transformation ermittelten Frequenzspektrum die Frequenz der Sinus-Schwingung eindeutig herausgelesen werden.

```
data = Table[ N[Sin[50.6 2Pi t/1024]], {t,1024}];
ListPlot[ data[[Range[1,100]]], PlotJoined->True ]  (* Bild 23.4 *)

ndata = data + Table[ N[ 10 Random[]], {1024}];
ListPlot[ ndata[[Range[1,100]]], PlotJoined->True ] (* Bild 23.5 *)
```

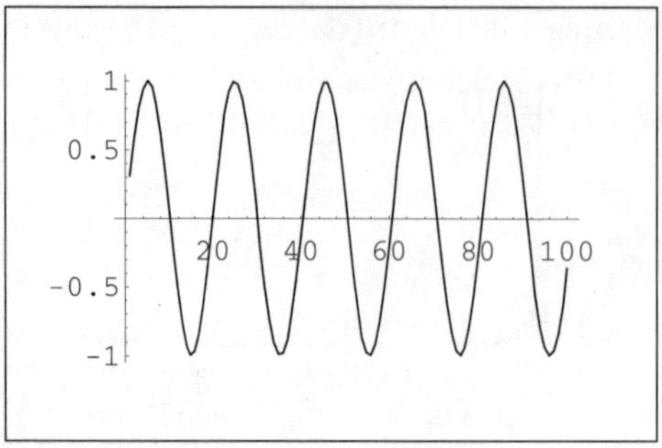

Bild 23.4: Die ursprünglichen Daten

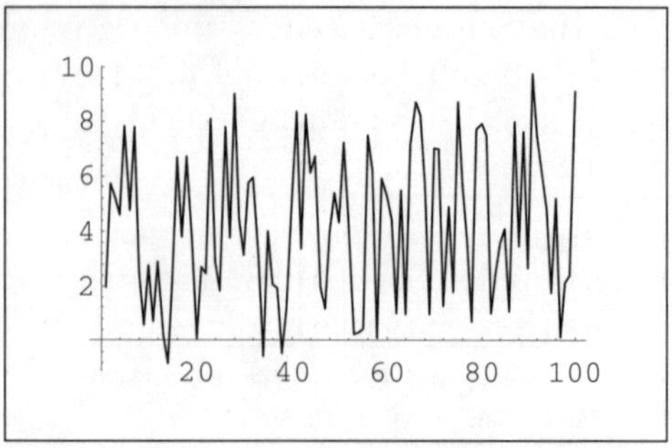

Bild 23.5: Die von Zufallszahlen (in der Praxis: Meß- oder Übertragungsfehler) überlagerten Daten

```
fdata = Fourier[ndata];
ListPlot[ Abs[ fdata[[ Range[1,512] ]] ],                (* Bild 23.6 *)
        PlotRange->{0,20}, PlotJoined->True ]
ListPlot[ Abs[ fdata[[ Range[1,70]] ] ],                 (* Bild 23.7 *)
        PlotRange->{0,15}, PlotJoined->True ]
```

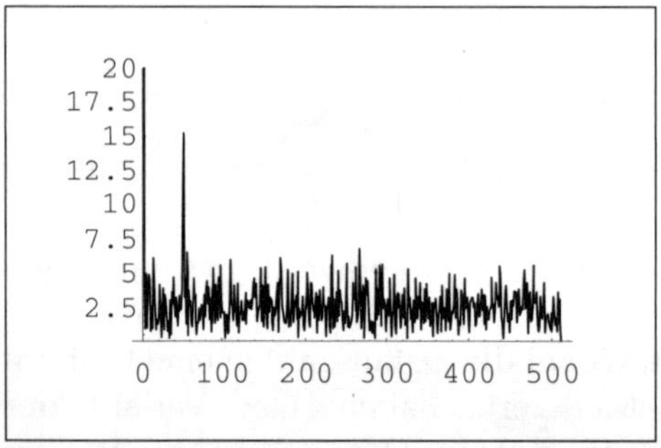

Bild 23.6: Das Spektrum der Daten aus Bild 23.5

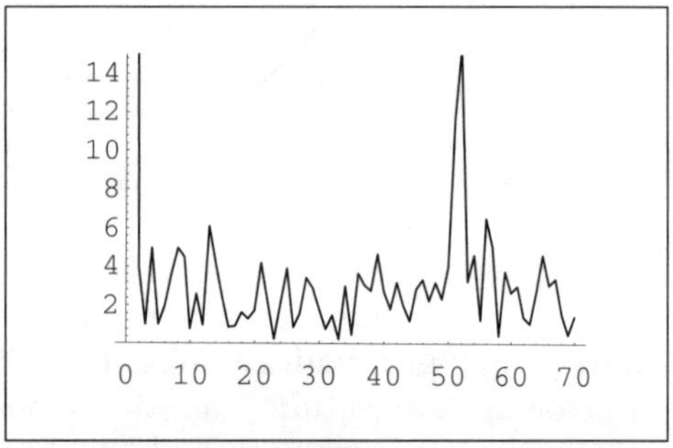

Bild 23.7: Die Detaildarstellung zeigt deutlich die Spitze im Spektrum bei der Frequenz 50

Mit der Fourier- und deren Umkehr-Transformation können Sie störende Frequenzanteile wegfiltern. Die Vorgehensweise ist prinzipiell einfach: Sie führen von den durch Fehler verfälschten Daten eine Fourier-Transformation durch. Damit liegen die Daten im Frequenzbereich vor. Die Signalfrequenz ist entweder ohnehin bekannt oder kann aus der Fourier-Transformation wie im obigen Beispiel abgelesen werden. Nun werden jene Frequenzanteile, die weit von der Signalfrequenz entfernt sind, verkleinert oder ganz auf 0 gesetzt (d.h. das Signal wird gefiltert). Das verbleibende Spektrum wird mit `InverseFourier` wieder in den Zeitbereich zurücktransformiert.

Wenn das Signal nur mit verhältnismäßig kleinen Fehlern behaftet ist, ist die Qualität der rücktransformierten Daten erheblich besser, die Kurve ist geglättet. In Abschnitt 3.8.3 des Mathematica-Buches finden Sie ein entsprechendes Beispiel. Naturgemäß sind die Schwierigkeiten umso größer, je stärker das Signal durch Fehler überlagert ist. Im obigen Beispiel beträgt die Signal-Amplitude nur ein Fünftel der Amplitude der Fehler. Die Versuche, das Signal einigermaßen zu rekonstruieren, sind daher nicht allzu erfolgreich.

Die in den Frequenzbereich transformierten Daten werden mit drei verschiedenen Filterfunktionen bearbeitet: Einem Bandpaß für die Frequenzen 0 bis 100 (alle Frequenzen in diesem Bereich bleiben unverändert, die außerhalb liegenden Frequenzen werden eliminiert), einem Bandpaß für die Frequenen zwischen 40 und 60, und einer exponentiellen Filterkurve (siehe Bild 23.10).

```
filter=Join[ Table[1,{100}], Table[0,{924}]];
fdata = InverseFourier[ fdata filter ];
fdata //Short
{5.5585 - 0.0679682 I, <<1022>>, 5.58741 + <<1>>}
ListPlot[ Re[fdata[[Range[1,100]]]],                    (* Bild 23.8 *)
        PlotJoined->True]
filter=Join[ Table[0,{40}], Table[1,{20}], Table[0,{964}]];
fdata = InverseFourier[ fdata filter ];
ListPlot[ Re[fdata[[Range[1,100]]]],                    (* Bild 23.9 *)
        PlotJoined->True]
```

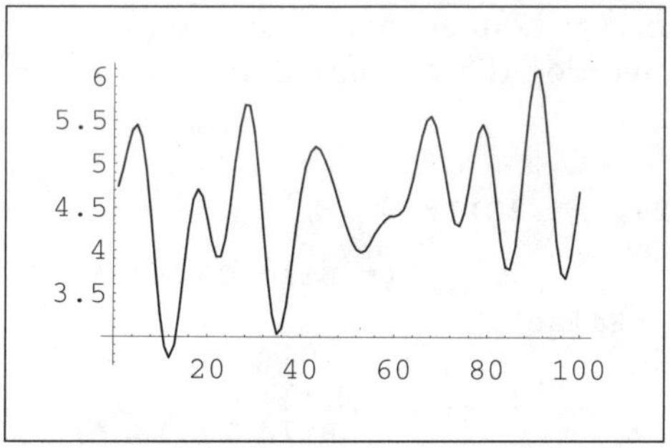

Bild 23.8: Die rücktransformierte Funktion im Zeitbereich, nachdem alle Frequenzen größer 100 weggefiltert wurden

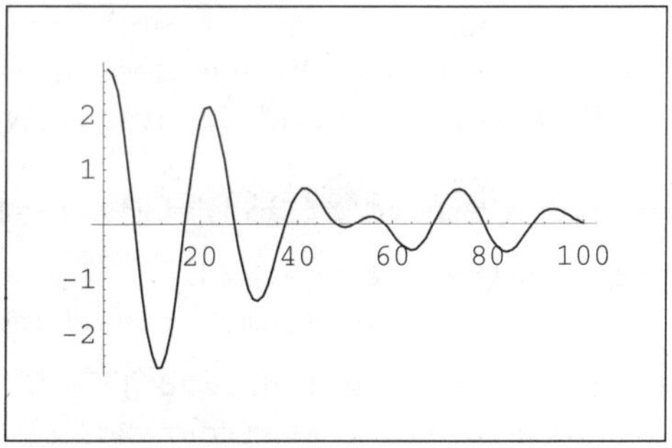

Bild 23.9: Die rücktransformierte Funktion, wobei alle Frequenzen kleiner 40 bzw. größer 60 weggefiltert wurden

Die Kommandos oben zeigen, wie einfach die Filter-Listen mit einigen `Table`- und `Join`-Kommandos gebildet werden können. Die gefilterten Daten in `fdata` enthalten (zumeist sehr kleine) imaginäre Zahlenanteile, die zum Zeichnen mit `Re` eliminiert werden. In den Zeilen unten wird derselbe Vorgang mit einer etwas aufwendigeren Filterfunktion wiederholt; das Ergebnis fällt aber auch nicht besser aus.

```
filter=Join[ Table[0,{40}], Table[N[E^(-(x-10)^2/10)],{x,19}],
             Table[0,{965}] ];
ListPlot[ filter[[Range[30,70]]],                    (* Bild 23.10 *)
          PlotJoined->True, PlotRange->All]
fdata = InverseFourier[ fdata filter ];
ListPlot[ Re[fdata[[Range[1,100]]]],                 (* Bild 23.11 *)
          PlotJoined->True]
```

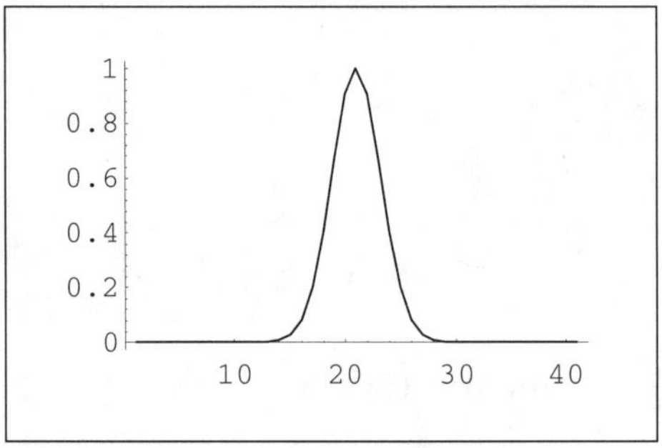

Bild 23.10: Eine etwas aufwendigere Filterfunktion

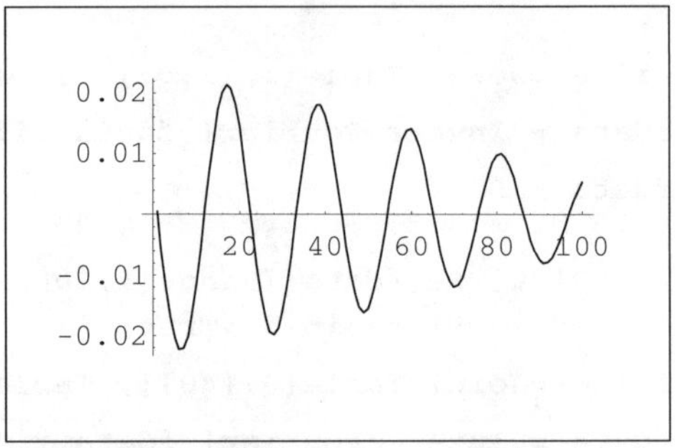

Bild 23.11: Die rücktransformierte Funktion, wobei die Filterfunktion aus Bild 23.10 verwendet wurde

Die Kommandos `Fourier` und `InverseFourier` können auch für mehrdimensionale Daten eingesetzt werden. In der Praxis werden diese Kommandos vor allem zur Bildbearbeitung und –analyse verwendet.

```
data2d = Table[ If[i>j, i+j, i-j], {i,32}, {j,32}];
ListDensityPlot[ data2d,                             (* Bild 23.12 *)
                 FrameTicks->None, Mesh->False];
fdata2d = Fourier[ data2d ];
ListDensityPlot[ Abs[fdata2d],                       (* Bild 23.13 *)
                 FrameTicks->None, Mesh->False];
ListDensityPlot[ Re[fdata2d],                       (* Bild 23.14 *)
                 FrameTicks->None, Mesh->False];
```

Bild 23.12: Zweidimensionale Datenmenge

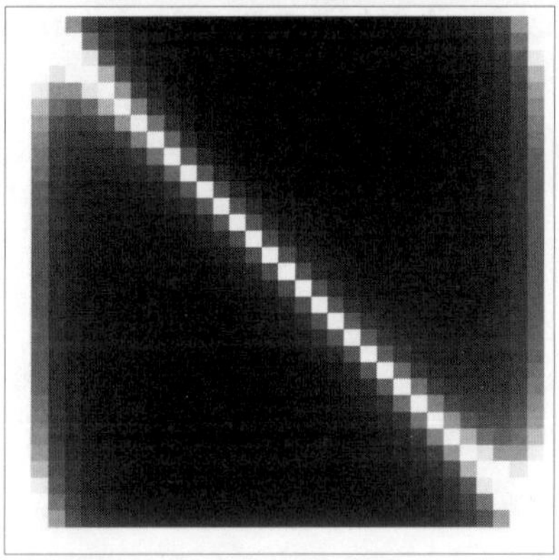

Bild 23.13: Betrag der Fourier-Transformation der Daten aus Bild 23.12

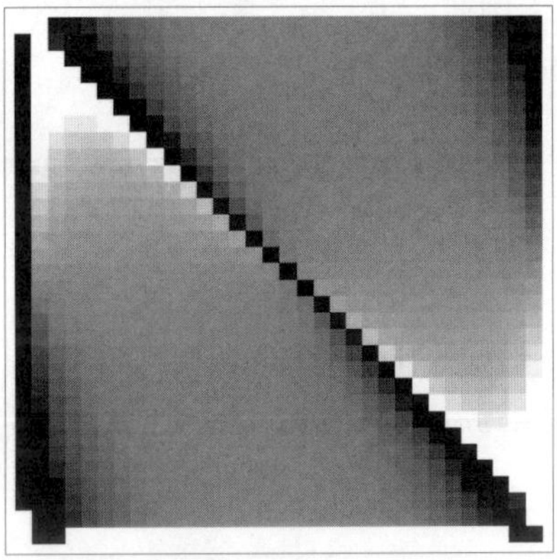

Bild 23.14: Realteil der Fourier-Transformation der Daten aus Bild 23.13

Abschließend einige *technische Hinweise*: Die Anzahl der zu transformierenden Datenpunkte ist prinzipiell beliebig, allerdings kann die Transformation erheblich effizienter berechnet werden, wenn die Anzahl durch eine Zweier-Potenz ausgedrückt werden kann (128, 256, usw.). In der transformierten Liste befindet sich der Wert für die Frequenz 0 im ersten Listenelement. Aus berechnungstechnischen Gründen ist die Liste symmetrisch (genaugenommen ändert sich in der zweiten Hälfte das Vorzeichen des Imaginärteiles). Die Berechnung der Fourier-Transformation erfolgt in Mathematica nach der Formel

$$b_s = \frac{1}{\sqrt{n}} \sum_{r=1}^{n} a_r \, e^{2\pi i \, (r-1)(s-1)/n}$$

Dabei sind a_r die Elemente der Ausgangsliste (Zeitbereich), b_s die Elemente der Ergebnisliste (Frequenzbereich). In einigen technischen Anwendungen wird dagegen eine andere Definition der Fourier-Transformation verwendet, die sich durch ein negatives Vorzeichen in der E-Potenz auszeichnet. Dadurch kehrt sich die Reihenfolge der Zahlen in der Ergebnisliste um.

Fourier-Transformation für analytische nicht-periodische Funktionen

Im vorigen Abschnitt wurden Kommandos zur Bearbeitung diskreter Daten beschrieben. Im Package `Calculus`FourierTransform`` befinden sich einige Kommandos, die den analogen Vorgang für analytisch definierte Funktionen erlauben.

```
Needs["Calculus`FourierTransform`"]
f[t_] = (Sign[1-t] + Sign[1+t]) / 2
Sign[1 - t] + Sign[1 + t]
-------------------------
            2

Plot[ f[t], {t,-2,2}]                          (* Bild 23.15 *)

g[w_] = FourierTransform[ f[t], t, w]
      -I w         I w
2 I E        2 I E
--------  -  --------
   w            w
---------------------
          2

% //ComplexExpand
2 Sin[w]
--------
   w

Plot[g[w], {w,-3Pi,3Pi}, PlotRange->All]       (* Bild 23.16 *)

InverseFourierTransform[g[w], w, t]
Sign[1 - t] + Sign[1 + t]
-------------------------
            2
```

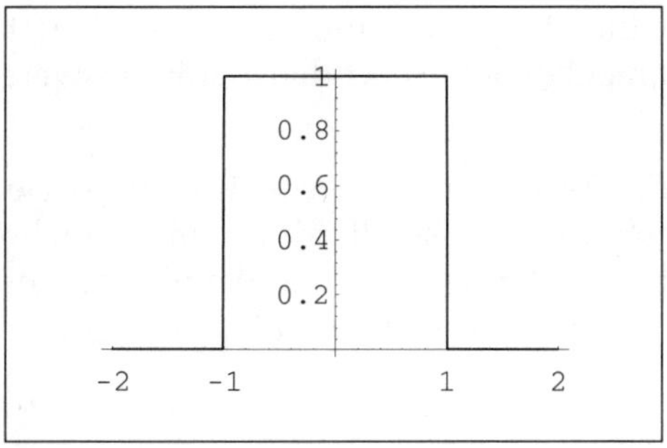

Bild 23.15: Ein Rechteckimpuls im Zeitbereich

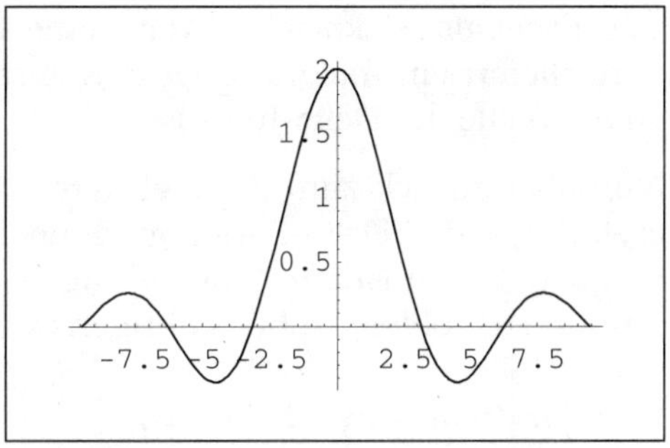

Bild 23.16: Die Fourier-Transformation des Rechteckimpulses aus Bild 23.15

Im Beispiel oben wird ein einzelner (nicht periodischer!) Rechteckimpuls mit `FourierTransform` aus dem Zeitbereich in den Frequenzbereich transformiert. Das Frequenzspektrum wird durch die Formel Sin[x]/x ausgedrückt. Um auf diese Formel zu gelangen, muß das Ergebnis der Transformation mit `ExpandAll` bearbeitet werden. Bei komplizierteren Ergebnissen ist dieses Kommando meistens nicht mehr ausreichend. Verwenden Sie stattdessen `ComplexToTrig` aus dem Package `` Algebra`Trigonometry` ``!

Die Rücktransformation in den Zeitbereich führt wieder zur Ausgangsfunktion. Beachten Sie, wie der Rechteckimpuls aus zwei `Sign`-Funktionen zusammengesetzt wird. Die `Sign`-Funktion kann also zur Nachbildung einer Sprungfunktion (Sigma-Funktion) verwendet werden, deren Funktionswert zum Zeitpunkt t=0 von 0 auf 1 wechselt:

sigma[t_] = (1 + Sign[t]) / 2

Im zweiten Beispiel unten wird die Funktion x=1 transformiert. Das Ergebnis wird durch die `Delta`-Funktion ausgedrückt. `Delta[w]` liefert für alle Parameter außer w=0 das Ergebnis 0. Für die Stelle w=0 ist die Delta-Funktion so definiert, daß ein Integral über diesen Punkt den Wert 1 ergibt. Dazu muß `Delta[0]` gegen unendlich gehen, weil die Integration über einen expliziten Datenpunkt (keine Fläche!) sonst immer 0 beträgt. `Delta[0]` kann allerdings nicht numerisch ausgewertet werden (auch nicht mit `N[]`) und daher auch mit `Plot` nicht gezeichnet werden.

Die Delta-Funktion ist im Package `` Calculus`Common`Support` `` definiert. Dieses Package wird automatisch mit dem Package für die Fourier-Transformation geladen. Das Package enthält auch einige Integrationsregeln `DeltaRules`, die beim Integrieren verwendet werden können:

```
Integrate[ Sin[x] Delta[x-1], {x,-Infinity,Infinity}] /. DeltaRules
Sin[1]
```

Das Ergebnis ist korrekt: Wenn eine Funktion mit der Delta-Funktion multipliziert wird, liefert ein Integral über den gesamten Zahlenbereich exakt den Funktionswert an der Stelle des Delta-Impulses.

Nun aber zurück zum Beispiel unten: Die Fourier-Transformation von 1 liefert – wie erwartet – die Delta-Funktion. Eine Rücktransformation ist allerdings nicht mehr möglich. Damit ist der Anwendungsbereich der Delta-Funktion leider ziemlich eingeschränkt. (Probleme gibt es übrigens auch bei komplexeren Formeln mit `Sign`.)

```
FourierTransform[ 1, t, w]
Delta[-w]

InverseFourierTransform[ %, w, t]
InverseFourierTransform[Delta[-w], w, t]
```

Die Fourier-Transformation wird nach der Formel

$$F(w) = A \int_{-\infty}^{\infty} f(t) e^{Biwt} dt$$

durchgeführt. Die beiden Konstanten A und B dieser Formel weisen standardmäßig den Wert 1 auf. Durch die Veränderung von `$FourierOverallConstant` und `$FourierFrequencyConstant` können Sie den Konstanten andere Werte geben. Die Ergebnisse der Fourier-Transformation ändern sich dann dementsprechend.

Neben der allgemeinen Fourier-Transformation sind in dem Package auch die Kommandos `FourierCosTransform` und `FourierSinTransform` für die Fourier-Cosinus- bzw. Fourier-Sinus-Funktion definiert, sowie deren Umkehrfunktionen `InverseFourierCosTransform` und `InverseFourierSinTransform`. Die Kommandos sind im »Guide to Standard Mathematica Packages« kurz beschrieben. Etwas mehr Informationen enthält die Package-Datei FOURIERTRANSFORM.M, wo Sie auch einige Worte zu den im »Guide ..« gar nicht erwähnten Kommandos `NFourierTransform` und `FourierSample` finden.

Fourier-Reihenentwicklung für periodische Funktionen

Neben den im vorigen Abschnitt besprochenen Kommandos enthält das Package `` Calculus`FourierTransform` `` einige weitere Kommandos, mit denen sowohl analytisch als auch numerisch eine Reihenentwicklung periodischer Funktionen durchgeführt werden kann. In der praktischen Anwendung stören allerdings zwei Punkte:

Erstens fehlt eine Sigma-Funktion für den Einheitssprung von 0 auf 1 an einer frei wählbaren Stelle t0. Zwar kann eine Sigma-Funktion relativ einfach mit `Sign` oder `If` oder `ArcTan` nachgebildet werden, eine analytisch exakte Berechnung der Fourier-Reihenzerlegung für eine Rechteckkurve ist aber mit `Fourier..Series` nicht möglich. (Im Gegensatz dazu kommt das im vorigen Abschnitt besprochene Kommando `FourierTransform` recht gut mit `Sign` zurecht.) Reihenentwicklung für Rechteckkurven sind übrigens in zahlreichen mathematischen Nachschlagewerken tabelliert und liefern zum Teil ausgesprochen einfache Reihen, beispielsweise

Sin[x] + Sin[3x]/3 + Sin[5x]/5 +..

Zweitens können mit den Kommandos des Packages nur Reihenentwicklungen mit geradzahligen Frequenz-Vielfachen in den Sinus-, Cosinus- bzw. E-Potenz-Termen berechnet werden, also Sin[2x], Sin[4x], usw. In der Praxis (z.B. Elektrotechnik) wird dagegen häufig mit ungeraden Frequenz-Vielfachen gearbeitet. Das hat den Vorteil, daß in der Zerlegung eines periodischen Signals der Frequenz w0 zumindestens ein Sinus- oder Cosinus-Term der gleichen Frequenz vorkommt. (Mathematisch gesehen sind selbstverständlich beide Darstellungen korrekt und gleichwertig, es werden nur unterschiedliche Formelapparate zur Berechnung der Koeffizienten und zur Zusammensetzung der Reihen verwendet.)

Das erste Beispiel zeigt eine Reihenentwicklung in Sinus- und Cosinusterme für die Funktion x+Sin[x] mit der Periode Pi. Die Originalfunktion ist in Bild 23.17 zu sehen (der `Mod`-Term im `Plot`-Kommando bewirkt die Periodizität), eine Näherung dritter Ordnung in Bild 23.18, eine Näherung zehnter Ordnung in Bild 23.19.

```
Needs["Calculus`FourierTransform`"]
Plot[ (x + Sin[x]) /. x-> Mod[y,Pi], {y,-Pi,2 Pi}]   (* Bild 23.17 *)

FourierTrigSeries[x + Sin[x], {x,0,Pi}, 3]

        2
      Pi
2 + ---
      2     4 Cos[2 x]    4 Cos[4 x]    4 Cos[6 x]
-------- - ---------- - ---------- - ---------- - Sin[2 x] -
   Pi         3 Pi         15 Pi        35 Pi
 Sin[4 x]   Sin[6 x]
 -------- - --------
    2          3

Plot[%, {x,-Pi, 2Pi}]                               (* Bild 23.18 *)

f=FourierTrigSeries[x + Sin[x], {x,0,Pi}, 10];

Plot[ f, {x,-Pi,2Pi}]                               (* Bild 23.19 *)
```

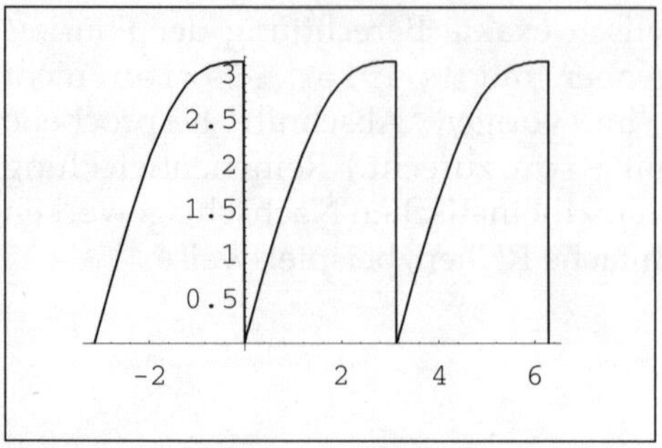

Bild 23.17: Die Funktion x+Sin[x] mit der Periode Pi

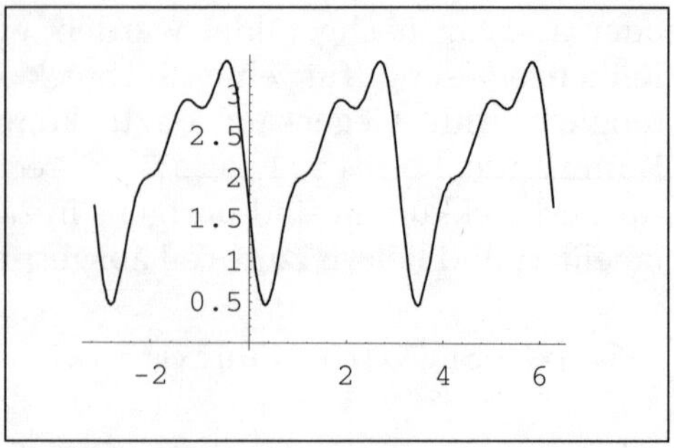

Bild 23.18: Kurve einer Fourier-Reihe dritter Ordnung für die Kurve aus Bild 23.17

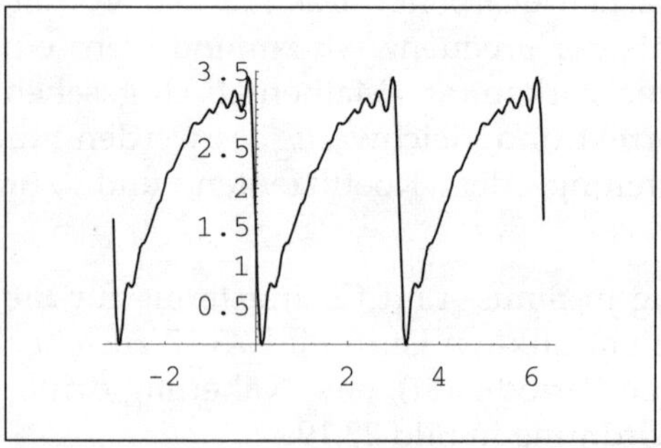

Bild 23.19: Die Kurve der Fourier-Reihe zehnter Ordnung wirkt etwas zittrig, ist aber sonst dem Original schon recht nahe

Die Bedienung der `Fourier..Series`-Kommandos ist recht einfach: Im ersten Parameter wird die zu entwicklende Funktion angegeben (diese Funktion muß an sich noch nicht periodisch sein), im zweiten Parameter eine Liste mit der Variablen und den Start- und Endwerten der Periode, im dritten Parameter die gewünschte Ordnung der Reihe. Statt mit `FourierTrigSeries` gleich eine vollständige Reihenentwicklung aufzustellen, können Sie auch die einzelnen Koeffizienten der Reihe separat berechnen. Die Reihe wird von Mathematica folgendermaßen aufgebaut:

a0 + a1 Cos[2x] + a2 Cos[4x] + ..
+ b1 Sin[2x] + b2 Sin[4x] + ..

Die Koeffizienten a_n werden mit `FourierCosSeriesCoefficient` ermittelt, die Koeffizienten b_n mit `FourierSinSeriesCoefficient`.

```
FourierCosSeriesCoefficient[x + Sin[x], {x,0,Pi}, 0]
```

```
          2
        Pi
  2 + ---
        2
  -------
    Pi
```

```
FourierSinSeriesCoefficient[x + Sin[x], {x,0,Pi}, 2]
   1
-(-)
   2
```

Analog zu den Fourier-Reihen mit Sinus- und Cosinus-Termen können mit `FourierExpSeries` auch Reihen komplexen E-Potenzen aufgestellt werden. Die Koeffizienten dieser Reihe werden einzeln mit `FourierExpSeriesCoefficient` bestimmt.

```
FourierExpSeries[x + Sin[x], {x,0,Pi}, 3]
 -2 I x      2    I            -4 I x      2     I
E       (-(-) - - Pi)         E       (-(--) - - Pi)
           3    2                         15    4
------------------------- + ---------------------------- +
          Pi                             Pi
  -6 I x      2     I           6 I x      2     I
 E       (-(--) - - Pi)        E      (-(--) + - Pi)
            35    6                      35    6
 -------------------------- + ------------------------- +
            Pi                          Pi
                                                            2
  4 I x      2     I            2 I x      2    I         Pi
 E      (-(--) + - Pi)         E      (-(-) + - Pi)   2 + ---
           15    4                       3    2            2
 ------------------------ + ------------------------ + --------
            Pi                         Pi                 Pi
FourierExpSeriesCoefficient[x + Sin[x], {x,0,Pi}, 3]
   2     I
-(--) - - Pi
  35    6
------------
     Pi
```

Probleme gibt es beim Versuch, eine Reihendarstellung einer Rechteckfunktion aufzustellen. Mit einer (leider nicht vorhandenen Sigma-Funktion) könnte eine Rechteckfunktion folgendermaßen definiert werden:

sigma[x] - sigma[x-0.5]

Damit ist eine Funktion definiert, die zwischen x=0 und x=0.5 das Resultat 1 liefert. Um die fehlende Sigma-Funktion nachzubilden, kommen folgende Möglichkeiten in Betracht:

```
sigma[x_] = If[x>0, 1, 0];
sigma[x_] = (1 + Sign[x]) / 2;
sigma[x_] = (Pi + ArcTan[1000 x]) / (2Pi);
```

Die beiden ersten Varianten sind zwar exakt, werden aber von `Fourier..Series` nicht akzeptiert (die Integrations-Routinen von Mathematica kommen mit den Funktionen nicht zurecht). Die dritte Variante ist nur noch eine (relativ genaue) Näherungslösung, die den Vorteil hat, daß sie stetig ist. Es gelingt zwar, damit eine

Fourier-Reihenentwicklung zu berechnen, die resultierende Formel ist (für eine Reihe dritter Ordnung) etwa 150 (!!) Zeilen lang und damit für die Praxis wertlos:

```
FourierTrigSeries[ 0.5+ArcTan[1000(x-0.5)]/Pi, {x,0,1}, 3]
SeriesData::scmp: ...
Power::infy:      ...
Infinity::indet:  ...
  ... (* diverse Warnmeldungen *)
        0.                      -1.5688    0.
0.5 + -- + 2 Sin[2 Pi x] (------- + -- -
      Pi                       2       Pi
                            Pi

            1                                    I
    (I Cosh[(--- + 1. I) Pi] CosIntegral[(-1. + ---) Pi] +
            500                                  500

               1                                   I
       I Cosh[(--- + 1. I) Pi] CosIntegral[(1. - ---) Pi] -
               500                                 500
   ... (* weitere 150 Zeilen *)
```

In der Praxis ist es daher am vernünftigsten, die Reihenentwicklung sofort mit den numerischen Varianten der oben beschriebenen Kommandos durchzuführen. Diese Kommandos haben den Vorteil, daß sie mit allen drei oben aufgezählten Sigma-Varianten zurechtkommen.

```
NFourierTrigSeries[ If[x<0.5, 0, 1], {x,0,1}, 3]
NIntegrate::ploss:
   Numerical integration stopping due to loss of precision. Achieved
     neither the requested PrecisionGoal nor AccuracyGoal; suspect
     one of the following: highly oscillatory integrand or the true
     value of the integral is 0.
                    -16                         -17
0.5 - 1.28349 10    Cos[2 Pi x] - 9.98745 10    Cos[4 Pi x] +
              -17
 6.62512 10     Cos[6 Pi x] - 0.63662 Sin[2 Pi x] +
              -18
 9.03343 10     Sin[4 Pi x] - 0.212207 Sin[6 Pi x]
Chop[%]
0.5 - 0.63662 Sin[2 Pi x] - 0.212207 Sin[6 Pi x]
Plot[%, {x,-1,3}]                                (* Bild 23.20 *)
```

Chop ersetzt alle Zahlen, die betragsmäßig kleiner 10^{-10} sind, durch 0. Chop[ausdruck,epsilon] verwendet statt dem Default-Grenzwert 10^{-10} den im zweiten Parameter angegebenen Wert. Chop eignet sich insbesonders, um die in längeren Rechenvorgängen durch Rundungsfehler entstandenen Koeffizienten wieder zu entfernen. Chop ist auch für komplexe Zahlen geeignet.

```
NFourierTrigSeries[ If[x<0.5, 0, 1], {x,0,1}, 10];
Chop[%]
0.5 - 0.63662 Sin[2 Pi x] - 0.212207 Sin[6 Pi x] -
 0.127324 Sin[10 Pi x] - 0.0909457 Sin[14 Pi x] -
 0.0707355 Sin[18 Pi x]

Plot[%, {x,-1,3}]                              (* Bild 23.21 *)

Plot[%%, {x,0,1}]                              (* Bild 23.22 *)
```

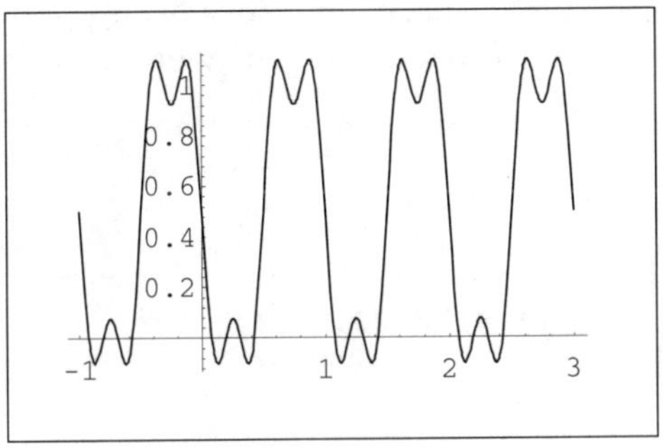

Bild 23.20: Kurve für eine Fourier-Reihe dritter Ordnung für eine Rechteckkurve

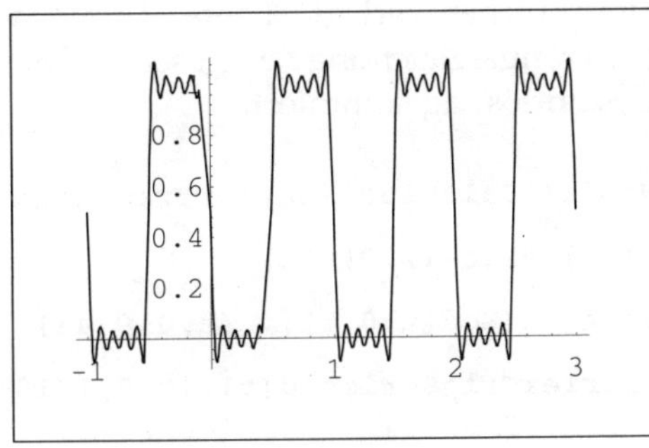

Bild 23.21: Kurve für eine Fourier-Reihe zehnter Ordnung für eine Rechteckkurve

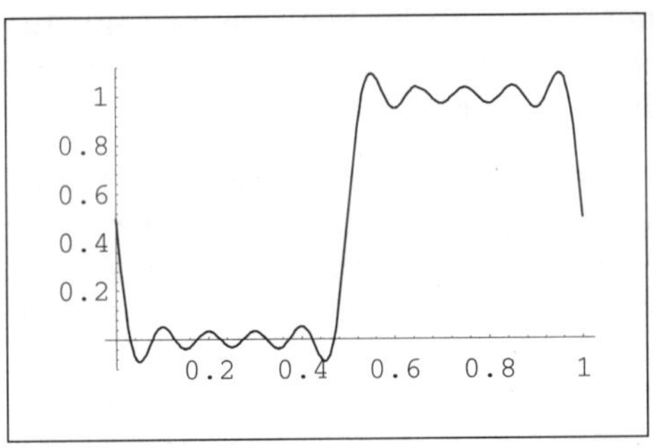

Bild 23.22: Detailverlauf der Kurve aus Bild 23.21

Beispiel: Verhalten eines RLC-Serienschwingkreises

Den Abschluß dieses Kapitels bildet ein etwas praxisnäheres Beispiel: Das Verhalten eines elektrischen Serien-Schwingkreises, bestehend aus einem ohmschen Widerstand R, einer Spule L und einem Kondensator C, soll analysiert werden. An den Schwingkreis werden nacheinander zwei sägezahnförmige Eingangsspannungen unterschiedlicher Frequenz gelegt. Gesucht ist der Spannungsverlauf am Widerstand.

Die beiden Eingangsspannung haben eine Frequenz von 10 bzw. 2.5 Hertz. Die Spannung steigt im Verlauf der Periode von -0.5 auf +0.5 Volt an und fällt dann plötzlich wieder auf -0.5 Volt ab (siehe Bild 23.23 und 23.26). Die Daten der elektrischen Bauteile: L=2 Henry, C=100 m, R=100 Ohm.

Die Idee für den Rechenweg ist einfach: Es ist zwar nicht möglich, die Systemgleichung (eine Differentialgleichung zweiter Ordnung) für eine Sägezahnfunktion zu lösen, dafür kann aber ohne allzugroße Probleme die Lösung für eine Sinus-Funktion ermittelt werden. Die Sägezahnfunktion wird über die Fourier-Reihenentwicklung in Sinus-Terme zerlegt. Diese Terme werden der Reihe nach in die Lösung der Differentialgleichung eingesetzt. Die resultierenden Einzellösungen werden zur Gesamtlösung summiert.

```
Needs["Calculus`FourierTransform`"]

u[t_] = (t-1/20)*10;

Plot[ u[Mod[t,0.1]], {t,0,0.4}]                    (* Bild 23.23 *)

FourierTrigSeries[u[t],{t,0,1/10},3]
  Sin[20 Pi t]     Sin[40 Pi t]     Sin[60 Pi t]
-(------------) - ------------ - ------------
       Pi             2 Pi            3 Pi
```

Die Fourier-Zerlegung der Eingangsspannung zeigt, daß ausschließlich Sinus-Terme auftreten. Aus diesem Grund wird die Gleichung (Summe aller Spannungen) nur für eine sinusförmige Eingangsspannung beliebiger Frequenz n und Amplitute a formuliert. i[t] ist dabei der durch den Schwingkreis fließende Strom.

Anmerkung: Wenn die Eingangsspannung auch Cosinus-Terme bzw. einen konstanten Term enthält, müssen auch diese Terme im Ansatz berücksichtigt werden. Damit die Gleichung dabei nicht zu kompliziert wird, sollten Sinus- und Cosinus-Terme separat behandelt werden und die Einzel-Lösungen am Ende der Berechnung zusammengesetzt werden. Der konstante Term kann im Lösungsansatz für den Cosinus-Term untergebracht werden (weil Cos[n t] für n=0 den Wert 1 liefert). Natürlich ist statt des getrennten Sinus-/Cosinus-Ansatzes auch ein Ansatz mit komplexen E-Potenzen möglich.

Die Gleichung für die Spannung im Serienschwingkreis lautet:

$$u(t) = R\,i(t) + L\,i'(t) + \frac{\int i(t)\,dt}{C}$$

Für die Eingangsspannung u(t) wird eine allgemeine Sinus-Funktion (beliebige Amplitude a und Frequenz n) eingesetzt:

```
gl = a Sin[n t] == R i[t] + L i'[t] + 1/C Integrate[i[t],t]
                              Integrate[i[t], t]
a Sin[n t] == R i[t] +  ------------------  + L i'[t]
                                   C
```

Da die Gleichung in dieser Form von Mathematica sicher nicht gelöst werden kann, wird sie abgeleitet. Das Ergebnis ist eine Differentialgleichung zweiter Ordnung:

```
dgl = D[gl, t]
              i[t]
a n Cos[n t] == ---- + R i'[t] + L i''[t]
               C

DSolve[ {dgl, i[0]==0, i'[0]==0}, i[t], t]
$Aborted
```

Der Versuch, diese relativ einfache Gleichung mit `DSolve` zu lösen, wurde nach etwa 50 Minuten (486-Rechner, 25 MHz) abgebrochen. Ob Mathematica die Lösung je gefunden hätte, ist ungewiß. Die Lösung kann »manuell« recht einfach gefunden werden, wenn folgender Ansatz für den Strom i[t] gewählt:

```
i[t_] = A Cos[n t] + B Sin[n t];

dgl
               A Cos[n t] + B Sin[n t]
a n Cos[n t] == ----------------------- +
                          C
  R (B n Cos[n t] - A n Sin[n t]) +
          2                 2
  L (-(A n  Cos[n t]) - B n  Sin[n t])
```

Durch einen Koeffizientenvergleich für die Terme Cos[n t] und Sin[n t] könnten zwei Gleichungen gewonnen werden, aus denen wiederum die beiden Konstanten A und B des Lösungsansatzes ermittelt werden können. Leider gibt es dabei neuerlich Schwierigkeiten:

```
Solve[ dgl, {A, B}]         (* bringt nur eine Lösung für A zustande *)

LogicalExpand[ dgl]         (* ändert die Gleichung nicht *)

Collect[ dgl, Cos[n t]]     (* ändert die Gleichung nicht *)
```

`Solve` kann nicht aus einer Gleichung die beiden Unbekannte A und B bestimmen. `LogicalExpand` wurde im vorigen Kapitel mit Erfolg zum Koeffizientenvergleich eingesetzt. Dieses Kommando funktioniert aber nur, wenn eine Gleichung für Reihen im `SeriesData`-Format vorliegt (siehe voriges Kapitel). `Collect` zum Ordnen der Gleichung nach bestimmten Termen führt ebenfalls zu keiner Verbesserung. Es muß somit zur »Holzhammer-Methode« gegriffen werden: Die zwei Gleichungen für den Koeffizientenvergleich werden aufgestellt, indem nacheinander die Sinus- und Cosinus-Terme durch vorübergehende Substitutionen Null gesetzt werden:

```
gl1 = dgl /. {Sin[n t]->0, Cos[ n t]->1}
       A      2
a n == - - A L n  + B n R
       C

gl2 = dgl /. {Cos[n t]->0, Sin[n t]->1}
     B      2
0 == - - B L n  - A n R
     C

Solve[ {gl1, gl2}, {A, B}]
                        2
             a C n (1 - C L n )
{{A -> -(------------------------------------),
                   2    2  2  4    2  2  2
         -1 + 2 C L n  - C  L  n  - C  n  R

                  2  2
               a C  n  R
  B -> -(------------------------------------)}}
                   2    2  2  4    2  2  2
         -1 + 2 C L n  - C  L  n  - C  n  R
```

Damit sind Koeffizienten A und B nun bekannt. R, L und C sind die Bauteildaten des Schwingkreises, n und a geben Frequenz und Amplitude der Eingangsspannung an. Mit dem folgenden Kommando werden A und B in die allgemeine Gleichung für i eingesetzt. Aus der resultierenden Gleichung wird eine neue Gleichung für den Strom i gebildet, in der auch die Bauteildaten für R, L und C enthalten sind.

```
i[t_] = i[t] /. %[[1]];

i[t_] = i[t] /. {C->100 *10^-6, L->2, R->100} //N
                              2                              -6    2
-0.0001 a n (1. - 0.0002 n ) Cos[n t]             1. 10   a n  Sin[n t]
-------------------------------------- - ----------------------------------
                     2        -8  4                         2       -8  4
  -1. + 0.0003 n  - 4. 10   n              -1. + 0.0003 n  - 4. 10   n
```

Der letzte Schritt der Rechnung besteht nun darin, die Terme n und a einzusetzen, die sich aus der Fourier-Zerlegung des Sägezahn-Signales ergeben, und die resultierenden Ströme zu summieren. Das Ergebnis wird zum Vergleich zweimal berechnet: einmal in einer Näherung dritten Grades, und einmal in einer Näherung fünfzehnten Grades. Der Unterschied der Lösungen ist bei dieser Frequenz vergleichsweise gering (Bild 23.24 und 23.25). Der Faktor 100 beim `Plot`-Kommando ist notwendig, weil nicht der Strom i, sondern die Spannung am Widerstand R=100 Ohm angezeigt werden soll.

```
FourierTrigSeries[u[t],{t,0,1/10},3]
   Sin[20 Pi t]     Sin[40 Pi t]     Sin[60 Pi t]
-(------------) - ------------ - ------------
       Pi              2 Pi             3 Pi

isummme[t_] = N[ Sum[                    (* Näherung dritter Ordnung *)
  i[t] /. {n->k 20 Pi ,
        a->N[ FourierSinSeriesCoefficient[u[t],{t,0,1/10},k]]},
  {k,1,3} ]]
-0.000958543 Cos[62.8319 t] + 0.000692056 Cos[125.664 t] +
```

```
0.000299043 Cos[188.496 t] - 0.00286207 Sin[62.8319 t] -
0.000402944 Sin[125.664 t] - 0.0000923145 Sin[188.496 t]

Plot[100 isumme[t],{t,0,0.4}]                    (* Bild 23.24 *)

isumme[t_] = N[ Sum[                    (* Näherung 15. Ordnung *)
  i[t] /. {n->k 20 Pi ,
          a->N[ FourierSinSeriesCoefficient[u[t],{t,0,1/10},k]]},
  {k,1,15} ]];

Plot[100 isumme[t],{t,0,0.4}]                    (* Bild 23.25 *)
```

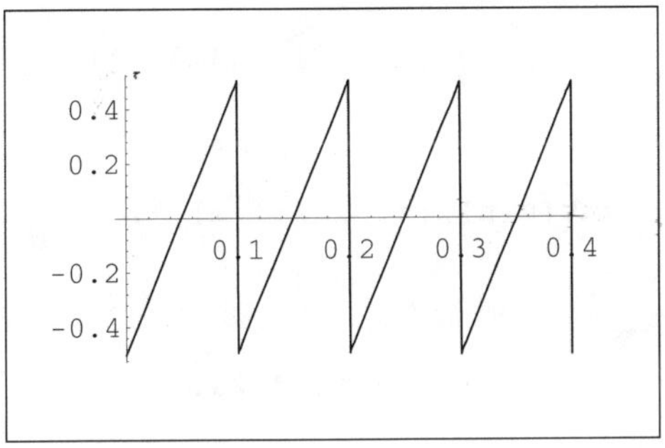

Bild 23.23: Der Verlauf der Eingangsspannung mit einer Frequenz von 10 Hertz

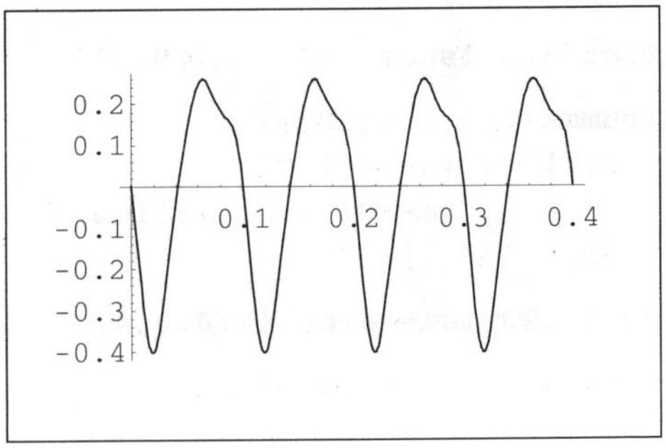

Bild 23.24: Die Spannung am Widerstand R bei einer Näherung 3. Ordnung

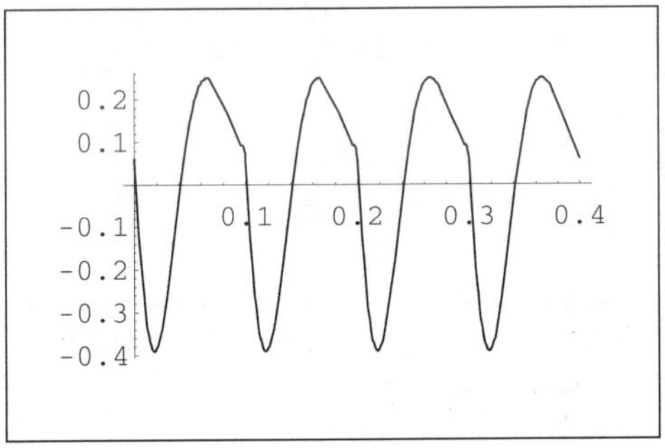

Bild 23.25: Die Spannung am Widerstand R bei einer Näherung 15. Ordnung

Jetzt wird das Einsetzen der Fourier-Koeffizienten für die zweite Sägezahnspannung mit der kleineren Frequenz von 2.5 Hertz wiederholt. Es ändert sich die Definition der Eingangsspannung u sowie in Folge die Parameter n und a der Funktion i[t]. Es zeigt sich, daß bei der geänderten Frequenz (die diesmal weniger nahe an der Resonanzfrequenz des Schwingkreises liegt) die Ordnung der Näherung viel wichtiger ist. Bild 23.27 mit dem Ergebnis für eine Reihe dritter Ordnung gibt die Ausgangsspannung nur sehr stark verfälscht zurück.

```
u[t_] = (t-1/5)*5/2;

Plot[ u[Mod[t,0.4]], {t,0,0.4}]                        (* Bild 23.26 *)

FourierTrigSeries[u[t],{t,0,2/5},3]
  Sin[5 Pi t]     Sin[10 Pi t]    Sin[15 Pi t]
-(-----------) - ------------ - ------------
      Pi            2 Pi           3 Pi

isumme[t_] = N[ Sum[
  i[t] /. {n->k 5 Pi ,
          a->N[ FourierSinSeriesCoefficient[u[t],{t,0,2/5},k]]},
  {k,1,3} ]]

Plot[100 isumme[t],{t,0,0.4}]                           (* Bild 23.27 *)

isumme[t_] = N[ Sum[
  i[t] /. {n->k 5 Pi ,
          a->N[ FourierSinSeriesCoefficient[u[t],{t,0,2/5},k]]},
  {k,1,15} ]];

Plot[100 isumme[t],{t,0,0.4}]

Show[%, PlotRange->All]                                 (* Bild 23.28 *)
```

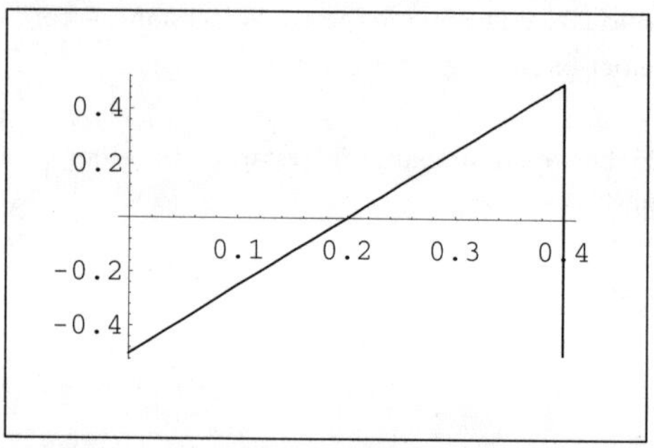

Bild 23.26: Der Verlauf der Eingangsspannung mit einer Frequenz von 2.5 Hertz

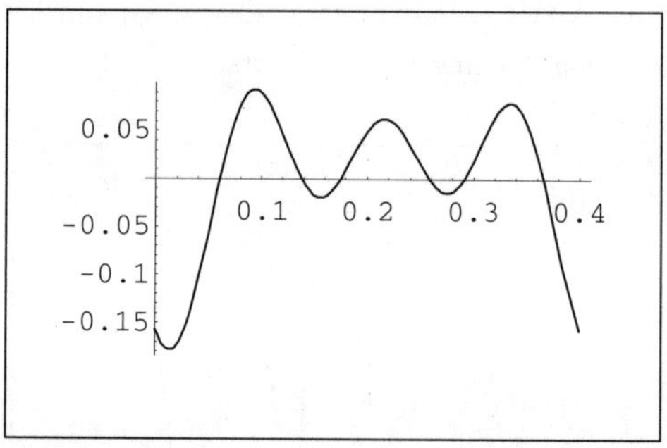

Bild 23.27: Die Spannung am Widerstand R bei einer Näherung 3. Ordnung

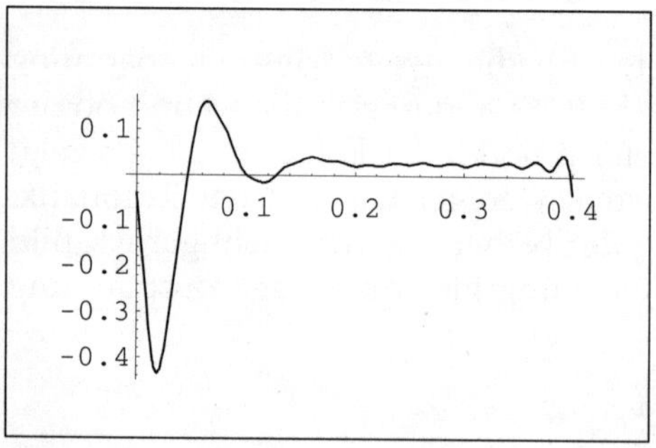

Bild 23.28: Die Spannung am Widerstand R bei einer Näherung 15. Ordnung; das Ergebnis unterscheidet sich deutlich von der zu groben Näherung in Bild 23.27

Das Beispiel zeigt recht eindrucksvoll die Stärken und Schwächen von Mathematica. Rechengänge, die manuell nur mühsam durchgeführt werden können (beispielsweise das Erstellen der Gleichungen für die Koeffizienten A und B oder die Fourierzerlegung) erledigt Mathematica rasch und problemlos. Dafür bereitet es die größten Schwierigkeiten, vergleichsweise einfache Operationen durchzuführen (z.B. den Koeffizientenvergleich).

Zusammenfassung

Fourier`[liste]` Fourier-Fransformation für diskrete Daten

InverseFourier`[liste]`
Umkehrtransformation

Needs`["Calculus`FourierTransform`"]`

FourierTransform`[ f[t], t, w ]`
führt eine Fourier-Transformation für die analytische Funktion f[t] durch und liefert die neue Funktion f[w]

InverseFourierTransform`[ f[w], w, t ]`
Rücktransformation

FourierCosTransform`[ f[t], t, w ]`
Fourier-Cosinus-Transformation

FourierSinTransform`[ f[t], t, w ]`
Fourier-Sinus-Transformation

InverseFourierCosTransform`[ f[w], w, t ]`

InverseFourierSinTransform`[ f[w], w, t ]`
Rücktransformation zu den beiden vorigen Kommandos

Needs`["Calculus`FourierTransform`"]`

FourierTrigSeries`[ f[t], {t,start,end}, n ]`
ermittelt eine Fourier-Reihe n-ter Ordnung aus Sinus- und Cosinus-Termen für die Funktion f[t], deren Periode von start nach end reicht

FourierExpSeries`[ f[t], {t,start,end}, n ]`
wie oben, aber Reihe mit komplexen E-Potenzen

FourierSinSeriesCoefficient`[ f[t], {t,start,end}, n ]`

FourierCosSeriesCoefficient`[ f[t], {t,start,end}, n ]`

FourierExpSeriesCoefficient`[ f[t], {t,start,end}, n ]`
liefert den n-ten Koeffizienten der Sinus-, Cosinus- bzw. E-Potenz-Terme der entsprechenden Fourier-Reihe

NFourierTrigSeries[f[t], {t,start,end}, n]
NFourierExpSeries[f[t], {t,start,end}, n]
NFourierSinSeriesCoefficient[f[t], {t,start,end}, n]
NFourierCosSeriesCoefficient[f[t], {t,start,end}, n]
NFourierExpSeriesCoefficient[f[t], {t,start,end}, n]
wie oben, aber mit numerischer Ermittlung der Koeffizienten

Laplace-Transformation

Die Laplace-Transformation stellt ein wichtiges Hilfsmittel zur Lösung von Differentialgleichungen dar. Die prinzipielle Vorgehensweise ist einfach: Die gesamte Differentialgleichung wird mit der Laplace-Transformation in ein anderes Darstellungssystem umgeformt. Die Gleichung vereinfacht sich dabei erheblich und kann mit vergleichsweise einfachen mathematischen Mitteln gelöst werden. Das Endergebnis wird schließlich zurücktransformiert. Dieses Verfahren wird in zwei Beispielen illustriert.

Die Laplace-Transformation ist der Fourier-Transformation ähnlich, wo ein Übergang zwischen Zeit- und Frequenz-Funktionen erfolgt. Die Laplace-Transformation kann allerdings nicht auf diese Weise physikalisch veranschaulicht werden. Es handelt sich einfach um ein mathematisches Hilfsmittel. Die beiden Kommandos des Packages `Calculus`LaplaceTransform`` lauten:

`LaplaceTransform`
führt die Laplace-Transformation durch

`InverseLaplaceTransform`
zur Rücktransformation

Die Laplace-Transformation

```
Needs["Calculus`LaplaceTransform`"]

LaplaceTransform[t, t, s]
 -2
s

LaplaceTransform[Cos[t], t, s]
  s
------
     2
1 + s
```

Der Einsatz von `LaplaceTransform` ist denkbar einfach: Im ersten Parameter wird die zu transformierende Funktion angegeben, im zweiten Parameter deren Variable und im dritten Parameter die gewünschte Variable im transformierten System (üblicherweise s). Die Laplace-Transformation erfolgt nach folgender Formel:

$$F(s) = \int_0^\infty f(t) e^{-st} \, dt$$

```
LaplaceTransform[ 1, t, s]
1
-
s

LaplaceTransform[ (1+Sign[t])/2, t, s]
1
-
s

LaplaceTransform[ (1+Sign[t-a])/2, t, s]
1
- + LaplaceTransform[Sign[-a + t], t, s]
s
----------------------------------------
                   2
```

Wie schon bei der Fourier-Transformation (siehe voriges Kapitel) gibt es auch bei der Laplace-Transformation Schwierigkeiten mit der Sprungfunktion (Sigma-Funktion). Ein Sprung von 0 auf 1 zum Zeitpunkt 0 liefert das korrekte Ergebnis 1/s. Dieses Ergebnis erhalten Sie auch, wenn Sie einfach nur 1 transformieren. Die Laplace-Transformation geht prinzipiell davon aus, daß Ihre Funktion erst ab dem Zeitpunkt t=0 gültig ist; für kleinere t-Werte hat sie immer den Wert 0.

Ein Sprung zum Zeitpunkt t=a (letztes Beispiel oben) kann aber bereits nicht mehr transformiert werden. Dabei wäre das Ergebnis denkbar einfach:

E^- a s / s

Das Fehlen einer Sigma-Funktion und deren korrekte Behandlung schränkt den Einsatz der Laplace-Transformation leider ziemlich stark ein, weil sehr viele nichtperiodische Vorgänge damit formuliert werden können. Immerhin ist Mathematica in der Lage, die obige Funktion zurückzutransformieren:

```
InverseLaplaceTransform[Exp[-a s]/s, s, t]
If[Inequality[0, LessEqual, a, Less, t], 1, 0]
```

Mathematica formuliert den resultierenden Sprung von 0 auf 1 zur Zeit t=a zwar etwas umständlich (vor allem, wenn Sie mit dieser Funktion weiterrechnen möchten), aber mathematisch durchaus korrekt. Der Versuch, von dieser neuartige Formulierung der Sigma-Funktion eine Laplace-Transformation durchzuführen, scheitert erwartungsgemäß ebenfalls, Mathematica gibt die Ausgangsfunktion unverändert zurück:

```
LaplaceTransform[%,t,s]
LaplaceTransform[If[Inequality[0, LessEqual, a, Less, t], 1, 0],
                 t, s]
```

Das Kommando `LaplaceTransform` kennt die Regeln für die Transformation von Ableitungen, was zur Bearbeitung von Differentialgleichungen ausgespochen angenehm ist.

```
LaplaceTransform[f'[t], t, s]
-f[0] + s LaplaceTransform[f[t], t, s]
```

Differentialgleichungen mit der Laplace-Transformation lösen

Im *ersten Beispiel* soll eine Differentialgleichung für die ungedämpfte Schwingung einer Masse an einer Feder gelöst werden. Zum Zeitpunkt t=0 ist die Feder gegenüber dem Gleichgewichtszustand nicht ausgelenkt, d.h. y[0]=0. Allerdings hat die Masse zu diesem Zeitpunkt die Geschwindigkeit y'[0]=v0, so daß das System in Bewegung kommt. Gesucht ist die Lösung y[t] für t>0.

Um das Ergebnis gleich vorwegzunehmen: Wegen der fehlenden Dämpfung wird die Masse endlos schwingen. Der Lösungsvorgang ist einfach: Die Differentialgleichung wird angeschrieben, transformiert (Übergang von Zeit t auf die transformierte Zeit s), für die transformierte Funktion yl[s] mit einem einfachen `Solve`-Kommando gelöst und anschließend zu y[t] rücktransformiert.

```
dgl = y''[t] + k/m y[t] == 0
k y[t]
------ + y''[t] == 0
  m

LaplaceTransform[ dgl, t, s]
k LaplaceTransform[y[t], t, s]     2
------------------------------ + s  LaplaceTransform[y[t], t, s] -
              m
  s y[0] - y'[0] == 0

% /. {y[0]->0, y'[0]->v0, LaplaceTransform[y[t],t,s] -> yl[s]}
      k yl[s]    2
-v0 + ------- + s  yl[s] == 0
         m
```

In der Laplace-transformierten Gleichung wird aus der zweifachen Ableitung der Faktor s^2. Damit die neue Gleichung leichter handhabbar ist, wird der Ausdruck `LaplaceTransform[y[t],t,s]` durch die Funktion `yl[s]` ersetzt. Anschließend wird die Gleichung für diese Funktion mit `Solve` gelöst:

```
Solve[ %, yl[s] ]
               m v0
{{yl[s] -> --------}}
                  2
           k + m s

y[t_] = InverseLaplaceTransform[ yl[s] /. %[[1]], s, t]
      k                   k
Sqrt[-] m v0 Sin[Sqrt[-] t]
      m                   m
-----------------------------
             k

Plot[ y[t] /. {k->1, m->1, v0->1}, {t,0,20}]          (* Bild 24.1 *)
```

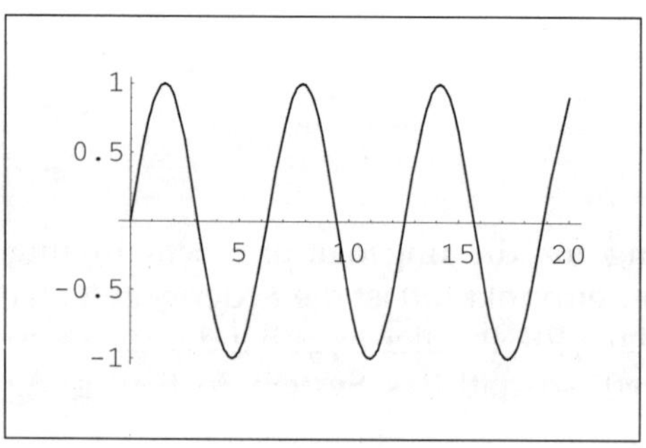

Bild 24.1: Die ungedämpfte Schwingung einer Masse an einer Feder

Im *zweiten Beispiel* soll nochmals ein elektrischer Serienschwingkreis bestehend aus einem Widerstand R (16 Ohm), einer Spule L (2 Henry) und einem Kondensator C (20 mFarad) behandelt werden. Diese Schaltung wurde bereits im vorigen Kapitel als Beispiel verwendet, um mit einer Fourier-Reihenentwicklung das Verhalten bei einem sägezahnförmigen Eingangssignal zu analysieren. Diesmal soll berechnet werden, welcher Strom fließt, wenn an die Schaltung zur Zeit t=0 plötzlich eine Gleichspannung von 300 Volt bzw. eine Wechselspannung mit 100 Volt Spitzenspannung angelegt wird. Bis zur Zeit t=0 ist das System in Ruhe, in Spule und Kondensator ist keine Energie gespeichert. Es gilt also u[0]=0, i[0]=0, i'[0]=0. (Die Spannung u[t] wird mathematisch gesehen erst eine unendlich kleine Zeitspanne nach t=0 angelegt, daher ist die Annahme u[0]=0 erlaubt.)

Mathematisch kann das Netzwerk durch folgende Gleichung ausgedrückt werden:

```
sys = u[t] == R i[t] + L i'[t] + 1/C Integrate[i[t],t];
```

Damit diese Gleichung weiter bearbeitet werden kann, wird sie einmal nach t abgeleitet. Das Ergebnis ist eine Differentialgleichung zweiter Ordnung:

```
dgl = D[%,t]
          i[t]
u'[t] == ---- + R i'[t] + L i''[t]
           C

LaplaceTransform[dgl,t,s]
s LaplaceTransform[u[t], t, s] - u[0] ==
 LaplaceTransform[i[t], t, s]
 ---------------------------- +
              C
  R (-i[0] + s LaplaceTransform[i[t], t, s]) +
                  2
  L (-(s i[0]) + s  LaplaceTransform[i[t], t, s] - i'[0])
```

Wenn die recht unübersichtlichen Ausdrücke `LaplaceTransform[..]` durch einfacher Funktionen ersetzt werden und außerdem der Anfangszustand des Systemes eingesetzt wird, ergibt sich eine einfache Gleichung, die mit `Solve` problemlos nach il[s] aufgelöst werden kann.

```
% /. {LaplaceTransform[u[t], t, s] -> ul[s],
      LaplaceTransform[i[t], t, s] -> il[s],
      u[0]->0, i[0]->0, i'[0]->0}
            il[s]                  2
s ul[s] == ----- + R s il[s] + L s  il[s]
              C

Solve[ %, il[s]]
                  C s ul[s]
{{il[s] -> -(-------------------)}}
                               2
             -1 - C R s - C L s

il[s_] = il[s] /. %[[1]];
```

Damit ist die Differentialgleichung zweiter Ordnung auch schon gelöst – allerdings erst im transformierten System. Damit der gesuchte Strom i auch im Originalsystem berechnet werden kann, muß ul[s] eingesetzt werden und anschließend das Ergebnis zurücktransformiert werden. ul[s] wird aus u[t] durch die Laplace-Transformation ermittelt.

```
u[t_]=300;

ul[s_]=LaplaceTransform[u[t],t,s]
300
---
 s

il[s]
        -300 C
----------------------
                    2
-1 - C R s - C L s

i[t_] = InverseLaplaceTransform[il[s],s,t] /. {R->16, L->2, C->0.02}
                           (-4. - 3. I) t
-6. ((0. - 4.16667 I) E               +
                          (-4. + 3. I) t
    (0. + 4.16667 I) E               )
```

Das Ergebnis wird mit `CompexExpand` in die übliche Darstellung mit Sinus- und Cosinus-Termen umgewandelt. Mit `Chop` werden die Rundungsterme 0. entfernt.

```
i[t_] = % //ComplexExpand //Chop
50. Sin[3. t]
-------------
    4. t
   E

Plot[i[t], {t,0,4}, PlotRange->All]                         (* Bild 24.2 *)
```

Das Ergebnis ist eine Sinus-Schwingung, die durch die E-Potenz allerdings sehr rasch auf 0 gedämpft wird.

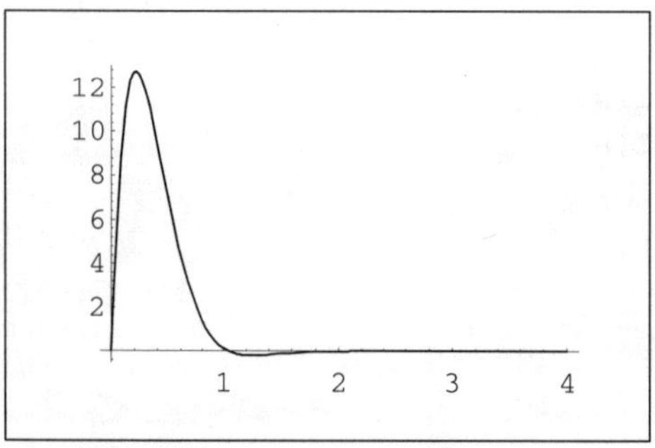

Bild 24.2: Durch die Schaltung fließt nur während eines kurzen Einschwingvorganges Strom

Das Verhalten des Schwingkreises bei Anlegen einer Sinus-förmigen Spannung kann analog berechnet werden. Als Ausgangspunkt dient das Zwischenergebnis il[s], das noch immer gespeichert ist. Es muß daher lediglich u[t] neu definiert und transformiert werden, anschließend das Ergebnis wieder rücktransformiert werden:

```
u[t_]=100 Sin[3 t]; ul[s_] = LaplaceTransform[u[t],t,s]
 300
------
     2
9 + s

i[t_] = InverseLaplaceTransform[il[s],s,t] /. {R->16, L->2, C->0.02};

i[t_] = % //ComplexExpand  //Chop  //Simplify
          -0.0128 Cos[3. t]     0.0362667 Sin[3. t]
225.361 (----------------- - -------------------) +
             4. t                  4. t
            E                     E
 225.361 (0.0128 Cos[3 t] + 0.0192 Sin[3 t])

Plot[{Sin[3t], i[t]},{t,0,6}, PlotRange->All]          (* Bild 24.3 *)
```

Die Funktion für das Ergebnis sieht etwas kompliziert aus. Die beiden ersten Terme, die durch die E-Potenz gedämpft werden, beschreiben den Einschwingvorgang des Systems. Sie sind bereits nach einigen Sekunden vernachlässigbar. Die beiden anderen Terme beschreiben einen Sinus-förmigen Strom, der gegenüber der Eingangsspannung etwas phasenversetzt ist.

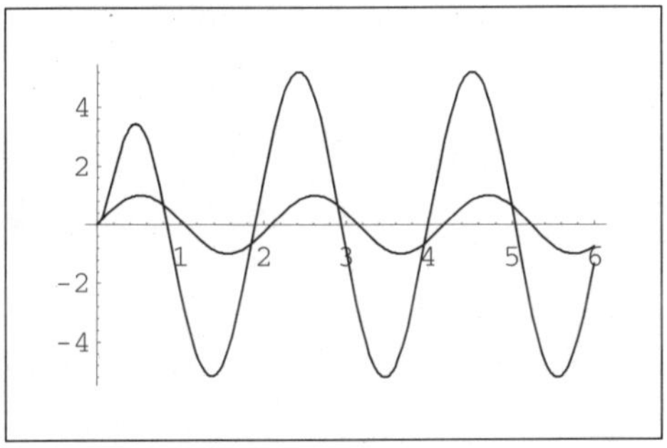

Bild 24.3: Im Schwingkreis stellt sich nach einem kurzen Einschwingvorgang ein Sinus-förmiger Strom ein, der gegenüber der Spannung (im Diagramm klein eingezeichnet) etwas phasenversetzt ist

Falls Sie die Beschreibung des Beispieles zur Fourier-Reihenentwicklung am Ende des vorigen Kapitels gelesen haben, werden Sie sich vielleicht fragen, ob die dortige Herleitung der allgemeinen Lösung der Differentialgleichung nicht etwas umständlich war. Die Laplace-Transformation scheint hierfür ein viel wirksameres Hilfsmittel zu sein. Wenn Sie allerdings versuchen, die Lösung i[t] für die allgemeine Eingangsspannung u[t]=a Sin[n t] über die Fourier-Transformation zu ermitteln, treten zwei Probleme auf.

Das erste Problem besteht darin, daß die allgemeine Lösung fünf unbestimmte Konstanten (R, L, C, a, n) enthält. Während der Laplace- und deren Rücktransformation treten dadurch derart umfangreiche Formeln auf, daß Mathematica für deren Vereinfachung unverhältnismäßig viel Zeit benötigt.

Das zweite Problem tritt auch dann auf, wenn Sie für R, L und C von Anfang an Zahlenwerte einsetzen. Die resultierende Lösung ist nämlich nicht unmittelbar zu gebrauchen, weil darin die Einschwingterme mit dem Faktor 1/E^t enthalten sind. Es gibt in Mathematica leider keine Möglichkeit, diese Terme elegant zu entfernen. (Ideal wäre ein Kommando zum Aufstellen von Näherungen für große t. Dieses Kommando müßte erkennen, welche Terme dabei vernachlässigbar sind. Das ist vorläufig aber nur Zukunftsmusik.)

Zusammenfassung

Needs["Calculus`LaplaceTransform`"]

LaplaceTransform[f[t], t, s]
: führt die Laplace-Funktion für f[t] durch und liefert eine neue Funktion g[s] zurück; f[t] wird für t<0 als 0 betrachtet

InverseLaplaceTransform[f[s], s, t]
: Umkehrtransformation

Vektor-Algebra und -Analysis in verschiedenen Koordinatensystemen

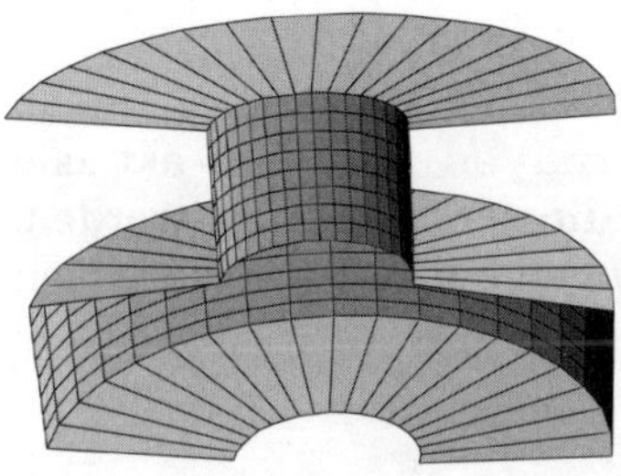

In Kapitel 10 haben Sie bereits einige elementare Kommandos zum Umgang mit Vektoren kennengelernt. Die in diesem Kapitel vorgestellten Kommandos ermöglichen es Ihnen, in anderen Koordinatensystemen als im kartesischen zu arbeiten. Außerdem stehen Ihnen in diesen Koordinatensystemen Kommandos zur Berechnung von Gradient, Divergenz und Rotatation zur Verfügung. Die Kommandos können unter anderem zur Vereinfachung aufwendiger Integrale eingesetzt werden, was am Ende dieses Kapitels an einigen Beispielen demonstriert wird.

Die wichtigsten Kommandos aus dem Package `Calculus`VectorAnalysis`` lauten:

`SetCoordinates`
das gewünschte Koordinatensystem einstellen

`CoordinatesToCartesian`, `CoordinatesFromCartesian`
Koordinatentransformation in das bzw. aus dem kartesische(n) System

`DotProduct, CrossProduct`
Skalar- und Kreuz-Produkt

`JacobianDeterminant`
Jakobi-Determinante zur Berechnung von Mehrfachintegralen

`ArcLengthFactor`
Faktor zur Berechnung der Bogenlänge von parametrischen Kurven

`Grad, Laplacian, Biharmonic`
Gradient sowie Laplace- und Doppel-Laplace-Operator für skalare Funktionen

`Div, Curl`
Divergenz und Rotation für Vektor-Feldern

Abschließend noch ein *Verweis*: Kommandos zur grafischen Darstellung von Vektorfeldern finden Sie im nächsten Kapitel.

Koordinatensystem einstellen

```
Needs["Calculus`VectorAnalysis`"]
```

```
CoordinateSystem
Cartesian
```

```
Coordinates[]
{x, y, z}
```

Mit den Kommandos `CoordinateSystem` und `Coordinates` kann das aktuelle Koordinatensystem mit der Bezeichnung der drei Koordinaten abgefragt werden. Diese Bezeichnung ist wichtig, weil Mathematica Ableitungen nach diesen Variablen bildet.

```
SetCoordinates[Cylindrical]
Cylindrical[r, theta, z]
```

Mit `SetCoordinates` können Sie ein neues Koordinatensystem einstellen. Mathematica stellt Ihnen nicht weniger als 14 verschiedene Systeme zur Auswahl, von denen die wichtigsten das normale kartesische System (`Cartesian`), das zylindrische (`Cylindrical`) und das Kugel-Koordinatensystem (`Spherical`) sind. Mit dem Kommando oben wurde das Zylinder-Koordinatensystem ausgewählt. Mathematica antwortet mit dem Namen des Koordinatensystems und der Bezeichnung der drei Koordinaten. Wenn Sie die drei Koordinatenachsen anders bezeichnen möchten, müssen Sie das beim Aufruf von `SetCoordinates` bekanntgeben:

```
SetCoordinates[Cartesian[x1,x2,x3]]
Cartesian[x1, x2, x3]
```

```
SetCoordinates[Cylindrical[r,phi,z]]
Cylindrical[r, phi, z]
```

Es wurde oben zuerst ein kartesisches Koordinatensystem mit den Koordinaten x1, x2 und x3 definiert, anschließend wieder ein Zylinder-Koordinatensystem mit der Bezeichnung phi statt theta für den Winkel. Die Bezeichnung der Achsen ist insofern wichtig, als in den unten behandelten Kommandos `Grad`, `Curl`, etc. partielle Ableitungen nach diesen Variablen gebildet werden. Ihre Funktionen müssen also unter Verwendung dieser Symbole formuliert werden.

Achtung: Wenn Sie das Symbol r (oder die Bezeichnung einer beliebigen anderen Koordinate eines gewünschten Koordinatensystems) schon verwendet haben, können Sie ein neues Koordinatensystem nur verwenden, wenn Sie erstens das Symbol durch `Clear` löschen und zweitens alle Koordinatenbezeichnungen wie in den beiden obigen Beispielen angeben! (Siehe auch das Beispiel zur Bildung des Gradientens etwas weiter unten.)

```
CoordinateRanges[]
{Inequality[0, LessEqual, r, Less, Infinity],
 Inequality[-Pi, Less, phi, LessEqual, Pi],
 -Infinity < z < Infinity}
```

Mit `CoordinateRanges` stellen Sie fest, welche Werte für die einzelnen Koordinaten zulässig sind. Beim Zylinder-Koordinatensystem darf r nicht kleiner 0 werden, phi muß zwischen `-Pi` und `Pi` liegen. (Mathematica akzeptiert auch Winkel außerhalb dieses Bereiches, wird aber selbst den Winkel immer in diesem Bereich und nicht etwa zwischen 0 und `2Pi` zurückgeben).

Bei einigen »exotischen« Koordinatensystemen können Sie neben der gewünschten Bezeichnung für die drei Koordinaten noch bis zu drei weitere Parameter einstellen – beispielsweise für das Koordinatensystem `EllipticCylindrical` den Parameter a, der die Form der Ellipse beschreibt (Default-Wert 1). Das Kommando `Parameters` zeigt die aktuelle Einstellung dieser Parameter an (falls es im aktuellen Koordinatensystem welche gibt), `ParameterRanges` gibt an, in welchem Bereich diese Parameter eingestellt werden dürfen.

Bei den im `` VectorAnalysis` ``-Package definierten Koordinatensystemen handelt es sich übrigens ausschließlich um dreidimensionale Rechts-Systeme. Die Koordinatensysteme sind im »Guide to Standard Mathematica Packages« kurz beschrieben. Dennoch sollten Sie vorsichtig sein, wenn Sie ein bestimmtes Koordinatensystem auswählen. In der Literatur gibt es verschiedene Definitionen für diese Koordinatensysteme (z.B. wie die Koordinaten bezeichnet werden, in welcher Richtung die Winkel aufgetragen werden, usw.). Sie sollten mit einem Koordinatensystem nicht zu arbeiten beginnen, bevor Sie sich nicht sicher sind, daß das Mathematica-Koordinatensystem mit Ihrem Koordinatensystem übereinstimmt.

Zur Kontrolle bieten sich neben dem schon erwähnten Kommando `CoordinateRanges` vor allem die im nächsten Abschnitt beschriebenen Transformations-Kommandos an. Überprüfen Sie die Transformationsformeln vom aktuellen System in das kartesische System und wieder zurück. Wenn diese Formeln mit denen Ihres Koordinatensystems übereinstimmen, kann eigentlich nicht mehr viel schief laufen.

Anmerkung: Die in diesem Kapitel vorgestellten Kommandos gelten grundsätzlich für das aktuelle (mit `SetCoordinates`) eingestellte Koordinatensystem. Bei fast allen Kommandos können Sie aber mit einem zusätzlichen Parameter ein anderes Koordinatensystem angeben. Das Kommando wird dann für dieses Koordinatensystem ausgeführt. Damit können Sie sich unter Umständen einen häufigen Wechsel des Koordinatensystems sparen:

```
CoordinateRanges[ Spherical ]
{Inequality[0, LessEqual, r, Less, Infinity],
 0 <= theta <= Pi,
 Inequality[-Pi, Less, phi, LessEqual, Pi]}
```

Koordinaten-Transformationen

```
SetCoordinates[ Cylindrical[r, theta, z] ];

a = {ar, at, az}; c={cx,cy,cz};

CoordinatesToCartesian[a]
{ar Cos[at], ar Sin[at], az}

CoordinatesFromCartesian[c]
             2      2
{Sqrt[cx  + cy  ], ArcTan[cx, cy], cz}

CoordinatesToCartesian[ {1, 45 Degree, 4} ]
{Cos[45 Degree], Sin[45 Degree], 4}

%//N
{0.707107, 0.707107, 4.}
```

Die Kommandos `CoordinatesToCartesian` und `CoordinatesFromCartesian` erlauben die Koordinaten-Transformation vom aktuellen Koordinatensystem in das kartesische und wieder zurück. Die Transformation kann sowohl für symbolische Ausdrücke als auch für Zahlenwerte durchgeführt werden.

Die Jakobi-Matrix enthält alle partiellen Ableitungen der Transformations-Formeln in das kartesische System. Die Matrix kann mit `JacobianMatrix[]` aufgestellt werden.

```
CoordinatesToCartesian[{r, theta, z}]
{r Cos[theta], r Sin[theta], z}

JacobianMatrix[]  //MatrixForm
Cos[theta]        -(r Sin[theta])   0
Sin[theta]        r Cos[theta]      0
0                 0                 1
```

In der ersten Spalte werden die drei Transformationsformeln nach x, y und z partiell nach r abgeleitet, in der zweiten Spalte nach theta, in der dritten Spalte nach z. Die Jakobi-Matrix wird in dieser Form nur selten benötigt. Erheblich wichtiger ist ihre Determinante, die mit `JacobianDeterminant[]` ermittelt wird und beim Aufstellen von Raumintegralen eine große Rolle spielt (mehr dazu im übernächsten Abschnitt zum Thema Integration).

Elementare Rechenoperationen in verschiedenen Koordinatensystemen

Im kartesischen Koordinatensystem können Sie Vektoren durch einfache Addition addieren, mit einem Skalar multiplizieren, mit dem Operator ».« bzw. mit `Dot` das skalare Produkt berechnen, usw. Für alle anderen Koordinatensysteme sind diese Operationen nicht zulässig und führen zu unsinnigen Ergebnissen!

Wenn Sie zwei Vektoren addieren möchten, müssen Sie beide Vektoren in das kartesische System transformieren, die Addition dort durchführen und das Ergebnis rücktransformieren. Um den Tipp-Aufwand etwas einzuschränken, sollten Sie sich kürzere Transformationskommandos definieren:

```
SetCoordinates[ Cylindrical[r, theta, z] ];

ToC[liste_]=CoordinatesToCartesian[liste];

FromC[liste_]=CoordinatesFromCartesian[liste];

a={ar, at, az}; b={br, bt, bz}; c={cr, ct, cz};

FromC[ ToC[a] + ToC[b]] //Simplify
            2      2
{Sqrt[ar  + br  + 2 ar br Cos[at - bt]],
 ArcTan[ar Cos[at] + br Cos[bt], ar Sin[at] + br Sin[bt]],
 az + bz}
```

Für das Skalar- und Vektor-Produkt stellt das Package eigene Kommandos zur Verfügung: `DotProduct` und `CrossProduct`. Diese Kommandos funktionieren im Prinzip wie dies in der obigen Addition angedeutet wurde: Die Koordinaten werden (automatisch) in das kartesische Koordinatensystem transformiert, dort bearbeitet, und anschließend rücktransformiert. Aus diesem Grund sehen die Ergebnisse oft ziemlich kompliziert aus (verwenden Sie `Simplify`!).

```
DotProduct[a,b]
az bz + ar br Cos[at] Cos[bt] + ar br Sin[at] Sin[bt]

Dot[a,b]       (* falsch !! *)
ar br + at bt + az bz

CrossProduct[a,b]  //Simplify
          2   2     2   2
{Sqrt[az  br  + ar  bz  - 2 ar az br bz Cos[at - bt]],
 ArcTan[ar bz Sin[at] - az br Sin[bt],
        -(ar bz Cos[at]) + az br Cos[bt]],
 -(ar br Sin[at - bt])}
```

`ScalarTripleProduct` führt das sogenannte Spat-Produkt aus (das Kreuzprodukt zweier Vektoren wird mit dem dritten Vektor skalar multipliziert). Die Reihenfolge der Vektoren ist egal, sofern die Vektoren zyklisch ausgetauscht werden (andernfalls ändert sich das Vorzeichen).

```
ScalarTripleProduct[a,b,c]
-(ar br cz Cos[bt] Sin[at]) + ar bz cr Cos[ct] Sin[at] +
 ar br cz Cos[at] Sin[bt] - az br cr Cos[ct] Sin[bt] -
 ar bz cr Cos[at] Sin[ct] + az br cr Cos[bt] Sin[ct]
```

```
ScalarTripleProduct[a,b,c] - ScalarTripleProduct[b,c,a]
0
```

Achtung: Die Multiplikation mit dem Operator `.` bzw. mit `Dot` sowie das Kommando `Cross` aus dem Package ``LinearAlgebra`CrossProduct` `` werden anstandslos ausgeführt, die Ergebnisse sind aber falsch! Diese Kommandos dürfen nur für kartesische Koordinaten verwendet werden!

Integrale in verschiedenen Koordinatensystemen

Mit dem Kommando `ScaleFactors` können die Skalierungsfaktoren (metrische Koeffizienten) des jeweiligen Koordinatensystems ermittelt werden. Diese Skalierungsfaktoren müssen bei Linien- und Flächenintegralen berücksichtigt werden.

Ein Linienintegral in kartesischen Koordinaten lautet einfach (beispielsweise für die x-Koordinate):

$$\int_x f(x,y,z)\,dx$$

Für ein Linienintegral über phi in Kugelkoordinaten muß dagegen folgende Formel verwendet werden:

$$\int_\vartheta f(r,\vartheta,\varphi)\,r\sin(\varphi)\,d\varphi$$

Der Faktor r Sin[theta] heißt Skalierungsfaktor oder metrischer Koeffizient. `ScaleFactors` gibt eine Liste mit allen drei Skalierungsfaktoren (für die drei Koordinaten) des jeweiligen Koordinatensystems an:

```
SetCoordinates[ Spherical[r, theta, phi] ];
ScaleFactors[ ]
{1, r, r Sin[theta]}
```

Bei Flächenintegralen müssen jeweils zwei Skalierungsfaktoren (für die zwei Koordinatenrichtungen) angegeben werden. Ein Flächenintegral über x und y in kartesischen Koordinaten lautet:

$$\int_x \int_y f(x, y, z)\, dx\, dy$$

Ein Flächenintegral in Kugel-Koordinaten über phi und theta lautet dagegen:

$$\int_\vartheta \int_\varphi f(r, \vartheta, \varphi)\, r^2 \sin(\vartheta)\, d\vartheta\, d\varphi$$

Bei Raumintegralen müssen schließlich alle drei Skalierungsfaktoren berücksichtigt werden. Dieser Gesamtfaktor kann allerdings noch einfacher über das Kommando `JacobianDeterminant` ausgerechnet werden. Ein Raumintegral in kartesischen Koordinaten lautet:

$$\int_x \int_y \int_z f(x, y, z)\, dx\, dy\, dz$$

Für Zylinderkoordinaten gilt folgende Formel mit dem zusätzlichen Faktor r:

$$\int_r \int_\vartheta \int_z f(r, \vartheta, z)\, r\, dr\, d\vartheta\, dz$$

Bei Kugelkoordinaten muß stattdessen der Faktor r^2 Sin[theta] verwendet werden:

$$\int_r \int_\vartheta \int_\varphi f(r, \vartheta, \varphi)\, r^2 \sin(\vartheta)\, dr\, d\vartheta\, d\varphi$$

Diesen Faktor können Sie mit `JacobianDeterminant` für das jeweilige Koordinatensystem ermitteln (im Beispiel unten für zylindrische Koordinaten):

```
SetCoordinates[ Cylindrical[r, theta, z] ];

JacobianDeterminant[]
r

Integrate[ 1 * r, {r,0,1}, {theta,0,Pi/2}, {z,0,1}]
Pi
--
4

SetCoordinates[ Spherical]
Spherical[r, theta, phi]

JacobianDeterminant[]
 2
r  Sin[theta]
```

```
Integrate[ 1 * JacobianDeterminant[], {r,0,1}, {phi, 0, Pi/2},
          {theta, 0, Pi/2}]
Pi
--
6
```

In den beiden Integralen wurde das Volumen eines viertel-zylindrischen Prismas und das Volumen eines Achtel-Kreises berechnet. Ein ähnliches Problem tritt bei der Integration entlang von parametrischen Kurven auf. In kartesischen Koordinaten muß dabei ein Faktor der Form

$$\sqrt{x'(t)^2 + y'(t)^2 + z'(t)^2}$$

berücksichtig werden. Diesen Faktor berechnet `ArcLengthFactor` für jedes beliebige Koordinatensystem. Die Integrationsformel über eine beliebige Funktion lautet damit:

$$\int_t f(t)\,\text{ArcLengthFactor}[\;]\,dt$$

In den Beispielen unten sehen Sie, welche Formeln Mathematica für diese Integrationsfaktoren in Zylinder- und Kugelkoordinaten verwendet:

```
SetCoordinates[Cylindrical];

ArcLengthFactor[ {fr[t], ft[t], fz[t]}, t]   (* allgemein *)
                2         2        2         2
Sqrt[fr'[t]  + fr[t]  ft'[t]  + fz'[t] ]

ArcLengthFactor[ {t,0,t}, t]      (* für explizite Funktion *)
Sqrt[2]

SetCoordinates[Spherical];

ArcLengthFactor[ {fr[t], ft[t], fp[t]}, t]
             2             2        2          2        2         2
Sqrt[fr[t]  Sin[ft[t]]  fp'[t]  + fr'[t]  + fr[t]  ft'[t] ]
```

Dazu noch ein *Beispiel*: Die Länge einer spiralförmigen Kurve soll sowohl in kartesischen Koordinaten {Cos[t],Sin[t],t}, als auch in Zylinder-Koordinate {1,t,t} berechnet werden. f[t] ist also 1. Das Ergebnis muß natürlich in beiden Fällen das gleiche sein.

```
SetCoordinates[Cylindrical];
Integrate[ ArcLengthFactor[{1,t,t},t], {t,0,4 Pi}]
 5/0
2    Pi

SetCoordinates[Cartesian];
Integrate[ ArcLengthFactor[{Cos[t],Sin[t],t},t], {t,0,4Pi}]
 5/2
2    Pi
```

Gradient und Laplace-Operator für skalare Funktionen

In den folgenden Absätzen ist oft von skalaren und von vektoriellen Funktionen die Rede. Die beiden Formeln unten (formuliert für kartesische Koordinaten) sollen den Unterschied verdeutlichen:

```
scalarfunc[x_,y_,z_] = f[x,y,z];

vectorfunc[x_,y_,z_] = {fx[x,y,z], fy[x,y,z], fz[x,y,z]};
```

Eine skalare Funktion beschreibt somit eine eindimensionale Größe im Raum (beispielsweise die Temperatur) durch eine Funktion. Eine vektorielle Funktion beschreibt dagegen eine gerichtete Größe im Raum, d.h. für jeden Punkt im Raum wird ein Vektor definiert (beispielsweise die Geschwindigkeit und Richtung von Gas-Molekülen, die Stärke und Richtung von magnetischen oder elektrischen Feldern).

Das Kommando `Grad` berechnet den Gradienten einer skalaren Funktion. Das Ergebnis ist eine vektorielle Funktion. Der resultierende Vektor zeigt für jeden beliebigen Punkt jeweils in die Richtung der größten Funktionszunahme (und steht damit normal auf die Niveau-Flächen der Funktion). Der Gradient einer Funktion wird in der Mathematik häufig durch den Nabla-Operator ausgedrückt, der für jedes Koordinatensystem durch eine andere Formel definiert ist.

```
Grad[ f[x,y,z], Cartesian]
  (1,0,0)            (0,1,0)            (0,0,1)
{f       [x, y, z], f       [x, y, z], f       [x, y, z]}
Grad[ f[r,theta,phi], Spherical]
                                 (0,1,0)
  (1,0,0)                       f       [r, theta, phi]
{f       [r, theta, phi],      -------------------------,
                                           r
                   (0,0,1)
  Csc[theta] f            [r, theta, phi]
  ----------------------------------------}
                   r
```

In kartesischen Koordinaten wird der Gradient einfach durch die partielle Ableitung der Funktion nach x, y und z gebildet. In anderen Koordinatensystemen kommen zusätzliche Faktoren dazu, beispielsweise 1/r bzw. 1/(r Sin[theta]). (Mathematica drückt 1/Sin[] durch Csc[] aus.) Beachten Sie die Formulierung der partiellen Ableitungen: Wenn Sie selbst partielle Ableitungen eingeben, müssen Sie das Format `D[f[x,y,z],x]` verwenden. Zur Ausgabe verwendet Mathematica dagegen die Darstellung durch `Derivative[1,0,0][f][x,y,z]`. In den Kommandos oben wurde das gewünschte Koordinatensystem einfach durch einen zusätzlichen Parameter angegeben, im Beispiel unten wird es dagegen fix eingestellt.

Beispiel:

Es soll das kartesische Feld der Beleuchtungsstärke einer punktförmigen Lichtquelle der Größe 1 berechnet werden. Dazu wird zuerst ein allgemeiner Ortsvektor r definiert. Die Beleuchtungsstärke nimmt mit 1/r ab, daher wird der Gradient von 1/r berechnet.

```
SetCoordinates[Cartesian];

r=Sqrt[x^2+y^2+z^2];

Grad[1/r]
           x                          y                          z
{-(----------------), -(----------------), -(----------------)}
     2    2    2 3/2      2    2    2 3/2      2    2    2 3/2
   (x  + y  + z )       (x  + y  + z )       (x  + y  + z )
```

Jetzt soll die gleiche Berechnung für Kugel-Koordinaten wiederholt werden:

```
SetCoordinates[Spherical]
Coordinates::invalid:
                      2    2    2
   Spherical[Sqrt[x  + y  + z ], theta, phi]
     is not a valid coordinate system specification.
```

Mathematica weigert sich, das gewünschte Koordinatensystem einzustellen, weil r noch mit der Funktion von oben definiert ist. Aber auch `Clear` hilft nicht weiter:

```
Clear[r]

SetCoordinates[Spherical]
Coordinates::invalid: (usw., wie oben)
```

Ein weiterer Versuch mit `Remove` scheitert ebenfalls! `Clear` ist an sich schon ausreichend, um die Definition von r wieder zu löschen, allerdings *müssen* bei der Definition des neuen Koordinatensystems die Koordinatenbezeichnungen angegeben werden.

Die Berechnung des Gradienten führt dann zu einem viel einfacheren Ergebnis, weil die Kugelkoordinaten zur Darstellung des Feldes um eine punktförmige Lichtquelle naturgemäß viel besser geeignet ist.

```
SetCoordinates[Spherical[r,theta,phi]]
Spherical[r, theta, phi]

Grad[1/r]
   -2
{-r  , 0, 0}
```

Hinweis: `Grad` kann prinzipiell auch für Vektor-Funktionen verwendet werden. Mathematica berechnet dann jeweils den Gradienten aller drei Funktionen, aus denen die Vektor-Funktion zusammengesetzt ist. Mathematisch ist das allerdings nicht sinnvoll. Die Berechnung hat auf jeden Fall nichts mit der in der Mathematik üblichen Formulierung der Rotation durch das Kreuzprodukt des Nabla-Operators mit der Vektor-Funktion zu tun. Diese Schreibweise ist in Mathematica nicht möglich.

`Laplacian` dient ebenfalls zur Bearbeitung von skalaren Funktionen. Das Kommando bildet den Laplace-Operator nach. Damit wird die Summe der zweifachen partiellen Ableitungen nach x, y und z gebildet. Das Ergebnis ist also wieder eine skalare Funktion (im Gegensatz zum Kommando `Grad`, das als Ergebnis eine vektorielle Funktion liefert).

```
Laplacian[ f[x,y,z], Cartesian]
 (0,0,2)              (0,2,0)              (2,0,0)
f       [x, y, z] + f       [x, y, z] + f       [x, y, z]

Laplacian[ f[r,theta,phi], Spherical]
                               (0,0,2)
(Csc[theta] (Csc[theta] f       [r, theta, phi] +
                   (0,1,0)
     Cos[theta] f       [r, theta, phi] +
                   (0,2,0)
     Sin[theta] f       [r, theta, phi] +
                         (1,0,0)
     2 r Sin[theta] f       [r, theta, phi] +
      2                 (2,0,0)                        2
     r  Sin[theta] f       [r, theta, phi])) / r
```

Hinweis: Auch `Laplacian` kann prinzipiell auf Vektor-Felder angewandt werden. Das Ergebnis ist allerdings ebensowenig sinnvoll wie bei `Grad`. `Laplacian` wird intern durch `Div[Grad[..]]` dargestellt. In manchen Büchern ist ein vektorieller Laplace-Operator in der Form

```
Grad[Div[..]] - Curl[Curl[..]]
```

definiert. Wenn Sie damit rechnen möchten, müssen Sie die obige Formel eingeben.

Das Kommando `Biharmonic` ist einfach die Verdoppelung des `Laplacian`-Kommandos. Sie können ebenso `Laplacian[Laplacian[..]]` schreiben. `Biharmonic` wird auch intern nicht anders berechnet.

Divergenz und Rotation

Die Kommandos `Div` und `Curl` berechnen Divergenz und Rotation von Vektorfeldern. Die Divergenz gibt als skalare Funktion die Dichte der Quellen des Vektorfeldes an jedem beliebigen Koordinatenpunkt an. Die Rotation gibt als vektorielle Funktion Stärke und Richtung der im vektoriellen Feld auftretenden Wirbel an.

```
SetCoordinates[Cartesian];

Div[ vectorfunc[x,y,z] ]
  (0,0,1)              (0,1,0)               (1,0,0)
fz       [x, y, z] + fy       [x, y, z] + fx       [x, y, z]

Div[ {fr[r,t,p], ft[r,t,p], fp[r,t,p]}, Spherical[r,t,p] ]
(Csc[t] (r Cos[t] ft[r, t, p] + 2 r fr[r, t, p] Sin[t] +
          (0,0,1)                        (0,1,0)
     r fp       [r, t, p] + r Sin[t] ft       [r, t, p] +
      2               (1,0,0)           2
     r  Sin[t] fr       [r, t, p])) / r
```

Die Kommandos oben zeigen die allgemeinen Formeln für die Divergenz von Vektorfeldern in kartesischen und in Kugel-Koordinaten. Bei der Definition des Kugel-Koordinatensystems wurden die Symbole r, t, p statt r, theta und phi verwendet, damit die Formel etwas kürzer und übersichtlicher wird.

```
Curl[ vectorfunc[x,y,z] ]
    (0,0,1)              (0,1,0)
{-fy       [x, y, z] + fz       [x, y, z],
   (0,0,1)              (1,0,0)
 fx       [x, y, z] - fz       [x, y, z],
    (0,1,0)              (1,0,0)
 -fx       [x, y, z] + fy       [x, y, z]}

Curl[ {fr[r,t,p], ft[r,t,p], fp[r,t,p]}, Spherical[r,t,p] ]
                                              (0,0,1)
{(Csc[t] (r Cos[t] fp[r, t, p] - r ft       [r, t, p] +
                     (0,1,0)              2
     r Sin[t] fp       [r, t, p])) / r ,
                                     (0,0,1)
 (Csc[t] (-(fp[r, t, p] Sin[t]) + fr       [r, t, p] -
                     (1,0,0)
     r Sin[t] fp       [r, t, p])) / r,
                   (0,1,0)                   (1,0,0)
 ft[r, t, p] - fr       [r, t, p] + r ft       [r, t, p]
 ---------------------------------------------------------}
                              r
```

Zum Abschluß noch einige Beispiele für explizite Funktionen in kartesischen Koordinaten:

```
Div[ {y Cos[z], x Sin[z], z}]
1

Div[ Grad[1/Sqrt[x^2+y^2+z^2]]] //Simplify
0

Curl[ {y Cos[z], x Sin[z], z}]
{-(x Cos[z]), -(y Sin[z]), -Cos[z] + Sin[z]}
```

Gaussscher und Stokesscher Integralsatz

Der Gausssche Integralsatz ermöglicht die Transformation zwischen Volums- und Oberflächenintegralen. Durch diese Transformation kann sich das gegebene Integral vereinfachen (wobei je nach gegebener Funktion und der Form der umschließenden Fläche die eine oder die andere Form des Integrals einfacher auszuwerten ist).

$$\iiint_V \operatorname{div} f \, dV = \iint_A f \cdot n \, dA$$

Dabei ist n der Normalvektor auf die Funktion f. Dazu gleich ein Beispiel: Es soll das Oberflächenintegral über die Funktion f.n entlang der Oberfläche eines Würfels zwischen {0,0,0} und {a,a,a} ermittelt werden, wobei f={E^x, Cosh[y], Sinh[z]}. Allein das Aufstellen dieses Integrals ist mühsam. Immherhin muß über alle sechs Begrenzungsflächen des Würfels integriert werden. Durch die Überführung in ein Volumsintegral wird außerdem das Aufstellen des Normalvektors n gespart.

```
SetCoordinates[Cartesian];

f={E^x, Cosh[y], Sinh[z]};

Integrate[Div[f], {x,0,a}, {y,0,a}, {z,0,a}]  //Simplify
   2        a
2 a  (-1 + E )
```

Auch mit dem Stokesschen Integralsatz können Integrale transformiert werden – und zwar zwischen einem Integral über eine dreidimensionale Fläche und einem Integral entlang der Begrenzungslinie dieser Fläche. Die Formel lautet:

$$\iint_A (\operatorname{rot} f) \cdot n \; dA \; = \; \oint_C f \cdot r'(s) \; ds$$

Dabei ist n der Normalvektor auf die Integrationsfläche A, r'[s] der Tangentialvektor entlang der Integrationskurve s: r'=dr/ds.

Auch zur Anwendung dieses Satzes ein *Beispiel*: Es soll das Linienintegral f.r' entlang des Kreises x^2+y^2==1 für z=1 ermittelt werden, wobei f={-3y,3x,z}.

```
f={-3y,3x,z};

n={0,0,1};

DotProduct[n, Curl[f]]
6

Integrate[ Integrate[6,{x,-Sqrt[1-y^2],Sqrt[1-y^2]}],
           {y,-1,1}]
6 Pi
```

Das Produkt aus dem Normalvektor n (n steht normal auf die Integrationsfläche) und der Rotation der Funktion f ergibt den Wert 6. Die Integration über die Kreisfläche ist damit eigentlich überflüssig: Das Integral muß selbstverständlich sechsmal die Kreisfläche `Pi` ergeben.

Zusammenfassung

Needs`["Calculus`VectorAnalysis`"]`

SetCoordinates`[ system ]`
SetCoordinates`[ system[koor1,koor2,koor3] ]`
stellt das aktuelle Koordinatensystem ein; Mathematica unterstützt 14 Koordinatensysteme, darunter `Cartesian`, `Cylindrical` und `Spherical`

CoordinateSystem
Coordinates[]
Parameters[]
CoordinateRanges[]
ParameterRanges[] gibt den Namen des eingestellten Koordinatensystems, die Namen der drei Koordinaten und der sonstigen Parameter (falls vorhanden), sowie deren zulässigen Wertebereiche an

CoordinatesToCartesian`[ {k1,k2,k3} ]`
CoordinatesFromCartesian`[ {x,y,z} ]`
transformiert den Koordinatenpunkt aus dem aktuellen Koordinatensystem in das kartesische Koordinatensystem bzw. aus dem kartesischen Koordinatensystem in das aktuelle

ScaleFactors[]
JacobianDeterminant[]
ArcLengthFactor`[ {f1[t], f2[t], f3[t]}, t]`
JacobianMatrix[] `ScaleFactors` gibt die metrischen Koeffizienten (für Linien- und Flächenintegrale) an, `JacobianDeterminant` den Integrationsfaktor für Raumintegrale, `ArcLengthFactor` den Integrationsfaktor für parametrische Linienintegrale; `JacobianMatrix` enthält alle partiellen Ableitungen der Transformations-Formeln in das kartesische System; bei allen vier Kommandos kann als zusätzlicher Parameter ein Koordinatenpunkt {k1,k2,k3} angegeben werden: die Ergebnisse gelten dann speziell für diesen Punkt

---

DotProduct[v1, v2]
CrossProduct[v1, v2]
ScalarTripleProduct[v1, v2, v3]
: die drei Kommandos berechnen das Skalar-, Kreuz- und Spat-Produkt im aktuellen Koordinatensystem

Grad[f[k1,k2,k3]]
: berechnet den Gradienten einer skalaren Funktion, die von den drei Koordinaten k1, k2 und k3 abhängig ist; das Ergebnis ist eine vektorielle Funktion

Laplacian[f[k1,k2,k3]]
: Laplace-Operator für skalare Funktionen; das Ergebnis ist eine skalare Funktion

Biharmonic[f[k1,k2,k3]]
: Doppel-Laplace-Operator für skalare Funktionen;

Div[{f1[k1,k2,k3], f2[k1,k2,k3], f3[k1,k2,k3]}]
: berechnet die Divergenz einer vektoriellen Funktion f={f1,f2,f3}; das Ergebnis ist eine skalare Funktion

Curl[{f1[k1,k2,k3], f2[k1,k2,k3], f3[k1,k2,k3]}]
: berechnet die Rotation einer vektoriellen Funktion; das Ergebnis ist wiederum eine vektorielle Funktion

Hinweis: Bei sämtlichen Kommandos außer `SetCoordinates` kann als zusätzlicher Parameter der Name eines Koordinatensystems angegeben werden. In diesem Fall gilt das Kommando nicht für das aktuelle, sondern für das angegebene Koordinatensystem.

Grafik (IV): Spezialkommandos, Animation

In den Kapiteln 17 bis 19 haben Sie die wichtigsten Grafik-Kommandos zusammen mit unzähligen Optionen kennengelernt. Dieses Kapitel soll zeigen, daß die Möglichkeiten von Mathematica damit noch lange nicht erschöpft sind. Zum einen gibt es noch eine Menge weiterer Kommandos, beispielsweise zum Zeichnen in logarithmischem Maßstab, zur Darstellung komplexer und vektorieller Funktionen, etc. Zum anderen können Sie mit etwas Hintergrundwissen vorhandene Grafiken kombinieren und weiterverarbeiten, beispielsweise durch die Projektion einer ganzen Grafik auf eine Ebene oder durch die Animation mehrerer Grafiken (bewegte Grafik). Schließlich können Sie durch Kombination dreidimensionaler Grundkörper und deren Weiterverarbeitung selbst vollkommen neue Grafiktypen entwerfen. Im folgenden finden Sie eine Übersicht der wichtigsten in diesem Kapitel behandelten Kommandos (die zum Großteil aus diversen `Graphics`‘-Packages stammen):

`LogPlot`, **`LogLogPlot`**
Grafik mit logarithmischem Maßstab

`ContourPlot`
Rasterdarstellung zweidimensionaler Funktionen

`ComplexMap`, **`PlotPolyaField`**
Darstellung komplexer Funktionen

`PlotField`, **`PlotField3D`**
Darstellung von Vektorfeldern

`Show`
Kombination mehrerer Grafiken

`Animate`
Animation (bewegte Grafik)

`Graphics3D`, **`SurfaceGraphics`**
Kommandos zur internen Darstellung und Konversion verschiedener Grafiktypen

`StackGraphics`, **`RotateShape`**, **`Shadow`**, **`Project`**
Bearbeitung von 3D-Grafiken

Cuboid, Cylinder, Sphere
3D-Grundkörper

Polyhedron
Polyeder (dreidimensionale Vielflächer)

Die Geschwindigkeit von aufwendigen Grafik-Kommandos kann gesteigert werden, wenn hinter dem Kommando ein Semikolon angegeben wird. Der Mathematica-Kernel wird dann unmittelbar nach dem Zeichnen freigegeben, während der Mathematica-Kernel sonst noch geraume Zeit mit der Ausgabe der Zeile »-Graphics-« beschäftigt ist.

Optionen werden in diesem Kapitel nur dann erwähnt, wenn sie spezifisch für ein bestimmtes Kommando gelten oder wenn sie sehr häufig benötigt werden. Ansonsten sei auf Kapitel 19 verwiesen. Die dort beschriebenen Optionen gelten prinzipiell für alle Grafik-Kommandos von Mathematica.

Ganz ist das Thema Grafik selbst mit diesem Kapitel noch nicht erschöpft. Im nächsten Kapitel »Programmieren« wird als Beispiel zur Grafik-Programmierung ein neues Kommando `PlotMultiple` zum Zeichnen von Kurvenscharen vorgestellt.

Grafiken mit logarithmischem Maßstab

Funktionen mit exponentiellen Verläufen werden häufig logarithmisch gezeichnet, wodurch der exponentielle Zusammenhang linear erscheint (Bild 26.2). Im Package `` Graphics`Graphics` `` befinden sich die Kommandos `LogPlot` und `LogLogPlot`. Beide Kommandos werden wie das normale `Plot`-Kommando bedient, allerdings trägt `LogPlot` die y-Werte logarithmisch auf, `LogLogPlot` auch die x-Werte. Wegen des logarithmischen Maßstab sind nur Werte größer 0 erlaubt!

```
Needs["Graphics`Graphics`"]

Plot[E^x, {x,0,10}]               (* Bild 26.1 *)

LogPlot[E^x, {x,0,10}]            (* Bild 26.2 *)

LogLogPlot[E^x, {x,0.1,10}]       (* Bild 26.3 *)
```

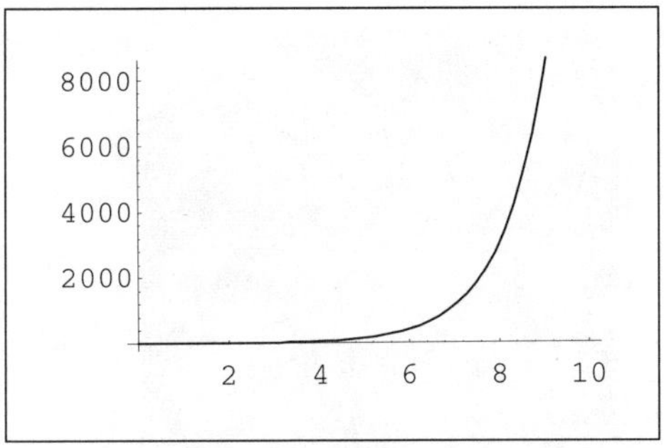

Bild 26.1: Die Kurve E^x in linearem Maßstab

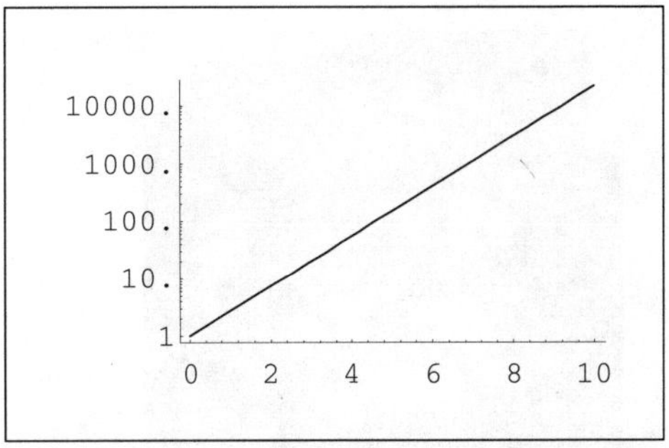

Bild 26.2: Die Kurve E^x in logarithmischem Maßstab

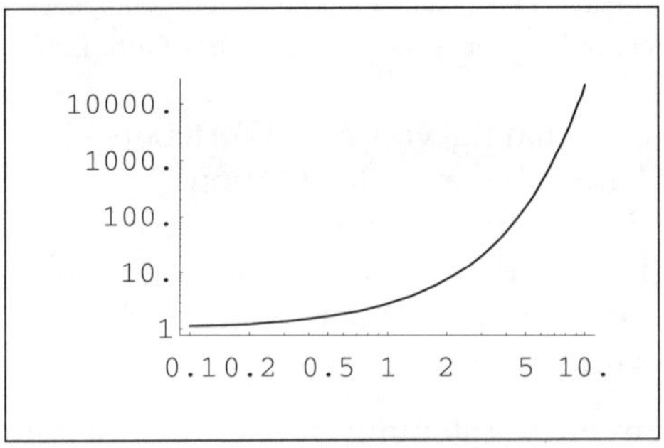

Bild 26.3: Die Kurve E^x in doppelt-logarithmischem Maßstab

`LogListPlot` und `LogLogListPlot` funkionieren analog. Die Daten müssen in eindimensionalen Listen der Form {y1,y2,..} oder in zweidimensionalen Listen der Form {{x1,y1},{x2,y2},..} angegeben werden.

Zweidimensionale Rastergrafik

In Kapitel 18 wurden einige Kommandos vorgestellt, mit denen eine Funktion z=f[x,y] durch eine dreidimensionale Fläche dargestellt werden kann, insbesondere das Kommando `Plot3D`. Für manche Anwendung ist es günstiger, solche Funktionen auf einer zweidimensionalen Ebene nur durch unterschiedliche Farben bzw. Grauschattierungen darzustellen. Diese Form der Darstellung hat vor allem den Vorteil, daß die Grafik genauer abgelesen werden kann. Am einfachsten können solche Grafiken mit dem Kommando `DensityPlot` gezeichnet werden:

```
f=(x-1)(x+2)(y-2)(y+2);

DensityPlot[f, {x,-3,3}, {y,-3,3}]              (* Bild 26.4 *)
DensityPlot[f, {x,-3,3}, {y,-3,3},              (* Bild 26.5 *)
            PlotPoints->40, Mesh->False]
```

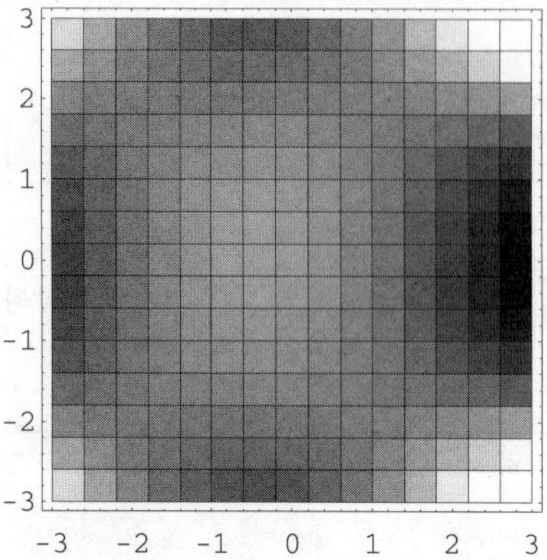

Bild 26.4: Eine zweidimensionale Rastergrafik der Funktion f=(x-1)(x+2)(y-2)(y+2)

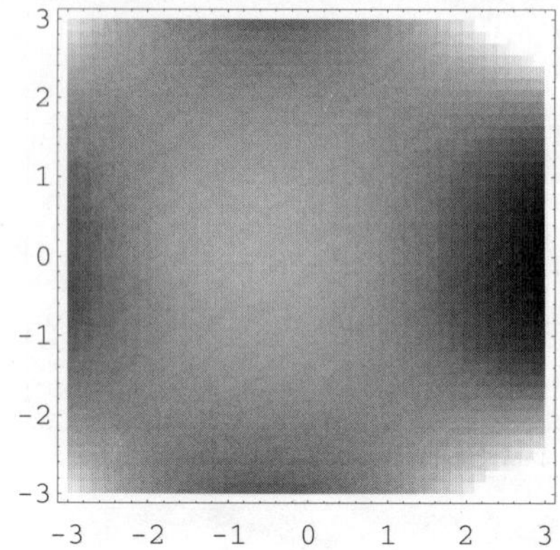

Bild 26.5: Die gleiche Funktion wie in Bild 26.4, aber in höherer Auflösung und ohne Gitterlinien

`DensityPlot` stellt die angegebene Funktion unabhängig von den Wertebereichen für x- und y-Koordinate quadratisch dar (das kann aber mit der Option `Aspect-Ratio` geändert werden). Normalerweise wird die Grafik in einem Raster von 15*15 Quadraten dargestellt. Die Quadrate sind durch Rasterlinien voneinander getrennt. Bild 26.5 zeigt, daß mit der Option `PlotPoints` die Auflösung der Grafik verbessert werden kann; `Mesh->False` eliminiert die Rasterlinien.

`DensityPlot` analyisiert die Funktion im gesamten Darstellungsbereich und wählt die Graustufen automatisch so, daß der kleinste auftretende z-Wert schwarz, der größte z-Wert weiß dargestellt wird. Die Farbgebung kann über die Option `ColorFunction` gesteuert werden, wobei die Anweisung als »pure function« formuliert werden muß.

Dazu muß der Parameter (der von Mathematica zur Verfügung gestellt wird und zwischen 0 und 1 liegt) durch das Zeichen »#« dargestellt werden. Am Ende der Funktion muß durch »&« ausgedrückt werden, daß es sich dabei um eine »pure function« handelt. Im Beispiel unten wird der Farbverlauf quasi verdoppelt, d.h. statt einem Übergang von Weiß nach Schwarz werden jetzt zwei Übergänge Weiß-Schwarz-Weiß-Schwarz gezeichnet.

```
DensityPlot[f, {x,-3,3}, {y,-3,3},          (* Bild 26.6 *)
           PlotPoints->40, Mesh->False,
           ColorFunction->(GrayLevel[ Mod[2#,1] ]&)]
```

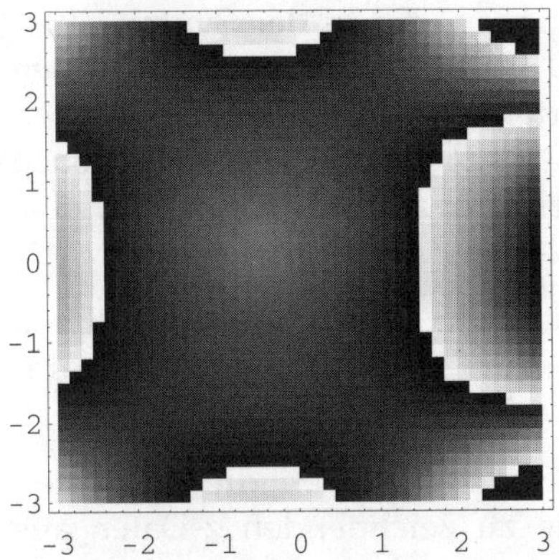

Bild 26.6: Wie Bild 26.5, aber mit einer anderen Farbverteilung

Das Kommando `ContourPlot` funktioniert im Prinzip wie `DensityPlot`. Der wesentliche Unterschied liegt darin, daß `ContourPlot` versucht, den genauen Verlauf der Funktion durch Höhenschichtlinien wie auf einer Landkarte darzustellen. Aus diesem Grund ist die Rechenzeit um ein Vielfaches höher als bei `DensityPlot`. Auch `ContourPlot` berechnet 15*15 Rasterpunkte und verwendet diese Daten zur Interpolation der Höhenlinien. Durch die Option `PlotPoints` kann die Auflösung vergrößert werden. Auch `ColorFunction` kann, wie bei `DensityPlot` beschrieben, zur Steuerung des Farbverlaufs verwendet werden. Dafür kann sich die Qualität der Bilder sehen lassen:

```
ContourPlot[f, {x,-3,3}, {y,-3,3}]                  (* Bild 26.7 *)
Show[%,ContourShading->False,                        (* Bild 26.8 *)
        ContourSmoothing->Automatic]
```

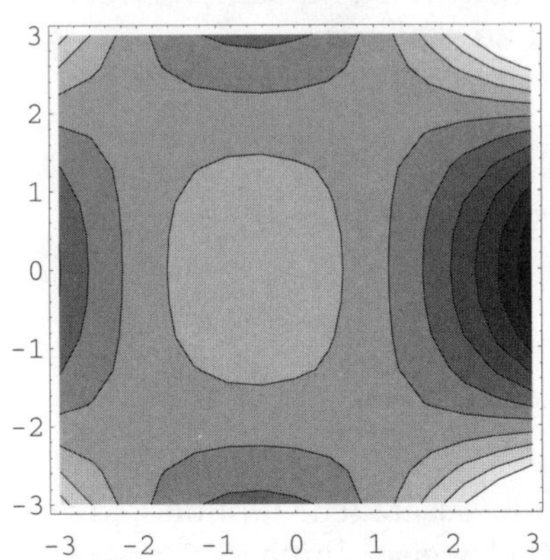

Bild 26.7: Wie in den drei vorangegangenen Bildern wird die Funktion f=(x-1)(x+2)(y-2)(y+2) dargestellt, diesmal aber durch das Kommando ContourPlot

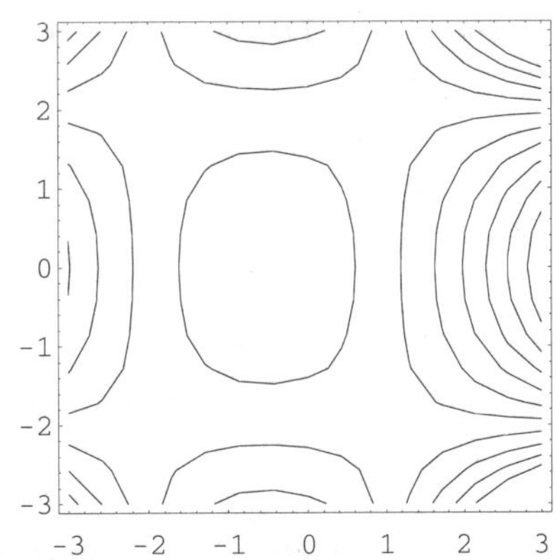

Bild 26.8: Wie Bild 26.7, aber ohne Graustufen-Darstellung

Daneben bietet `ContourPlot` einige spezifische Optionen, die in der Syntax-Übersicht unten vollständig aufgelistet sind. `Contours->n` gibt an, auf wieviele Farben (Default 10) die auftretenden z-Werte gleichmäßig verteilt werden sollen. Stattdessen kann eine Liste mit z-Werten in der Form `Contours->{z1,z2,z3,..}` angegeben werden. Mathematica verwendet dann die Farbe Weiß für z-Werte kleiner z1, eine helle Grauschattierung für z-Werte zwischen z1 und z2, usw.

`ContourSmoothing->n` verbessert die Genauigkeit, in der die Höhenlinien gezeichnet werden. Die Länge des PostScript-Codes steigt dabei allerdings quadratisch an (für n=4: 16-facher Code!).

Zu den Kommandos `DensityPlot` und `ContourPlot` gibt es die Varianten `ListDensityPlot` und `ListContourPlot`, die die zu zeichnenden z-Daten aus zweidimensionalen Listen entnehmen. Die Kommandos sind ansonsten gleich zu bedienen und produzieren bei entsprechender Unterteilung der Wertebereiche auch die gleichen Grafiken.

```
data = Table[ f, {x,-3,3,0.3}, {y,-3,3,0.3}];

ListDensityPlot[data]                  (* wie Bild 26.4 *)

ListContourPlot[data]                  (* wie Bild 26.7 *)
```

Abschließend noch ein letztes Kommando zur Rasterdarstellung von Listen: `Raster` wird normalerweise von Mathematica zur internen Darstellung von Rastergrafiken verwendet. An das Kommando wird eine Liste von Graustufen-Werten (zwischen 0 und 1) übergeben. Zur Anzeige müssen zusätzlich die Kommandos `Show` und `Graphics` verwendet werden, die in diesem Kapitel etwas weiter unten behandelt werden. Im Beispiel unten werden die beiden Funktionen `Min` und `Max` verwendet, um die vorhandenen Daten auf Werte zwischen 0 und 1 zu skalieren.

```
Min[data]
-40.

Max[data]
50.

graydata=N[(data+40)/90];

Show[ Graphics[ Raster[ graydata ]]]    (* Bild 26.9 *)
```

Wie bei `DensityPlot` kann auch bei `Raster` durch die zusätzliche Option `ColorFunction` die Farbgebung gesteuert werden – beispielsweise durch `ColorFunction->Hue` Farb- statt Graustufen-Schattierungen.

Bild 26.9: Eine weitere Raster-Darstellung der Funktion f=(x-1)(x+2)(y-2)(y+2), diesmal mit dem Kommando Raster

Komplexe Funktionen zeichnen

Das Problem beim Zeichnen komplexer Funktionen besteht darin, daß möglichst vier Variable (Real- und Imaginärteil des Parameters der Funktion sowie Betrag und Phase des Ergebnisses) in einer einzigen Grafik abbgebildet werden sollen. Eine »normale« dreidimensionale Grafik stellt dagegen nur drei Variablen dar (z.B. die z-Werte einer Funktion aufgetragen über x- und y-Koordinate).

Eine Lösung für das Problem wurde bereits in den Kapiteln 18 (Bild 18.3) und 19 (Bild 19.24) vorgestellt: Mit `Plot3D` wird der Betrag der Funktion durch eine dreidimensionale Fläche dargestellt, der Phasenwinkel der Funktion bestimmt die Farbverteilung über die Fläche. Eine weitere Möglichkeit besteht natürlich darin, Betrag und Phase (oder Real- und Imaginärteil) durch zwei getrennte Grafiken darzustellen. Die Informationen sind dann genauer ablesbar, der Gesamteindruck ist allerdings unübersichtlich.

Schließlich bietet Mathematica in den Packages `` Graphics`ComplexMap` `` und `` Graphics`PlotField` `` noch drei Spezialkommandos an, die in manchen Fällen günstiger sind. `CartesianMap` berechnet für einen Bereich der komplexen Zahlenebene die Resultate der komplexen Funktion und zeichnet das entstehende, verzerrte Gitter. Es wird also ein Raster in der komplexen Zahlenebene (Bild 26.10) durch eine komplexe Funktion »transformiert«. Beispielsweise wird der Punkt 2+I durch die Funktion 1/z auf den Punkt 0.4 - 0.2 I abbgebildet und dort auch gezeichnet.

Etwas unüblich ist die Syntax des Kommandos: Die zu zeichnende Funktion muß als »pure function« formuliert werden. Statt einer Variablen muß also »#« geschrieben werden, dem gesamten Ausdruck muß das Zeichen »&« folgen. Der abzubildende rechteckige Bereich der komplexen Zahlenebene wird durch zwei Listen definiert, die jeweils Minimum und Maximum des Real- und des Imaginärteils angeben. Im ersten Beispiel wird also ein Raster für den Realteil zwischen -1 und 2 und den Imaginärteil zwischen -1 und 1 gezeichnet. Mit der Option `Frame->True` kann vermieden werden, daß die Beschriftung der Koordinatenachsen durch die eigentliche Grafik verdeckt wird.

```
Needs["Graphics`ComplexMap`"]
CartesianMap[# &, {-1,2}, {-1,1}, Frame->True]           (* Bild 26.10 *)
CartesianMap[1/# &, {-1,2}, {-1,1}, Frame->True]         (* Bild 26.11 *)
CartesianMap[(- #^2 + 3 # + 10) &, {1,4}, {-1,0}]        (* Bild 26.12 *)
```

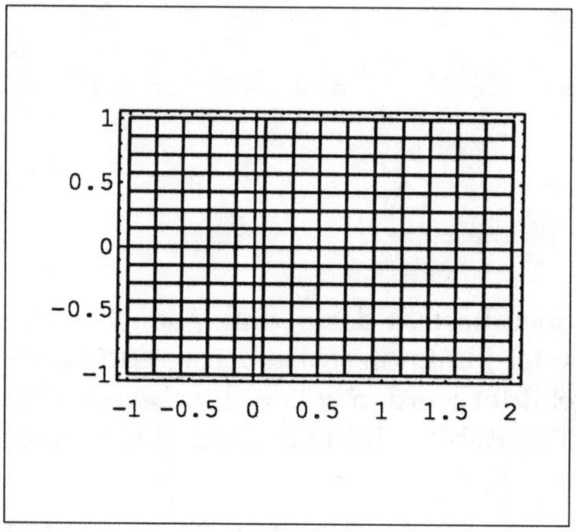

Bild 26.10: Ein Raster in der komplexen Zahlenebene (Abbildung der Einheitsfunktion z)

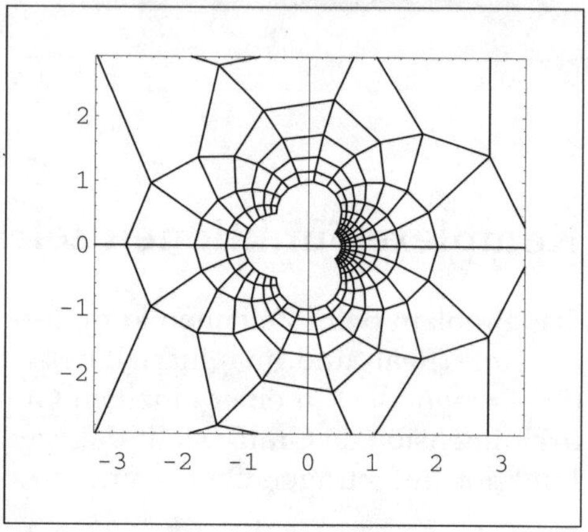

Bild 26.11: Die Transformation der Zahlenebene durch die Funktion 1/z

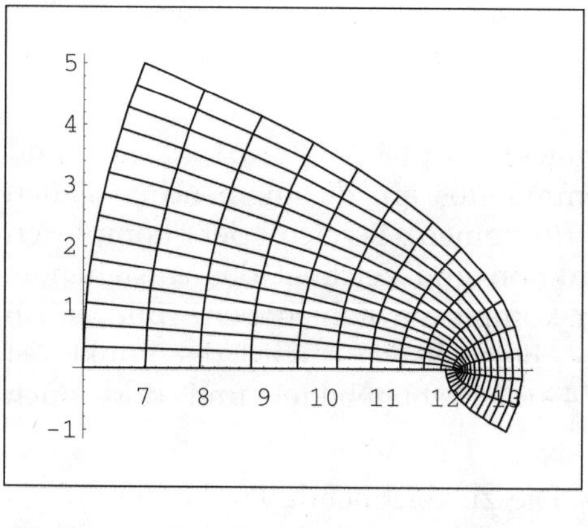

Bild 26.12: Die Transformation der Zahlenebene durch die Funktion (z^2+3z+10)

`PolarMap` funktioniert im Prinzip ähnlich, allerdings wird der abzubildende Bereich der komplexen Zahlenebene durch Betrag und Phase beschrieben.

```
PolarMap[# &, {1,3}, {0,2Pi - Pi/4}]                    (* Bild 26.13 *)
PolarMap[E^# &, {1,3}, {0,2Pi - Pi/4}, Frame->True] (* Bild 26.14 *)
PolarMap[Sin[#] &, {1,3}, {0,Pi/4}]                     (* Bild 26.15 *)
```

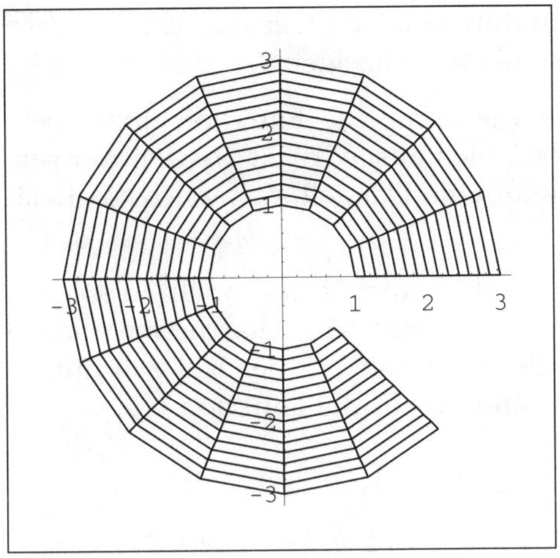

Bild 26.13: Ein Raster für den Betrag und die Phase der Einheitsfunktion z

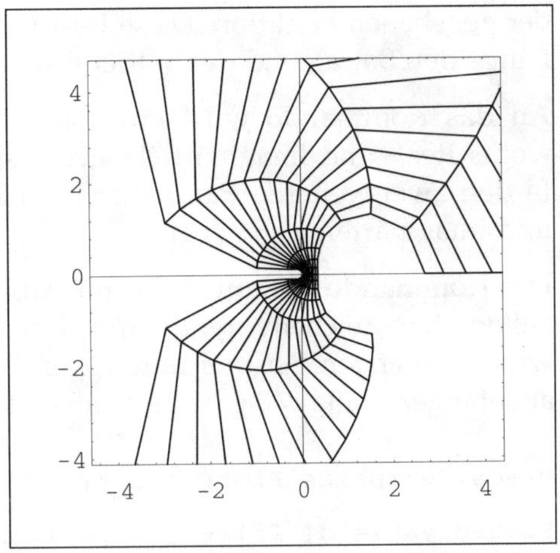

Bild 26.14: Transformation des Rasters aus Bild 26.13 durch die Funktion E^z

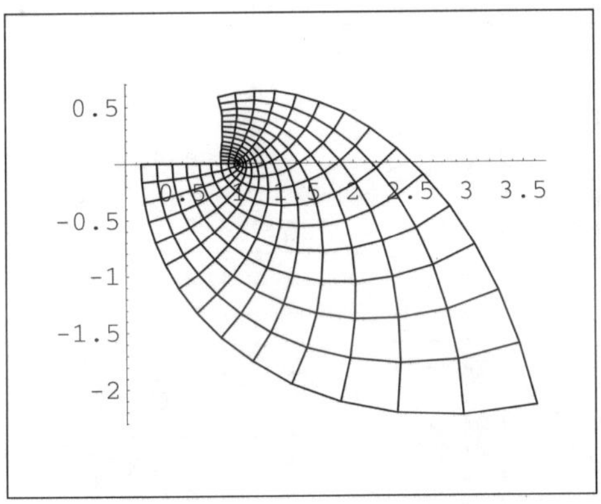

Bild 26.15: Transformation durch Sin[z]

Hinweis: Die Kommandos `PolarMap` und `CartesianMap` sind eigentlich Programmierbeispiele aus dem Buch »Programming in Mathematica« und sind aus diesem Grund nicht ganz so ausgereift wie die Kommandos der meisten anderen Packages. Gelegentlich sind die Kommandos nicht in der Lage, eine geeignete Abbildungsgröße zu finden, so zum Beispiel bei der Funktion (z-1)/(z+1), die mit dem Kommando unten dargestellt werden sollte. Die resultierende Grafik nutzt nur einen Bruchteil der zur Verfügung stehenden Fläche und kann nicht abgelesen werden.

```
CartesianMap[ (#-1)/(#+1) &, {0,10}, {-5,5} ]   (* unbrauchbar *)
```

Nun zum letzten Kommando zur Darstellung komplexer Funktionen – `PlotPolyaField` aus dem Package `` Graphics`PlotField` ``: Das Kommando berechnet für einen rechteckigen Bereich der komplexen Zahlenebene die Resultate der gegebenen Funktion. Diese Resultate werden durch kleine Pfeile dargestellt, deren Länge den Betrag und deren Richtung den Phasenwinkel anzeigen.

An das Kommando wird im ersten Parameter die komplexe Funktion übergeben, wobei Real- und Imaginärteil durch separate Variablen ausgedrückt werden müssen. In den zwei weiteren Parametern wird der gewünschte Darstellungbereich für Real- und Imaginärteil angegeben.

Das Kommando kommt nicht mit Ausdrücken wie 1/0 zurecht und bricht in solchen Fällen den Zeichenvorgang mit einigen Fehlermeldungen ab. Aus diesem Grund wurde im ersten Beispiel unten zum Zeichnen der Funktion 1/z der Fall z=0 mit `If` abgefangen. Falls z=0 gibt `If` den Wert 0 zurück, andernfalls die Funktion 1/z.

```
Needs["Graphics`PlotField`"]

PlotPolyaField[ If[x==y==0,0,1/(x+I y)],          (* Bild 26.16 *)
                {x,-1,1}, {y,-1,1}]

PlotPolyaField[ Sin[x+I y], {x,0,Pi}, {y,-1,1}] (* Bild 26.17 *)
```

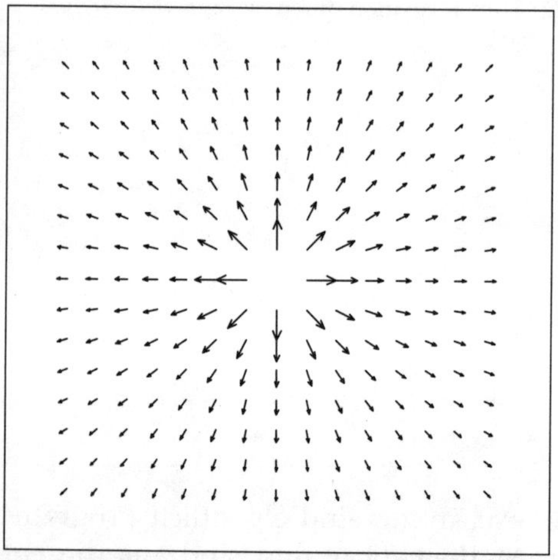

Bild 26.16: Betrag und Phase der komplexen Funktion 1/z werden für verschiedene Werte der komplexen Zahlenebene durch die Länge des Pfeiles und dessen Winkel angezeigt

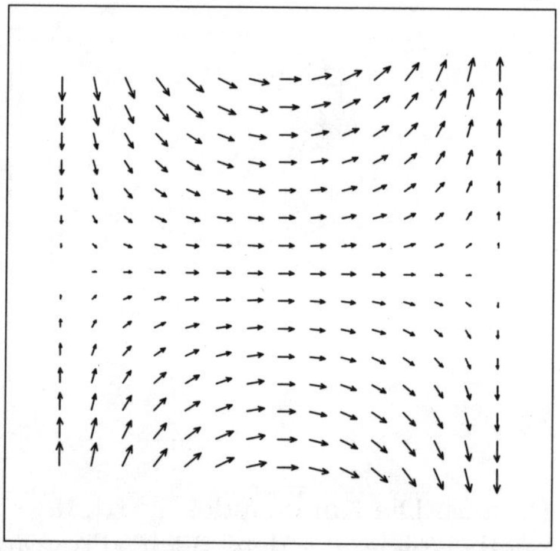

Bild 26.17: Zeiger-Darstellung für die Funktion Sin[z]

`PlotPolyaField` ist eigentlich eines von zahlreichen Kommandos des Package `Graphics`PlotField`` zur Darstellung von Vektor-Feldern. Die weiteren Kommandos und deren Optionen lernen Sie im nächsten Abschnitt kennen.

Vektorfelder darstellen

Vektoren sind gerichtete Größen, in denen zwei oder gar drei Größen (bei dreidimensionalen Vektoren) pro Datenpunkt anfallen. In den Packages `Graphics`PlotField`` bzw. `PlotField3D`` befinden sich einige Kommandos zur Darstellung vektorieller Funktionen. Die Grundidee ist bei allen Kommandos dieselbe: Über den darzustellenden Bereich wird ein Raster gelegt, in jedem Rasterpunkt wird durch einen kleinen Pfeil Größe und Richtung des dort auftretenden Vektors angezeigt.

Im Package `PlotField`` befinden sich die Kommandos zur Darstellung zweidimensionaler Vektorfelder. Das elementarste dieser Kommandos lautet `PlotVectorField`. Diesem Kommando wird im ersten Parameter die vektorielle Funktion übergeben (also eine Liste mit der x- und der y-Komponente), in den beiden folgenden Parametern der darzustellende x- und y-Bereich. `PlotVectorField` ermittelt die maximale Pfeillänge und skaliert alle Pfeile so, daß sie im Raster Platz finden, ohne sich gegenseitig zu überlagern.

```
Needs["Graphics`PlotField`"]
PlotVectorField[ {x y^2, y x^2}, {x,-1,1}, {y,-1,1}] (* Bild 26.18 *)
```

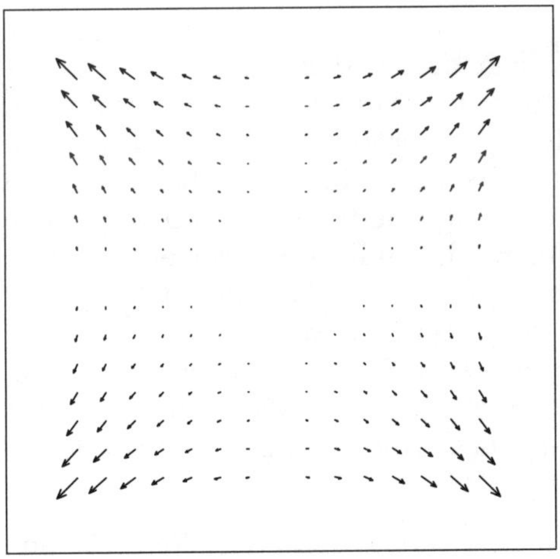

Bild 26.18: Zweidimensionales Vektorfeld

Im Package befinden sich zwei weitere Kommandos, die zum Zeichnen *skalarer* Funktionen dienen. Aus dieser skalaren Funktion wird durch Bildung zweier partielle Ableitungen eine vektorielle Funktion aufgestellt, die dann wie bei `PlotVectorField` gezeichnet wird. `PlotGradientField` zeichnet {D[f,x], D[f,y]}, `PlotHamiltonianField` zeichnet {D[f,y], -D[f,x]}. Bei beiden Kommandos wird vorausgesetzt, daß die Funktionen partiell abgeleitet werden können.

```
f=Sin[x y];
PlotGradientField[f, {x,-1,1}, {y,-1,1}]                (* Bild 26.19 *)
PlotHamiltonianField[f, {x,-1,1}, {y,-1,1}]             (* Bild 26.20 *)
```

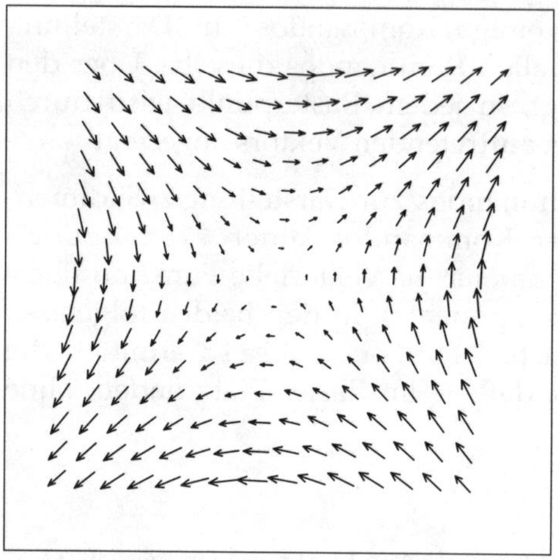

Bild 26.19: Zweidimensionales Gradienten-Feld der Funktion Sin[x y]

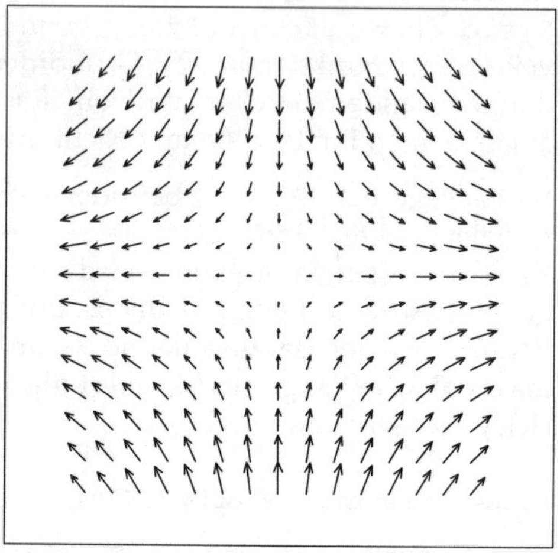

Bild 26.20: Zweidimensionales Hamiltonian-Feld der Funktion Sin[x y]

Bild 26.19 wirkt ein bißchen windschief. Das liegt daran, daß die `Plot..Field`-Kommandos die einzelnen Pfeile nicht zentrieren, sondern einfach den Pfeilschaft um den jeweiligen Rasterpunkt drehen. Während die Rasterpunkte einen rechteckigen Bereich bilden, verzerren die Pfeilspitzen dieses Rechteck ein wenig. Bei allen drei Kommandos muß die Vektor-Funktion für *alle* dargestellten Datenpunkte reelle Ergebnisse liefern. Vereinzelte Resultate wie 1/0, mit denen Kommandos wie `Plot3D` noch recht gut zurechtkommen, führen bei den `Plot..Field`-Kommandos zu einer Reihe von Fehlermeldungen und schließlich zum Abbruch des Zeichenvorgangs. Wenn Sie wissen, daß Ihre Funktion an bestimmten Orten Schwierigkeiten verursacht, können Sie diese Punkte durch `If`-Bedingungen ausschließen (siehe Kommando für Bild 26.16) oder den Raster des Abbildungsbereiches so legen, daß der betreffende Punkt gerade nicht getroffen wird.

Normalerweise zeichnet Mathematica 15 Pfeile je Koordinatenrichtung. Wenn Sie den Bereich {x,-1,1} darstellen möchten, trifft es exakt den Punkt x=0. Mit `PlotPoints->16` werden dagegen Vektoren an den Punkten x=+/-0.0666 gezeichnet, x=0 bereitet keine Probleme mehr. `ListPlotVectorField` ist eine Variante zu `PlotVectorField`, bei der die Vektoren in Listenform angegeben werden müssen. Dabei sind zwei Syntax-Varianten möglich: Entweder werden die Vektoren in einer zweidimensionalen Liste angegeben. `ListPlotVectorField` zeichnet dann einen entsprechenden rechteckigen Raster mit den Pfeilen:

```
{ {v11,v12,v13,..}, {v21,v22,v23,..},..}
```

Oder die Vektoren werden in einer eindimensionalen Liste angegeben, allerdings mit den Ortskoordinaten für den Beginn der Vektoren:

```
{ {ort1,v1}, {ort2,v2},.. }
```

Sowohl die Ortsangaben als auch die Vektoren werden wiederum durch kleine Listen angegeben, d.h. ort={x,y} und v={vx,vy}.

Die zweite Variante ist flexibler, weil damit auch Vektorfelder ohne den sonst gebräuchlichen rechteckigen Raster gezeichnet werden können. Im Beispiel unten werden polare Koordinaten (r und phi) verwendet, um Ort und Richtung der Vektoren zu bestimmen. Mit `Table` wird sowohl r im Bereich zwischen 4 und 8, als auch phi zwischen 0 und 2Pi variiert. Das Ergebnis ist eine zweidimensionale Liste. Da in der zweiten Variante eine eindimensionale Liste für die Elemente {ort,v} übergeben werden muß, wird die Dimension der Liste durch `Flatten[..,1]` um eins reduziert.

```
data = Table[ { {r Cos[phi], r Sin[phi]},
                {0.8 Cos[r*Cos[phi]], 0.8 Sin[phi]} },
              {phi,0,2Pi,Pi/20}, {r,4,8}];

data = Flatten[ N[data], 1];
ListPlotVectorField[data]                         (* Bild 26.21 *)
```

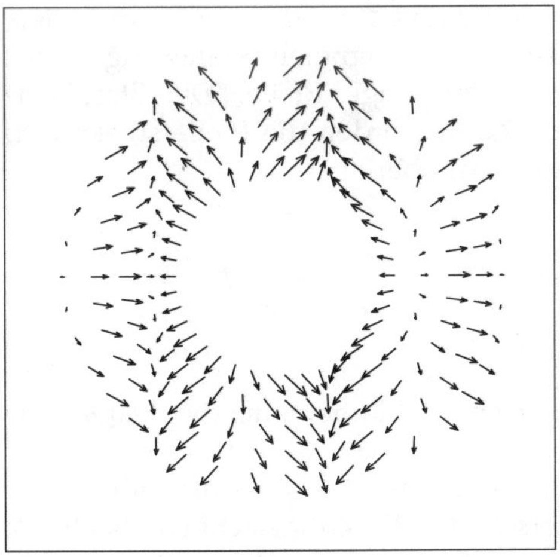

Bild 26.21: Polares Vektorfeld

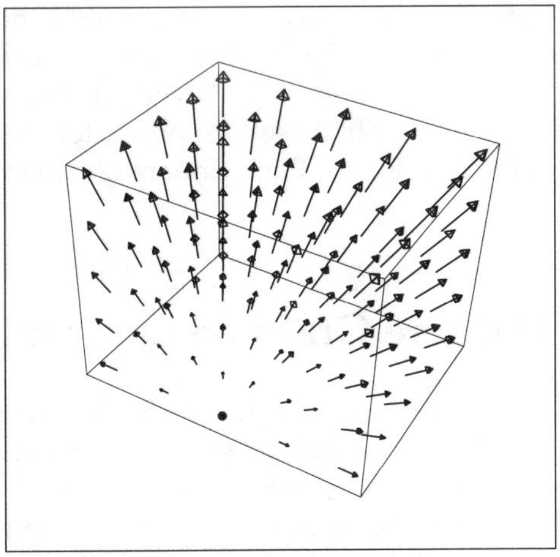

Bild 26.22: Dreidimensionales Vektorfeld

Im Package `PlotField3D`` finden Sie die dreidimensionalen Varianten zu den meisten der bisher besprochenen Kommandos. Die Bedienung der Kommandos sieht gleich aus wie bei den 2D-Kommandos.

```
Needs["Graphics`PlotField3D`"]
Needs["Graphics`PlotFiel`"]       (* für Mathematica 2.0 für Windows *)

PlotVectorField3D[ {x,y,z},                              (* Bild 26.22 *)
                   {x,-1,1}, {y,0,Pi/2}, {z,0,Pi/2},
                   PlotPoints->5, VectorHeads->True]
```

Die `Plot..Field`-Kommandos beider Packages können durch eine Reihe Optionen gesteuert werden. Zwei dieser Optionen sind bereits aus Kapitel 19 bekannt: `PlotPoints` bestimmt die Anzahl der Pfeile pro Koordinatenrichtung. Normalerweise zeichnet Mathematica 15 Pfeile je Richtung bei 2D-Grafiken, 7 Pfeile je Richtung bei 3D-Grafiken. `ColorFunction` steuert die Farbgebung der Pfeile. Das Farb-Kommando muß als »pure function« formuliert werden. Der Funktion werden Werte zwischen 0 (kurzer Pfeil) und 1 (langer Pfeil) übergeben. `ColorFunction->Hue` liefert daher schon sehr farbenprächtige Bilder. Eine richtungsabhängige Farbsteuerung ist leider nicht möglich.

Nun zu den spezifischen Optionen: `VectorHeads` steuert das Zeichnen der Pfeilspitzen bei 3D-Vektorfeldern, die üblicherweise ohne Pfeilspitzen dargestellt werden. 2D-Vektorfelder werden immer mit Pfeilspitzen gezeichnet, die Option gilt nur für die 3D-Variante.

`ScaleFactor`, `ScaleFunction` und `MaxArrowLength` steuern die Länge der Pfeile. Welche Bedeutung diese Optionen exakt haben, geht allerdings weder aus der Beschreibung im »Guide to Standard Mathematica Packages«, noch aus der Package-Datei hervor. Am ehesten gelingt eine Beeinflussung mit `ScaleFactor->n`. Allerdings müssen Sie ein bißchen probieren, bis Sie einen geeigneten Skalierungsfaktor gefunden haben: n=1 liefert normalerweise viel zu lange Pfeile. Die Standard-Einstellung für diese Option lautet `Automatic`. Damit werden die Pfeile so skaliert, daß sie im Raster Platz finden, ohne sich gegenseitig zu überlagern.

Mehrere Grafiken kombinieren

Wenn Sie ein `Plot`-Kommando ausführen, berechnet Mathematic die Daten der Grafik und ordnet diese Daten in einer Liste an und umgibt diese Liste mit einem `Graphics`-Kommando. Anschließend führt es automatisch das Kommando `Show` aus, damit Sie die im `Graphics`-Kommando versteckten Daten tatsächlich als Grafik betrachten können. Intern wird die Grafik aber weiterhin als `Graphics`-Kommando gespeichert, nicht als Bild. Dieses interne Format kann jederzeit mit dem Kommando `InputForm` betrachtet werden. Im Beispiel unten sehen Sie, wie die Grafik einer Sinus-Kurve intern gespeichert wird: Als Linienzug (Kommando `Line`) mit einer schier endlosen Liste von Optionen. 3D-Grafiken sind in der Regel noch viel komplizierter aufgebaut, das zugehörige Kommando Graphics3D kann ohne weiteres 1000 Zeilen umfassen. Aus diesem Grund sollten Sie komplexe Grafiken nur mit

```
Short[ InputForm[grafik], zeilen ]
```

als Text ausgeben, sonst werden Sie mit großer Wahrscheinlichkeit von seitenlangen Texten förmlich erschlagen.

Sie können die Grafik wie jedes andere Objekt (eine Zahl, eine Formel, eine Gleichung,..) in einer Variablen speichern. Das hat den Vorteil, daß Sie auf die Grafik später einfacher wieder zugreifen können, ohne ständig mit %-Ungetümen zu arbeiten.

```
g1=Plot[Sin[x],{x,0,Pi}]                    (* Bild 26.27 links oben *)
g1 // InputForm
Graphics[{{Line[{{0., 0.},
      {0.1308996938995747, 0.1305261922200516},
       ... ca. 50 weitere Koordinatenpaare
      {3.010692959690218, 0.1305261922200524},
      {3.141592653589793, 1.22514845490862*10^-16}}]}},
  {PlotRange -> Automatic, AspectRatio -> GoldenRatio^(-1),
   DisplayFunction :> $DisplayFunction, ColorOutput -> Automatic,
   Axes -> Automatic, AxesOrigin -> Automatic, PlotLabel -> None,
   AxesLabel -> None, Ticks -> Automatic, GridLines -> None,
   Prolog -> {}, Epilog -> {}, AxesStyle -> Automatic,
   Background -> Automatic, DefaultColor -> Automatic,
   DefaultFont :> $DefaultFont, RotateLabel -> True,
   Frame -> False, FrameStyle -> Automatic,
   FrameTicks -> Automatic, FrameLabel -> None,
   PlotRegion -> Automatic}]
```

Mit dem Kommando Show können Sie eine bereits berechnete Grafiken nochmals anzeigen. Dabei werden zusätzlich angegebene Optionen berücksichtigt, so daß Sie beispielsweise nachträglich den Zeichenbereich verändern können.

```
Show[g1,PlotRange->{-1,1}]                        (* ohne Abbildung *)
```

Show baut immer auf den vorhandenen Daten auf. Das hat den Vorteil, daß Show[%, options] schneller ist, als eine Neuberechnung. Das hat aber auch den Nachteil, daß nur solche Optionen berücksichtigt werden, die keinen Einfluß auf die Daten haben. Es ist beispielsweise unmöglich, mit Show die Option PlotPoints zu verändern. Wenn Sie eine 3D-Grafik mit höherer Auflösung anzeigen möchten, müssen Sie Plot3D nochmals ausführen.

Damit sind die Fähigkeiten von Show aber noch nicht ausgeschöpft. Mit dem Kommando lassen sich auch mehrere Grafiken gleichen Typs kombinieren. Mathematica paßt dabei selbständig den Zahlenbereich an, so daß alle vorhandenen Informationen dargestellt werden. Auch dazu ein Beispiel:

```
g2=Plot[Cos[x], {x,5Pi/2,7Pi/2},             (* Bild 26.27 rechts oben *)
        DisplayFunction->Identity]
```

Durch die Option DisplayFunction->Identity wird erreicht, daß Mathematica die Grafik zwar berechnet, aber nicht anzeigt. Diese Option ist nützlich, um überflüssige Zeit zum Zeichnen der Grafik zu sparen (die Grafik wird später ohnedies mit Show angezeigt).

```
g12=Show[g1,g2]                                        (* Bild 26.23 *)
```

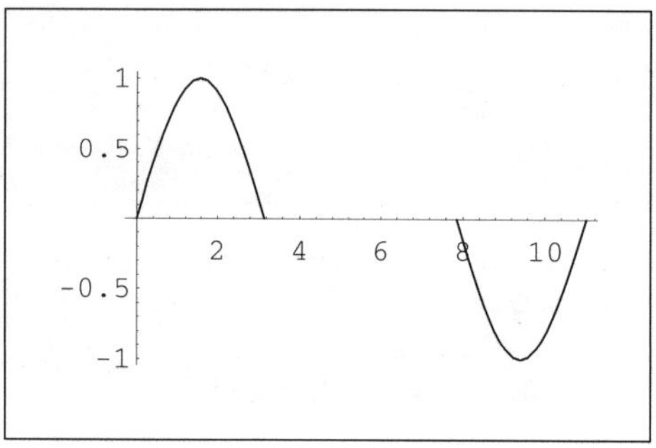

Bild 26.23: Die Sinus-Schwingung zwischen 0 und Pi und die Cosinus-Schwingung zwischen 5Pi/2 und 7Pi/2 sind in einer Grafik vereint

Bemerkenswert an Bild 26.23 ist, daß der x- und y-Bereich der vereinten Gesamtgrafik automatisch so erweitert wurde, daß beide Kurven vollständig zu sehen sind. Betrachten Sie zum Vergleich die beiden Ausgangsgrafiken in Bild 26.27! Das gleiche funktioniert auch für dreidimensionale Grafiken. In Bild 26.24 und 26.25 sehen Sie zwei Grafiken, die einen unterschiedlichen y-Bereich umfassen (in g4 reicht die y-Koordinate bis 3Pi/2). In Bild 26.26 wurden die beiden Grafiken vereint. Dabei wurde nicht nur der Koordinatenbereich so gewählt, daß beide Grafiken Platz finden. Für die Überlagerung der Flächen wurde auch eine (zeitaufwendige) Sichtbarkeitsuntersuchung durchgeführt, so daß die jeweils weiter vorne (oben) liegenden Teile der Grafik angezeigt werden.

```
g3=Plot3D[ Sin[x+y], {x,0,Pi}, {y,0,Pi}]               (* Bild 26.24 *)

g4=Plot3D[ Sin[x y], {x,0,Pi}, {y,0,3 Pi/2}]           (* Bild 26.25 *)

g34=Show[g3,g4]                                        (* Bild 26.26 *)
```

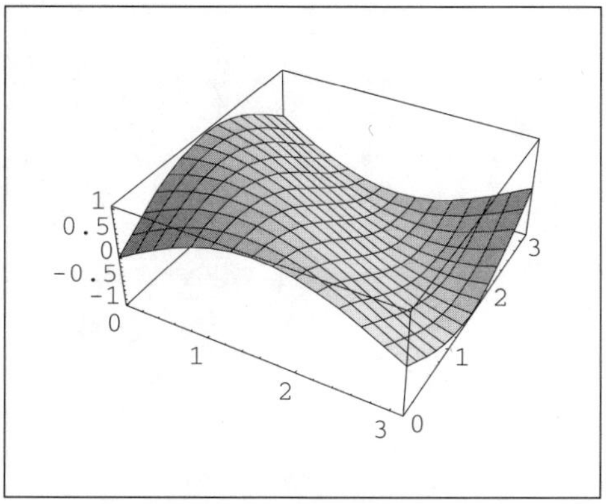

Bild 26.24: Die Funktion Sin[x+y]

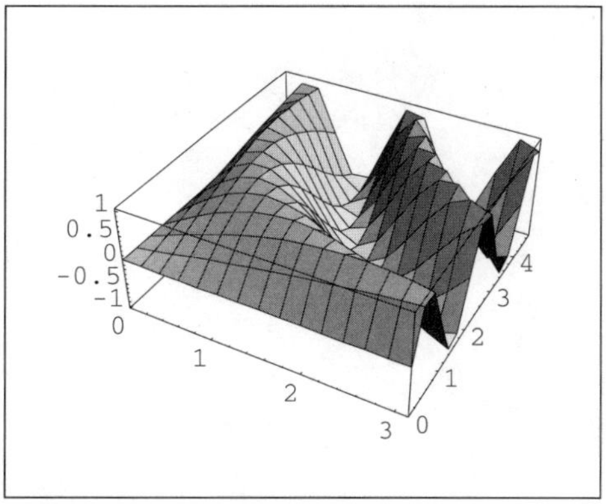

Bild 26.25: Die Funktion Sin[x y]

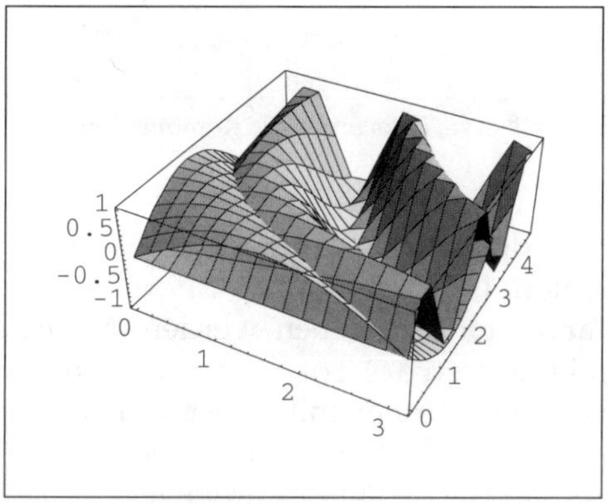

Bild 26.26: Die Vereinigung der beiden Grafiken aus Bild 26.24 und 26.25

`Show` ist nicht in der Lage, Grafiken unterschiedlichen Typs zu kombinieren. (Auf die verschiedenen Grafiktypen und mögliche Konversionen wird im übernächsten Abschnitt eingegangen.)

Wenn Sie mehrere Grafiken nicht vereinen, sondern nebeneinander oder untereinander darstellen möchten, bietet sich das Kommando `GraphicsArray` an. Dem Kommando werden die zu zeichnenden Grafiken zeilenweise in einer zweidimensionalen Liste übergeben. Das Kommando sorgt dafür, daß alle Grafiken gleich groß sind. Im Beispiel unten werden drei Grafiken kombiniert: g1 und g2 in der ersten Zeile, g12 in der zweiten Zeile. Das Resultat sehen Sie in Bild 26.27.

```
Show[ GraphicsArray[ {{g1,g2},{g12}} ]]                (* Bild 26.27 *)
```

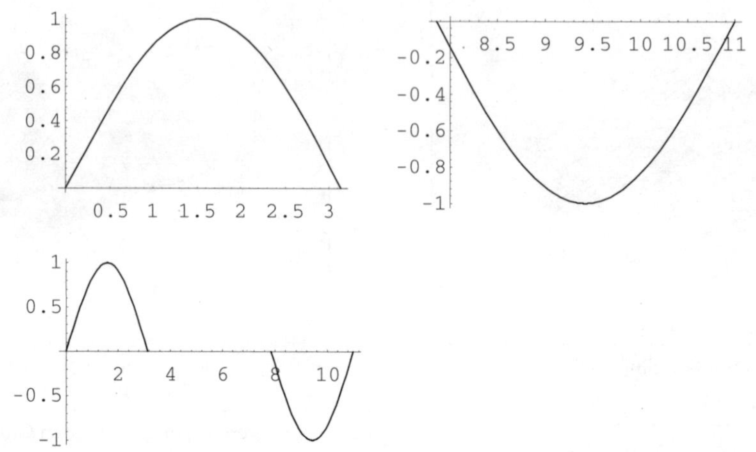

Bild 26.27: Links oben eine Sinus-Kurve, rechts oben eine Cosinus-Kurve, links unten die Kombination dieser Kurven (wie in Bild 26.23)

Etwas kompliziert wird es, wenn Sie Optionen der mit `GraphicsArray` anzuzeigenden Grafiken nachträglich verändern möchten. Im Gegensatz zu `Show` können diese Optionen nicht einfach als zusätzliche Parameter angegeben werden. Mathematica bezieht alle »normalen« Optionen direkt auf `GraphicsArray` und nicht indirekt auf die damit angezeigten Grafiken. Sie können aber mit Substitionsregeln arbeiten: Im Beispiel unten werden alle `DefaultColor`-Optionen durch `Default-Color->RGBColor[1,0,0]` ersetzt. Beachten Sie die exakte Schreibweise! Das Zeichen »_« steht für einen beliebigen Ausdruck, der sich in den verschiedenen Grafik-Kommandos hinter »DefaultColor->« befindet.

```
Show[ GraphicsArray[ {{g1,g2},{g12}}                (* ohne Abbildung *)
        /. (DefaultColor->_) -> (DefaultColor->RGBColor[1,0,0]) ]]
```

Der Abstand der Bilder eines `GraphicsArray`s kann mit der Option `GraphicsSpacing`–>{dx,dy} gesteuert werden. Die beiden Werte dx und dy geben den horizontalen und vertikalen Abstand der Einzelbilder zueinander an. Die Werte sind relativ zur Größe der Einzelbilder. Bei der Default-Einstellung {0.1,0.1} beträgt der Abstand der Bilder ein Zehntel der Größe eines Bildes. Die Option wird einige Absätze weiter unten für die Bilder 26.29 und 26.30 eingesetzt.

Bewegte Grafik (Animation)

Über bewegte Grafik zu schreiben ist insofern problematisch, als diese Funktion von Mathematica sehr hardware-abhängig ist. Mit anderen Worten: Bewegte Grafik bringen Sie auf verschiedenen Rechnern auf unterschiedliche Weise zum Laufen (wenn überhaupt). Wenn bewegte Grafik auf Ihrem Rechner nicht (oder nicht wie hier beschrieben) funktioniert, dann sollten Sie einen Blick in den »User Guide« werfen, wo die Bedienung Ihrer speziellen Mathematica-Version beschrieben ist.

Das Prinzip von Animationen mit Mathematica sieht so aus, daß sämtliche Bilder, die eine bewegte Grafik bilden, *vorher* vollständig ausgerechnet werden. Diese Bilder werden dann in rascher Reihenfolge angezeigt, so daß der Eindruck der Bewegung entsteht. Wenn die Bildfolge geschickt gewählt ist (z.B. eine Drehung), kann nach dem letzten Bild wieder das erste Bild folgen, so daß der Film scheinbar endlos ist. So ein Film wirkt umso besser, je mehr Bilder er hat. Allerdings werden Sie bei komplizierten bewegten Grafiken rasch an zwei Grenzen stoßen: Erstens kostet es eine Menge Rechenzeit, diese Bilder überhaupt zu berechnen, und zweitens ist unverhältnismäßig viel Speicherplatz erforderlich, die Bilder als Bitmap-Abbildungen und in der internen Mathematica-Darstellung zu speichern.

Wenn Sie mit einer Mathematica-Version mit Notebook-Oberfläche arbeiten, können Sie bewegte Grafiken *ohne* die Kommandos des Package `Graphics`Animation`` zum Laufen bringen. Dazu müssen Sie mehrere Einzel-Grafiken (z.B. mit `Table`) berechnen, deren Zellen mit der Maus selektieren und anschließend das Menü-Kommando GRAPH | ANIMATE SELECTED GRAPHICS wählen. Mathematica zeigt daraufhin die markierten Grafiken in kurzen Abständen am selben Ort des Bildschirms an, so daß der Eindruck einer Bewegung entsteht.

Dieser Vorgang soll anhand eines Beispiels illustriert werden: Als bewegte Grafik soll ein Punkt in einem Kreis rotieren. Zum Zeichnen des Punktes wird `ListPlot` verwendet, wobei die Liste nur aus den x- und y-Koordinaten des einen Punktes besteht. Die doppelten Klammern {{x,y}} sind notwendig, weil Mathematica sonst annimmt, Sie möchten zwei Punkte {y1,y2} mit den x-Koordinaten 1 und 2 zeichnen.

Die `PlotRange`-Option ist erforderlich, damit bei allen Grafiken derselbe Koordinatenbereich angezeigt wird. Ohne diese Option würde Mathematica den Koordinatenbereich so wählen, daß der Punkt optimal darin abgebildet werden kann. Eine sinnvolle bewegte Grafik könnte daraus aber nicht zusammengestellt werden, weil der Punkt dann durch die ständig veränderten Koordinatenbereiche nur wirr hin- und herspringt.

Das `Table`-Kommando bewirkt, daß nicht eine Grafik, sondern gleich sechzehn gezeichnet werden, wobei phi zwischen 0 und 15Pi/8 variiert wird. Beachten Sie hier, daß phi nicht bis 2Pi geht – sonst wäre das erste mit dem letzten Bild ident!

```
Table[ ListPlot[ {{0.8 Cos[phi], 0.8 Sin[phi]}},
                 PlotRange->{{-1,1},{-1,1}},
                 PlotStyle->PointSize[0.15], AspectRatio->1,
                 Axes->False,Frame->True, FrameTicks->None  ],
       {phi,0,2Pi-Pi/8,Pi/8}]
```

Wenn Sie mit einer Notebook-Oberfläche arbeiten, müssen Sie jetzt nur noch die Zelle mit dem obigen Kommando und den sechzehn resultierenden Bildern mit der Maus selektieren und das Menü-Kommando GRAPH | ANIMATE SELECTED GRAPHICS auswählen. Daraufhin beginnt der Punkt in einem der am Bildschirm sichtbaren Grafiken zu rotieren.

Gleichzeitig erscheint (zumindestens bei der Windows-Version) am unteren Bildschirmrand ein Feld mit sechs Buttons zur Steuerung der Animation – siehe Bild 26.28. Die ersten drei Buttons steuern die Richtung (Darstellung der Bilder in normaler Reihenfolge, in umgekehrter Reihenfolge oder zyklisch vom ersten zum letzten Bild und wieder zurück). Der vierte Button hat die Wirkung wie die »Pause«-Taste eines Kassettenrekorders: Ein einmaliges Anklicken stoppt die Bewegung, ein nochmaliges Anklicken setzt die Animation fort. Die beiden letzten Buttons steuern die Geschwindigkeit der Animation (langsamer/schneller).

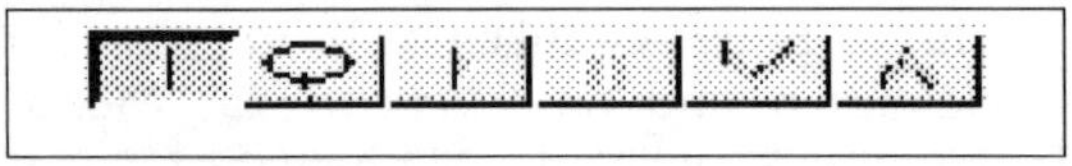

Bild 26.28: Die sechs Buttons zur Steuerung der Animation (Windows-Version)

Der Eindruck der Bewegung kann in diesem Buch leider nicht vermittelt werden. In Bild 26.29 sehen Sie aber immerhin, aus welchen Bildern der »Film« zusammengesetzt ist. Das Kommando zum Zeichnen dieser Abbildung ist etwas trickreich. Mit `Partition` wird die eindimensionale Liste der sechzehn Grafiken in eine zweidimensionale Liste in Vierer-Gruppen umgeformt. Diese Liste wird anschließend mit `Transpose` auf den Kopf gestellt, damit die ersten vier Bilder nicht in der ersten Zeile des `GraphicsArray`'s dargestellt werden, sondern in der ersten Spalte. Die `GraphicsSpacing`-Option bewirkt, daß zwischen den einzelnen Bildern zwar ein horizontaler, aber kein vertikaler Abstand eingehalten wird. Dadurch ist die Gruppierung der Bilder besser erkenntlich.

```
Show[ GraphicsArray[ Transpose[Partition[%,4]],      (* Bild 26.29 *)
                     GraphicsSpacing->{0.4,0}    ] ]
```

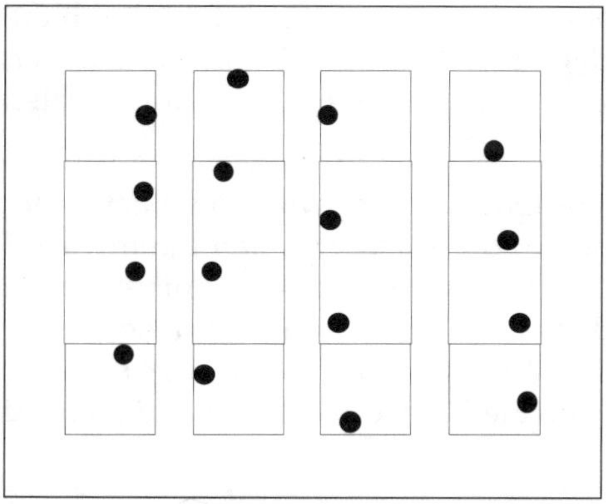

Bild 26.29: Die sechzehn kleinen Bilder bilden den »Film« für eine bewegte Grafik, in der der schwarze Punkt in dem Quadrat rotiert

Nun zum Package `Graphics`Animation``: Wenn Sie eine Mathematica-Version mit Text-Oberfläche besitzen, stellen die Kommandos dieses Packages die einzige Möglichkeit dar, bewegte Grafiken darzustellen (wenn dies für Ihren Rechner überhaupt vorgesehen ist).

`Animate` funktioniert im Prinzip wie `Table`, allerdings werden die Grafiken nach der Berechnung sofort als »Film« angezeigt. (Zumindestens ist das Kommando im »Guide to Standard Mathematica Packages« so beschrieben. Bei der Windows-Version von Mathematica 2.0 funktioniert nur das Berechnen der Bilder, die Animation muß dann aber, wie oben beschrieben, gestartet werden (Zellen selektieren, Menükommando ANIMATE). Damit ist `Animate` bei der Windows-Version von Mathematica in seiner Wirkung mit `Table` ident!)

`ShowAnimation[{g1,g2,g3..}]` zeigt die in der Liste angegebenen Grafiken als Film an. (Auf der Windows-Version zeigt dieses Kommando überhaupt keine Wirkung.)

Schließlich gibt es noch einige Kommandos mit klangvollen Namen wie `MoviePlot` oder `MovieParametricPlot`, die im Prinzip nur eine Kombination aus `Animate` mit dem jeweiligen Grafikkommando darstellen.

Wesentlich interessanter als die `Movie..`-Kommandos ist dagegen `SpinShow`: Es zeigt eine vorhandene dreidimenionale Grafik von allen Seiten, in dem es den Blickpunkt um eine frei wählbare Achse rund um die Grafik dreht. (Für den Betrachter sieht es so aus, als würde die Grafik gedreht.) Dem Kommando wird die 3D-Grafik im ersten Parameter übergeben. Ansonsten erfolgt die Steuerung über Optionen (jeweils mit Defaultwerten):

Frames->24	Anzahl der Bilder (Default 24)
SpinDistance->2	Abstand des Blickpunktes von der Grafik
SpinOrigin->{0,0,1.5}	Offset zum Blickpunkt
SpinTilt->{0,0}	Raumwinkel für Drehachse
SpinRange->{0,360 Degree}	Drehbereich
RotateLights->False	Lichtquellen ebenfalls drehen

Der tatsächliche Blickpunkt auf die Grafik ergibt sich für jedes einzelne Bild durch die Rotation eines Punktes auf einer Kugel mit dem Radius `SpinDistance`. Zu den Koordinaten dieses Punktes werden anschließend die `SpinOrigin`-Koordinaten addiert.

Wenn mit `SpinTilt` Werte ungleich {0,0} eingestellt werden, wird der Blickpunkt nicht um die vertikale z-Achse, sondern um eine um die entspechenden Raumwinkel {beta,gamma} geneigte Achse gedreht. Mit `SpinRange` kann bei symmetrischen Objekten der Drehbereich eingeschränkt werden. Die Beleuchtung wird normalerweise nicht mitrotiert, so daß die Farben der einzelnen Flächen der Grafik sich mit jedem Bild ein wenig ändern. Falls Sie gleichbleibende Farben wünschen, müssen Sie die Option `RotateLights` auf `True` setzen.

```
Needs["Graphics`Animation`"]
g=Plot3D[ Sin[x y], {x,0,Pi/2}, {y,0,Pi/2},
          PlotPoints->10, Boxed->False, Axes->False];
SpinShow[g, Frames->16]
Show[ GraphicsArray[ Transpose[Partition[%,4]],      (* Bild 26.30 *)
                     GraphicsSpacing->{0.4,0}    ] ]
```

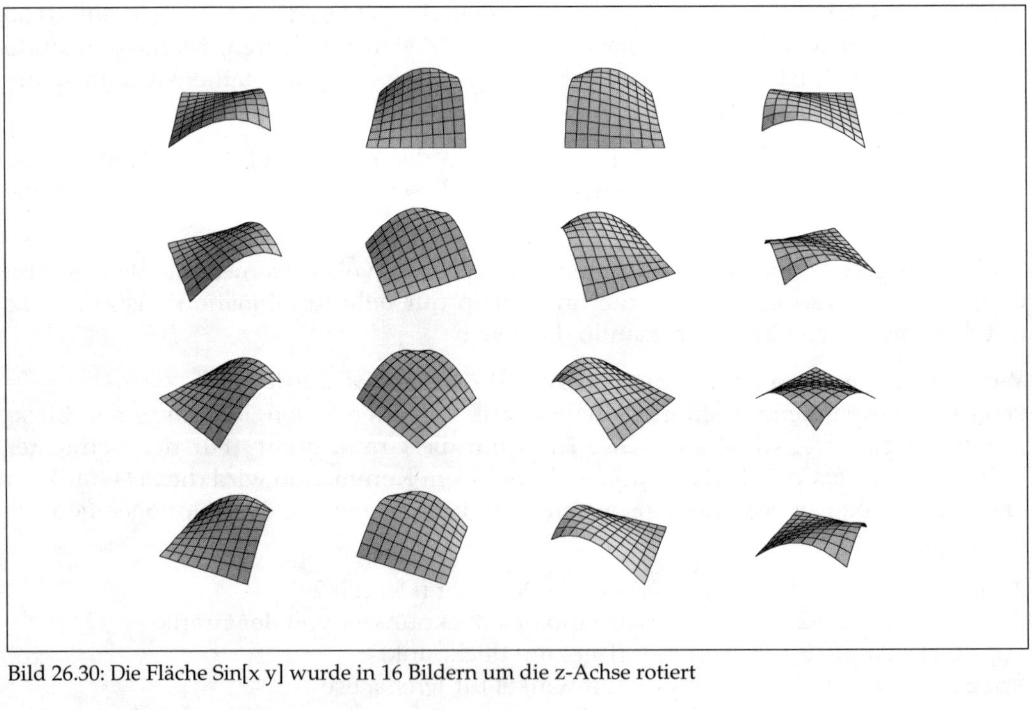

Bild 26.30: Die Fläche Sin[x y] wurde in 16 Bildern um die z-Achse rotiert

Grafiktypen in Mathematica

Bei der Beschreibung von `Show` wurde bereits erwähnt, daß Mathematica zur internen Darstellung von Grafiken verschiedene Grafiktypen mit jeweils eigenen Kommandos kennt:

`Graphics`	für »normale« zweidimensionale Grafiken, wie sie mit `Plot` oder `ListPlot` erzeugt werden
`DensityGraphics`	für zweidimensionale Rastergrafiken (`DensityPlot`)
`ContourGraphics`	für zweidimensionale Rastergrafiken mit »Höhenschichtlinien« (`ContourPlot`)
`SurfaceGraphics`	für dreidimensionale Oberflächengrafiken (`Plot3D`, `ListPlot3D`)
`Graphics3D`	für allgemeine dreidimensionale Grafiken (`ParametricPlot3D`)
`GraphicsArray`	für eine Liste mehrerer Grafiken verschiedenen Typs

Jeder der oben angeführten Kommandos speichert die Grafik in zwei Parametern: Der erste Parameter enthält in einer Liste die eigentlichen Daten der Grafik, der zweite Parameter in einer weiteren Liste die dazugehörigen Optionen. In welcher Form die Grafik-Daten im ersten Parameter enthalten sind, ist stark vom Kommando abhängig. Bei `SurfaceGraphics` oder `ContourGraphics` wird nur eine beinahe endlose Liste von Zahlenwerten gespeichert, die erst beim Zeichnen ausgewertet werden. Bei `Graphics` oder `Graphics3D` wird die Grafik dagegen in zahlreichen Zeichen-Kommandos (im Mathematica-Buch von Wolfram »graphics primitives«, z.B. `Line`) und Einstellungs-Kommandos (»graphics directives«, z.B. `PointSize`) gespeichert. Einige dieser Kommandos werden etwas weiter unten noch besprochen. Der genaue interne Aufbau ist normalerweise nicht von Interesse. Wenn Sie die interne Darstellung dennoch betrachten möchten, geben Sie nach dem Grafikkommando `InputForm[%]` ein. (*Vorsicht*: Die Datenmengen sind zum Teil sehr groß! Verwenden Sie eventuell `Short`, um die Ausgabe auf eine vorgegebene Zeilenanzahl einzuschränken.)

```
Plot[ Sin[x], {x,0,2Pi}]          (* ohne Abbildung *)
% //InputForm
```

```
Graphics[{{Line[{{0., 0.},
      {0.2617993877991494, 0.2588190451025207},
      {0.5235987755982988, 0.5},
      ... ca. 60 Zeilen ...
      {6.283185307179587, -(2.45029690981724*10^-16)}}]}},
  {PlotRange -> Automatic, AspectRatio -> GoldenRatio^(-1),
   DisplayFunction :> $DisplayFunction, ColorOutput -> Automatic,
```

```
Axes -> Automatic, AxesOrigin -> Automatic, PlotLabel -> None,
AxesLabel -> None, Ticks -> Automatic, GridLines -> None,
Prolog -> {}, Epilog -> {}, AxesStyle -> Automatic,
Background -> Automatic, DefaultColor -> Automatic,
DefaultFont :> $DefaultFont, RotateLabel -> True,
Frame -> False, FrameStyle -> Automatic,
FrameTicks -> Automatic, FrameLabel -> None,
PlotRegion -> Automatic}]
```

Es bestehen zahlreiche Konversionsmöglichkeiten zwischen den Grafiktypen. Eine Konversion ist dann notwendig, wenn mehrere unterschiedliche Grafiktypen mit `Show` kombiniert werden sollen oder wenn ein Kommando einen bestimmten Grafik-Typ voraussetzt. Die Konversion erfolgt durch die oben aufgezählten Kommandos. In der Liste unten sehen Sie, welche Grafiktypen durch welches Kommando konvertiert werden können. Die drei Typen `ContourGraphics`, `DensityGraphics` und `SurfaceGraphics` können beliebig ineinander übergeführt werden. Außerdem kann `SurfaceGraphics` in die allgemeinere 3D-Darstellung `Graphics3D` umgewandelt werden (aber nicht umgekehrt).

Konversion in	vom Typ
DensityGraphics	ContourGraphics, SurfaceGraphics
ContourGraphics	DensityGraphics, SurfaceGraphics
SurfaceGraphics	DensityGraphics, ContourGraphics
Graphics3D	SurfaceGraphics

Bearbeitung von 3D-Grafiken

Wenn eine Grafik in endgültiger Form vorliegt, wird sie normalerweise nicht mehr weiterverarbeitet (höchstens mit `Show` angezeigt). In den Packages `` Graphics`-Graphics3D' `` und `` ..`Shapes` `` befinden sich einige Kommandos, mit denen Sie bereits vollständig berechnete Grafiken nachträglich manipulieren können. `StackGraphics` kombiniert mehrere 2D-Grafiken zu einer 3D-Grafik. `RotateShape`, `TranslateShape` und `AffineShape` verdrehen, verschieben und skalieren 3D-Grafiken. `Shadow` ergänzt eine 3D-Grafik durch deren Schatten in x-, y- und z-Richtung. `Project` projeziert eine 3D-Grafik auf eine ebene Fläche.

Im Beispiel unten sehen Sie eine Anwendung von `StackGraphics`. Zuerst werden mehrere E-Potenz-Kurven berechnet (aber wegen der `DisplayFunction`-Option nicht gezeichnet). Anschließend werden diese zweidimensionalen Grafiken in einem Quader hintereinandergelegt. Beachten Sie, daß `StackGraphics` im Gegensatz zu den meisten anderen Grafik-Kommandos die resultierende Grafik nicht automatisch anzeigt. Sie müssen explizit `Show` verwenden.

```
Needs["Graphics`Graphics3D`"]
Needs["Graphics`Graphic1`"]          (* Mathematica 2.0 für Windows *)

Table[ Plot[E^(a x), {x,0,10}, DisplayFunction->Identity],
       {a, 1.2, 0.8, -0.1}]

Show[ StackGraphics[%] ]                              (* Bild 26.31 *)
```

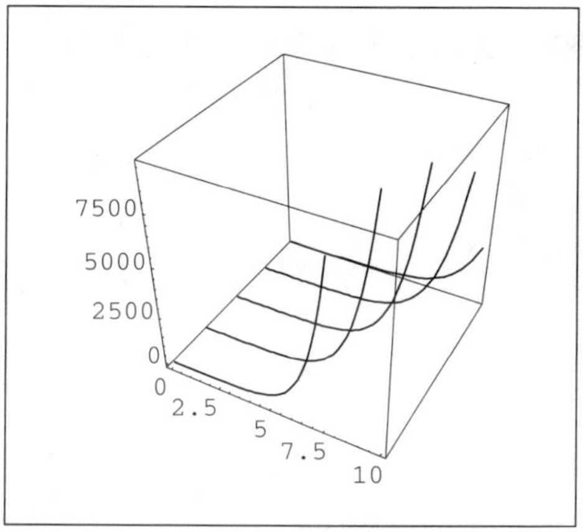

Bild 26.31: Mehrere zweidimensionale Kurven wurden mit StackGraphics zu einer dreidimensionalen Grafik zusammengesetzt

Nun zu den `..Shape`-Kommandos: `RotateShape` rotiert eine Grafik des Typs `Graphics3D` um die drei Eulerwinkel phi, theta und psi. Dabei wird die Grafik zuerst mit dem Winkel phi um die z-Achse gedreht, dann mit theta um die x-Achse, abschließend um psi nochmals um die z-Achse. phi und psi müssen zwischen 0 und 2Pi liegen, theta zwischen 0 und Pi. `TranslateShape` verschiebt die Grafik um den Vektor {x,y,z}. `AffineShape` multipliziert die x-, y- und z-Koordinaten der Grafik um die Faktoren {fx,fy,fz}. Alle drei Kommandos erzeugen eine neue Grafik des Typs `Graphics3D`, zeigen diese aber nicht an. Damit Sie die veränderte Grafik betrachten können, müssen Sie `Show` ausführen.

```
Needs["Graphics`Shapes`"]

torus=ParametricPlot3D[ { Cos[alpha] (3 + Cos[beta]),
                          Sin[alpha] (3 + Cos[beta]),
                          Sin[beta] },
                        {alpha,0,2Pi}, {beta,0,2Pi}] (* ohne Bild *)

torus1=RotateShape[ torus, 0, -Pi/4, Pi/4 ];

Show[torus1]                                          (* Bild 26.32 *)
```

Das Package Shapes` enthält noch einige weitere Kommandos, mit denen dreidimensionale Grundkörper (Kugel, Zylinder, etc.) erzeugt werden können. Diese Kommandos werden im nächsten Abschnitt behandelt.

Nun zu Shadow: Das Kommando berechnet den Schatten, den eine dreidimensionale Grafik auf die x-, y- und z-Ebene wirft, und zeigt die Grafik zusammen mit den Schatten an. Das Kommando funktioniert erst ab Version 2.1 zuverlässig (siehe Bild 26.33). In Version 2.0 fehlt der z-Schatten, während der Abarbeitung des Kommandos werden die unten angeführten Fehlermeldungen ausgegeben.

```
Needs["Graphics`Graphics3D`"]
Needs["Graphics`Graphic1`"]          (* Mathematica 2.0 für Windows *)
Shadow[torus1]                                      (* Bild 26.33 *)
                                        1
Power::infy: Infinite expression  --  encountered.
                                        0.
Infinity::indet:
   Indeterminate expression 0. ComplexInfinity encountered.
   ...
Graphics3D::nlist3:
   {Indeterminate, Indeterminate, Indeterminate}
     is not a list of three numbers.
   ...
```

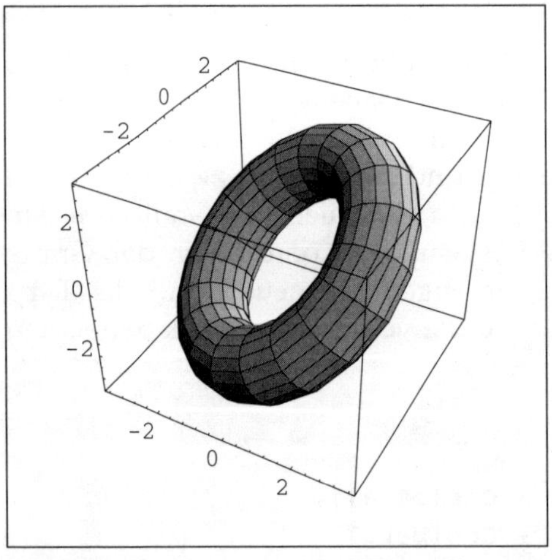

Bild 26.32: Der Torus wurde mit RotateShape im Raum verdreht

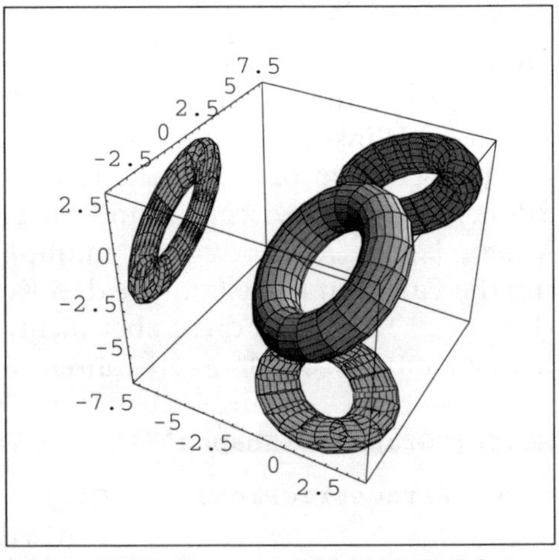

Bild 26.33: Der Torus aus Bild 26.32 mit Schatten in x-, y- und z-Richtung

Shadow zeichnet normalerweise insgesamt drei Schatten in x-, y- und z-Richtung. Jeder dieser Schatten kann mit XShadow, YShadow und ZShadow selektiv ein- oder ausgeschalten werden (True oder False). Außerdem kann der Ort des Schattens mit

X/Y/ZShadowPosition bestimmt werden (in der negativen Koordinatenrichtung (default) mit -1, in der positiven Richtung +1).

Shadow sollte außerdem eine Reihe weiterer Optionen verstehen, zumindestens in der Windows-Version von Mathematica 2.0 werden die im folgenden aufgezählten Optionen allerdings ignoriert: SurfaceMesh und ShadowMesh schalten das Zeichnen von Gitterlinien selektiv ein- und aus, SurfaceMeshStyle und ShadowMeshStyle stellen den gewünschten Stil (Farbe, Linienbreite) der Gitterlinen ein. Color schaltet die die Farbdarstellung ein- oder aus.

Im Graphics3D`-Package befindet sich ein weiteres Shadow-Kommando, nämlich ShadowPlot3D. Dabei handelt es sich um eine Variante zu Plot3D, bei der automatisch unter der dreidimensionalen Funktionsfläche der Schatten gezeichnet wird. Das Kommando wurde bereits in Kapitel 18 vorgestellt (siehe Bild 18.6). Das Kommando ist insofern bemerkenswert, als der Schatten in z-Richtung tatsächlich gezeichnet wird (und nicht wie beim allgemeineren Shadow-Kommando zu Fehlermeldungen führt).

Als letztes Kommando dieses Abschnitts ist noch Project zu beschreiben. Damit wird eine dreidimensionale Grafik auf eine ebene Fläche projeziert. Diese Fläche wird entweder durch ihren Normalvektor beschrieben oder durch einen Punkt und zwei Richtungsvektoren. In der dritten Variante kann zusätzlich ein Punkt angegeben werden, der die Richtung der Projektion angibt (diese erfolgt ansonsten im rechten Winkel zur Projektionsebene).

```
Project[grafik, {nx,ny,nz}]
Project[grafik, {vec1,vec2}, punkt]
Project[grafik, {vec1,vec2}, punkt, blickpunkt]
```

Im Beispiel unten erfolgt die Projektion in der Syntax der ersten Variante. Als Projektions-Körper wird mit dem Kommando Cylinder aus dem Shapes`-Package ein hohler Zylinder erzeugt, dieser wird rotiert (Bild 26.34). Diese Grafik wird auf eine schräg im Raum stehende Fläche (Normalvektor {1,1,1}) projeziert (Bild 26.35). Das Cylinder-Kommando wird im nächsten Abschnitt noch behandelt.

```
Needs["Graphics`Shapes`"]
Needs["Graphics`Graphics3D`"]
Needs["Graphics`Graphic1`"]          (* Mathematica 2.0 für Windows *)

cyl=RotateShape[ Graphics3D[ Cylinder[] ], 0, -3Pi/8, -5Pi/8];

Show[cyl];                                    (* Bild 26.34 *)

Show[ Project[ cyl, {1,1,1} ] ];              (* Bild 26.35 *)
```

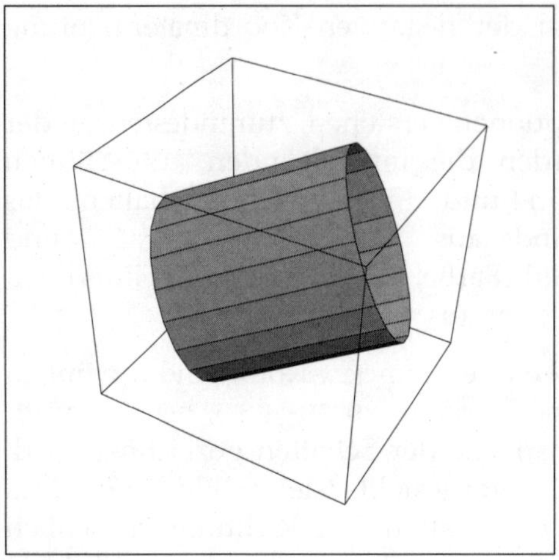

Bild 26.34: Ein hohler Zylinder

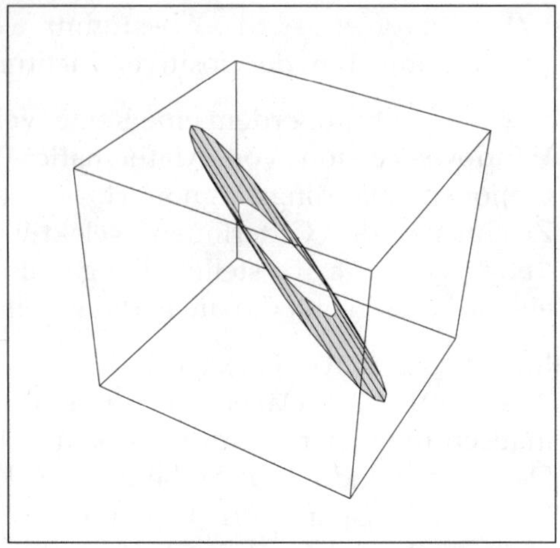

Bild 26.35: Die Projektion des Zylinders aus Bild 26.34 auf eine schäg im Raum stehende Ebene

3D-Körper erzeugen und bearbeiten

Bisher wurden alle Grafiken dieses Buches erzeugt, indem diverse `Plot`-Kommandos aufgerufen wurden. Diese Kommandos berechneten die erforderlichen Datenpunkte, setzten daraus ein `Graphics`- oder `Graphics3D`-Kommando zusammen und zeigten dieses Kommando mit `Show` an.

Es besteht aber auch die Möglichkeit, Grafiken selbst (aus einfachen Grundelementen) zusammenzusetzen. Dazu müssen Sie lediglich eine Liste mit den erforderlichen Zeichen-Kommandos aufbauen, diese Liste als Parameter eines `Graphics`- oder `Graphics3D`-Kommando angeben und dieses Kommando mit `Show` anzeigen. Dazu zwei Beispiele:

```
list1 = Table[ Line[ {{1,x}, {1-x,1}} ], {x, 0, 1, 0.02} ];
list2 = Table[ Line[ {{0,x}, {1-x,0}} ], {x, 0, 1, 0.02} ];

Show[ Graphics[ Join[list1,list2], AspectRatio->1] ] (* Bild 26.36 *)
```

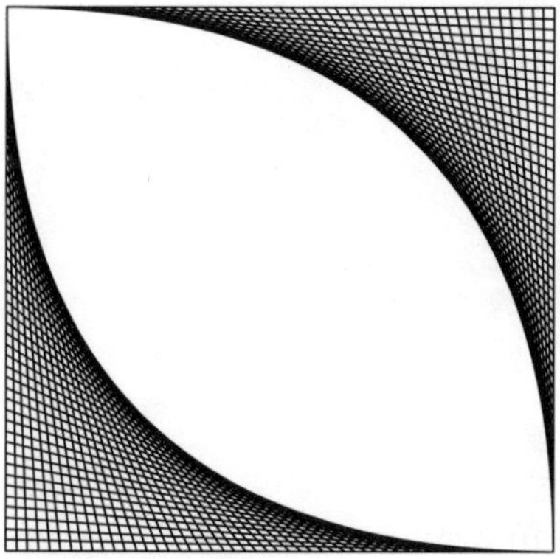

Bild 26.36: Die zweidimensionale Grafik ist aus einigen Line-Kommandos zusammengesetzt

Das erste Beispiel bildet eine zweidimensionale Grafik, die ausschließlich aus `Line`-Kommandos zusammengesetzt ist. An das Kommando `Graphics` wird im ersten Parameter die Liste mit den Zeichen-Kommandos übergeben, im zweiten Parameter die `AspectRatio`-Option, die sicherstellt, daß die Grafik quadratisch und nicht rechteckig wird.

Bemerkenswert am zweiten Beispiel ist die Kombination von Zeichen-Kommandos (`Cuboid` zum Zeichnen von Quadern zwischen {xmin,ymin,zmin} und {xmax,ymax,zmax}) und von Einstellungs-Kommandos (`GrayLevel` zur Einstellung der Oberflächenfarbe der Quader). Die Einstellungs-Kommandos gelten solange, bis sie durch eine neue Einstellung aufgehoben werden. Für mehrere Quader gleicher Farbe würde also ein `GrayLevel`-Kommando ausreichen. Die Option `Lightning->False` ist notwendig, damit die Graustufeneinstellung überhaupt beachtet wird. (Solange die Option auf dem Default-Zustand `True` steht, werden die Graustufen der Flächen durch das Beleuchtungsmodell für 3D-Grafiken bestimmt, siehe Kapitel 19.)

Das Zeichnen von Bild 26.37 dauert übrigens (angesichts des scheinbar recht einfachen Aufbaus) überraschend lange. Das liegt daran, daß sich die Flächen, aus denen der Körper zusammengesetzt wird, zahllose Male überschneiden. An jeder dieser Überschneidungen zerlegt Mathematica bei der Sichtbarkeitsuntersuchung die Fläche in kleinere Teilflächen. Dieser Vorgang kostet verhältnismäßig viel Zeit.

```
list=Table[ { GrayLevel[x],
              Cuboid[ {-2(1-x),-x,-x},{2(1-x),x,x} ]},
            {x,0.3,0.9,0.1} ];

Show[Graphics3D[list], Boxed->False,
     Lighting->False]                            (* Bild 26.37 *)
```

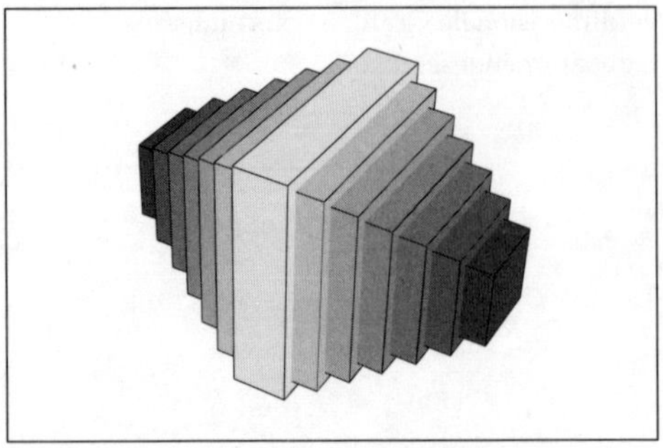

Bild 26.37: Die dreidimensionale Grafik besteht aus Cuboid- und GrayScale-Kommandos

In Wolfram`s »Mathematica«-Buch finden Sie weitere Informationen zu den elementaren Zeichen-Kommandos (besonders in den Abschnitten 2.9.1, 2.9.2, 2.9.8 und 2.9.9). Prinzipiell können Sie mit diesen Elementar-Kommandos jede Grafik zusammensetzen. Diese Vorgehensweise ist allerdings ziemlich mühsam. Daher stellt das Package `Graphics`Shapes`` einige Kommandos zur Verfügung, mit denen Sie häufig benötigte dreidimensionale Grundkörper erzeugen können. Genaugenommen erzeugen diese Kommandos eine Liste mit den oben erwähnten Grafik-Kommandos. Mit `Graphics3D` setzen Sie diese Listen zu Grafiken zusammen, mit `Show` zeichnen Sie die Grafik auf den Bildschirm. Die folgende Tabelle gibt einen Überblick über die `Shapes``-Kommandos:

Cylinder[r,h,n]	hohler Zylinder aus n Flächen
Cone[r,h,n]	Kegel aus n Flächen
Torus[raußen,rinnen,n1,n2]	Torus aus n1*n2 Flächen
Sphere[r,n1,n2]	Kugel aus n1*n2 Flächen
MoebisStrip[r1,r2,n]	Möbius-Band aus n Flächen
Helix[r,h,n1,n2]	Spiralband aus n1*n2 Flächen
DoubleHelix[r,h,n1,n2]	Doppel-Spiralband aus n1*n2 Flächen

Sämtliche Kommandos können ganz ohne Parameter verwendet werden. Es werden dann automatisch Default-Werte eingesetzt.

Im Beispiel unten werden im ersten `Do`-Kommando fünf Tori berechnet und im Feld torus gespeichert (`Do` funktioniert wie `Table`, allerdings werden die Kommandos nur ausgeführt, die Ergebnisse aber nicht in einer Liste gespeichert). Im zweiten `Do`-Kommando werden die Tori gegeneinander verdreht. Anschließend werden die Tori im `Table`-Kommando auseinandergezogen und in einer Liste gespeichert. Diese Liste wird schließlich mit `Show` gezeichnet. Das Ergebnis kann sich sehen lassen, wie Bild 26.38 beweist.

Das Beispiel zeigt unter anderem auch, wie die Kommandos `RotateShape`, `TranslateShape` und `AffineShape` zur Manipulation einzelner 3D-Körper eingesetzt werden können. Sie müssen die Einzelteile lediglich in eigenen Variablen speichern und erst beim Zeichnen zu einer Grafik vereinen.

```
Needs["Graphics`Shapes`"]
Do[ torus[i] = Graphics3D[ Torus[5,1,10,10]], {i,5} ];
Do[ torus[i] = RotateShape[ torus[i], 0,i * 60 Degree,0], {i,5}];
Table[ torus[i] = TranslateShape[ torus[i], {6.5 i,0,0}], {i,5}];
Show[%, Boxed->False];                              (* Bild 26.38 *)
```

Bild 26.38: Eine aus fünf verdrehten Tori zusammengesetzte Grafik

Wenn Sie Grafiken dieser Art entwerfen, sind normalerweise mehrere Versuche notwendig, bis die Grafik Ihren Vorstellungen entspricht. Dabei sind vor allem die Rechenzeiten zum Zeichnen der Grafik (Sichtbarkeitsuntersuchung) lästig. Viel schneller geht es, wenn Sie die `Graphics3D`-Kommandos in ein `WireFrame`-Kommando einschließen. Mathematica ersetzt dann alle `Polygon`-Kommandos durch `Line`-Kommandos, die viel schneller gezeichnet werden können. Das Ergebnis ist ein durchsichtiges Drahtgitter.

```
Show[ WireFrame[%], Boxed->False]                      (* ohne Bild *)
```

`WireFrame` kann für alle `Graphics3D`-Grafiken verwendet werden, die aus Polygonen zusammengesetzt sind. Dazu gehören die Ergebnisse der meisten `..Plot3D`-Kommandos. (Eine Ausnahme bildet `Plot3D`: Dieses Kommando erzeugt eine Grafik des `SurfaceGraphics`-Typ). `WireFrame` ist nicht in der Lage, `Cuboid`-Kommandos zum Zeichnen von Quadern in Drahtgitter aufzulösen.

Zum Abschluß dieses Kapitels soll noch das Package `Graphics`Polyhedra`` erwähnt werden. Mit den Kommandos dieses Package können Sie diverse Vielflächer erzeugen. Der praktische Wert ist zwar gering, die Körper sehen aber hübsch aus.

```
Needs["Graphics`Polyhedra`"]
Show[ Polyhedron[ Icosahedron], Boxed->False]          (* Bild 26.39 *)
Show[ Stellate[ Polyhedron[ Icosahedron ]], Boxed->False] (* 26.40 *)
```

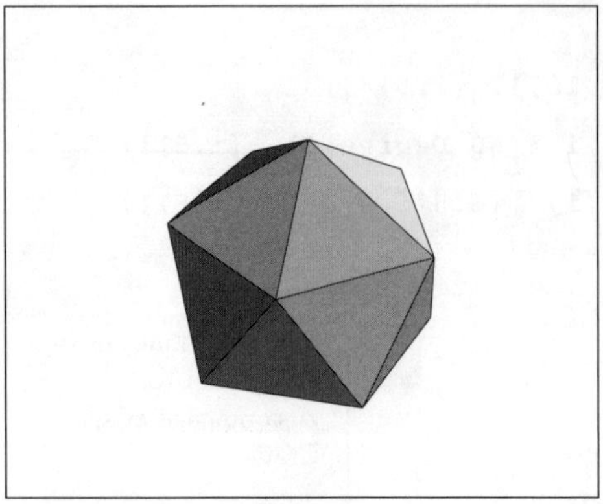

Bild 26.39: Ein Icosahedron

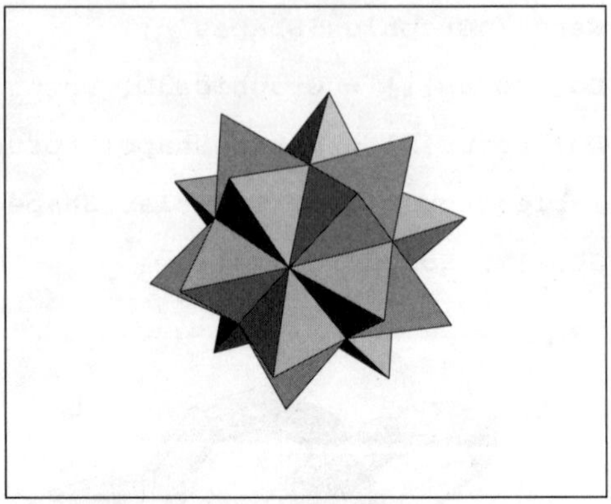

Bild 26.40: Ein Icosahedron mit sternförmiger Erweiterung

Das zentrale Kommando dieses Packages lautet `Polyhedron`. Im ersten Parameter muß der Name des gewünschten Vielflächers angegeben werden (zehn Vielflächer sind vordefiniert, z.B. `Tetrahedron`, `Cube`, `Octahedron`, `Icosahedron`, usw.). In den weiteren Parametern kann der gewünschte Koordinatenursprung für den Körper sowie ein Skalierungsfaktor für die Größe angegeben werden. `Stellate` umgibt einen vorher mit `Polyhedron` berechneten Vielflächer mit stern-förmigen Erweiterungen (Bild 26.40).

Zusammenfassung

Grafik im logarithmischen Maßstab

Needs`["Graphics`Graphics`"]`

LogPlot`[func, {x, min, max}]`

LogLogPlot`[func, {x, min, max}]`

stellt die Funktion y=func[x] im logarithmischen Maßstab für y (bzw. doppellogarithmisch auch für x) dar

LogListPlot`[ {y1,y2,..} ]`

LogListPlot`[ {{x1,y1}, {x2,y2},..} ]`

LogLogListPlot`[ {y1,y2,..} ]`

LogLogListPlot`[ {{x1,y1}, {x2,y2},..} ]`

PlotJoined->True

PlotStyle->PointSize[n]

wie `LogPlot` bzw. `LogLogPlot`, allerdings werden einzelne Punkte gezeichnet; Über die Option `PlotJoined` können die Datenpunkte durch Linien verbunden werden, über `PlotStyle` kann die Punktgröße eingestellt werden (z.B. n=0.02)

Zweidimensionale Rastergrafik

DensityPlot[func[x,y], {x,xmin,xmax}, {y,ymin,ymax}]

Mesh->False

ColorFunction->(farbe[#]&)

PlotPoints->n

zeichnet eine zweidimensionale Rastergrafik der Funktion, wobei Punkte mit kleinen z-Werten weiß, solche mit großen z-Werte schwarz eingefärbt werden; über die Option Mesh kann das automatische Zeichnen von Rasterlinien verhindert werden

ContourPlot[func[x,y], {x,xmin,xmax}, {y,ymin,ymax}]

Contours->n

Contours->{z1,z2,z3,..}

ContourLines->False

ContourShading->False

ContourSmoothing->Automatic

ContourStyle->style

ColorFunction->(farbe[#]&)

PlotPoints->n

wie DensityPlot, allerdings wird der Verlauf der Funktion durch Höhenschichtlinien für z=konstant viel genauer angezeigt; normalerweise wird der z-Verlauf in 10 gleichgroße Farbbereiche eingeteilt; durch Contours kann diese Einteilung verändert werden; über die Optionen ContourLines und ..Shading können Sie das automatisch Zeichnen von Höhenschichtlinien oder Grauschattierungen abschalten; mit ..Smoothing können Sie die Qualität der Grafik erhöhen; mit ..Style können Sie Farbe und Linienform der Höhenschichtlinien einstellen

ListDensityPlot[{{z11,z12,..}, {z21,z22,..},..}]

ListContourPlot[{{z11,z12,..}, {z21,z22,..},..}]

wie DensityPlot bzw. ContourPlot; die z-Werte werden allerdings durch zweidimensionale Listen übergeben

Show[**Graphics**[**Raster**[{{g11,g12,..}, {g21,g22,..},..}]]]

ColorFunction->(farbe[#]&)

zeichnet eine zweidimensionale Rastergrafik, wobei Graustufen-Werte zwischen 0 und 1 in einem zweidimensionalen Feld übergeben werden müssen

Komplexe Funktionen zeichnen

Needs["Graphics`ComplexMap`"]

CartesianMap[func[#] &, {realmin,realmax}, {imagmin,imagmax}]

PolarMap[func[#] &, {rmin,rmax}, {phimin,phimax}]

Frame->True

transformiert die Punkte der komplexen Zahlenebene im angegebenen rechteckigen oder polaren Bereich durch die komplexe »pure function«; mit Frame->True erfolgt die Beschriftung der Koordinatenachsen außerhalb der eigentlichen Grafik

Needs["Graphics`PlotField`"]

PlotPolyaField[f[x + I y], {x,xmin,xmax}, {y,xmin,ymax}]

zeichnet ein Diagramm aus vielen kleinen Pfeilen, die den Betrag und die Phase der komplexen Funktion an diesem Ort anzeigen; Optionen siehe unten bei PlotVectorField

Vektorfelder zeichnen

Needs["Graphics`PlotField`"]

PlotVectorField[{fx[x,y], fy[x,y]}, {x,xmin,xmax}, {y,ymin,ymax}]

zeichnet das Feld der vektoriellen Funktion {fx,fy}

PlotGradientField[f[x,y], {x,xmin,xmax}, {y,ymin,ymax}]

zeichnet das Feld der Funktion {D[f,x], D[f,y]}

PlotHamiltonianField[f[x,y], {x,xmin,xmax}, {y,ymin,ymax}]

zeichnet das Feld der Funktion {D[f,y], -D[f,x]}

ListPlotVectorField[{ {v11,v12,v13,..}, {v21,v22,v23,..},..}]

zeichnet das durch die Vektoren v={vx,vy} in einer zweidimensionalen Liste angegebene Vektorfeld

ListPlotVectorField[{ {ort1,v1}, {ort2,v2},.. }]

zeichnet die in einer eindimensionalen Liste durch Orts- und Richtungsangaben spezifizierten Vektoren, wobei ort={x,y} und v={vx,vy}

Needs["Graphics`PlotField3D`"]

Needs["Graphics`PlotFie1`"] (* für Mathematica 2.0 für Windows *)

PlotVectorField3D[{fx,fy,fz}, {x,xmin,xmax}, {y,..}, {z,..}]
PlotGradientField3D[f[x,y,z], {x,xmin,xmax}, {y,..}, {z,..}]
ListPlotVectorField3D[liste]

wie oben, aber für dreidimensionale Vektoren

PlotPoints->n
ColorFunction->f[#]&
VectorHeads->True

PlotPoints bestimmt die Zahl der Pfeile je Koordinatenrichtung (Default 15 für 2D–, 7 für 3D-Grafiken); über ColorFunction kann die Farbgebung der Pfeile durch eine »pure function« gesteuert werden; an die Funktion werden Werte zwischen 0 (kurze Pfeile) und 1 (lange Pfeile) übergeben; mit VectorHeads->True werden auch 3D-Grafiken mit Pfeilspitzen dargestellt; diese Option ist für 2D-Grafiken nicht vorhanden (dort werden immer Pfeile gezeichnet)

Grafiken kombinieren

Show[grafik, options]

zeigt die schon berechnete Grafik mit veränderten Optionen an

Show[grafik1, grafik2, ..]

vereint die angegebenen Grafiken; die Grafiken müssen denselben Typ haben

Plot[..., **DisplayFunction->Identity**]

berechnet und speichert eine Grafik, zeigt sie aber nicht an

Show[**GraphicsArray**[{{g11,g12,..}, {g21,g22,..},..}]]

GraphicsSpacing->{x,y}

ordnet mehrere bereits berechnete Grafiken zeilenweise an; die Option GraphicsSpacing für das Kommando GraphicsArray bestimmt den Abstand zwischen den Grafiken relativ zur Größe einer Einzelgrafik; Default: {0.1, 0.1}

Bewegte Grafik

Needs["Graphics`Animation`"]
Animate[grafikkommando, {t,tmin,tmax,tdelta}]

berechnet mehrere Bilder durch die Variation des Parameters t und zeigt sie anschließend (zumindestens bei manchen Mathematica-Versionen) als Animation

ShowAnimation[{grafik1,g2,g3,..}]

zeigt die in der Liste angegebenen Bilder als Animation

SpinShow[grafik3d]

Frames->n
SpinDistance->r
SpinOrigin->{x,y,z}
SpinTilt->{beta,gamma}
SpinRange->{alphamin, alphamax}
RotateLights->True

rotiert die dreidimensionale Grafik und zeigt die resultierenden Bilder als Animation; Frames bestimmt die Anzahl der Bilder (Default 24), SpinOrigin und SpinDistance bestimmen die Perspektive, SpinTilt die Abweichung der Drehachse von der z-Achse, SpinRange den Drehbereich (Default: 0 bis 360 Grad); mit RotateLights können die Lichtquellen mitrotiert werden (Default: False)

Grafik-Typen

Graphics[{zeichenkommandos}, {optionen}]
DensityGraphics[{zahlenwerte}, {optionen}]
ContourGraphics[{zahlenwerte}, {optionen}]
SurfaceGraphics[{zahlenwerte}, {optionen}]
Graphics3D[{zeichenkommandos}, {optionen}]
GraphicsArray[{grafiken}, {optionen}]

die Kommandos werden zur internen Darstellung von Grafiken verwendet; die Grafikdaten werden bei Graphics(3D) durch Zeichenkommandos für Punkt, Linie, Polygon,.. ausgedrückt, bei Density.., Contour.. und SurfaceGraphics durch reine Zahlenlisten, bei GraphicsArray durch ganze Grafiken in einem der sechs oben angeführten Kommandos (innerhalb eines GraphicsArray darf wiederum GraphicsArray verwendet werden); die Grafiken können mit Show am Bildschirm angezeigt werden

Bearbeitung von 3D-Grafiken

`Needs["Graphics`Shapes`"]`

`RotateShape[grafik, phi, theta, psi]`

`TranslateShape[grafik, {dx,dy,dz}]`

`AffineShape[grafik, {fx,fy,fz}]`

die Kommandos manipulieren die Koordinaten von Grafiken im Typ `Graphics3D`; bei `RotateShape` erfolgt eine Drehung um die drei Eulerwinkel; `TranslateShape` verschiebt die Grafik um den angegebenen Vektor; `AffineShape` skaliert die Koordinaten

`Needs["Graphics`Graphics3D`"]`

`Needs["Graphics`Graphic1`"]` (* Mathematica 2.0 für Windows *)

`StackGraphics[ {grafik1,grafik2,..} ]`

kombiniert mehrere zweidimensionale Grafiken zu einer dreidimensionalen Darstellung

`Shadow[grafik]`

`X/Y/ZShadow->True / False`

`X/Y/ZShadowPosition``->-1 / +1`

zeichnet die dreidimensionale Grafik zusammen mit ihren Schatten in x-, y- und z-Richtung; durch die obigen sechs Optionen werden die Schatten selektiv ein- und ausgeschaltet und wahlweise in positiver oder an negativer Koordinatenrichtung angezeigt

`Project[grafik, {nx,ny,nz}]`

`Project[grafik, {vec1,vec2}, punkt]`

`Project[grafik, {vec1,vec2}, blickpunkt]`

projeziert die dreidimensionale Grafik auf die durch ihren Normalvektor oder durch die in Punkt-Richtungsform angegebene Ebene; in der dritten Variante kann durch den Blickpunkt eine Projektionsrichtung abweichend von der Normalen auf die Ebene angegeben werden; die Grafik muß mit `Show` angezeigt werden

3D-Körper zusammenstellen

Needs["Graphics`Shapes`"]
Cylinder[r,h,n]
Cone[r,h,n]
Torus[raußen,rinnen,n1,n2]
Sphere[r,n1,n2]
MoebisStrip[r1,r2,n]
Helix[r,h,n1,n2]
DoubleHelix[r,h,n1,n2]

erzeugt eine Liste mit den `Polygon`-Kommandos zum Zeichnen eines Zylinders, eines Kegels, eines Torus, einer Kugel, eines Möbius-Bandes, und eines einfachen oder doppelten Spiralbandes; die Grafik kann mit `Show[Graphics3D[..]]` angezeigt werden

Needs["Graphics`Polyhedra`"]
Polyhedron[name]
Polyhedron[name, {x,y,z}, scale]
Stellate[Polyhedron[...]]

`Polyhedron` erzeugt eine `Graphics3D`-Grafik eines der folgenden Vielflächers: `Tetrahedron`, `Cube`, `Octahedron`, `Dodecahedron`, `Icosahedron`, `Hexahedron`, `GreatDodecahedron`, `SmallStellatedDodecahedron`, `GreatStellatedDodecahedron` und `GreatIcosahedron`; optional kann der gewünschte Koordinatenursprung und ein Vergrößerungs-/Verkleinerungsfaktor angegeben werden; `Stellate` umgibt einen Vielflächer mit sternförmigen Erweiterungen

27 Programmieren (I): Einführung

Über das Programmieren in Mathematica kann man ohne weiteres ein ganzes Buch füllen. (Andere Autoren haben das auch schon getan – siehe Quellenverzeichnis.) Insofern sollten Sie sich von diesem und dem nächsten Kapitel keine Wunder erwarten. Die beiden Kapitel sollen Ihnen in erster Linie eine Vorstellung davon vermitteln, welche zusätzlichen Möglichkeiten sich durch die Verwendung von Mathematica als Programmiersprache ergeben.

Sie werden feststellen, daß Programmieren keinesfalls so schwierig ist, wie es für einen Nicht-Programmierer vielleicht den Anschein hat. Genaugenommen haben Sie in Mathematica bereits programmiert – nämlich immer dann, wenn Sie eine eigene Funktion definiert haben. Dieser Schritt ist so ziemlich die einfachste Form des Programmierens (und bereits damit kann man in Mathematica recht komplexe Aufgaben erfüllen, wie Sie gleich feststellen werden).

Dieses Kapitel will eine Einführung in das Programmieren geben, wobei folgende Themen behandelt werden: der Umgang mit Funktionen und Regeln, »pure functions«, die Programmierung neuer Kommandos, mögliche Mathematica-Programmierstile und schließlich die Berechnung einer Apfelmännchengrafik als (abschreckendes) Beispiel für die prozedurale Programmierung.

Eigene Funktionen definieren

```
f[x_]:=x^2+3x+5

f[7]
75

f[2+5I]
-10 + 35 I

list={1,2,3,4};
f[ list ]
{9, 15, 23, 33}

f[a+b]
                      2
5 + 3 (a + b) + (a + b)
```

Das erste Beispiel ist beinahe so trivial, daß Sie es kaum als Programmier-Beispiel erkennen. Dennoch haben Sie mit f[] eine neue Funktion definiert, die Sie jetzt durchaus gleichberechtigt mit anderen Mathematica-Funktionen wie `Sin` oder `Sqrt` verwenden können. Die Funktion kann gleichermaßen für reelle und komplexe Zahlen sowie für symbolische Argumente ausgewertet werden; es darf sogar eine ganze Liste als Parameter angegeben werden.

Zur Definition noch einige Details: Der Operator := (`SetDelayed`) weist dem Symbol f den Term x^2+3x+5 zu, wobei x nicht ausgewertet wird, sondern als Platzhalter für den ersten Parameter von f dient. Der Unterstrich »_« symbolisiert diese Platzhalter-Funktion: x wird bei der Verwendung der Funktion durch einen beliebigen mathematischen Ausdruck ersetzt (nämlich durch das Argument, das Sie beim Aufruf der Funktion angeben). Übrigens kennt Mathematica auch eine Verdoppelung und Verdreifachung des Unterstrichs: »__« steht für mehrere Parameter (mindestens einer), »___« steht ebenfalls für mehrere Parameter, wobei es auch zulässig ist, überhaupt keinen Parameter anzugeben (z.B. bei Optionen).

Das Beispiel unten zeigt, wie einfach rekursive Funktion definiert werden können. Als rekursiv wird eine Funktion bezeichnet, die sich selbst aufruft. Wenn Sie f[4] berechnen, setzt Mathematica das Ergebnis aus f[3]+f[2] zusammen, f[3] aus f[2]+1, und schließlich f[2] aus 1+1. (Aus diesem Beispiel geht schon hervor, daß die Berechnung von f[10] schon recht mühsam wird, und daß Sie f[1000] auf diesem Weg vermutlich nie kennenlernen werden).

```
Clear[f]

f[n_]:=f[n-1] + f[n-2]

f[0]=f[1]=1;

f[2]
2
```

```
Table[ f[i], {i,10}]
{1, 2, 3, 5, 8, 13, 21, 34, 55, 89}
```

Bei diesem Beispiel ist vor allem die Fallunterscheidung zwischen der allgemeinen Funktion f[] und den fest definierten Werten f[0] und f[1] interessant. Bei der Auswertung der Funktion f beginnt Mathematica mit den Spezialfällen, für die ganz klare Regeln vorliegen: Wenn das Argument den Wert 0 hat, ist das Ergebnis 1, die weiteren Definitionen von f sind nicht mehr interessant. Erst wenn keiner dieser Spezialfälle zutrifft, wird die allgemeine Formel verwendet. Wenn Sie mit ?f Informationen über das Objekt f anzeigen lassen, gibt Mathematica zuerst die speziellen, anschließend die allgemeineren Definitionen für f an.

```
?f

Global`f
f[0] = 1
f[1] = 1
f[n_] := f[n - 1] + f[n - 2]
```

Die Definition von f ist allerdings noch nicht besonders gut durchdacht. Wenn Sie eine negative oder nicht ganze Zahl als Argument einsetzen, wird Mathematica beim rekursiven Einsetzen von Funktionen mit immer kleineren Argumenten nie zu einem Ende kommen:

```
f[-1]

$RecursionLimit::reclim: Recursion depth of 256 exceeded.

$Aborted
```

Aus diesem Grund muß f um einige weitere Definitionen ergänzt werden. Im ersten Kommando wird f[n] als 0 definiert, wenn n kleiner 0 ist. Im zweiten Kommando wird f[0] abermals als 0 definiert, diesmal für den Fall, daß der Parameter n keine Integerzahl ist. Diesen Test führt das Kommando `IntegerQ` durch. Der Operator /; (`Condition`) drückt aus, daß es sich um eine bedingte Definition handelt, die nur dann gilt, wenn die nachfolgende Bedingung wahr ist. Die Definition dieser Funktion ist ein Beispiel dafür, wie Mathematica mit Regeln umgeht.

```
f[n_]:=0 /; n<0

f[n_]:=0 /; Not[IntegerQ[n]]
f[-1]

0
f[1.5]

0
```

Noch immer gilt: Mathematica wertet zuerst die Sonderfälle aus. Bedingte Definitionen sind Sonderfälle. Daher haben diese Definitionen von f Vorrang gegenüber der allgemeinen Funktion.

```
?f
```

```
Global`f
f[0] = 1
f[1] = 1
f[n_] := 0 /; n < 0
f[n_] := 0 /; !IntegerQ[n]
f[n_] := f[n - 1] + f[n - 2]
```

Das Beispiel oben hat nur eine mögliche Definition für f gezeigt. Die Syntax von Mathematica ermöglicht zahlreiche weitere Varianten, von denen eine unten vorgestellt wird. Neu daran ist der Ausdruck `n_?IntegerQ`, mit dem der Gültigkeitsbereich des Parameters auf Integerzahlen eingeschränkt wird. In der gleichen Kurzschreibweise werden nichtganze Zahlen nun auf ganze Zahlen auf- oder abgerundet. (Beachten Sie, daß `Round` bei 0.5 abrundet und nicht, wie sonst üblich, aufrundet.) Die allgemeinste Regel lautet jetzt übrigens nicht mehr f=f[n-1]+f[n-2], sondern f=0. Diese Regel kommt allerdings nur in seltenen Fällen zum Einsatz, beispielsweise bei symbolischen Ausdrücken der Form a+b, die von keiner der anderen bedingten Definitionen aufgefangen wird.

```
Clear[f]

f[0]=f[1] = 1;
f[n_] := 0 /; n<0
f[n_?IntegerQ] := f[n-1]+f[n-2];
f[n_?NumberQ] := f[Round[n]]
f[n_] := 0
```

Pure Functions

Dieses Thema wird hier eigentlich nur deshalb behandelt, weil es inhaltlich zum vorigen Abschnitt gut paßt. Für Ihre ersten Programmierversuche werden Sie keine »pure functions« benötigen, wohl aber im täglichen Umgang mit ganz normalen Mathematica-Kommandos.

Vom geheimnisvollen Namen abgesehen sind »pure functions« leicht zu verstehen. Normale Funktionen verwenden als Parameter Symbole wie x, also beispielsweise f[x]=x^2-3. Bei »pure functions« wird statt dem Parameter das Zeichen »#« verwendet. Wenn die Funktion mehrere Parameter aufweist, werden die weiteren Parameter #2, #3, usw. bezeichnet. Damit Mathematica versteht, daß es sich um eine »pure function« handelt, muß an das Ende des Ausdrucks noch ein »&«-Zeichen angehängt werden.

Sie werden sich jetzt vielleicht fragen: Warum so kompliziert, wenn es doch viel einfacher auch geht? Der Vorteil von »pure functions« liegt darin, daß sie vor ihrer Verwendung nicht definiert werden müssen. Das ist insbesondere dann sinnvoll, wenn »pure functions« als Parameter in Kommandos eingesetzt werden sollen und Mathematica die Argumente für die »pure function« zur Verfügung stellt (z.B. bei der Option `ColorFunction`), oder wenn Mathematica eine Funktion als Ergebnis zurückgibt (z.B. bei `DSolve`).

Im Beispiel unten wird die Funktion x^2-x-3 als »pure function« definiert. Beachten Sie, daß zwar während der Definition kein Parameter angegeben wird, wohl aber bei der Verwendung der Funktion! Dieser Parameter wird dann automatisch an der Stelle von »#« eingesetzt.

```
func:= (#^2 - # + 3)&

func[x]
           2
3 - x + x

func[3]
9
```

`DSolve` gibt eine »pure function« als Lösung einer Differentialgleichung zurück. Der Vorteil gegenüber einer herkömmlichen Funktion besteht darin, daß die »pure function« auch in die Ableitung y'[x] eingesetzt wird. Mathematica leitet die Funktion automatisch ab. (Wenn das Ergebnis als normale Funktion angegeben wird, wozu `DSolve` ebenfalls in der Lage ist, lautet die Substitutionsregel `y[x]->...` Diese Regel kann für y'[x] wegen des Ableitungszeichens nicht verwendet werden.)

```
lsg=DSolve[ {y'[x] + y[x] == 0, y[0]==1}, y, x]
            -#1
{{y -> (E        & )}}

y'[x] /. lsg[[1]]
  -x
-E
```

Das letzte Beispiel zeigt, wie »pure functions« zur Einstellung der `ColorFunction`-Option verwendet werden können. Diese Option erwartet eine Funktion, an die Mathematica dann das Argument (zwischen 0 und 1) übergibt. (Siehe auch Kapitel 26, Bild 26.6.)

```
ColorFunction->(GrayLevel[ Mod[2#,1] ]&)
```

Neue Kommandos definieren

Mathematica ist mit zahlreichen Kommandos ausgestattet. Gelegentlich kommt es aber vor, daß gerade für eine häufig benötigte Aufgabe ein passendes Kommando fehlt. Ein solches Kommando lautet z. B. `PlotMultiple` zum Zeichnen von Kurvenscharen. Selbstverständlich können Sie auch mit dem vorhandenen `Plot`-Kommando mehrere Kurven zeichnen. Das ist aber ziemlich mühsam:

Wenn Sie die Kurven Sin[x], Sin[2x] und Sin[3x] in einer Grafik darstellen möchten, geben Sie die drei Funktionen als Liste im ersten Parameter von `Plot` an:

```
Plot[ {Sin[x], Sin[2x], Sin[3x]}, {x,0,2Pi}]              (* ohne Bild *)
```

Der Schreibaufwand ist schon recht beträchtlich, und er wird noch höher, wenn Sie auch die Oberschwingungen bis hin zu Sin[7x] darstellen möchten. Hier sollte `Table` weiterhelfen:

```
Plot[ Table[ Sin[n x], {n,1,7}], {x,0,2Pi}]               (* ohne Bild *)

Plot::plnr: CompiledFunction[{x}, <<1>>, -CompiledCode-][x]
     is not a machine-size real number at x = 0..
```

Mathematica bricht die Ausführung des Kommandos mit einigen Fehlermeldungen ab. Das Problem wurde in Kapitel 17 schon beschrieben. Mathematica setzt bei der Abarbeitung von `Plot` zuerst die Zahlenwerte in den zweiten Parameter ein und wertet den Parameter erst dann aus. Im vorliegenden Fall muß mit `Evaluate` die vorzeitige Auswertung des `Table`-Kommandos erzwungen werden:

```
Plot[ Evaluate[Table[ Sin[n x], {n,1,7}]], {x,0,2Pi}] (* ohne Bild *)
```

Wenn Sie öfters solche Kurvenscharen zeichnen, wird Ihnen das Eingeben der verschachtelten Kommandos bald auf die Nerven gehen. Es geht aber viel einfacher: In nur zwei Zeilen definieren Sie das neue Kommando `PlotMultiple`:

```
PlotMultiple[func_, list1_, list2_] :=
  Plot[ Evaluate[ Table[func, list1]], list2]

PlotMultiple[ c E^x, {c,-3,3,.4}, {x,-5,5} ]              (* Bild 27.1 *)
```

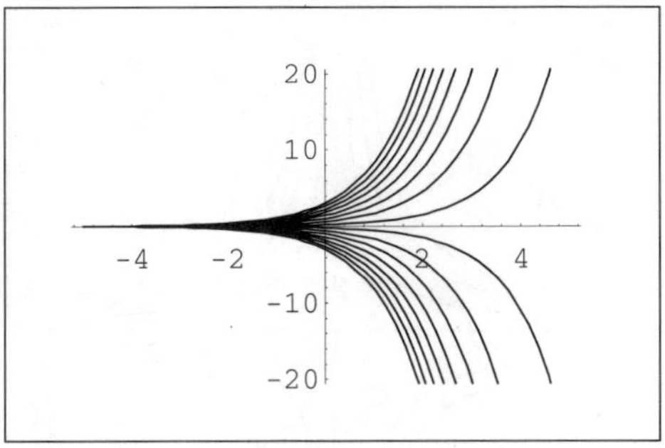

Bild 27.1: Die Kurvenschar c E^x wurde mit dem neuen Kommando PlotMultiple gezeichnet

Wie Bild 27.1 beweist, funktioniert das neue Kommando ausgezeichnet. Im ersten Parameter wird die Funktion, im zweiten Parameter der Variationsbereich für die Kurvenschar und im dritten Parameter der Wertebereich für die x-Achse angegeben. Im Prinzip ist die Definition dieses Kommandos mit der Definition einer Funktion wie im vorigen Abschnitt identisch. Genaugenommen gibt es gar keinen Unterschied zwischen einem »Kommando« und einer »Funktion«.

Dem neuen `PlotMultiple`-Kommando fehlt noch eine wertvolle Eigenschaft des normalen `Plot`-Kommandos: Es können keine Optionen angegeben werden. Diese Einschränkung läßt sich leicht beseitigen:

```
PlotMultiple[func_, list1_, list2_, options___] :=
  Plot[ Evaluate[ Table[func, list1]], list2, options]
```

Das Kommando ist jetzt mit einem vierten Parameter ausgestattet, dem im Gegensatz zu den anderen drei Parametern nicht nur einer, sondern gleich drei Unterstriche folgen. Damit wird ausgedrückt, daß dieser Parameter keines, eines oder mehrere Argumente aufnehmen kann. Wenn Sie `PlotMultiple` also ohne Optionen aufrufen, bleibt options einfach leer (aber Mathematica verzichtet auf Fehlermeldungen, daß Sie den vierten Parameter vergessen hätten). Wenn Sie dagegen eine oder mehrere Optionen angeben, werden diese in options gespeichert und an das `Plot`-Kommando übergeben.

```
PlotMultiple[ c x - c^2, {c,-4.5,4.5,0.5}, {x,-5,5},   (* Bild 27.2 *)
              PlotRange->{-4,4}]

PlotMultiple[ c/x, {c,-3,3}, {x,-5,5},                 (* Bild 27.3 *)
              PlotRange->{-5,5}, AspectRatio->1]
```

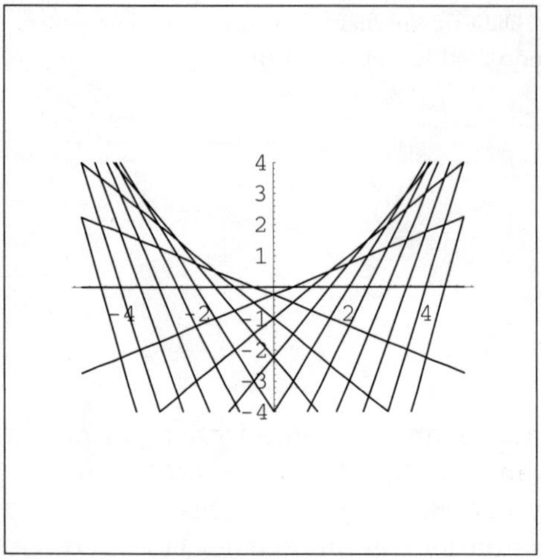

Bild 27.2: Die Kurvenschar c x - c^2

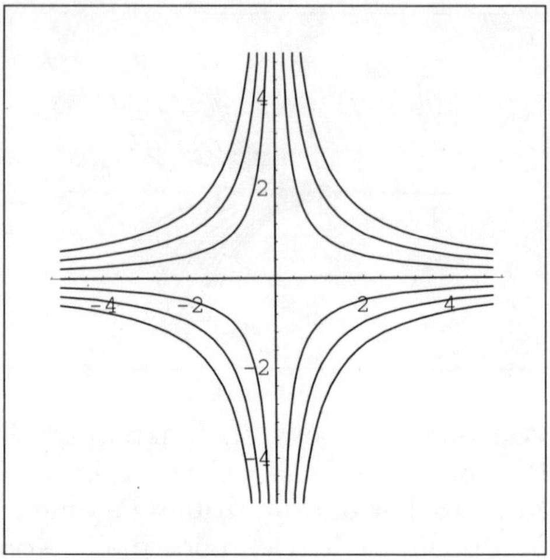

Bild 27.3: Die Kurvenschar c/x

Im nächsten Kapitel erfahren Sie, wie Sie neue Kommandos in eigenen Packages speichern und damit allgemein verwendbarer machen.

Programmierstile im Mathematica

Wenn Sie schon in Basic, C, Cobol, Fortran, Modula, Pascal oder einer anderen vergleichbaren Sprache programmiert haben, dann sind Sie gewohnt, in Unterprogrammen, Schleifen, If-Bedingungen, usw. zu denken. In Mathematica stehen Ihnen alle Kommandos zur Verfügung, um in eben diesem Stil zu programmieren. (Falls Ihre bevorzugte Sprache C ist, werden Sie viele Konstruktionen und Operatoren sogar in der gleichen Syntax wiederfinden.)

Die Stärken von Mathematica liegen allerdings weniger in der prozedurale Programmierung als in seiner hervoragenden Listenverarbeitung (hier werden die Lisp-Programmierer viele Eigenschaften wiedererkennen) und in der Unterstützung von bedingten Definitionen und Regelsystemen (jetzt ist Prolog an der Reihe).

Mathematica stellt damit eine neue Programmiersprache dar, die bekannte Elemente mit der für mathematische Aufgaben optimierten Ausdrucks- und Listenverarbeitung kombiniert.

Prinzipiell ist es Ihnen überlassen, auf welche Weise Sie in Mathematica programmieren. Es besteht allerdings die Gefahr, daß Sie hauptsächlich auf solche Sprachelemente zurückzugreifen, die Sie aus anderen Programmiersprachen schon kennen – auch dann, wenn Mathematica viel bessere und vor allem schnellere Möglichkeiten anbietet.

Eines sollten Sie bei der Programmierung in Mathematica immer beachten: Mathematica arbeitet prinzipiell als Interpreter (und nicht wie die meisten bekannten Programmiersprachen als Compiler). Aus diesem Grund sind Mathematica-Programme in der Regel viel langsamer als vergleichbare C-Programme. Der Interpreter-Ansatz hat natürlich auch Vorteile – insbesondere die leichte Erweiterbarkeit durch ASCII-Programmdateien (Packages) und die Möglichkeit, in einem laufenden Programm (!) neue Funktionen je nach Bedarf zu erzeugen.

Prozedurale Programmierung

Nachdem im gesamten Buch zahlreiche (einfache) Beispiele für die Listenverarbeitung mit Mathematica zu finden waren, und auch das Thema »Regeln und Bedingungen« im ersten Abschnitt dieses Kapitels zumindestens berührt wurde, ist jetzt die prozedurale Programmierung an der Reihe.

Allerdings ist das folgende Programm eher als abschreckendes Beispiel zu betrachten. Es beweist, daß in Mathematica prozedurale Programmierung möglich ist. Es zeigt aber gleichzeitig, daß solche Programme sehr langsam sind. Das unten vorgestellte Apfelmännchenprogramm wird von jedem Basic-Interpreter schneller verarbeitet als von Mathematica!

Apfelmännchengrafiken werden bekanntlich nach der einfachen Formel $zneu=zalt^2+z0$ berechnet. Für verschiedene komplexe Startwerte wird getestet, wie lange es dauert, bis der Betrag von zneu den Wert 2 übersteigt. Die Zahl der Iterationen bestimmt dann die Farbe des Punktes. Da bei manchen Startwerten der Betrag 2 nie überschritten wird, muß es bei der Berechnung eine weitere Abbruchbedingung geben, nämlich die Zahl der maximalen Iterationsschritte.

```
ApfelCalc[z0_, zaehlermax_] :=
  Module[
    {i,z},
    z=z0; i=0;
    While[ Abs[z]<2 && i<zaehlermax,
           z=z^2+z0; i++;];
    i
  ]
```

Die Funktion `ApfelCalc` (Sie können die Zeilen ebensogut Unterprogramm nennen) ermittelt die Zahl der notwendigen Iterationsschritte, bis der Betrag von z größer als 2 ist oder die vorgegebene Iterationstiefe erreicht ist. Dabei wurden zwei neue Kommandos eingesetzt: `Module` dient zur Definition von lokalen Variablen. (Falls Sie keine Erfahrung mit anderen Programmiersprachen haben: Lokale Variablen sind Variable, die nur innerhalb des Moduls existieren. Gleichnamige Variablen außerhalb des Moduls werden nicht berührt. Das ist notwendig, damit sich verschiedene Programmteile nicht gegenseitig stören oder beeinflussen.) `Module` erwartet im ersten Parameter die Liste der lokalen Variablen. Im zweiten Parameter stehen dann die einzelnen Kommandos der Funktion, die jeweils durch ein Semikolon getrennt werden müssen. Mehr Informationen zu `Module` und zum Umgang mit lokalen Variablen erhalten Sie im nächsten Kapitel.

Das zweite neue Kommando lautet `While`: Dieses Kommando führt den Ausdruck im zweiten Parameter sooft aus, bis die Bedingung im ersten Parameter nicht mehr erfüllt ist (d. h. nicht mehr den Wahrheitswert `True` liefert). Im vorliegenden Beispiel ist die Bedingung aus zwei Teilbedingungen zusammengesetzt, die durch && (logisches UND) verknüpft sind. Der Ausdruck im zweiten Parameter besteht aus der Neuberechnung der komplexen Zahl z und der Vergrößerung von i um 1 (i++ ist die aus der Sprache C bekannte Kurzschreibweise für i=i+1). Die beiden Zuweisungen sind jeweils mit Semikolons abgeschlossen.

Das `i`, das ganz unscheinbar am Ende des Moduls steht, gibt den Rückgabewert der Funktion an. Hinter `i` darf kein (!) Semikolon stehen. Es würde die Rückgabe des vorhandenen Ergebnis verhindern!

Im Kommando unten wurde berechnet, nach wievielen Rechenschritten der Betrag 2 für den Startwert z0=0.4 + 0.4I überschritten wird.

```
ApfelCalc[0.4 + 0.4I,20]
8
```

Nun zum zweiten Teil des Programmes: `ApfelPlot` zeichnet mit dem Kommando `DensityPlot` ein Raster mit 20*16 Punkten einer Apfelmännchengrafik. In den beiden Parametern zmin und zmax wird der Bereich der komplexen Zahlenebene angegeben, der gezeichnet werden soll. Der dritte Parameter bestimmt die gewünschte Rechentiefe.

Durch `Module` werden eine Menge lokaler Variablen definiert. Real- und Imaginärteil der komplexen Argumente zmin und zmax werden der größeren Übersichtlichkeit wegen in getrennten Variablen gespeichert, anschließend wird die erforderliche Schrittweite berechnet.

Die Liste mit den Farben (Grauschattierungen) der einzelnen Punkte wird dann über ein `Table`-Kommando berechnet, das die zuvor definierte Funktion `ApfelCalc` aufruft. Der Imaginärteil wird von imax nach imin hinuntergezählt, damit große Imaginärteile oben (und nicht unten) angezeigt werden). Schließlich wird das in der Liste gespeicherte Ergebnis mit `ListDensityPlot` angezeigt.

```
ApfelPlot[ zmin_, zmax_, zaehlermax_] :=
  Module[
    {list,rmin,rmax,imin,imax,dr,di,r,i},
    rmin=Re[zmin]; rmax=Re[zmax];
```

```
    imin=Im[zmin]; imax=Im[zmax];
    dr=(rmax-rmin)/19;
    di=(imax-imin)/15;
    list=Table[ ApfelCalc[r + I i), zaehlermax],
               {i,imax,imin,-di}, {r,rmax,rmin,dr}];
    ListDensityPlot[ list, AspectRatio->1, FrameTicks->None];
  ]
```

Das Kommando `Table` beweist, daß prozedurale Programmierung durchaus mit Listenverarbeitung kombiniert werden kann. (Im traditionellen Programmierstil hätten Sie statt des `Table`-Kommandos zwei verschachtelte Schleifenkommandos wie `Do` oder `While` verwendet.)

Wenn Sie möchten, können Sie dieses Programm Schritt für Schritt weiter vereinfachen, bis es ein echtes »Mathematica-Programm« ohne prozedurale Elemente erhalten: Als erstes können Sie auf die Zwischenspeicherung der Liste verzichten, wenn Sie das `Table`-Kommando innerhalb des `..Plot`-Kommandos (statt list) angegeben. Der ganze Ausdruck wird dann allerdings etwas unübersichtlich. Es geht aber noch einfacher. Statt `ListDensityPlot` verwenden Sie gleich `DensityPlot`, geben als ersten Parameter die `ApfelCalc`-Funktion an, in den beiden folgenden Parametern die gewünschten Zahlenbereiche für Real- und Imaginäranteil. Die Zahl der zu berechnenden Punkte wird über die Option `PlotPoints` eingestellt. Damit können Sie auch auf die lokalen Variablen dr und di verzichten.

```
ApfelPlot[ zmin_, zmax_, zaehlermax_] :=  (* verbesserte Version 2 *)
  Module[
    {rmin,rmax,imin,imax,r,i},
    rmin=Re[zmin]; rmax=Re[zmax];
    imin=Im[zmin]; imax=Im[zmax];
    DensityPlot[
          Re[ApfelCalc[r+I i, zaehlermax]],
          {r,rmin,rmax}, {i,imax,imin},
          PlotPoints->{20,16}, AspectRatio->1, FrameTicks->None];
  ]
```

Der Ausdruck `Re[ApfelCalc[..]]` ist notwendig, weil Mathematica (aus welchen Gründen immer) die reellen Ergebnisse von `ApfelCalc` intern als komplexe Zahlen mit `0. I`, also mit dem Imaginärteil 0, speichert. `DensityPlot` zeichnet zwar auch dann die korrekte Grafik, meldet sich allerdings mit einigen Warnmeldungen. Noch kompakter (wenn auch nicht wesentlich schneller) wird das Programm, wenn Sie auch auf die lokalen Variablen rmin, rmax, imin und imax verzichten:

```
ApfelPlot[ zmin_, zmax_, zaehlermax_] :=  (* verbesserte Version 3 *)
  Module[
    {r,i}, DensityPlot[
              Re[ApfelCalc[r+I i, zaehlermax]],
              {r, Re[zmin], Re[zmax]}, {i, Im[zmax], Im[zmin]},
              PlotPoints->{20,16}, AspectRatio->1, FrameTicks->None]
  ]
```

Eine Beispielgrafik kann mit folgendem Kommando erstellt werden:

```
ApfelPlot[ -2-1.25I, 1.25+1.25 I, 20]                    (* Bild 27.4 *)
```

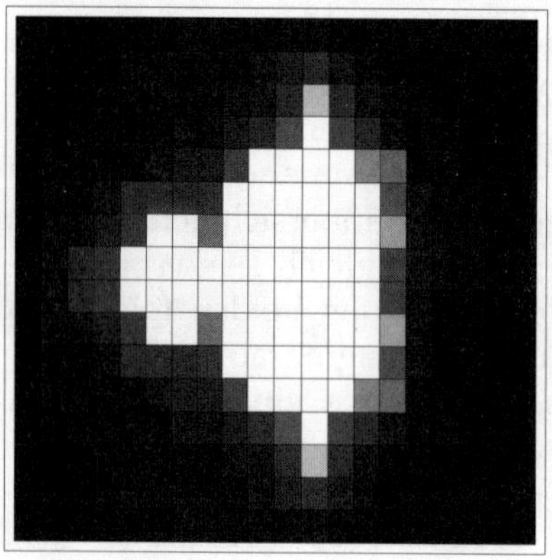

Bild 27.4: Eine Apfelmännchengrafik

Noch einige Worte zur Eingabe von `ApfelCalc` und `ApfelPlot`: Wenn Sie mit einer Notebook-Version von Mathematica arbeiten, können Sie die Programmteile sofort eingeben; kleine Änderungen am Programmtext stellen wegen der guten Editier-Möglichkeiten kein ernsthaftes Problem dar. Wenn Sie dagegen eine Text-orientierte Version von Mathematica besitzen, ist es vernünftiger, das Programm mit einem eigenen Editor zu schreiben und anschließend die Datei mit `<<dateiname` zu laden.

Das Beispiel hat unter anderem bewiesen, daß Mathematica nicht für jede mathematische Aufgabe geeignet ist. Wenn Sie Apfelmännchengrafiken berechnen möchten, schreiben Sie sich das Programm in C oder einer vergleichbaren anderen Sprache. Die Grafik wird damit um Zehnerpotenzen schneller berechnet. Wenn Sie die großartigen Grafikmöglichkeiten von Mathematica nutzen möchten, können Sie die Daten als ASCII-Datei (im Listenformat von Mathematica) speichern und dort weiterverarbeiten. Das Prinzip ist in Kapitel 29 beschrieben.

Wenn Sie dieses Beispiel noch immer nicht von der prozeduralen Programmierung abgeschreckt hat und Sie zumindestens Ihre ersten Programmiererfahrungen in Mathematica mit vertrauten Kommandos wie `Do`, `For`, `While`, `If` gewinnen möchten, finden Sie in der folgenden Zusammenfassung die wichtigsten Programmstruktur-Kommandos.

Zusammenfassung

`f[x_] := ..`
`f[y__] := ..`
`f[z___] := ..`
definiert die Funktion f[x], wobei x für einen Parameter steht, y für einen oder mehrere Parameter, z für keinen, einen oder mehrere Parameter

`f[x_bedingung] := ..`
`f[x_] := .. /; bedingung`
die Definition gilt nur, wenn die angegebene Bedingung erfüllt ist; die erste Syntax-Variante eignet sich nur für eine sehr einfache Bedingung, die zweite Variante ist flexibler und übersichtlicher; einfache Bedingungen sind `ValueQ`, `NumberQ`, `IntegerQ`, `EvenQ`, `OddQ`, `StringQ`, `ListQ`, `VectorQ`, `MatrixQ`, `PolynomialQ`, `OptionQ` (zum Test, ob der Parameter ein Wert, eine Zahl, eine Integerzahl, eine gerade Integerzahl, usw. ist)

`f := (#^2+Sin[#])&`
Definition einer »pure function«; # steht für den ersten Parameter, #2 für den zweiten Parameter, usw.; & kennzeichnet den Ausdruck als »pure function«

`Module[ {var1,var2,..}, ausdruck]`
definiert die Variablen var1, var2,.. innerhalb des Moduls als lokal (die Gültigkeit der Variablen beschränkt sich auf das Modul); im Ausdruck können beliebig viele durch Semikolones getrennte Kommandos stehen

`If[ bedingung, ausdruck1, ausdruck2]`
`If` testet die Bedingung; wenn sie wahr ist, wird der erste Ausdruck, sonst der zweite Ausdruck ausgeführt

`Which[ bedingung1, ergebnis1, bedingung2, ergebnis2, ..]`
`Which` ist eine Erweiterung von `If`: es werden der Reihe nach alle Bedingungen getestet, bis die erste wahr ist; anschließend wird der darauf folgende Ausdruck ausgeführt und die `Which`-Konstruktion beendet; ein Default-Ausdruck kann angegeben werden, wenn als letzte Bedingung `True` verwendet wird

`Switch``[ ausdruck, test1, ergebnis1, test2, ergebnis2, ..]`

`Switch` berechnet den Ausdruck im ersten Parameter und vergleicht ihn der Reihe nach mit test1, test2, usw.; sobald eine Übereinstimmung gefunden wird, gibt `Switch` das nachfolgende Ergebnis zurück; ein Default-Ausdruck kann im letzten Ergebnis-Parameter hinter der Testbedingung _ (ein einfacher Unterstrich) angegeben werden

`Do``[ ausdruck, {i,imin,imax,deltai}]`

`While``[ bedingung, ausdruck]`

`For``[ startausdruck, bedingung, increment, ausdruck]`

die drei Schleifen-Kommandos von Mathematica: `Do` führt den Ausdruck aus, bis i den Wert imax erreicht bzw. überschreitet; einfachere Varianten der Liste sind {imax}, {i,imax} und {i,imin,imax}; `While` führt den Ausdruck aus, solange die Bedingung erfüllt ist; `For` führt zuerst einmal den Startausdruck aus, testet dann die Bedingung, und führt schließlich zuerst die Kommandos des letzten Ausdrucks, anschließend die Increment-Kommandos aus, bis die Bedingung nicht mehr erfüllt ist (entspricht in C: for(start,bed,inc){ausdruck})

`Break[]`

`Continue[]`

`Return``[ergebnis]`

`Break` bricht die Ausführung der aktuellen (innersten) Schleife ab; `Continue` überspringt alle Kommandos bis zum Schleifenende und setzt die Schleife dort fort; `Return` beendet die Funktion (springt dazu aus allen Schleifen) und gibt den Ergebnis-Ausdruck zurück

`bedingung1` **`&&`** `bedingung2`

`bedingung1` **`||`** `bedingung2`

`!``bedingung`

verknüpft Bedingungen mit logischem Und (&& oder `And`[bed1,bed2]), mit logischem Oder (`||` oder `Or`[bed1,bed2]) bzw. negiert eine Bedingung (`!` oder `Not`[bed])

`<<``dateiname`

lädt die angegebene Datei in den Speicher und führt die darin enthaltenen Definitionen aus; die Datei wird nicht angezeigt; `<<` kann auch zum Laden von Packages verwendet werden, dazu ist `Needs` aber besser geeignet

Programmieren (II): Eigene Packages schreiben

Eine der bemerkenswerten Eigenschaften von Mathematica besteht in seiner einfachen Erweiterbarkeit. Bereits die Standard-Version von Mathematica besteht nur zu einem Bruchteil aus internen Kommandos. Alle weiteren Spezial-Kommandos befinden sich in zahlreichen Packages, die vor der Verwendung des jeweiligen Kommandos mit << oder mit `Needs` geladen werden müssen. Diese Packages sind Beispiele dafür, wie weit Sie Mathematica durch meist relativ kleine Programme erweitern können. Dieses Kapitel gibt einige prinzipielle Hinweise, wie solche Packages aufgebaut sind, wie Mathematica Symbole für Kommandos, Funktionen und Variablen verwaltet, wie Optionen berücksichtigt werden können, wie Default-Werte für Parameter vorgesehen werden können, usw.

Was ist ein Package?

Aus der Sicht des Nutzers ist ein Package einfach eine Sammlung von zusätzlichen Kommandos, die er nach dem Laden des Packages wie die eingebauten Mathematica-Kommandos verwenden kann.

Aus der Sicht von Mathematica ist ein Package eine Textdatei, die Definitionen für neue Kommandos enthält. Einige Packages werden beim Start von Mathematica automatisch geladen (nämlich alle Packages im PACKAGES\STARTUP\-Verzeichnis), andere werden nur auf Wunsch des Nutzers mit << oder mit `Needs` geladen. Beim Laden eines Packages werden die Definitionen gelesen und intern gespeichert, der Inhalt des Packages wird allerdings nicht angezeigt. Bei der Ausführung eines Package-Kommando werden die darin enthaltenen Anweisungen Schritt für Schritt ausgeführt.

Aus der Sicht des Programmierers ist ein Package der Programmcode für eine Art Unterprogrammsammlung. (Für C-Programmierer: Ein Package kann auch mit einer Library verglichen werden – allerdings mit zwei Unterschieden: Ein Package kann von Mathematica jederzeit nachträglich geladen werden, und ein Package enthält im Gegensatz zu einer Library keinen compilierten Code, sondern nur einige Zeilen ASCII-Text.)

In Packages werden ausschließlich Mathematica-Kommandos oder Kommandos aus anderen Packages verwendet. Packages basieren also darauf, daß Mathematica zugleich eine Programmiersprache ist. Trotz des ab Version 2.0 vorhandenen Compilers (Kommando `Compiled`) muß Mathematica nach wie vor als Interpreter betrachtet werden. Das ist mit ein Grund, warum Mathematica-Programme viel langsamer sind als vergleichbare C-Programme.

Packages befinden sich in Unterverzeichnissen zum Verzeichnis PACKAGES\, ihr Dateiname endet mit .M. Packages sind inhaltlich in Gruppen gegliedert: Alle Grafik-Packages befinden sich im Unterverzeichnis GRAPHICS\, alle Statistik-Packages im Unterverzeichnis STATISTICS\, usw. Wegen des Text-Formates dieser Dateien können Sie sich den Inhalt dieser Packages jederzeit mit einem Texteditor ansehen.

Eine Besonderheit stellen die sogenannten Master-Packages dar. Dabei handelt es sich um Packages, die Verweise auf alle Kommandos in den anderen Packages dieses Verzeichnisses enthalten. Diese Verweise haben die Form

```
DeclarePackage[ "packagekontext", {"Kommando1",
{"Kommando2",..}
```

also beispielsweise:

```
DeclarePackage["Algebra`Trigonometry`",
   {"ComplexToTrig", "TrigCanonical", "TrigExpand",
    "TrigFactor", "TrigReduce", "TrigToComplex"}]
```

Sobald ein Kommando verwendet wird, das in `DeclarePackage` quasi schon angemeldet wurde, lädt Mathematica automatisch das jeweilige Package. Mit

```
Needs["...`Master`"]
```

stehen Ihnen also alle Kommandos aus den Packages eines Verzeichnis zur Verfügung, ohne daß die Packages sofort geladen werden müssen.

Der prinzipielle Aufbau eines Package

Grundsätzlich hat ein Package folgende Bestandteile:

- Ein kurzer zwischen `(*` und `*)` eingeschlossener Kommentar über den Inhalt des Package, seinen Autor und das Datum der letzten Änderung.
- Das Kommando `BeginPackage`, welches den Kontext zum Speichern der Symbole des Packages angibt (siehe auch nächsten Abschnitt). Falls das Package auf Kommandos aus anderen Packages aufbaut, werden diese Packages in den weiteren Parametern von `BeginPackage` angeführt.
- Eine Aufzählung aller neuen (für den Benutzer verwendbaren) Kommandos und Optionen in der Form `Name::usage = "Erklärung"`. Zwischen den Hochkommas befindet sich ein Text, der die prinzipielle Funktion und Bedienung des Kommandos bzw. der Option kurz beschreibt. Dieser Text wird angezeigt, wenn der Benutzer `?Kommando` oder `?Option` eingibt.
- Das Kommando ``Begin["`Private`"]``, welches alle weiteren im Package benutzten Symbole vom Benutzer abschirmt. Der Benutzer kann daher nur die explizit mit `usage` aufgezählten Kommandos verwenden. (In der Regel befinden sich in Packages zahlreiche weitere Hilfskommandos, die nur zur internen Verwendung gedacht sind.)
- Der Programmcode für die Kommandos, der normalerweise mit `Kommando[parameter]:=` beginnt.
- Die Kommandos `End[]` und `EndPackage[]`, die die entsprechenden `Begin` bzw. `BeginPackage`-Kommandos abschließen.

Die folgenden Zeilen sind Ausschnitte aus dem Package ``Graphics`FilledPlot` ``. Nach diversen Kommentaren wird mit `BeginPackage` der Kontext ``Graphics`FilledPlot` `` definiert. Das Package verwendet seinerseits Kommandos aus dem Package ``Utilities`FilterOptions` ``.

Als nächstes enthält das Package Erklärungen zum Kommando `FilledPlot` und zu den Optionen `Fills`, `Curves`, `Front`, `Back` und `Axis`. Der eigentliche Programmcode beginnt bei ``Begin["`Private`"]`` mit der Definition der Optionen für

`FilledPlot`, der Definition der Fehlermeldungen `badfill` und `badcurv`, dem Code für das neue Kommando `FilledPlot` und dem Code für die Hilfskommandos `dopoly`, `getline`, usw.

```
(* :Title: Filled Plot *)
(* :Context: Graphics`FilledPlot` *)
(* :Author: John M. Novak *)

(* :Summary: Plots with fills between curves of functions. *)

(* :Package Version: 1.0 *)
(* :Mathematica Version: 2.0 *)
(* :History: V1.0 by John M. Novak, May 1991 *)

(* :Keywords:  graphics, Plot *)
(* :Limitations: uses rectangles to place the axes in front
    of the filled area;  this should work in all cases, but
    is not guaranteed. *)

BeginPackage["Graphics`FilledPlot`",
 "Utilities`FilterOptions`"]

FilledPlot::usage =
  "FilledPlot[function,{var,varmin,varmax}] generates a plot
  with the area between the curve and the var axis filled.... "

Fills::usage =
  "An option to FilledPlot.  There are two forms for this
  option; ..... "
Curves::usage = "..."
Front::usage = Back::usage = "..."
Axis::usage = "..."


Begin["`Private`"]

Options[FilledPlot] = Join[{ Fills->Automatic, Curves->Back},
                           Options[Plot]];

FilledPlot::badfill =
  "The Fills option has been given an incorrect form: `1`.";
FilledPlot::badcurv = "..."

FilledPlot[funcs_List,{x_Symbol,xmin_,xmax_},opts___] :=
  Module[{pl,lines,fills,gopts,disp,rng,asp,curve,
    ln = Length[funcs],n,gr,part},
    ...
  ]

(* Auxiliary Functions *)

dopoly[{{first_,second_},style_},lines_,rng_] :=
```

```
 Flatten[{style,
  Outer[linestopolygon,getline[first,lines,rng],
  getline[second,lines,rng]]}]

getline[0,lines_,rng_] := getline[Axis,lines,rng]

...

End[]

EndPackage[]
```

Packages werden mit einem Text-Editor geschrieben. Während der Testphase muß das Kommando << zum Laden des Packages verwendet werden. (`Needs` lädt das Package nur beim ersten Mal. Während der Programmierung eines Packages sind aber normalerweise zahlreiche Änderungen notwendig, bis alle Kommandos einwandfrei funktionieren. Um den geänderten Code immer wieder neu zu laden, muß << verwendet werden.)

Während der Test-Phase sollten Sie auf die Kommandos `BeginPackage` und `EndPackage` verzichten. Wenn Mathematica beim Einlesen des Packages auf einen Syntax-Fehler stößt, bricht es den Vorgang ab und erreicht aus diesem Grund nie das zugehörige `EndPackage`-Kommando.

Achtung: Wenn Sie nach einigen Versuchen alle Fehler aus dem neuen Package entfernt haben und dann die Erweiterung mit `BeginPackage` und `EndPackage` durchführen, gibt es Schwierigkeiten: Mathematica hat jetzt die neuen Kommando-Namen unter verschiedenen Kontexten gespeichert und meldet sich mit Meldungen in der Art wie:

```
Kommandoname::shdw:
   Warning: Symbol Kommandoname appears in multiple contexts
    {Test`Test`, Global`}; definitions in context Test`Test`
     may shadow or be shadowed by other definitions.
```

Das bedeutet, daß die alte Definition des Kommandos, die im Kontext `Global`` noch immer gespeichert ist, die neue Definition im Kontext ihres neuen Packages (z.B. `Test`Test``) überlagert. Wenn Sie das Kommando aufrufen, wird weiterhin die alte Definition verwendet, was natürlich unerwünscht ist. Abhilfe bringt das Kommando `Remove`, mit dem die alten Definitionen einfach gelöscht werden:

```
Remove[Kommandoname]
```

Die Gültigkeit von Variablen (Kontext)

Genaugenommen geht es in diesem Abschnitt nicht um Variablen, sondern um Symbole. Der Begriff »Variable«, so wie er in den meisten Programmiersprachen verwendet wird, beschreibt einen Platzhalter zur Speicherung von Zahlen oder Zeichenketten. Symbole in Mathematica können dagegen beliebige Objekte speichern: neben Zahlenwerten und Zeichenketten auch Vektoren, Matrizen, Listen, Funktionen, Gleichungen und Gleichungssysteme, ganze Kommandos, Grafiken, usw.

```
x=3;
f[x_] := x^2+x
glsys = {3x + 2y == 5, x - y == 3};
```

In den drei Kommandos oben wird im Symbol x die Zahl drei, im Symbol f eine Funktion, und im Symbol glsys ein Gleichungssystem gespeichert. Neben solchen vom Benutzer definierten Symbolen (die üblicherweise mit Kleinbuchstaben beginnen) gibt es die von Mathematica vordefinierten Symbole für Konstante (`Pi`, `E`, `I`), für Kommandos (`Plot`, `Simplify`), für Optionen (`PlotPoints`, `Range`).

Daneben gibt es Symbole, die nur innerhalb eines Packages (nur in einem bestimmten Kontext) verfügbar sind. Mathematica speichert prinzipiell alle Symbole in einem Kontext: Eingebaute Mathematica-Kommandos lauten in Ihrer vollständigen Bezeichnung eigentlich `` System`Kommandoname ``, Kommandos aus Packages verwenden als Kontext ihren Dateinamen (oder eine Variation davon), z.B. `` Graphics`FilledPlot` ``, selbst definierte Symbole haben den Kontext `` Global` ``.

Damit Sie nicht jedesmal den Symbolnamen samt Kontext eintippen müssen, ist in der Systemvariable `$ContextPath` eine Liste mit allen Kontexten gespeichert, in denen Symbole gesucht werden sollen. `$ContextPath` enthält in jedem Fall die Einträge `` Global` `` und `` System` ``. Darüberhinaus wird beim Laden von Packages automatisch der Kontext dieses Packages hinzugefügt.

```
$ContextPath
{Global`, System`}
Needs["Graphics`FilledPlot`"]
$ContextPath
{Graphics`FilledPlot`, Utilities`FilterOptions`, Global`, System`}
```

Der Kontext `` Utilites`FilterOptions` `` wird automatisch beim Laden des `` FilledPlot` ``-Packages hinzugefügt, weil dieses Package auf Kommandos im `` FilterOptions` ``-Package zugreift.

Schließlich gibt es für alle Packages einen `` Private` ``-Kontext. Darin sind Hilfskommandos enthalten, die zwar intern im Package benötigt werden, die aber für den

Benutzer unzugänglich sein sollen. Da dieser `Private`-Kontext nicht im `$ContextPath` enthalten ist, sind diese Symbole vor irrtümlichen Zugriffen geschützt. Sie können aber dennoch auf diese Symbole zugreifen, wenn Sie die gesamte Kontext-Angabe voranstellen, also beispielsweise `Graphics`FilledPlot`Private`chopline`, um das Hilfskommando `chopline` zu verwenden.

Wenn Sie einen Überblick über die zur Zeit definierten Symbole erhalten möchten, sollten Sie ein wenig mit `?` experimentieren. Die unten beispielhaft aufgezählten Kommandos erzeugen seitenlange, alphabetisch geordnete Listen.

```
?System`*       (* alle System-Schlüsselwörter anzeigen *)
?Global`*       (* alle von Ihnen definierten Symbole anzeigen *)
?*`*            (* alle defininierten Symbole anzeigen *)
?*`Private`*    (* alle Symbole in verschiedenen `Private`-Kontexten *)
```

Ganz ist dieses recht abstrakte Thema noch immer nicht abgeschlossen. Bisher wurde beschrieben, wie Mathematica Symbole unter verschiedenen Kontexten speichert und wie der Zugriff auf diese Symbole erfolgt. Daneben gibt es noch ein einfaches System der Kapselung, das Definition lokaler Variablen ermöglicht. Der Begriff »lokale Variablen« ist wieder aus der Welt der herkömmlichen Programmiersprachen entlehnt. Dort spricht man von einer lokalen Variablen, wenn diese Variable nur innerhalb eines Unterprogrammes oder einer Prozedur existiert und keinen Einfluß auf gleichnamige Variablen außerhalb hat. Dasselbe gilt im wesentlichen auch in Mathematica, allerdings müßte hier von »lokalen Symbolen« gesprochen werden. Die Definition solcher lokalen Symbole erfolgt mit `Block` oder `Module` (der Unterschied der beiden Kommandos wird unten noch erklärt).

Die Notwendigkeit lokaler Symbole können Sie dem nächsten Beispiel entnehmen: Es soll ein einfaches Kommando definiert werden, das eine Potenzreihe der Form x^i/i! aufstellt. Die erste Variante dieses Kommandos funktioniert allerdings nicht immer:

```
reihe[x_,n_] := Sum[ x^i/i!, {i,1,n}]

reihe[x,5]
         2    3    4     5
        x    x    x     x
x  +   -- + -- + --- + ---
        2    6    24   120

reihe[i,5]    (* falsches Ergebnis *)
1061
----
 24

reihe[x,i]    (* unsinniges Ergebnis *)
      i
     x
Sum[--, {i, 1, i}]
     i!

% /. i->5
```

```
Sum::itraw: Raw object 5 cannot be used as an iterator.
        5
       x
Sum[---, {5, 1, 5}]
     5!
```

Das Kommando `reihe` bereitet Probleme, wenn im Parameter das Symbol i verwendet wird. `reihe[i,5]` berechnet die Summe von i^i/i! für i zwischen 1 und 5. Dabei wird nicht zwischen dem i des Parameters x und dem i des Schleifenzählers unterschieden. Ähnliches passiert bei `reihe[x,i]`: Mathematica gibt eine Formel zurück, die erst ausgewertet werden kann, wenn i als Zahlenwert zur Verfügung steht. Sobald i allerdings einen Zahlenwert bekommt (z.B. 5), enthält die Formel einen Syntax-Fehler! Die Iterationsliste lautet dann nämlich {5,1,5}, es gibt keinen Schleifenzähler mehr!

Die Probleme sind vermeidbar, wenn der Schleifenzähler i des `Sum`-Kommandos mit `Module` als lokale Variable definiert wird:

```
reihe[x_,n_] := Module[ {i}, Sum[ x^i/i!, {i,1,n}]]
reihe[i,5]
      2    3    4     5
     i    i    i     i
i + -- + -- + -- + ---
     2    6    24   120
reihe[x,i]
      i$33
     x
Sum[-----, {i$33, 1, i}]
    i$33!
```

Besonders das letzte Beispiel ist bemerkenswert. i kommt hier sowohl als Begrenzung der Schleife, als auch als Schleifenzähler vor. Mathematica ersetzt in diesem Fall den Schleifenzähler einfach durch ein neues Symbol i$n, wobei n eine fortlaufende Nummer ist (wenn Sie reihe[x,i] mehrfach aufrufen, wird diese Nummer jedesmal um Eins erhöht).

Was passiert nun innerhalb des `Module`-Kommandos? Mathematica überprüft, ob die als lokal definierten Symbole schon existieren. Wenn das nicht der Fall ist, bleiben Sie unverändert, es kann ohnedies keine Probleme geben. Wenn die Symbole dagegen schon früher verwendet wurden, erzeugt Mathematica ein Symbol mit einem neuen Namen, indem es `$n` anhängt. Dieses Symbol wird wie alle anderen Symbole mit einem Kontext versehen (in den Beispielen oben mit `Global``; wenn `Module` innerhalb eines Package verwendet wird, mit dem Package-Kontext). Das Symbol existiert auch nach dem Aufruf des Kommandos noch, allerdings wird der darin enthaltene Wert gelöscht.

```
?*`i$*  (* zeigt alle i$nn-Symbole an *)
```

Insofern unterscheiden sich lokale Symbole von Mathematica von lokalen Variablen in den meisten Programmiersprachen. Dort ist eine lokale Variable außerhalb des Unterprogrammes oder Moduls einfach nicht existent. (Ausnahme: Statische lokale Variablen in C.)

Nun noch zum Kommando `Block`: Das Kommando scheint auf ersten Blick die gleiche Wirkung zu haben, `reihe[i,5]` kann wie mit `Module` berechnet werden. Für `reihe[x,i]` ist die Wirkung von `Block` allerdings unzureichend:

```
reihe[x_,n_] := Block[ {i}, Sum[ x^i/i!, {i,1,n}]]

reihe[x,i]     (* unsinniges Ergebnis *)
        i
       x
Sum[──, {i, 1, i}]
       i!
```

Der Unterschied zwischen `Block` und `Module` liegt darin, daß `Module` echte neue Symbole erzeugt, wenn bereits gleichnamige Symbole vorhanden sind. `Block` speichert dagegen den aktuellen Wert des vorhandenen Symboles und restauriert das Symbol am Ende des Kommandos wieder. Es wird aber kein neues Symbol angelegt! `Block` ist damit weniger leistungsstark als `Module`. Bei rekursiven Funktionen hat es allerdings den Vorteil, daß nicht hunderte neue Symbole generiert werden, es geht in dieser Beziehung also sparsamer mit dem Arbeitsspeicher um (was sich langfristig in einer höheren Geschwindigkeit ausdrückt).

Default-Parameter

Um die Verwendung von Kommandos möglichst einfach und bequem zu gestalten, sind häufig für einzelne Parameter Default-Werte vorgesehen. Der Benutzer kann dann auf die Eingabe dieses Parameters verzichten, ohne daß es zu einer Fehlermeldung oder Warnung kommt. Vielmehr wird der vorgesehene Default-Wert verwendet.

Die erste Möglichkeit besteht darin, mehrere Definitionen für das neue Kommando anzugeben. Mathematica verwendet automatisch die richtige Definition (siehe auch ersten Abschnitt des vorigen Kapitels):

```
reihe[x_,n_] := Module[ {i}, Sum[x^i/i!, {i,1,n}]]

reihe[x_] := reihe[x,5]

reihe[y]
     2    3    4     5
    y    y    y     y
y + ── + ── + ── + ───
    2    6    24   120
```

Im Beispiel oben wurde wieder das Kommando `reihe` zur Aufstellung der x^i/i!-Reihe als Beispiel verwendet. Wenn das Kommando mit nur einem Parameter aufgerufen wird, gilt die zweite Definition, die wiederum mit n=5 auf die erste Definition zurückgreift. Die Kombination mehrere Definitionen ist vor allem dann sehr praktisch, wenn einige stark voneinander abweichende Syntax-Varianten unterstützt werden sollen.

Die zweite Möglichkeit, Default-Einstellungen vorzusehen, ist noch platzsparender und übersichtlicher: Der Default-Wert wird einfach mit einem Doppelpunkt an den Parameter angehängt. Die Definition für `reihe` lautet dann:

```
Clear[reihe]

reihe[x_, n_:5] := Module[ {i}, Sum[x^i/i!, {i,1,n}]]
```

Etwas komplizierter wird es, wenn der Default-Parameter keinen festen Wert hat. Im Beispiel unten wird das neue Kommando `DotPlot` definiert, das ein Punktdiagramm einer Funktion zeichnet. Der Zeichenbereich kann in der Form {x,start,end,delta} oder in der kürzeren Variante {x,start,end} angegeben werden. Falls die zweite Variante verwendet wird, muß im Kommando ein Default-Wert für delta berechnet werden. Dieser Default-Wert ist allerdings von start und end abhängig.

Daher wird als Default-Einstellung nicht ein fixer Wert, sondern das Symbol `Automatic` angegeben. Im Kommando wird getestet, ob delta dieses Default-Symbol enthält. Wenn das der Fall ist, wird `Delta` so berechnet, daß 15 Punkte gezeichnet werden (Einteilung in 14 gleich große Zwischenräume zwischen den Punkten).

```
DotPlot[f_, {var_,start_,end_,delta_:Automatic}] :=
  Module[ {d=delta},
    If[ delta == Automatic, d = (end-start)/14 ];
    ListPlot[ Transpose[ {Table[var,{var,start,end,d}],
                          Table[f, {var,start,end,d}]} ],
             PlotRange->All, PlotStyle->PointSize[0.03],
             Frame->True ]]

DotPlot[x^2,{x,-5,100}]                    (* Bild 28.1 *)
```

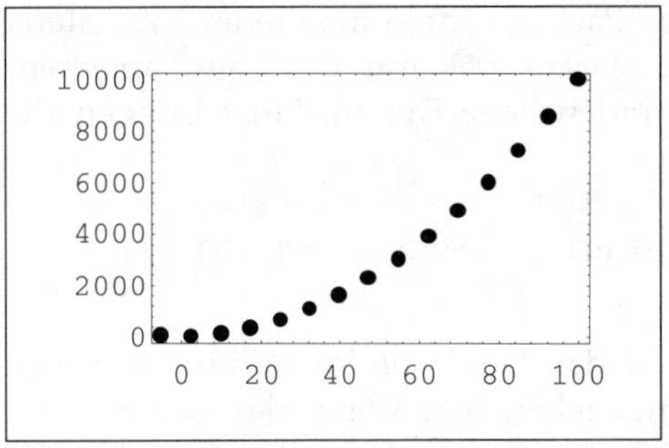

Bild 28.1: Das Punktdiagramm wurde mit dem neuen Kommando DotPlot gezeichnet

Optionen

In vielen Fällen bauen Sie bei der Programmierung neuer Kommandos auf vorhandene Kommandos auf. In diesem Fall ist es oft ausreichend, einen Parameter für Optionen vorzusehen und diesen Parameter an die vorhandenen Mathematica-Funktionen weiterzugeben. Für das zuletzt im vorigen Abschnitt beschriebene Kommando `DotPlot` sieht das folgendermaßen aus:

```
DotPlot[f_, {var_,start_,end_,delta_:Automatic}, opts___] :=
  Module[ {d=delta},
    If[ delta == Automatic, d = (end-start)/14 ];
    ListPlot[ Transpose[ {Table[var,{var,start,end,d}],
                              Table[f, {var,start,end,d}]} ],
             opts,
             PlotRange->All, PlotStyle->PointSize[0.03],
             Frame->True ]]
```

Das Kommando wurde um den zusätzlichen Parameter `opts` erweitert, wobei dieses Symbol in der Parameterliste von drei Unterstrichen ___ gefolgt ist. Damit können an dieses Symbol gar keine Option, eine Option oder mehrere Optionen übergeben werden. Wenn Sie `opts___` durch `opts___Rule` ersetzen, führt Mathematica automatisch einen Syntax-Check durch. Wenn Sie im letzten Parameter keine Substitionsregeln im Format `Option->Einstellung` angeben, gibt Mathematica das Kommando unausgewertet zurück.

Das Symbol `opts` steht beim `ListPlot`-Kommando am Beginn der Optionsliste. Damit haben die in `opts` angegebenen Optionen Vorrang gegenüber den Default-Einstellungen für `PlotRange`, `PlotStyle` und `Frame`.

Wenn Sie Ihr neues Kommando mit eigenen Optionen ausstatten möchten, ist etwas mehr Aufwand notwendig: Erstens sollten Sie alle Optionen ebenso wie die

Kommandos mit `Option::usage=".."` im Package dokumentieren. Zweitens müssen Sie *vor* dem Kommando `Begin["`Private`"]` mit `Options` angeben, welche Optionen Ihr Kommando unterstützt, und welche Default-Einstellungen für die Optionen gelten:

```
Options[Kommandoname] = {Optionsname->Default1, Opt2->Def2,..}
```

Im Programmcode müssen Sie dann testen, ob der Benutzer im Parameter `opts` Substitutionsregeln für die neuen Optionen angegeben hat. Wenn das der Fall ist, müssen diese Substitutionsregeln verwendet werden, andernfalls die Default-Einstellungen. Am einfachsten können Sie das durch Anweisungen in folgender Form bewerkstelligen:

```
opt1 = Optionsname /. {opts} /. Options[Kommandoname]
```

Damit werden zuerst alle Substitutionsregeln aus `opts` auf `Optionsname` angewandt. Wenn `opts` eine passende Regel enthält, wird `Optionsname` durch die neue Einstellung ersetzt und die zweite Substitionsregel mit den Default-Optionen bleibt wirkungslos. Wenn sich dagegen in `opts` keine neue Einstellung befindet, kommen die Default-Regeln der `Options`-Kommandos zur Geltung. Die endgültige Einstellung wird schließlich im Symbol `opt1` gespeichert und kann dann weiter ausgewertet werden.

Zum Abschluß wird ein letztes Mal das `DotPlot`-Beispiel bemüht, diesmal in einer vollständigen Package-Variante: Das Kommando soll die zusätzliche Option `PlotPoints` unterstützen. Wenn in der Wertebereichsliste kein `delta`-Parameter angegeben wird, dann wird `delta` über `PlotPoints` berechnet.

Zum Programmcode noch einige Bemerkungen: Im `Options`-Kommando vor `Begin["`Private`"]` werden alle gültigen Optionen für `DotPlot` definiert. Neben der neuen Option `PlotPoints` sind alle `ListPlot`-Optionen erlaubt.

In der lokalen Variablen `plotp` wird die Einstellung der `PlotPoints`-Option gespeichert. Diese Variable wird im `If`-Kommando verwendet, um den Delta-Wert zu berechnen.

Beim Aufruf von `ListPlot` werden nicht einfach alle Optionen weitergegeben, vielmehr wird die Option `PlotPoints` wieder aus `opts` entfernt. Das ist notwendig, weil `ListPlot` diese Option ja gar nicht kennt und sich sonst mit einer Warnung melden würde.

```
(* Graphics`DotPlot` *)

(* plots a given function as a series of dots *)

BeginPackage["Graphics`DotPlot`"]

DotPlot::usage =
```

```
  "DotPlot[f[x], {x,start,end,delta}] plots f[x] as a
   series of dots."

PlotPoints::usage =
  "PlotPoints is an option of DotPlot. PlotPoints specifies the
   number of dots to be drawn. Default: 15"

Options[DotPlot] = Join[Options[ListPlot], {PlotPoints->15}]

Begin["`Private`"]

DotPlot[f_, {var_, start_, end_, delta_:Automatic},
        opts___Rule] :=
  Module[ {d=delta, plotp},
    plotp = PlotPoints /. {opts} /. Options[DotPlot];
    If[ delta==Automatic, d = (end-start)/plotp ];
    ListPlot[ Transpose[ {Table[var,{var,start,end,d}],
                          Table[f, {var,start,end,d}]} ],
               DeleteCases[{opts}, PlotPoints->_],
               PlotRange->All, PlotStyle->PointSize[0.03],
               Frame->True ]]
End[]
EndPackage[]
```

Vor der Verwendung des neuen Kommandos, dessen Package-Datei im GRAPHICS-Verzeichnis gespeichert wurde, muß die Package-Datei mit << oder `Needs` geladen werden (während der Testphase muß << verwendet werden). Das `Remove`-Kommando ist notwendig, um die bisherige direkte Definition von `DotPlot` als globales Symbol wieder zu löschen.

```
Remove[DotPlot]   (* bisherige Definition löschen *)

<<graphics\dotplot.m

DotPlot[Sin[x], {x,0,2Pi}, PlotPoints->30]   (* Bild 28.2 *)
```

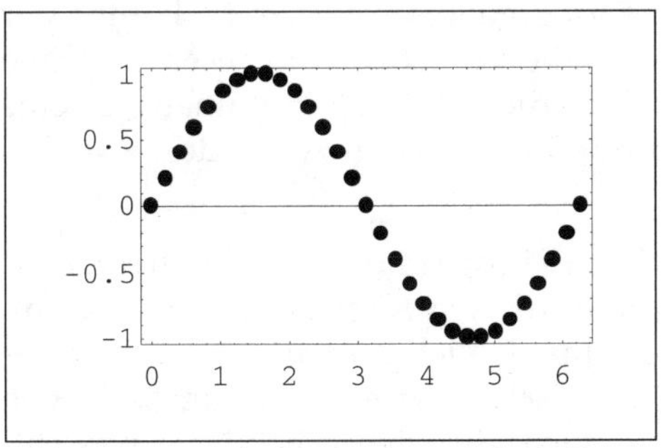

Bild 28.2: Für das Diagramm kam die verbesserte Varianten von DotPlot zum Einsatz

Querverweis

In diesem Kapitel haben Sie nach der eher allgemeinen Einführung in Kapitel 27 einen speziellem Aspekt der Mathematica-Programmierung kennengelernt, nämlich die Programmierung von Packages. Wenn Sie sich selbst Packages Programmieren möchten, finden Sie unten eine Übersicht mit Querverweisen für die wichtigsten Themen, die in diesem Buch nicht behandelt wurden.

- Fortgeschrittene Listenbearbeitung (Abschnitt 1.8.4 bis 1.8.13 des »Mathematica«-Buchs von Wolfram)
- Daten in Dateien speichern, wieder laden, Umgang mit Verzeichnissen (Abschnitt 1.10)
- Fortgeschrittener Umgang mit Funktionen und »pure functions« (Abschnitte 2.2, 2.4.9)
- Umgang mit »pattern«, Mustererkennung in Ausdrücken und Zeichenketten (Abschnitt 2.3)
- Aufbau von Regelsystemen (Beispiel in Abschnitt 2.3.13)
- Erweiterung von Packages bzw. die Veränderung vorhandener Kommandos oder Regeln (Abschnitt 2.4.12)
- Interne Darstellung von Ausdrücken und ihre Verarbeitung (Abschnitte 2.1, 2.5.1 bis 2.5.6, 2.5.11)
- Fehlersuche mit `Trace` (Abschnitt 2.5.10)
- Kompilierung von Funktionen (Abschnitt 2.5.14)
- Einstellung des Ein- und Ausgabe-Formates von Mathematica (Abschnitt 2.7)
- Bearbeitung von Zeichenketten (Abschnitt 2.8)

Eine Menge können Sie lernen, wenn Sie sich den Code der verschiedenen Mathematica-Packages ansehen. Deren Programmierer haben allerdings ziemlich intensiv mit Operatoren gearbeitet. Mathematica stellt für viele wichtige Kommandos Kurzschreibweisen mit Operatoren zur Verfügung. Das Ergebnis ist ein sehr kompakter Code, der allerdings (zumindestens am Anfang) ebenso schwer zu lesen ist. Eine Übersicht der wichtigsten Operatoren finden Sie in diesem Buch in Anhang B, eine vollständige Zusammenstellung aller Operatoren im Anhang A.2.3 des »Mathematica«-Buches von Wolfram.

Zum Abschluß noch ein Querverweis auf das Buch »Programming in Mathematica« von Roman Maeder. Sein Schwerpunkt liegt wie in diesem Kapitel in der Programmierung von Packages. Allerdings wird die Thematik viel gründlicher und systematischer behandelt. Einige Packages, die inzwischen zum Lieferumfang von Mathematica gehören, dienen als Beispiele. Das Buch gibt eine erheblich übersichtlichere Einführung in die Programmierung als das »Mathematica«-Buch von Wolfram.

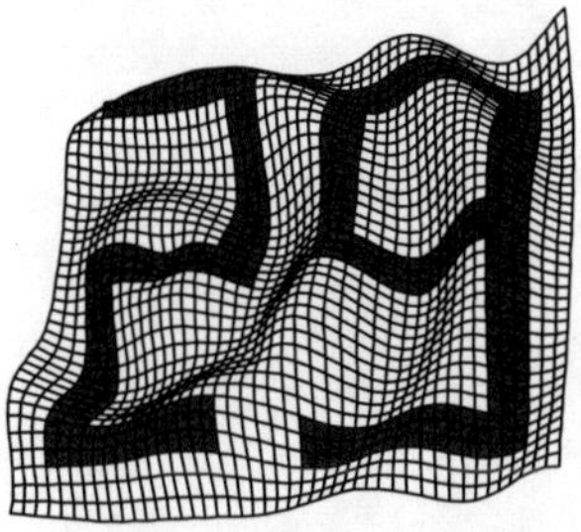

Ein- und Ausgabe in Fremdformaten (ASCII, PostScript, TeX, MathLink)

Dieses Kapitel beschreibt Möglichkeiten, Daten zwischen Mathematica und anderen Programmen auszutauschen. Einerseits handelt es sich dabei um Kommandos zum Speichern und Laden von Daten und Formeln im ASCII-Format. Diese Kommandos können auch dazu verwendet werden, Ergebnisse von Mathematica-Berechnungen für eine spätere Wiederverwendung zu speichern. (Das ist vor allem für die Text-Versionen von Mathematica sinnvoll. Bei den Notebook-Versionen ist es einfacher, Herleitungen komplett als Notebook zu speichern.)

Anderseits existieren in Mathematica einige Kommandos, mit denen Datenformate anderer Programme unterstützt werden. Am wichtigsten ist das PostScript-Format für Grafiken, die als EPS-Dateien in Textverarbeitungs- und Desktop-Publishing-Programme integriert werden, und das TeX-Format zum formschönen Setzen mathematischer Formeln.

Das Kapitel endet mit einer recht allgemeinen Beschreibung der Möglichkeiten durch MathLink. Dabei handelt es sich um Protokoll zur Kommunikation von anderen Programme mit Mathematica.

Die wichtigsten in diesem Kapitel behandelten Kommandos lauten:

`Put`, **`>>`**, **`Save`**, **`Write`**
Mathematica-Daten im ASCII-Format speichern

`!!`
ASCII-Dateien am Bildschirm anzeigen

`Get`, **`<<`**, **`ReadList`**, **`Read`**
Mathematica-Daten im ASCII-Format lesen

`Display`
Grafiken als PostScript-Dateien speichern

`TeXForm`
Formeln in das TeX-Format konvertieren

ASCII-Daten speichern

Mathematica bietet mehrere Möglichkeiten zum Speichern von Daten (Zahlen, Formeln, etc.) im ASCII-Format. Am einfachsten ist das Kommando `Put` bzw. der gleichwertige Operator >> zu verwenden:

```
list = Table[ Abs[Sin[x+I y]], {x,0,1,0.1}, {y,0,1,0.1}]
{{0, 0.100167, 0.201336, 0.30452, 0.410752, 0.521095, 0.636654,
  0.758584, 0.888106, 1.02652, 1.1752},
 {0.0998334, 0.141422, 0.224728, 0.320467, 0.422711, 0.530572,
 ....

list >> zahlen.asc          (* die beiden Alternativen *)
Put[list,"zahlen.asc"]      (* sind gleichwertig *)
```

Die beiden Kommandos oben speichern die zweidimensionale Liste in der Datei ZAHLEN.ASC. Sie können die ASCII-Dateien jetzt mit einem Texteditor ansehen oder mit dem Mathematica-Operator `!!` am Bildschirm angezeigen lassen:

```
!!zahlen.asc
{{0, 0.100166750019844, 0.201336002541094, 0.3045202934471427,
   0.4107523258028155, 0.5210953054937474, 0.6366535821482412,
   0.7585837018395335, 0.888105982187623, 1.026516725708175,
   ...
   1.327331912685069, 1.445396576658249}}
```

Die Daten werden im Mathematica-Format (mit geschwungenen Klammern, etc.) gespeichert. Zahlen werden dabei in der ganzen zur Verfügung stehenden Genauigkeit gespeichert, während am Bildschirm normalerweise nur die ersten 8 Stellen angezeigt werden.

Zum Kommando `Put` existiert die Variante `PutAppend`, die die Daten an eine schon vorhandene Datei anhängt. Die Operator-Schreibweise lautet >>>.

Ebenfalls sehr einfach zu bedienen ist das Kommando `Save`. Es speichert alle einem Symbol zugeordneten Informationen, also beispielsweise die Definitions-Regeln einer Funktion. Falls die Datei bereits existiert, werden die Daten an den vorhandenen Inhalt angehängt:

```
f[0]=f[1] = 1;
f[n_] := 0 /; n<0
f[n_?IntegerQ] := f[n-1]+f[n-2];
f[n_?NumberQ] := f[Round[n]]
```

```
f[n_] := 0

Save[ "funktion.asc",f]
```

Die Datei FUNKTION.ASC hat folgenden Inhalt:

```
!!funktion.asc

f[0] = 1
f[1] = 1
f[n_] := 0 /; n < 0
f[(n_)?IntegerQ] := f[n - 1] + f[n - 2]
f[(n_)?NumberQ] := f[Round[n]]
f[n_] := 0
```

Wenn Sie Daten speichern möchten, die von einem anderen Programm als Mathematica (z.B. von einem Tabellenkalkulationsprogramm) weiterverwendet werden sollen, sind die Kommandos `Write` und `WriteString` wegen ihrer höheren Flexibilität besser geeignet. Damit Sie die beiden Kommandos verwenden können, müssen Sie zuerst mit `OpenWrite` einen Datenkanal (»stream«) zu einer Datei öffnen. Das Kommando gibt eine Datenstruktur des Typs `OutputStream` zurück, die Sie bei den folgenden `Write`-Kommandos angeben müssen.

`OpenWrite` beachtet folgende drei Optionen: `FormatType` bestimmt das Format, in dem die Ausdrücke gespeichert werden, die Default-Einstellung lautet `InputForm`, andere Möglichkeiten wären `OutputForm`, `TableForm`, usw. `PageWidth` bestimmt die gewünschte Zeilenlänge (Default: 78 Zeichen), `StringConversion` ermöglicht die Angabe einer »pure function« zur Konversion der Zeichen (Default: keine Inversion, also `Identity`). Die Zeichenketten-Konversion ermöglicht einen Datenaustausch mit Rechnern, die einen anderen Zeichensatz verwenden.

```
stream=OpenWrite["test.asc"]
OutputStream[test.asc, 14]
```

Jetzt können Sie mit `Write` und `WriteString` Mathematica-Ausdrücke in dieser Datei speichern.

```
Write[stream, Integrate[x,x]]
Write[stream, 1,2,1/3]
Write[stream, {1,2,1/3}]
Write[stream, "zeichenkette"]
WriteString[stream, "zeichenkette"]
WriteString[stream, "noch eine zeichenkette"]
```

Zum Abschluß des Speichervorgangs muß der Datenkanal mit `Close` wieder geschlossen werden.

```
Close[stream]
test.asc
```

Der Inhalt der gerade erzeugten Datei sieht folgendermaßen aus:

```
!!test.asc

x^2/2
121/3
{1, 2, 1/3}
"zeichenkette"
zeichenkettenoch eine zeichenkette
```

Das obige Beispiel verdeutlicht die Wirkungsweise der beiden Kommandos: `Write` speichert die in den Parametern angegebenen Daten *ohne* Zwischenräume oder Kommas und fügt am Ende ein Zeichen für den Zeilenvorschub an. Zeichenketten werden mit den Hochkommas gespeichert.

`WriteString` speichert Zeichenketten dagegen ohne Hochkommas, außerdem werden keine Zeichen für den Zeilenumbruch eingefügt. Dafür können Sie jederzeit selbst mit "\n" einen Zeilenumbruch und mit "\t" ein Tabulator-Zeichen einfügen. Somit können Sie mit `WriteString` Zahlen oder Texte in einem Format speichern, das auch für Tabellenkalkulations- oder Textverarbeitungsprogramme geeignet ist.

Im Beispiel unten werden die Möglichkeiten von `WriteString` ausgenutzt, um zehn Zahlen in zwei Zeilen zu speichern, wobei die Zahlen durch Kommata voneinander getrennt sind.

```
stream=OpenWrite["test.asc"]
OutputStream[test.asc, 21]

Do[ If[Mod[i,5]==0, WriteString[stream, i, "\n"],
                    WriteString[stream, i, ", "]],
    {i,1,10}]

Close[stream]
test.asc

!!test.asc

1, 2, 3, 4, 5
6, 7, 8, 9, 10
```

ASCII-Dateien lesen

Auch zum Lesen von ASCII-Dateien stehen mehrere Kommandos zur Verfügung. Den Operator `!!` zum Betrachten von ASCII-Dateien haben Sie in den Beispielen oben bereits kennengelernt. Die Datei wird von Mathematica nur am Bildschirm angezeigt, der Inhalt wird aber nicht beachtet!

Im Gegensatz dazu werden mit `Get` oder << Mathematica-Anweisungen aus einer Datei gelesen und verarbeitet (aber nicht am Bildschirm angezeigt):

```
Clear[f]

Get["funktion.asc"] (* die beiden Alternativen *)
<<funktion.asc      (* sind gleichwertig *)

?f

Global`f
f[0] = 1
f[1] = 1
f[n_] := 0 /; n < 0
f[(n_)?IntegerQ] := f[n - 1] + f[n - 2]
f[(n_)?NumberQ] := f[Round[n]]
f[n_] := 0
```

`Get` und << können auch zum Lesen von Package-Dateien verwendet werden, `Needs` eignet sich dazu allerdings noch besser. `Needs` funktioniert im Prinzip wie `Get`, es testet aber vor dem Einlesen der Datei, ob das Package früher schon geladen wurde. Wenn das der Fall ist, wird auf ein neuerliches Einlesen verzichtet.

Das zweite `Get`-Beispiel zeigt, wie die – einige Absätze weiter oben – gespeicherte Zahlenliste wieder gelesen wird:

```
list1=Get["zahlen.asc"]

{{0, 0.100166750019844, 0.201336002541094, 0.3045202934471427,
  0.4107523258028155, 0.5210953054937474, 0.6366535821482412,
  ...
  1.327331912685069, 1.445396576658249}}
```

Besonders zum Lesen von Zahlenmaterial, das nicht von Mathematica, sondern von anderen Programmen stammt, eignet sich das Kommando `ReadList`. In der einfachsten Variante liest dieses Kommando eine Reihe von Zahlen, die durch Kommata, Leerzeichen oder Zeilenumbrüche voneinander getrennt sein dürfen, in eine eindimensionale Liste:

```
!!data1.asc

1 2
3
4        5
```

```
ReadList["data1.asc", Number]
{1, 2, 3, 4, 5}
```

Wenn die Option `RecordLists` auf `True` gesetzt wird, gruppiert `ReadList` die eingelesenen Daten zeilenweise in Teillisten.

```
ReadList["data1.asc",Number, RecordLists->True]
{{1, 2}, {3}, {4, 5}}
```

Die Optionen `WordSeparators` und `RecordSeparators` geben an, durch welche Zeichen einzelne Einträge und ganze Datensätze getrennt sind. Als Default gelten Leerzeichen und Tabulatorzeichen \t als Trennung zwischen einzelnen Einträgen, das Zeilenumbruchszeichen \n als Trennung zwischen Datensätzen (Zeilen). Wenn die zu lesenden Daten durch Kommas oder Strichpunkte voneinander getrennt sind, müssen Sie die `WordsSeparators`-Option entsprechend erweitern, z.B:

```
WordSeparators->{" ", "\t", ",", ";"}
```

Hinweis: In der Windows-Version von Mathematica 2.0 wird diese Option nicht korrekt verarbeitet. Es ist nicht möglich, durch Kommata getrennte Zahlen zu lesen. Auch die Beispiele aus Abschnitt 2.10.6 des »Mathematica«-Buches von Wolfram können mit der Windows-Version nur teilweise nachvollzogen werden.

`ReadList` unterstützt nicht nur den Datentyp `Number`, sondern einige weitere Datentypen für Zeichenketten und Mathematica-Ausdrücke. Die möglichen Datentypen sind etwas weiter unten in der Syntax-Zusammenfassung angegeben.

Weitere Beispiele zu `ReadList` finden Sie im oben schon erwähnten Abschnitt 2.10.6 des »Mathematica«-Buches von Wolfram. Wenn Ihnen `ReadList` noch immer zu wenig flexibel ist, bleiben noch die Kommandos `OpenRead`, `Read`, `Skip` und `Close` zum Lesen von Dateien. Damit können Sie Dateien praktisch Byte für Byte auslesen und weiterverarbeiten.

Damit `Read` und `Skip` verwendet werden können, muß mit `OpenRead` ein Datenkanal zur Datei geöffnet werden. Anschließend kann mit `Read` ein Datenelement gelesen werden, mit `Skip` können ein oder mehrere Datenelemente übersprungen werden. Es gelten die gleichen Datentypen wie bei `ReadList` (siehe Tabelle oben). Am Ende des Lesevorgangs muß die Datei wieder mit `Close` geschlossen werden.

PostScript-Grafik

Mathematica verwendet zur internen Darstellungen von Grafiken das PostScript-Format. PostScript ist eine Programmiersprache zum Seitenaufbau mit Grafiken und Texten in verschiedenen Schriftarten und -formen. PostScript-Kommandos werden im ASCII-Format an den Drucker gesandt. Um dabei eine möglichst platzsparende und effiziente Weiterverarbeitung zu ermöglichen, benutzt Mathematica einige Makros, die den normalen Sprachumfang von PostScript erweitern.

Da PostScript-Grafiken zur Zeit nur von NeXT-Rechnern mit Display-PostScript im Betriebssystem direkt verarbeitet werden können, sind alle anderen Mathematica-Versionen mit einem einfachen PostScript-Interpreter ausgestattet. Dieser Interpreter versteht zwar nur die wichtigsten PostScript-Kommandos. Diese sind aber ausreichend, um die Grafiken am Bildschirm bzw. in einem Fenster anzuzeigen.

Damit Sie eine Grafik in einem anderen (Textverarbeitungs- oder Desktop-Publishing-)-Programm weiterverwenden können, müssen Sie die Grafik in einer EPS-Datei speichern. »EPS« steht für Encapsulated PostScript und stellt ein eigenes Datenformat dar, das speziell für den Datenaustausch zwischen verschiedenen Programmen geschaffen wurde. Es handelt sich dabei um eine Variante zum »normalen« PostScript-Code. Der wesentlichste Unterschied besteht in einigen Kommentaren, die zwar nicht gedruckt werden, die dem weiterverarbeitenden Programm aber wichtige Informationen über Größe und Inhalt der Grafik geben. Die tatsächliche Größe der Grafik im Ausdruck kann durch das weiterverarbeitende Programm verändert werden, d.h. die Grafik kann nachträglich skaliert werden.

Der Ausdruck von Grafiken bzw. das Speichern der Grafik im EPS-Format sieht je nach Mathematica-Version unterschiedlich aus:

Text-Version von Mathematica

Zum Ausdruck sind zwei Arbeitsschritte notwendig. Zuerst müssen Sie die bereits berechnete Grafik mit dem Mathematica-Kommando `Display` in einer Datei speichern.

```
grafik = Plot[ Sin[x], {x,0,2Pi}]

Display[ "dateiname", grafik]
```

Diese Datei enthält zwar PostScript-Code, allerdings ohne die Makro-Definitionen für die Mathematica-spezifischen Erweiterungen. Deswegen müssen Sie vor dem Druck das externe Programm PSFIX starten, das die Makros mit der Grafik-Datei verbindet. Dieses Programm kann mit einigen Optionen beeinflußt werden, z.B. `-land` für den Druck im Querformat (90 Grad-Drehung der Grafik), `-height n` und `-width n` zur Einstellung der gewünschten Größe der Grafik, usw. (siehe Anhang A.6.4 des

»Mathematica«-Buches von Wolfram). Wenn Sie die Grafik nicht sofort ausdrucken, sondern in ein anderes Programm importieren möchten, müssen Sie die Option -epsf verwenden. Damit veranlassen Sie PSFIX, eine EPS-Datei zu erzeugen.

Notebook-Versionen von Mathematica

Zum Ausdruck klicken Sie die Grafik mit der Maus an und wählen das Kommando FILE | PRINT SELECTION. Ein Ausdruck sollte auf jedem angeschlossenen Drucker möglich sein, die Qualität ist allerdings bei PostScript-Druckern am besten.

Es gibt kein Kommando, um Grafiken direkt im EPS-Format zu speichern. Vielmehr müssen Sie die Grafik mit der Maus anklicken und in die Zwischenablage kopieren. Dabei werden automatisch die oben erwähnten Makro-Definitionen eingefügt. (Manche Notebook-Versionen unterstützen verschiedene Grafikformate für die Zwischenablage. In diesem Fall müssen Sie über EDIT | SETTINGS | CLIPBOARD das EPS-Format auswählen.) Aus der Zwischenablage können Sie die Grafik als Datei speichern oder direkt in ein anderes Programm einfügen. Das Kommando Display steht Ihnen auch in den Notebook-Versionen zur Verfügung. Die resultierenden Dateien sind aber weitgehend wertlos, weil diese Versionen üblicherweise ohne das Programm PSFIX ausgeliefert werden. Sie können sich den PostScript-Code der Grafiken übrigens auch am Bildschirm ansehen, indem Sie die Grafik anklicken und mit CELL | FORMATTED die automatische Formatierung der Zelle aufheben. Der resultierende Code ist zumeist hunderte Zeilen lang und sieht etwa folgendermaßen aus:

```
Plot3D[ Sin[x y], {x,0,Pi}, {y,0,Pi}]
```

```
%!
%%Creator: Mathematica
%%AspectRatio: 0.82055
MathPictureStart
/Courier findfont 10  scalefont  setfont
% Scaling calculations
0.0249355 0.99742 -0.0396341 0.99742 [
[(0)] 0.05113 0.25884 1 0.933946 Msboxa
...
] MathScale
% Start of Graphics
1 setlinecap
1 setlinejoin
newpath
%%Object: SurfaceGraphics
[ ] 0 setdash
0 setgray
gsave
gsave
```

```
0.002 setlinewidth
0.06024 0.26735 moveto
...
0 0.262 0.753 setrgbcolor
0.41943 0.72257 0.44097 0.74512 0.47762 0.76963 0.45612 0.74886
Metetra
0.691 0.752 0.898 setrgbcolor
0.45612 0.74886 0.47762 0.76963 0.51568 0.7461 0.49453 0.73418 Metetra
...
% End of Graphics
MathPictureEnd
```

Dieser Code ist mit den von `Display` erzeugten Text-Dateien ident, es fehlen also auch hier die Makro-Definitionen. Der Code kann daher in dieser Form nicht gedruckt werden.

Formeln

In Mathematica gilt eine eigenständige Syntax, die sich von den Konventionen in gebräuchlichen Programmiersprachen wie C oder Fortran stark unterscheidet. Wenn Sie in Mathematica eine komplizierte Formel herleiten und diese Formel anschließend in einer der genannten Programmiersprachen verwenden möchten, können Sie die Syntax-Konversion Mathematica überlassen. Die Kommandos `CForm` und `FortranForm` formulieren Mathematica-Ausdrücke in der Schreibweise der jeweiligen Programmiersprache:

```
reihe = Normal[ Series[ Sin[x]/x, {x,1,5}]]
```

```
                                         5  101 Cos[1]   13 Sin[1]
(-1 + x) (Cos[1] - Sin[1]) + (-1 + x)  (---------- - ---------) +
                                             120           24

          3  5 Cos[1]    Sin[1]             2             Sin[1]
 (-1 + x)  (-------- - ------) + (-1 + x)  (-Cos[1] + ------) +
                6          2                               2

          4  -5 Cos[1]    13 Sin[1]
 (-1 + x)  (--------- + ---------) + Sin[1]
                6           24
```

```
CForm[reihe]
```

```
(-1 + x)*(Cos(1) - Sin(1)) +
   Power(-1 + x,5)*(101*Cos(1)/120 - 13*Sin(1)/24) +
   Power(-1 + x,3)*(5*Cos(1)/6 - Sin(1)/2) +
   Power(-1 + x,2)*(-Cos(1) + Sin(1)/2) +
   Power(-1 + x,4)*(-5*Cos(1)/6 + 13*Sin(1)/24) + Sin(1)
```

```
FortranForm[reihe]

(-1 + x)*(Cos(1) - Sin(1)) +
     -    (-1 + x)**5*(101*Cos(1)/120 - 13*Sin(1)/24) +
     -    (-1 + x)**3*(5*Cos(1)/6 - Sin(1)/2) +
     -    (-1 + x)**2*(-Cos(1) + Sin(1)/2) +
     -    (-1 + x)**4*(-5*Cos(1)/6 + 13*Sin(1)/24) + Sin(1)
```

Die Beispiele oben zeigen, daß die Konversion nicht ganz optimal funktioniert: In der C-Syntax existieren die Funktionen Power, Sin und Cos nicht, vielmehr lauten die korrekten Schreibweisen pow, sin und cos. Immerhin ist der Aufwand für die Anpassung geringer, als wenn Sie die gesamte Formel neu eingeben müßten. Das Kommando `TeXForm` wird prinzipiell wie `CForm` oder `FortranForm` verwendet, es schreibt die Formel im TeX-Format an.

```
(x-3)^2/(Pi (x-5)^3)
          2
 (-3 + x)
-----------
          3
Pi (-5 + x)

% //TeXForm

{{{{\left( -3 + x \right) }^2}}\over
   {\pi \,{{\left( -5 + x \right) }^3}}}
```

Wenn dieser Text mit TeX gedruckt wird, sieht das Ergebnis etwa so aus:

$$\frac{(-3+x)^2}{\pi(-5+x)^3}$$

Mathematica wertet den Parameter von `TeXForm` aus, bevor es das Ergebnis in die TeX-Sprache konvertiert. Aus diesem Grund wird im Beispiel unten nicht das Integral, sondern dessen Ergebnis 1 als Formel angeschrieben:

```
TeXForm[ Integrate[1/x^2, {x,1,Infinity}]]
1
```

$$1$$

Wenn Sie dagegen die unausgewertete Formel in TeX benötigen, müssen Sie `HoldForm` verwenden, um die Auswertung zu verhindern:

```
TeXForm[ HoldForm[ Integrate[1/x^2, {x,1,Infinity}] ] ]
\int _{1}^{\infty }dx\,{1\over {{x^2}}}
```

$$\int_1^{\infty} \frac{1}{x^2} dx$$

Anmerkung: Die obigen Formeln wurden nicht mit TeX gesetzt, sondern mit dem Formel-Editor MathType, der auch für alle anderen Formeln in diesem Buch eingesetzt wurde. Aus diesem Grund kann ein Ausdruck mit TeX geringfügig (Schriftarten, Schriftgrößen, Proportionen) vom Aussehen der obigen Formeln abweichen.

MathLink

MathLink ist ein Protokoll zum Datenaustausch zwischen einem externen Programm und Mathematica. Die Anwendungen von MathLink sind vielfältig: Die einfachste Variante besteht darin, daß Sie in einer fremden Programmiersprache zusätzliche Funktionen/Kommandos schreiben und diese mit `Install` in Mathematica integrieren. Damit stehen Ihnen zusätzliche Kommandos zur Verfügung, die wie normale Mathematica-Kommandos verwendet werden können. Der Vorteil gegenüber einer direkten Programmierung in Mathematica (als Package) liegt vor allem in der höheren Geschwindigkeit. Natürlich hat diese Vorgehensweise auch einen entscheidenden Nachteil: Die so realisierten zusätzlichen Kommandos können nicht (bzw. nur nach einer Änderung des Programmcodes und einer Neu-Kompilierung) zwischen verschiedenen Mathematica-Versionen ausgetauscht werden.

Eine aufwendigere Anwendung von MathLink kann in einem Programm bestehen, das Mathematica nur noch als Rechengehilfen verwendet. Dieses Programm läuft an sich eigenständig ab, fordert aber Mathematica gelegentlich dazu auf, kompliziertere Berechnungen durchzuführen, und verarbeitet dann die Ergebnisse wieder weiter. Damit sparen Sie sich die Programmierung komplizierter Mathematik-Algorithmen, die Mathematica ohnedies in leicht verwendbaren Kommandos zur Verfügung steht.

Während das MathLink-Protokoll für den Datenaustausch für alle Mathematica-Versionen prinzipiell ident ist, bestehen bei den restlichen Details der Programmierung und Einbindung in Mathematica Unterschiede (abhängig vom Rechner und dessen Betriebssystem). Einige Versionen von Mathematica unterstützen MathLink zur Zeit überhaupt nicht, beispielsweise die Windows-Version:

```
$LinkSupported
False
```

Weitere ziemlich allgemeine Informationen zu MathLink finden Sie in den Abschnitten 1.10.8, 2.10.8 und 2.10.9 des »Mathematica«-Buches von Wolfram. Präzisere Informationen enthält der Text »The MathLink Communication Standard«, den Sie bei Wolfram Research angefordern können.

Zusammenfassung

ASCII-Daten schreiben

Put[ausdruck1, ausdruck2, .., "dateiname"] ausruck **>>** dateiname	speichert den Mathematica-Ausdruck (Zahl, Formel, Liste,..) in der angegebenen ASCII-Datei
PutAppend[ausdruck1, ausdruck2, .., "dateiname"] ausruck **>>>** dateiname	wie oben, allerdings werden die Daten an die schon vorhandene Datei angehängt
Save["dateiname", symbol1, symbol2,..]	speichert alle Informationen/Definitionen der angegebenen Symbole in der Datei; falls die Datei schon existiert, werden die Daten angehängt
stream = **OpenWrite**[dateiname] stream = **OpenAppend**[dateiname]	**PageWidth**->78 **FormatType**->InputForm **StringConversion**->None öffnet einen Datenkanal zur angegebenen Datei; bei OpenWrite wird eine eventuell schon existierende Datei gelöscht, bei Open-Append werden die Daten am Ende der Datei angehängt; über die drei Optionen kann die gewünschte Zeilenlänge, das Ausgabeformat und eine Konversions-Funktion für den Zeichensatz angegeben werden
Write[stream, ausdruck1, ausdruck2,..]	schreibt die Ausdrücke im ASCII-Format in die angegebene Datei; zwischen den Ausdrücken werden keine Zeichen eingefügt, nach dem letzten Ausdruck wird ein Zeilenumbruchs-Zeichen /n angehängt; Zeichenketten werden mit Hochkommas gespeichert
WriteString[stream, ausdruck1, ausdruck2,..]	wie oben, allerdings wird kein Zeilenumbruchszeichen angehängt, Zeichenketten werden *ohne* Hochkommas gespeichert
Close[stream]	Datenkanal schließen

ASCII-Daten lesen

`!!dateiname`	zeigt die ASCII-Datei an, ohne deren Inhalt zu beachten
Get`["dateiname"]`	
`<<dateiname`	liest die ASCII-Datei und verarbeitet die darin enthaltenen Kommandos
Needs`["packagename"]`	liest die Package-Datei, sofern diese Datei bisher noch nicht eingelesen wurde

ReadList`["dateiname",type]`

RecordList`->False / True`

WordSeparators`->{" ", "\t"}`

RecordSeparators`->{"\n"}`

liest die in der Datei enthaltenen Einträge und gibt sie als Liste zurück; mit `RecordList->True` wird das Ergebnis zeilenweise in Sublisten gegliedert; `WordSeparators` und `RecordSeparators` geben die Trennungszeichen zwischen einzelnen Einträgen und zwischen Records (Zeilen) an; das Kommando unterstützt folgende Datentypen:

Number Integer- oder Fließkommazahl (je nachdem, ob die Zahl einen Dezimalpunkt enthält oder nicht; es ist auch das Fortran-Zahlen-Format erlaubt)

Real	Fließkommazahl
Byte	einzelnes Byte (Integerzahlen zwischen 0 und 255)
Character	einzelnes Zeichen
String	Zeichenkette, die mit \n abgeschlossen wird
Word	Zeichenkette, die mit `WordSeparators`-Zeichen abgeschlossen ist
Record	Zeichenkette, die mit `RecordSeparators`-Zeichen abgeschlossen ist
Expression	Mathematica-Ausdruck (z.B. Formeln)

`stream=`**OpenRead**`["dateiname"]`

öffnet einen Datenkanal zur angegebene Datei

Read`[stream, type]`	liest ein Datenelement des angegebenen Typs
Skip`[stream, type]`	überspringt ein Datenelement des angegebenen Typs

Find`[stream, "text"]`

liest den ersten Datensatz (Record), der den angegebenen Text enthält; die Optionen `WordSeparators` und `RecordSeparators` können wie bei `ReadList` verwendet werden

Close`[stream]`	schließt den Datenkanal

PostScript-Dateien, Formeln

`Display["dateiname", grafik]`

speichert die Grafik in der angegebenen Datei als PostScript-Code; dem Code fehlen allerdings die zum Ausdruck notwendigen Makro-Definitionen; diese Makros können bei den Text-Versionen von Mathematica mit dem externen Programm PSFIX hinzugefügt werden

`CForm[ausdruck]`
`FortranForm[ausdruck]`
`TeXForm[ausdruck]`
`TeXForm[ HoldForm[ausdruck] ]`

die Kommandos konvertieren Formeln in das Format der Sprachen C und Fortran bzw. in das TeX-Format; durch `HoldForm` kann die vorherige Auswertung des Ausdrucks verhindert werden

Anhang A
Die optimale Konfiguration für Mathematica

Beim Start von Mathematica werden alle Packages im Verzeichnis PACKAGES\STARTUP\ automatisch gelesen, außerdem werden die Kommandos der Datei INIT.M des Mathematica-Verzeichnisses ausgeführt. Im folgenden werden einige Kommandos beschrieben, die in der Datei INIT.M ausgeführt werden können, um Mathematica optimal an Ihre Bedürfnisse anzupassen. Sie können diese Kommandos natürlich auch nach dem Start von Mathematica manuell eingeben und ausführen, die Unterbringung in INIT.M ist aber erheblich bequemer.

Packages

`Needs` wird zum Laden von Packages verwendet. Wenn Sie bestimmte Packages sehr häufig benötigen, ist es sinnvoll, diese Packages gleich in INIT.M zu verankern. Damit gehören alle Kommandos dieser Packages jetzt scheinbar zu den Standard-Kommandos von Mathematica.

Sie können die ganze Package-Datei stattdessen auch in das Verzeichnis PACKAGES\STARTUP\ (bzw. PACKAGES\PRELOAD\ in Version 2.1) kopieren. Die Package-Datei wird dann ebenfalls geladen. Die Vorgehensweise mit `Needs` ist insofern praktischer, als die Package-Datei weiterhin nur einmal vorkommt. Das spart nicht nur Speicherplatz, sondern verhindert eventuelle Doppelgleisigkeiten bei einem Update.

```
Needs["Graphics`Master`"]
```

Variablenverwaltung

Normalerweise meldet sich Mathematica immer mit einer Warnmeldung, wenn Sie ein Symbol eingeben, das einem schon vorhandenen Symbol ähnlich ist. Mathematica vermutet, daß Sie sich unter Umständen vertippt haben. Wenn Sie diese Verhalten lästig empfinden, können Sie die Warnmeldungen mit folgenden beiden Kommandos abstellen:

```
Off[General::spell]
Off[General::spell1]

sin[alpha]
sin[alpha]
```

Ohne die vorangegangenen Kommandos hätte Mathematica sich mit dem Text »Possible spelling error: new symbol name "sin" is similar to existing symbol "Sin".« gemeldet.

Genau die gegenteilige Wirkung erzielen Sie mit folgendem Kommando:

```
On[General::newsym]
```

Mathematica gibt jetzt bei jedem neuen Symbol (egal ob es ähnlich zu vorhandenen Symbolen ist oder nicht) eine Warnung aus.

Hinweis: Bei der Mathematica Version 2.0 für Windows kann die `spell`-Message wie oben beschrieben abgeschalten werden. Das Aktivieren der `newsym`-Message gelingt allerdings nicht (Mathematica meldet sich bei jedem neuen Symbol mit sinnlosen Fehlermeldungen).

Defaulteinstellungen für Optionen

Die Default-Einstellungen für die Optionen der Mathematica-Kommandos sind zwar für die meisten Anwendungsfälle vernünftig, aber sicher gibt es einzelne Kommandos, bei denen Ihnen andere Default-Werte lieber wären. Fügen Sie einfach einige `SetOptions`-Kommandos in INIT.M ein! Die beiden Beispiele unten erhöhen die Anzahl der Rasterpunkte für das Kommando `Plot3D` auf 20 (bisher 15) und vergrößern die Punkte von `ListPlot` so, daß man die Punkte am Bildschirm ohne Lupe findet.

```
SetOptions[ Plot3D, PlotPoints->20];
SetOptions[ ListPlot, PlotStyle->PointSize[0.01] ];
```

Manche Optionen werden indirekt über Variable gesetzt, z.B. der Default-Zeichensatz bei allen Grafik-Kommandos. Hier hilft eine Veränderung dieser Variable:

```
$DefaultFont = {"Helvetica", 10}
```

Diese Einstellungen gelten nur als Default-Vorgabe, Sie können selbsverständlich auch weiterhin eine andere Einstellung direkt beim Aufruf des Kommandos vornehmen.

Formatierung der Mathematica-Ausgaben

Bevor Mathematica das Ergebnis einer Berechnung ausgibt, arbeitet es die Anweisungen der Variablen `$PrePrint` ab. In `$PrePrint` kann eine »pure function« angegeben werden, die den Typ des Ergebnisses testet und das Ergebnis dementsprechend formatiert. Das Beispiel unten bewirkt, daß Matrizen von nun an in Matrizenschreibweise und numerische Werte in einer Genauigkeit von 20 Stellen ausgegeben werden. Alle anderen Ausgaben werden auf eine Gesamtlänge von 10 Zeilen reduziert, was in den meisten Fällen ausreichend ist. Wenn Sie das Kommando wieder deaktivieren möchten, geben Sie einfach `$PrePrint=.` ein.

```
$PrePrint = Which[ MatrixQ[#], MatrixForm[#],
                   NumberQ[#], N[#,20],
                   True, Short[#,10]          ]&;
```

```
{{1,2},{3,4}}
1   2
3   4
```

```
1/3
0.33333333333333333333
```

```
(x+y)^50 //Expand
```

$$x^{50} + 50\ x^{49}\ y + 1225\ x^{48}\ y^{2} + 19600\ x^{47}\ y^{3} + 230300\ x^{46}\ y^{4} +$$
$$2118760\ x^{45}\ y^{5} + 15890700\ x^{44}\ y^{6} + 99884400\ x^{43}\ y^{7} +$$
$$536878650\ x^{42}\ y^{8} + 2505433700\ x^{41}\ y^{9} + 10272278170\ x^{40}\ y^{10} +$$
$$37353738800\ x^{39}\ y^{11} + 121399651100\ x^{38}\ y^{12} +$$
$$354860518600\ x^{37}\ y^{13} + 937845656300\ x^{36}\ y^{14} +$$
$$2250829575120\ x^{35}\ y^{15} + 4923689695575\ x^{34}\ y^{16} + \lt\lt 26 \gt\gt +$$
$$99884400\ x^{7}\ y^{43} + 15890700\ x^{6}\ y^{44} + 2118760\ x^{5}\ y^{45} +$$
$$230300\ x^{4}\ y^{46} + 19600\ x^{3}\ y^{47} + 1225\ x^{2}\ y^{48} + 50\ x\ y^{49} + y^{50}$$

Notebook-Version

Bei den Notebook-Versionen können einige weitere Parameter eingestellt werden: die gewünschten Schriftarten und -größen für Mathematica-Ein- und -Ausgaben und für Warnmeldungen, die gewünschte Darstellung von PostScript-Grafiken (Farbe oder SW), die gewünschte Standardgröße für Grafiken,.. Die Einstellung erfolgt über die Menüs Edit | Settings und Windows | Default Window bzw. Windows | Style Window. Die Einstellungsmöglichkeiten hängen stark vom Rechner und dessen Betriebssystem ab, weswegen auf die versionsabhängigen Informationen im »Mathematica User's Guide« verwiesen wird.

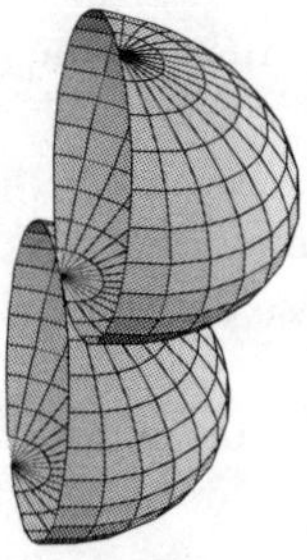

Anhang B
Referenz der Operatoren

Viele Kommandos von Mathematica können auch durch Operatoren ausgedrückt werden. Bei einigen Kommandos ist die Operatoren-Schreibweise selbstverständlich (z.B. 2+3 statt Plus[2,3]), bei anderen Kommandos sind beide Schreibweisen gebräuchlich. Die folgende Tabelle enthält die meisten Operatoren von Mathematica (soweit sie in diesem Buch vorgestellt wurden). Eine vollständige Operator-Tabelle, die hierarchisch (und nicht wie unten nach inhaltlichen Gesichtspunkten) geordnet ist, finden Sie in Abschnitt A.2 im »Mathematica«-Buch von Wolfram.

Die Kurzschreibweise durch Operatoren wird intern in eine Sequenz von Operatoren aufgelöst. Diese Schreibweise können Sie sich jederzeit mit `//FullForm` ansehen:

```
a/b //FullForm
Times[a, Power[b, -1]]
```

In der Tabelle unten stehen a, b und c für mathematische Ausdrücke (Zahlen, Formeln, Kommandos, etc.). In der zweiten Spalte sind die dem Operator zugeordneten Kommandos (FullForm) angegeben.

Operator	Kommando	Bedeutung
Elementare Rechenoperatoren		
`a + b`	`Plus[a,b]`	Addition
`a - b`	`Plus[a, Times[-1,b]]`	Subtraktion
`a * b`	`Times[a,b]`	Multiplikation
`a b`	`Times[a,b]`	Multiplikation
`a / b`	`Times[a, Power[b,-1]]`	Division
`a ^ b`	`Power[a,b]`	Potenz
`a . b`	`Dot[a,b]`	Skalar-Produkt, Matrizen-Multiplikation
`a!`	`Factorial[a]`	Fakultät
`a!!`	`Factorial2[a]`	Zweier-Fakultät
``a` ``	`Derivative[1][a]`	Ableitung

Operator	Kommando	Bedeutung
Zuweisungen		
`a = b`	`Set[a,b]`	a wird durch b definiert
`a := b`	`SetDelayed[a,b]`	Definition ohne sofortige Auswertung von b
`a[b] ^= c`	`UpSet[a,b]`	speichert die Definition unter dem Symbol b (statt üblichweise unter dem Symbol a)
`a /: b= c`	`TagSet[a,b,c]`	speichert die Defintion a=b unter dem Symbol c
Vergleiche und logische Verknüpfungen		
`a == b`	`Equal[a,b]`	Gleichheit von a und b testen (zum Anschreiben von Gleichungen, bleibt unausgewertet, wenn a und b nicht exakt die gleiche Form haben)
`a === b`	`SameQ[a,b]`	Identität von a und b testen (sofortiger Test, ergibt False, wenn a und b nicht exakt die gleiche Form haben)
`a != b`	`Unequal[a,b]`	a mit b vergleichen
`a < b`	`Less[a,b]`	a mit b vergleichen
`a <= b`	`LessEqual[a,b]`	a mit b vergleichen
`a > b`	`Greater[a,b]`	a mit b vergleichen
`a >= b`	`LessGreater[a,b]`	a mit b vergleichen
`!a`	`Not[a]`	logische Negation von a
`a && b`	`And[a,b]`	Und-Verknüpfung von a und b
`a || b`	`Or[a,b]`	Oder-Verknüpfung von a und b
Mustererkennung, Regeln und Bedingungen		
`a -> b`	`Rule[a,b]`	Substituionsregel
`a :> b`	`DelayedRule[a,b]`	Substitutionsregel ohne sofortige Auswertung von b
`a /. b`	`ReplaceAll[a,b]`	im Ausdruck a die Substitutionsregeln b ausführen

Operator	Kommando	Bedeutung
a /; b	Condition[a,b]	a nur ausführen, wenn b erfüllt ist
a?b	PatternTest[a,b]	überprüft, ob a die Bedingung b erfüllt
a_	Pattern[a, Blank[]]	Platzhalter
a__	Pattern[a, BlankSequence[]]	Platzhalter für mehrere Elemente
a___	Pattern[a, BlankNullSequence[]]	Platzhalter für kein, ein oder mehrere Elemente
a_b	Pattern[a, Blank[b]]	Platzhalter a vom Typ b (z.B. Integer)
a_:b	Optional [Pattern[a, Blank[]], b]	Platzhalter mit der Default-Option b
a_?b	PatternTest[Pattern[a, Blank[]], b]	Platzhalter mit der Bedingung b
Pure Functions		
#	Slot[1]	erster Parameter in »pure functions«
#a	Slot[a]	a-ter Parameter in »pure functions«
a &	Function[a]	a als »pure function« kennzeichnen
Dateiein- und ausgabe		
a >> b	Put[a, "b"]	speichert a in der Datei "b"
a >>> b	PutAppend[a, "b"]	speichert a am Ende der vorhandenen Datei "b"
<<a	Get["a"]	(Package-)Datei laden und ausführen
!!a		zeigt die Datei "a" am Bildschirm an (der Inhalt der Datei wird von Mathematica nicht beachtet)
!a		Programm "a" starten (nicht auf allen Mathematica-Versionen verfügbar)
Klammern		
a (b + c)		Gruppierung von Ausdrücken (um die Hierarchie der Operatoren – z.B. Punkt- vor Strichrechnung – zu umgehen)
(* a *)		Kommentar a

Operator	Kommando	Bedeutung
{a,b}	List[a,b]	eindimensionale Liste
a[b]		Kommando a mit den Parametern b ausführen
a[[b]]	Part[a,b]	Zugriff auf Teillisten
Sonstiges		
a; b;	CompoundExpression[a,b]	a und b nacheinander ausführen ohne die Ergebnisse anzuzeigen
a // b	b[a]	Kommando b auf den vorangestellten Ausdruck a ausführen (siehe unten)
a::b=c	MessageName[a,"b"]	Informationstext c zum Symbol a im Zusammenhang b speichern (bei der Package-Programmierung)
%	Out[]	letzte Mathematica-Ausgabe
%%	Out[-2]	vorletzte Mathematica-Ausgabe
%a	Out[a]	Mathematica-Ausgabe a
?a		Informationen zum Symbol a anzeigen
??a		ausführliche Informationen zum Symbol a anzeigen

Nachgestellte Kommandos

Mathematica ermöglicht es, mit dem Operator // Kommandos ohne Klammern hinter den Ausdruck (statt davor) anzuschreiben. Diese Schreibweise ist vor allem bei nachträglichen Änderungen praktisch. Außerdem sind Ausdrücke dieser Art wegen der geringeren Anzahl von Klammerebenen oft leichter zu lesen:

```
2/3 //N   (* entspricht N[2/3] *)
0.6666667
```

In der folgenden Tabelle finden Sie eine Übersicht über einige Kommandos, die sich besonders für diese Schreibweise eignen.

Listen

`a //MatrixForm`	a als Matrix (ohne {}-Klammern) anzeigen
`a //TableForm`	a als Tabelle anzeigen (wie `MatrixForm`)
`a //ColumnnForm`	a als Spalten-Vektor anzeigen

Zahlen

`a //N`	a numerisch auswerten
`a //ScientificForm`	a als Dezimalzahl mit Zehnerpotenz anschreiben, z.B. 1.234 10^5
`a //EngineeringForm`	wie oben, die Zehnerpotenz beträgt aber ein Vielfaches von Drei, z.B. 123.4 10^3

Formeln

`a //Simplify`	a in einer möglichst einfachen (kurzen) Form anzeigen
`a //InputForm`	Ergebnis a im Eingabeformat von Mathematica anzeigen (ohne die automatische Formatierung)
`a //OutputForm`	normales Ausgabeformat (Bruchstriche, hochgestellte Potenzen, etc.)
`a //FullForm`	a im internen Format von Mathematica anzeigen (Schreibweise weitgehend ohne Operatoren)
`a //CForm`	Formel in der Syntax der Sprache C anschreiben
`a //FortranForm`	Formel in der Syntax der Sprache Fortran anschreiben
`a //TeXForm`	Formel in der Syntax des Textverarbeitungssystems TeX anschreiben

Sonstiges

`a //Short`	Ausdruck a in Kurzform (zumeist nur eine Zeile) anschreiben

Anhang C
Mathematica Version 2.1

Sozusagen zur Manuskriptabgabe ist die neue Mathematica-Version 2.1 eingetroffen. Die Version unterscheidet sich von der Vorgängerversion 2.0 durch die geringere Anzahl von Fehlern (Bugs) und durch zahlreiche neue Packages. Dieser Anhang stellt die wichtigsten neuen Kommandos dieser Packages vor:

`InterpolateRoot`
schnelle Alternative zu `FindRoot` zur numerischen Lösung von Gleichungen

`NonLinearFit`
bestimmt die Koeffizienten einer allgemeinen Näherungsfunktion (z.B. in `a Sin[b x]`)

`UnitStep`, `DiracDelta`
Sigma-Funktion (Sprung-Funktion) und eine neue Delta-Funktion für die Laplace- und Fourier-Transformation

`DSolve`
Erweiterung zum eingebauten `DSolve`-Kommando

Der Anhang endet mit einigen Anmerkungen zum Notebook-Interface der Windows-Version 2.1.

Gleichungen numerisch lösen mit InterpolateRoot

`IntepolateRoot` aus dem Package `NumericalMath`InterpolateRoot`` ist ein alternatives Kommando zu `FindRoot` (Kapitel 8). Beide Kommandos versuchen mit numerischen Verfahren den Nullpunkt einer Funktion zu finden bzw. eine gegebene Gleichung zu lösen. `FindRoot` verwendet dabei stabile Algorithmen, die allerdings in manchen Fällen langsam sind. `InterpolateRoot` arbeitet erheblich schneller, vor allem dann, wenn eine hohe Genauigkeit erforderlich ist. Der Nachteil von `InterpolateRoot` liegt in seinem weniger allgemeingültigen Ansatz. Es gibt Situationen, in denen `InterpolateRoot` keine Lösung findet, wohl aber `FindRoot`.

```
Needs["NumericalMath`InterpolateRoot`"]

InterpolateRoot[Cos[x]==x,{x,0,1}]
{x -> 0.7390851332151606416553120876 74}

FindRoot[ Cos[x]==x, {x,0,1}]
{x -> 0.739085}
```

```
Needs["NumericalMath`InterpolateRoot`"]
InterpolateRoot[f, {x,start1,start2}]
InterpolateRoot[f==g, {x,start1,start2}]
```

AccuracyGoal->stellen
WorkingPrecision->stellen
MaxIterations->n
ermittelt eine Näherungslösung für x, so daß f[x]==0 bzw. f[x]==g[x]

Allgemeine Näherungsfunktionen mit NonlinearFit aufstellen

Mit `Fit` (Kapitel 12) können Sie eine optimale Linearkombination vorgegebener Funktionen zusammenstellen, wobei die Summe der Funktionen möglichst nahe an den gegebenen Datenpunkte vorbeiführt. Das neue Kommando `NonlinearFit` aus dem Package `Statistics`NonlinearFit`` kann im Gegensatz zu `Fit` auch allgemeine Funktionsparameter (z.B. a für die Funktion `Sin[a x]`) bestimmen.

Im Beispiel unten werden 200 Datenpunkte berechnet, die durch relativ große Zufallszahlen verfälscht werden. Der erste Versuch, mit `NonlinearFit` die Parameter der bekannten Funktion zu rekonstruieren, scheitert. Im zweiten Versuch werden für die vier Parameter einigermaßen passende Startwerte angegeben. Damit gelingt Mathematica dann eine recht gute Annäherung an die Datenpunkte (Bild C.1).

```
Needs["Statistics`NonlinearFit`"]

data = Table[ {x, 20 Sin[3 x] + 10 Exp[0.2 x] + 10 Random[]},
              {x,0,2Pi, 0.01 Pi}];

fn = a Sin[ b x] + c Exp[d x];

lsg = NonlinearFit[data, fn, x, {a, b, c , d}]

NonlinearFit::lmnoconv:
   Warning: NonlinearFit did not converge in 30
     iterations. The returned value may not be at the minimum.
{a -> 5.16672, b -> -2.22802, c -> 20.072, d -> 0.0679458}

lsg = NonlinearFit[data, fn, x, {{a,18}, {b,2.5}, {c,12} , {d,0.3}}]
{a -> 19.9126, b -> 3.00686, c -> 14.2224, d -> 0.162029}

Show[ ListPlot[data], Plot[fn /. lsg, {x,0,2Pi}]]   (* Bild C.1 *)
```

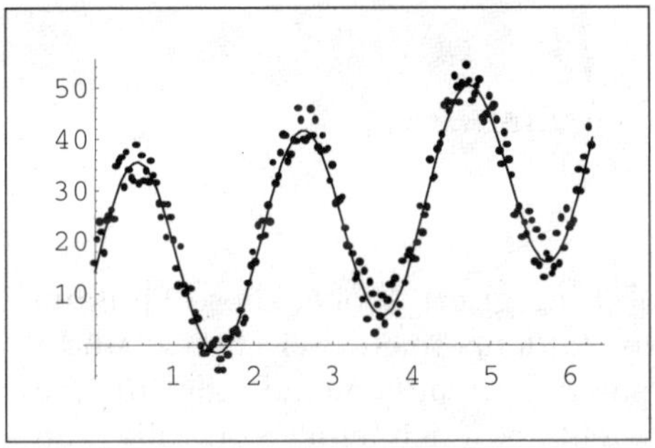

Bild C.1: Näherungskurve zu den durch Zufallszahlen verfälschten Datenpunkten

---

Needs["Statistics`NonlinearFit`"]

NonlinearFit[data, func, var, para]

Das Kommando versucht, die in der Parameterliste gegegebenen Parameter so zu bestimmen, daß die resultierende Funktion möglichst nahe an den Datenpunkten vorbeiführt; zusätzlich zu den Parametern können ein Startwert sowie minimale und maximale Grenzwerte angegeben werden

---

Sigma-Funktion und Dirac-Impuls: UnitStep, DiracDelta

In den Kapiteln 23 und 24 wurde mehrfach bedauert, daß es keine Sigma-Funktion (Sprung-Funktion) gibt, die zusammen mit den Laplace- und Fouriertransformationen verwendet werden können. Dieses Manko ist nunmehr beseitigt. Mathematica stellt im Package `Calculus`DiracDelta`` die beiden neuen Funktionen `UnitStep` und `DiracDelta` zur Verfügung.

Das `DiracDelta`'-Package wird von den Packages `FourierTransform`` und `LaplaceTransform`` automatisch geladen. Dabei werden zahlreiche zusätzliche Integrationsregeln definiert, so daß der Ladevorgang für diese Packages jetzt mehrere Minuten (auf einem 486-Rechner) beansprucht.

Die folgenden Beispiele beweisen, daß das Integrieren und Differenzieren mit den neuen Funktionen gut funktioniert. Die Ableitung der Sigma-Funkion liefert den Dirac-Impuls, dieser kann wieder zur Sigma-Funktion integriert werden. Das Integral einer Funktion, die mit dem Dirac-Impuls multipliziert wurde, liefert den Funktionswert an der Stelle des Dirac-Impulses.

```
Needs["Calculus`LaplaceTransform`"]

General::intinit: Loading integration packages.#

D[UnitStep[t-a], t]
DiracDelta[-a + t]

Integrate[%,t]
UnitStep[-a + t]

Integrate[1/x DiracDelta[x-2], {x,-Infinity,Infinity}]
1
-
2
```

Im Beispiel unten wurde über die Funktion Sin[x] integriert, wobei diese Funktion mit `(UnitStep[x]-UnitStep[x-1])` auf den Zahlenbereich zwischen 0 und 1 eingeschränkt wurde. Mathematica integriert sowohl in allgemeiner als auch in bestimmter Form korrekt. Das letzte Integral stellt lediglich eine Kontrolle zum vorletzten Ergebnis dar.

```
Integrate[ (UnitStep[x]-UnitStep[x-1]) Sin[x], x]
(-Cos[1] + Cos[x]) UnitStep[-1 + x] + (1 - Cos[x]) UnitStep[x]

Integrate[ (UnitStep[x]-UnitStep[x-1]) Sin[x], {x,-3,3}]
1 - Cos[1]

Integrate[Sin[x], {x,0,1}]
1 - Cos[1]
```

Mit den neuen Funktionen können eine Menge Berechnungen durchgeführt werden, die in Version 2.0 nicht möglich waren. Zuerst einige Beispiele zur Laplace-Transformation:

```
LaplaceTransform[ UnitStep[t-a], t, s]
   1
-------
 a s
E    s

InverseLaplaceTransform[%,s,t]
```

```
UnitStep[-a + t]

LaplaceTransform[ UnitStep[t-a] (t-a) Exp[a(t-a)], t, s]
        1
-----------------
 a s          2
E    (-a + s)

InverseLaplaceTransform[%,s,t]
 a (-a + t)
E           (-a + t) UnitStep[-a + t]
```

Auch die Fourier-Reihen-Entwicklung und die Fourier-Transformation funktionieren auf ersten Blick ausgezeichnet:

```
Needs["Calculus`FourierTransform`"]

FourierTrigSeries[ UnitStep[t-1], {t,0,2}, 5]
1   2 Sin[Pi t]   2 Sin[3 Pi t]   2 Sin[5 Pi t]
- - ----------- - ------------- - -------------
2       Pi             3 Pi            5 Pi

FourierTransform[ 1, x, s]
2 Pi DiracDelta[s]

InverseFourierTransform[%,s,x]
1
```

Leider haben die neuen Funktionen auch Nachteile: Erstens dauert die Abarbeitung der `Laplace`- und `Fourier`-Kommandos zum Teil erheblich länger als in Version 2.0. (Das liegt an den zahlreichen zusätzlichen Integrationsregeln, die berücksichtigt werden müssen.) Und zweitens gibt es Situationen, in denen die Kommandos aus Version 2.0 zum korrekten Ergebnis führten, während Version 2.1 aufgibt:

```
FourierTransform[ UnitStep[x+1] - UnitStep[x-1], x, w]
FourierTransform[UnitStep[x + 1] - UnitStep[-1 + x], x, w]
```

In Version 2.0 kann der Rechteckimpuls zwischen x=-1 und x=1 mit der `Sign`-Funktion formuliert werden. Dem »alte« `FourierTransform`-Kommando gelingt die Transformation, an der Mathematica 2.1 scheitert:

```
sigma[x_]:= (1+Sign[x])/2

FourierTransform[ sigma[x+1]-sigma[x-1], x, w]   (* nur Version 2.0 *)

General::intinit: Loading integration packages.
     -I w                    I w
2 I E                   2 I E
-------- + Delta[-w]    ------- + Delta[-w]
   w                       w
--------------------- - --------------------
         2                       2
```

```
% //Together //ComplexExpand //Simplify
2 Sin[w]
--------
   w
```

Needs[Calculus`DiracDelta`"]

UnitStep[x]

liefert 0 für x<0, 1 für x<=0

DiracDelta[x]

liefert 0 für x ungleich 0; `DiracDelta[0]` ist nicht direkt als Wert definiert, das Integral über `DiracDelta[0]` liefert aber den Wert 1

SimplifyUnitStep[ausdruck]

vereinfacht Ausdrücke mit mehreren `UnitStep`-Funktionen

Hypergeometrische und nicht-lineare Differentialgleichungen mit DSolve lösen

Im Package `Calculus`DSolve`` wird das vorhandene `DSolve`-Kommando mit einigen zusätzlichen Regeln zur Lösung von hypergeometrischen und nicht-linearen Differentialgleichungen ergänzt. Die Bedienung des Kommandos bleibt unverändert (siehe Kapitel 16). Das Kommando wird durch die zusätzlichen Regeln langsamer, weswegen Sie das Package nur dann laden sollten, wenn Sie es wirklich benötigen.

Wenn auch das erweiterte `DSolve`-Kommando nicht in der Lage ist, die Differentialgleichung zu lösen, dann gibt es in vielen Fällen zumindestens den verwendeten Lösungsansatz als Ergebnis zurück (wie im zweiten Beispiel).

```
Needs["Calculus`DSolve`"]
General::intinit: Loading integration packages.

DSolve[ y'[x]^2 - x y'[x] + y[x]==0, y[x], x]
            (-2 x - C[1]) C[1]
{{y[x] -> ------------------}}
                    4

DSolve[ y'[x] == - (x + y[x] + 1) / (3y[x] - x), y[x], x]

Solve::tdep: The equations appear to involve transcendental
     functions of the variables in an essentially non-algebraic way.

General::stop: Further output of Solve::tdep will be suppressed
     during this calculation.
```

```
                Sqrt[3] (1 + 4 y[x])
         ArcTan[--------------------]
                      3 + 4 x
Solve[-(-----------------------------) +
                  Sqrt[3]

                   2                   2
  Log[3 + 6 x + 4 x  + 6 y[x] + 12 y[x] ]
  ---------------------------------------- == C[1], y[x]]
                     2
```

Needs["Calculus`DSolve`"]
DSolve[dgl, func, var]
DSolve[dgl, func[var], var]

löst die Differentialgleichung und gibt die Lösung als »pure function« oder als normale Funktion zurück

---

Mathematica 2.1 für Windows

Die Notebook-Oberfläche der Windows-Version von Mathematica wurde in Version 2.1 zwar etwas verbessert, eine durchgängige Bedienung mit der Maus ist aber nach wie vor nicht möglich. Im Gegensatz zu allen anderen Windows-Programmen ist es nicht möglich, Text mit [Shift] und einer Cursor-Taste zu markieren, um diesen Text anschließend zu löschen oder in die Zwischenablage zu kopieren. Es ist nicht möglich, eine Zelle ohne Maus zu selektieren, um anschließend das Format oder den Zeichensatz dieser Zelle zu ändern. (Noch eleganter wäre es natürlich, wenn diese Änderungen durchgeführt werden könnten, ohne die Zelle vorher zu markieren. Das ist aber offensichtlich endgültig zuviel verlangt.) Die Tasten [Bild auf] und [Bild ab] sind wirkungslos, es ist nicht möglich, über die Tastatur seitenweise durch ein Notebook zu blättern. Selbst die normale Cursor-Tasten [ab] funktioniert nicht immer: Sie können den Cursor zwar innerhalb einer Gruppe von Zellen nach unten bewegen, nicht aber in die nächste Gruppe unterhalb. Das hat sogar in Version 2.0 noch besser funktioniert!

Die neue Version ist mit einer Tabulator- und Icon-Leiste ausgestattet (siehe Bild 1.20). Diese Leiste ist an sich recht praktisch, sie beansprucht aber ziemlich viel Platz und führt beim Neuzeichnen zu einer merklichen Verzögerung. Es besteht keine Möglichkeit, Mathematica so zu installieren oder konfigurieren, daß diese Leiste *nicht* gezeichnet wird. Stattdessen muß die Leiste – falls sie unerwünscht ist – nach jedem Start von Mathematica explizit mit OPTIONS | RULER BARS abgeschalten werden.

Die Einstellung der Default-Schriften für Notebooks ist im neuen »User's-Guide« ebenso falsch beschrieben wie im »User's-Guide« der Vorgängerversion 2.0. Wenn Sie die Default-Schriften ändern möchten, laden Sie die Datei DEFAULTS.MA aus dem Windows-Verzeichnis mit dem Kommando FILE | OPEN. (Verwenden Sie dazu *nicht* das Kommando EDIT | DEFAULT STYLES!)

Jetzt rufen Sie das Kommando STYLES | EDIT NOTEBOOK STYLES auf. Mathematica öffnet ein neues Fenster mit den Default-Schriften. (Alle Änderungen müssen in diesem Styles-Fenster durchgeführt werden. Änderungen direkt im Default-Fenster bleiben wirkungslos.) In diesem Fenster stellen Sie die gewünschten Schriftarten ein. Dazu müssen Sie die gewünschten Zellen selektieren und anschließend STYLES | EDIT FONT oder STYLES | EDIT FORMAT aufrufen. In diesem Fenster können Sie mit der Maus auch die gewünschte Default-Größe und -Position für Grafiken einstellen. Anschließend schließen Sie das Fenster und speichern das darunter wieder erscheinende Default-Notebook. Beim nächsten Start von Mathematica werden die Default-Einstellungen beachtet. Die Einstellung gilt allerdings nur für neue Notebooks, bereits vorhandene Notebooks bleiben unverändert.

Die wesentlichste Verbesserung der neuen Version (abgesehen von den in den obigen Abschnitten vorgestellten neuen Packages) besteht darin, daß kompliziertere Grafiken jetzt tatsächlich auf einem PostScript-Drucker ausgedruckt werden können. Version 2.0 erzeugte offensichtlich einen fehlerhaften PostScript-Code.

In Version 2.1 gibt es (im Gegensatz zur Vorgängerversion) *keine* Möglichkeit mehr, über die Zwischenablage Grafiken im EPS-Format (Encapsulated PostScript) zu übertragen. Der Verlust ist insofern verschmerzbar, als die EPS-Dateien von Version 2.0 ohnedies unbrauchbar waren. Die einzige Möglichkeit, EPS-Dateien zu erstellen, besteht jetzt über die Windows-Drucker-Installation. Sie müssen im Systemsteuerungsprogramm angeben, daß Sie in eine Datei drucken möchten. Die Datei wird von Windows automatisch im EPS-Format gespeichert. Diese Vorgehensweise ist insofern mühsam, als Windows die Datei immer unter demselben Dateinamen speichert. Sie können also entweder vor jedem Ausdruck im Systemsteuerungsprogramm den Dateinamen ändern (und sich dabei durch drei Formulare vor- und zurückklicken), oder die erzeugte Datei vor jedem neuen Ausdruck umbenennen.

Quellenverzeichnis

Nancy Blachman: Mathematica - A Practical Approach; Prentice Hall, 1992

Philip Boyland: Guide to Standard Mathematica Packages; Wolfram Research, 1991

Theodore Gray, Jerry Glynn: The Beginners's Guide to Mathematica, Version 2; Addison Wesley, 1992

Erwin Kreyszig: Advanced Engineering Mathematics, Sixth Edition; John Wiley & Sons, New York 1988

Roman Maeder: Programming in Mathematica, Second Edition; Addison Wesley, 1991

Bernhard Schnizer, Unterlagen zur Vorlesung Symbolisches Rechnen, Technische Universität Graz, 1992

Timothy Williams, Jerry Walsh: Mathematica User's Guide for Microsoft Windows; Wolfram Research, 1991

David Withoff: Mathematica Warning Messages; Wolfram Research, 1991

Stephen Wolfram: Mathematica, Second Edition; Addison Wesley, 1991

Die Abitur-Beispiele in Kapitel 3 wurden (z.T. in leicht modifizierter Form) den Jahresberichten des Bundesrealgymnasium Adolf Pichler Platz, Innsbruck aus den Jahren 82 bis 88 entnommen.

Stichwortverzeichnis

D

E

H